"十四五"国家重点出版物出版规划项目

农作物育种研究及转化应用丛书

杂交作物育种学

ZAJIAO ZUOWU YUZHONGXUE

李新奇 ◎ 主　编
李雅礼　唐华园　黄群策 ◎ 副主编

郑州大学出版社

图书在版编目(CIP)数据

杂交作物育种学 / 李新奇主编. -- 郑州 : 郑州大学出版社, 2025.6. -- (农作物育种研究及转化应用丛书). -- ISBN 978-7-5773-0879-1

Ⅰ. S334

中国国家版本馆 CIP 数据核字第 20252JW046 号

杂交作物育种学
ZAJIAO ZUOWU YUZHONGXUE

项目负责人	孙保营　凌　青	封面设计	王　微
策划编辑	凌　青　袁翠红	版式设计	苏永生
责任编辑	杨飞飞　凌　青	责任监制	朱亚君
责任校对	王莲霞　李　香		

出版发行	郑州大学出版社	地　址	河南省郑州市高新技术开发区
经　销	全国新华书店		长椿路 11 号(450001)
发行电话	0371-66966070	网　址	http://www.zzup.cn
印　刷	辉县市伟业印务有限公司		
开　本	787 mm×1 092 mm　1 / 16		
印　张	20.75	字　数	798 千字
版　次	2025 年 6 月第 1 版	印　次	2025 年 6 月第 1 次印刷
书　号	ISBN 978-7-5773-0879-1	定　价	89.00 元

本书如有印装质量问题,请与本社联系调换。

前　言

杂交,古老而又充满智慧。通过杂交,形成不同的遗传多样性,再通过对杂交后代的自然选择和人工选择,在一个生物群体中,可以引入新的基因组合,增强竞争力。杂交后代中杂交优势现象广泛存在于植物、动物等各类生物群体中,深刻影响着全球粮食生产、作物抗逆性提升及农业可持续发展的进程,深刻揭示了生物多样性在进化过程中的重要地位,以及基因交流在推动生物适应性和进化创新中的关键作用。

作物杂种优势利用研究的成功和大规模推广,是世界作物科学与技术的重大成就。杂交作物为全球粮食安全提供了重要保障。作为杂交作物母本的普通核不育系一般由一对隐性基因控制,选育和配组不受任何遗传背景限制。以普通核不育系为母本的第三代杂交作物不仅兼有三系法不育系育性稳定和两系法不育系配组自由优点,同时又克服了三系不育系配组受局限和两系不育系可能因气候异常导致育性恢复、制种失败及繁殖产量低的缺点,从而能够不断扩大父母本遗传差异,聚合各种优良基因和优良性状,是利用作物杂种优势的理想途径和发展趋势。

本书根据作物遗传改良的发展历程和研究成果,论述了杂交作物育种的基础理论与关键技术,剖析了三系法和两系法杂交水稻、杂交小麦等作物的育种实例,探讨了杂交作物遗传改良的发展方向。通过比较作物杂种优势的不同利用方法和技术程序,阐明了以普通核雄性不育为遗传工具的第三代杂交作物的优越性和技术原理,简述了植物核质互作雄性不育系的反向核代换育种法;水稻核质互作不完全雄性不育系繁殖制种、光温敏不育系制种和反温敏不育系制种的冷水灌溉安全高产高效途径;利用核质互作雄性不育次要恢复基因提高异父能力和杂种一代可育度及稳定性的近似单交法;利用胚乳直感效应克服两系法杂交作物制种"打摆子"问题以及无人机辅助授粉,促进农作物种子结实等新技术。该书对从事不同作物杂种优势利用的农业科技工作者、生物科技工作者和高等院校师生有一定的借鉴、启示和参考作用。

面对全球性挑战如粮食危机、环境污染、气候变化,以及科技革命、产业转型、全球化进程带来的影响及机遇,利用杂种优势持续发挥其重要作用,拓展其在生物技术、人工智能、大数据等前沿领域的应用边界,可以推动跨学科、跨领域的深度融合与创新,应对全球性挑战。期望本书能够帮助更多年轻科学家投身于杂种优势利用的研究之中,为推动科学研究和社会发展做出贡献。

在本书付梓之际,借此表达对导师袁隆平先生深刻的怀念与感恩,他的教诲和鼓励是我们科研道路上的明灯;感谢参与探索与研究的同事、研究生的艰苦努力与宝贵贡献。本书的出版得到了深圳市可持续发展科技专项(专 2021N015 基于海水稻优异基因和第三代杂交技术的耐盐碱水稻种质研发与应用)、北京大学深圳研究生院、新乡市平原示范区、湖南自贸区海凭国际产业园的大力支持和帮助,在此一并致谢。

由于编者水平有限,书中难免会存在不当之处,敬请读者给予批评指正。

编者

2025 年 1 月

目 录

第一章 作物杂种优势研究概况 ……………………………… 1
第一节 作物生产及遗传改良 …………………………………… 2
第二节 作物杂种优势及其利用现状 …………………………… 8

第二章 杂种优势的形成机制 …………………………………… 18
第一节 杂种优势相关的基因概念 ……………………………… 18
第二节 杂种优势产生的主要假说 ……………………………… 21
第三节 放大效应形成的合作优势 ……………………………… 25
第四节 杂种优势机制的放大效应假说 ………………………… 32
第五节 杂种优势效应的重要性 ………………………………… 46

第三章 作物杂种优势利用途径 ………………………………… 48
第一节 作物生殖概述 …………………………………………… 48
第二节 作物杂种优势利用方式 ………………………………… 53
第三节 植物雄性不育现象及利用 ……………………………… 62
第四节 第三代杂交作物的创制技术 …………………………… 91
第五节 普通核雄性不育的其他利用途径 ……………………… 100

第四章 雄性不育系选育 ………………………………………… 115
第一节 核质互作型雄性不育系选育 …………………………… 115
第二节 光温敏不育系选育 ……………………………………… 130
第三节 普通核不育系选育 ……………………………………… 154

第五章 雄性不育恢复系选育 ……………………………………………… 164
第一节 优良恢复系的育种目标 …………………………………… 164
第二节 优良恢复系的选育方法 …………………………………… 166

第六章 优良杂交组合选育 ………………………………………………… 177
第一节 优良杂交组合的育种策略 ………………………………… 177
第二节 优良杂交组合的选育方法 ………………………………… 188
第三节 优良杂交组合介绍 ………………………………………… 215

第七章 雄性不育系的繁殖制种 ………………………………………… 218
第一节 核质互作型雄性不育系的繁殖制种 …………………… 218
第二节 光温敏不育系的繁殖制种 ………………………………… 232
第三节 普通核不育系的繁殖制种 ………………………………… 244
第四节 水稻雄性不育系的种性退化及其提纯复壮 …………… 258

第八章 配套栽培技术及示范推广 ……………………………………… 262
第一节 良态、良田、良种、良法 ………………………………… 262
第二节 第三代杂交水稻配套高产栽培技术 …………………… 269
第三节 杂交作物栽培的无人机辅助授粉技术 ………………… 279

第九章 前景展望 …………………………………………………………… 281
第一节 杂交小麦的发展前景 ……………………………………… 281
第二节 第三代杂交水稻的潜力 …………………………………… 284
第三节 杂种优势固定 ……………………………………………… 310
第四节 人工智能育种 ……………………………………………… 316

主要参考文献 ……………………………………………………………… 318

第一章 作物杂种优势研究概况

作物杂种一代通常展现出比其亲本更高的生长速度、更强的生长势和更大的生物量。杂交作物能更高效地利用土壤养分、水分和光照资源,从而实现单位面积产量的显著提升,对于保障全球粮食安全、满足日益增长的人口需求至关重要。杂交种通常继承并整合了双亲的优良抗性基因,表现为对病虫害、极端气候(如干旱、高温、低温等)以及不良土壤(盐碱)条件的抵抗力增强,确保在不利环境下仍能保持稳定的产量,进而提升农业生产的可持续性和稳定性。

杂种优势不仅体现于产量和抗性提升,还可能包括农产品品质的优化。例如,杂交种可能具有更高的营养价值、更优的口感、更佳的商品外观及更长的储存期等特性,以满足消费者对食品多样性和高品质的需求。不同遗传背景亲本品种间的杂交,可以引入新的遗传变异,丰富作物的遗传基础。持续进行杂交育种和品种更新,有助于防止遗传单一化风险,增强种群应对新出现病害、虫害或环境变化的适应能力,从而维护农业生态系统的健康与稳定。

杂交种由于生长效率高、抗逆性强,加之化肥和农药等投入效益高,有利于实现农业生产过程中的资源节约和环境保护。此外,一些杂交种还可能具备更好的光合效率、氮素利用效率等特性,有助于减少农业对非再生资源的依赖,减轻对环境的影响。

对农民而言,种植杂交种意味着可获得更高的单产和更好的品质,从而带来显著的经济收益。对于种子产业,杂种优势技术的商业化应用有力推动了种业发展,创造了就业机会,且通过专利保护和技术服务为相关企业创造了经济效益。

作物杂种优势的探索与利用有力推动了遗传学、分子生物学、作物育种学等相关领域的研究进展,促进了育种技术创新,如雄性不育系构建、分子标记辅助选择、转基因技术的应用等,对全球农业的可持续发展起着关键支撑作用。

尽管杂种优势研究领域已取得显著的技术成就,但当前农作物杂种优势的利用方式仍面临诸多限制,如优良杂交组合选育难度较大,导致杂种优势潜力未能发挥,使得常规作物在农业生产中仍占据较大比例。小麦、大麦、大豆等作物的杂种优势尚未得到有效利用。为进一步提升农作物杂种优势利用潜力,急需改良生产利用方式,消除杂种优势利用的制约因素,降低杂交种子成本,提高杂交组合的杂种优势水平;同时,提高杂交配组的自由度和优良亲本的选育效率,对于扩大作物杂种优势利用范围和持续挖掘其潜在价值至关重要。

第一节　作物生产及遗传改良

一、早期作物生产与遗传改良

早在2000多年前,古希腊人就已经注意到生物体的生殖与遗传之间的密切关系。在19世纪70年代之后,随着细胞学的建立,生物学在深度和广度上都得到了较大的开拓。在对细胞形态学进行研究的过程中发现了生物体生长发育过程中的有丝分裂、减数分裂和双受精等特殊的生物学现象,由此为早期遗传学的发展提供了细胞学基础。在19世纪末,随着对植物性别深入的认识,逐渐形成了对植物生殖过程进行描述的植物胚胎学。植物胚胎学是植物学的一个分支学科,它与植物细胞学、植物遗传学、植物生理学和发育生物学等学科都有密切的联系。由于利用了许多新的实验技术和实验方法,植物胚胎学几乎在所有重大问题上都有了新的突破,出现了许多新概念和新理论。20世纪初期,遗传学的一项重大突破是证明了孟德尔遗传因子的颗粒性,并将其定位在染色体上,确立了染色体作为基因载体的地位。随后,染色体组概念的提出导致了对植物体倍性的关注和兴趣。

从人类的发展史来看,早在5000多年前人类为了生存而开始了野生植物的驯化活动,由此形成了当今数量如此庞大的各种农家品种。生物体新材料的发现、生物体遗传改良新方法的建立和研究新思路的提出,都有可能使生物遗传改良的水平得到明显提高,从而能够进一步有效地挖掘其增产潜力和实用价值。

从栽培作物的驯化历程来看,我国作物遗传改良的历史悠久,育种经验丰富。在原始社会,中国的粮食品种主要有粟、黍、稻、菽(大豆)、大麦、小麦、薏苡等。北方以种植粟、黍粮食品种为主,南方以种植水稻为主。在西周时期,我国粮食作物的种类有了扩大,据《诗经》记载,有黍、稷、稻、牟(大麦)、菽(大豆)、麻(大麻)等。春秋战国时期,我国出现了对粮食作物的"五谷"之称。这个称谓首见于《论语·微子篇》中所谓的"四体不勤,五谷不分"。至今"五谷"已经成了粮食的代名词了。所谓五谷,实际上是指五种主要的粮食作物,即黍、稷、豆、麦和稻。

秦汉时期,我国粮食结构发生变化,主要包括粟、稻、小麦、大麦、大黍、高粱和大豆等品种。汉代董仲舒建议在关中一代推广小麦。汉魏时期由于石磨的推广,麦子磨成面粉,这一饮食史上的进步,也促进了小麦生产的发展。在魏晋南北朝时期,我国粮食品种的顺序是谷(稷、粟)、黍、高粱、大豆、小豆、大麻、大麦、小麦和水稻。北魏贾思勰撰写的《齐民要术》按作物成熟早晚、苗秆高低、收获多少和米味品质等记载着86个粟品种的特征特性。在隋唐五代时期,我国主要粮食品种的顺序是稻、粟和麦。在宋元时期,稻麦两熟制逐步形成,双季稻得到推广。在明代以前,我国粮食作物的种类,也大致如此,说明中国粮食作物的种类在西周时期已经大体俱全,其中黍和稷是当时主要的粮食作物。所以,这两种作物在《诗经》中被记载的次数要比其他作物多得多。在《尚书》中提到的粮食作物主要是黍、稷。在明代以后,水稻生产得到迅速发展,因而有"湖广熟,天下足"的说法。同时,玉米、甘薯和土豆分别从国外引进,更加丰富了粮食品种。当时主要的粮食品种是水稻、小麦、谷子、玉米和豆类。明代的《理生玉镜稻品》详细描述了嘉靖年间江苏苏州地区的水稻品种,是中国最早问世的水稻品种志。至清代,《授时通考》分别收录粟和水稻品种约500个和3400多个。

二、近代育种技术的演变

近代生物育种技术和理论始于西欧。1719年,T.费尔柴尔德最早进行植物人工杂交并获得杂种。1823年,T.A.奈特在豌豆上发现父母本对杂种第一代的贡献均等,第二代群体会发生分离现象。1843年,J.库尔特首先采用个体选择法进行禾谷类作物的遗传改良。1856年,L.德维尔莫兰明确提出用"后裔鉴定"法检查甜菜的选择效果,后人称之为"维尔莫兰分离原则"。1849年,R.A.加特纳指出杂交亲本与杂种第一代或第二代之间在性状表达上存在着一定的关系,并发现一些杂种第一代表现出生长健壮的特征。C.达尔文在《物种起源》(1859年)和《植物界异花受精和自花受精的效应》(1876年)中阐明选择或杂交与生物进化存在着相关关系,这对随后的作物遗传改良有着深刻的影响。

孟德尔定律在20世纪初被重新发现,推动作物遗传改良进入全新研究阶段。W.L.约翰森1903年提出的纯系学说不仅为纯系育种奠定了理论基础,也为区分遗传变异和环境变异提出了有力的论据。随后,欧洲和北美的许多育种家通过在自花授粉作物上的育种实践,逐渐形成了现今通行的系谱选择法及其变通做法。在异花授粉作物遗传改良领域，G. H. 沙尔于1909年基于E. M. 伊斯特(1904年)及自己对玉米自交的研究成果，强调了杂种优势的实用价值。D. F. 琼斯随后育成第一个玉米杂交种，并于1920年提出生产双交种的方案，为玉米育种中广泛利用杂种优势开创了新途径。20世纪40年代，G. F. 斯普拉格和L. A. 塔特姆提出的配合力概念对自交系亲本的选配，F. H. 赫尔倡议的轮回选择法对生物群体的改良，均具有重要的意义。

辐射育种早在1927—1928年发现X射线能引起果蝇和大麦的基因突变时已见端倪。其后，化学诱变进一步扩大了突变育种的研究范围。1937年，A. F. 布莱克斯利等用秋水仙碱诱导植物染色体加倍成功，使多倍体育种成为可能，并有效地克服了远缘杂种不育的技术性难题。1954年，E. R. 西尔斯建立的小麦非整倍体系统和随后发现的部分同源染色体配对机理，为导入外源有利基因提供了方便。Н. И. 瓦维洛夫在20世纪20年代率先进行的全球性植物资源考察以及在此基础上形成的作物起源中心学说，R. A. 费希尔和S. 赖特等人首先应用于生物学研究领域的数理统计学等研究成果，对于促进作物育种技术不断完善起到了重要的推动作用。

三、作物遗传改良的目标及生产状况

禾谷类作物遗传改良的基础是物种内的种质资源，而遗传改良的关键环节涉及4个主要方面，即千方百计地创造出遗传性变异、敏锐地筛选出优良的基因型或突变体、快速而高效地获得遗传性稳定的纯合个体和不失时机地繁殖出可以满足生产需求的品种。人类已经进行过大量研究并在生产上大面积栽培的三大禾谷类作物——水稻、小麦和玉米，分别属于稻亚科的稻属、早熟禾亚科的小麦属和黍亚科的玉蜀黍属。除此之外，对黑麦属的黑麦、小黑麦属的六倍体小黑麦和八倍体小黑麦、大麦属的4种栽培大麦(栽培二棱皮大麦、栽培四棱裸粒大麦、栽培六棱裸粒大麦和四倍体大麦)、燕麦属的燕麦和莜麦、薏苡属的薏苡、高粱属的高粱、甘蔗属的甘蔗、狗尾草属的谷子和狼尾草属的御谷等禾谷类作物都进行过有效的遗传改良并对其潜在价值进行过深入的探索。

尽管当前各类农作物遗传改良成效显著且产量水平较高，但进一步挖掘其遗传改良潜力仍面临较大挑战。在新的形势下，水稻、小麦和玉米新的育种目标的确定促进了禾谷类作物遗传改良水平的进一步提高，也正在为人类从根本上解决人口不断增加与可耕地不断减少的矛盾探索新的途径。

(一) 小麦

小麦(*Triticum aestivum* L.)在世界上的分布范围很广，从挪威、芬兰和俄罗斯到阿根

廷都有小麦种植。世界上的小麦主产区包括中国华北地区、印度、美国中央平原及其邻近的加拿大地区、地中海盆地、俄罗斯南部、阿根廷、澳大利亚西南部。主要产麦国为中国、印度、美国、法国和俄罗斯,这5个国家的小麦产量约占世界总产量的56.3%。法国是主要产麦国中单位面积产量最高的国家。其他单位面积产量高的国家还有荷兰、丹麦、芬兰和英国,但这些国家的小麦种植面积均不大,而小麦种植时的生长季节均很长。据美国育种家Kronstad估算,在最佳条件下,小麦产量可达21000 kg/hm^2。近年来,英国和智利的小麦籽粒产量已达到15000 kg/hm^2(Kronstad,1996年)。

实现小麦超高产生产必须满足两个基本条件:①拥有超高产能力的品种;②具备能够发挥超高产品种产量潜力的栽培措施。因此,必须选育出超高产新品种,并创造出有利于其生长的栽培环境。超级小麦品种应具备矮秆、大穗、大粒、多穗、优质、超高产、抗寒、抗病(如条锈病、白粉病)、落黄好、抗早衰等多重优异性状。

随着社会的发展和科学技术的进步,特别是小麦遗传改良水平的不断提高,中国的小麦生产能力逐步增强,这主要体现在3个方面,即种植面积起伏变化大、单位面积产量稳步提升、总产量持续增长。无论是冬小麦还是春小麦,高产高效栽培技术和优良品种对产量的提升都起到了非常重要的作用。在小麦遗传改良领域主要以选育优良的常规小麦品种为主。要实现产量上新的突破,利用杂种优势将是最有效的方法。事实证明,小麦杂种优势利用已成为提高小麦产量、改良品质和抗性的最有效途径。

(二)玉米

玉米(*Zea mays* L.)即玉蜀黍,分类学上玉米属于禾本科玉蜀黍属植物,是全世界也是我国种植范围最广、用途最多、总产量最高的作物。发展玉米生产对保障粮食安全和满足市场需要发挥着至关重要的作用。

国外正式的玉米育种经历了混合选择改良、杂交育种和转基因育种等阶段。Shamel于1898—1902年在伊利诺伊进行了玉米四代自交系(从一个玉米单株经过连续多代自交和选择分离出性状整齐一致、遗传上相对稳定的自交后代系统)的研究后指出,自花授粉使产量明显降低,并提出利用自交和杂交方法进行玉米育种的可能性。Shull从1905年开始进行玉米自交系的遗传研究,在1908年首次提出了纯系育种方法和选配自交系间杂交组合的基本步骤,从遗传理论上和育种模式上为玉米自交系育种奠定了基础。

如今,玉米已在除南极洲外的世界各地广泛种植,全球有165个国家和地区生产玉米,美国、中国、巴西、阿根廷和墨西哥是世界上最主要的玉米生产国,玉米已成为重要的粮食、饲料和工业加工原料来源。全球玉米年种植面积达20亿亩(1亩≈666.67平方米)以上,总产量已达 10 亿 t。同时,玉米也是全世界杂种优势应用最早、最普及的作物,是全球种业市值最大的作物,也是国际种业竞争的主要业务范围和生物技术育种的主要竞争领域。我国是全球第二大玉米生产国和消费国,近年来我国玉米总产量占全球玉米总产量的 20% 以上。

(三) 水稻

水稻($Oryza sativa$ L.) 是全球近 50% 人口的主要粮食作物,其中 90% 的水稻产于亚洲,并在亚洲等发展中国家被广泛消费。水稻生产对保障全球粮食安全、减少贫困人口和农村就业发挥着重要的作用。自 1961 年至 2006 年,全世界水稻生产的种植面积增长 32%,年均增长 0.61%,这主要得益于在现有稻田面积不变的情况下复种指数的提高;全世界水稻生产的单位面积产量提高 1.21 倍、年均增长 1.82%,总产量增长 1.92 倍、年均增长 2.46%,这主要依靠矮秆水稻品种和杂交水稻育种的成就以及配套的高产栽培技术的推广、灌溉设施改善和化肥施用。根据 FAO 的统计资料,2001 年全球水稻收获面积为 15119.9 万 hm^2,平均单位面积产量为 3.87 t/hm^2,总产量为 58514.7 万 t。1961 年全世界水稻总产量为 21565.5 万 t,到 2001 年全世界水稻总产量提高到 58514.7 万 t,增加 36949.2 万 t。在 40 年中,水稻总产量、种植面积和单位面积产量分别增长 171.3%、30.9% 和 107.0%。在总产量增长中,因播种面积增加的贡献占 27.8%,因单位面积产量提高的贡献占 72.2%。在总产量增长过程中,虽然种植面积也有增长,但单位面积产量提高起着主导作用。特别是进入 20 世纪 80 年代之后,稻田种植面积已经很难扩展,水稻总产量增长主要依靠现代生物技术和遗传改良水平的提高,进而有效挖掘单位面积产量潜力。2001 年与 1980 年相比,水稻总产量、种植面积和单位面积产量分别增长 47.5%、4.6% 和 40.7%。在总产量增长中,因种植面积增加的贡献仅占 11.7%,而其他 88.3% 的总产量增长源于单位面积产量提高。

1976 年以来,中国在生产上应用和推广杂交水稻取得成功。自 20 世纪 70 年代末以来,杂交水稻面积不断增加。杂交水稻的推广使水稻总产量稳定提高。2007 年,杂交水稻在亚洲其他国家,如孟加拉国、印度尼西亚、菲律宾、越南、印度、缅甸等主要产稻国推广 250 万 hm^2,显示出杂交水稻对水稻单位面积产量的提高和总产量增加的潜力。杂交水稻在亚洲其他国家的应用还需要提高制种产量并降低制种成本,选育异交率高、品质优的不育系,以促进杂交水稻的广泛采用。为满足全球人口增加对稻米的需求,通过改善群体结构、理想株型育种、杂交优势利用、遗传工程技术、扩大遗传背景、分子育种等手段,来提高水稻品种的产量潜力。中国通过水稻株型和优势利用选育的超级稻品种及其配套栽培技术研究在生产中发挥了重要作用,生物技术与常规育种技术的结合提高了杂交水稻产量、品质和抗性。水稻品种株型改良和杂交水稻是水稻产量进一步提高的主要途径。

近年来,在水稻超高产育种的材料创制、基础理论研究方面也取得了重要的进展,拓宽了其遗传多样性。水稻单蘖基因的克隆及其育种应用使提高分蘖成穗、优化水稻群体成为可能。另有一些科学家试图将玉米的 C_4 光合基因导入到水稻,提高光合效率,进而提高水稻产量。将 Bt 基因导入水稻,提高水稻对危害最大的螟虫的抗性,可减少产量损失。抗除草剂、抗生物和非生物逆境转基因水稻的培育,将减少杂草的竞争,降低生物和非生物逆境对水稻产量造成的损失。

四、我国作物遗传改良研究现状和发展趋势

我国应用现代育种技术对作物品种进行遗传改良的研究始于 20 世纪初。先是在稻、麦、棉三大作物中进行引种、纯系育种和杂交育种,先后育成了以中大帽子头(稻)、金大2905(麦)、中大2419(麦)、鸡脚德字棉、泾斯棉等为代表的改良品种。在 1949—1979 年,作物育种事业发展迅速,育成并用于生产的粮、棉、油、糖、麻、烟等 25 种大田作物品种达 2729 个,其中推广面积在 100 万亩以上的有 265 个。20 世纪 50 年代中后期开展水稻矮化育种,育成的著名品种有矮脚南特、广场矮和珍珠矮等,由此掀起水稻遗传改良的第一次革命性浪潮。在 20 世纪 70 年代中期,杂交水稻育种的突破性成就再次将水稻遗传改良的技术水平提升到新的高度。生产实践表明,杂交水稻的平均产量比常规水稻高出 15%~20%。近年来,杂交水稻应用面积已经达到水稻种植面积的 55% 以上。

我国在水稻遗传改良、生产新技术的推广利用和稻米消费等方面在全球占有举足轻重的地位。我国水稻的年播种面积大约为 3050 万 hm^2,占全球水稻年播种面积的 20% 左右,而稻谷的年产量为 9017 万 t 左右,占全球稻谷年产量的 31.8% 左右,这说明我国水稻的单位面积产量显著高于全球水稻的平均单位面积产量。从水稻的年播种面积来看,我国排名世界第二,仅次于印度。从水稻的单位面积产量来看,我国位居世界第三,仅次于美国和韩国。

对于禾谷类作物(特别是小麦、水稻和玉米),其单位面积的产量潜力还有很大的潜在空间有待于通过新种质创新和遗传改良技术的优化而得到进一步挖掘。从现有的研究现状来看,通过形态改良和持续挖掘杂种优势效应,有助于持续挖掘作物的产量潜力。通过形态改良构建优良的植株形态和优化的群体结构,有望从根本上提升单位时间单位面积内作物的光能利用效率。通过不断挖掘其杂种优势效应,有望从根本上提高其生理

生化功能和生长发育功能,增强其抗逆性和适应性,发挥其潜在的生长势和产量潜力。作物遗传改良的发展趋势是:在获得优良的个体形态和群体结构的基础上,从有效利用品种间杂种优势效应到利用部分亚种间杂种优势效应,再探索利用典型性亚种间杂种优势效应,最终有效利用物种间更为强大的杂种优势效应。

第二节 作物杂种优势及其利用现状

一、杂种优势现象

两个遗传上有差异的亲本通过有性杂交产生的杂种一代,在生长势、生活力、繁殖率、抗逆性、适应性以及产量、品质和生理生化特性等性状方面优于双亲的现象称作杂种优势。几乎所有的形态、生理和生化性状,都能够表现出杂种优势。杂交优势主要表现在3个方面:①杂交后代的营养体大小、生长速度和有机物质积累强度均显著超过双亲的平均水平。这类优势有利于农业生产的需要,但对生物自身的适应性和进化来说并不一定有利。②杂交后代的繁殖器官优于双亲,例如农作物结籽多、产量高,家畜产仔多、成活率高等。③表现为进化上的优越性,如杂交种的生活力强,适应性广,有较强的抗逆性和竞争力。根据杂种优势划分标准的不同,生物杂种优势的表现有多种类型。

在自然界,生物杂种优势现象普遍存在,几乎任何一种生物种群内均存在着杂种优势效应,这种效应对于生物体种群的生存、发展和演化具有重要的生物学意义。对于一个特定的生物种群而言,生物杂种优势效应涉及营养型杂种优势、生殖型杂种优势和适应型杂种优势。生物杂种优势现象并不是某一个性状或两个性状单独地突出表现,而是许多性状综合地突出表现。例如,杂交水稻根系发达、代谢功能旺盛、根系吸收和叶片光合能力强;杂交水稻的有机物质积累快,运输转化能力强;单位面积的颖花数目比较多。几个优势的综合,最终表现为增产优势。

二、杂种优势的研究历史

人类早在很久以前就发现了自然界的生物杂种优势现象及其生物学效应。这种特性在生物物种进化、物种多样性的形成、特定生态条件下的生存适应以及展现特定生物学价值等方面具有重要意义。农作物杂种优势研究开始于欧洲。德国学者 J. G. 科尔罗伊特在1761—1766年以不同烟草品种为杂交亲本进行杂交试验时,成功获得了具有丰产、早熟和品质优良特性的杂种第一代,进而提出利用烟草杂种第一代优势效应的可能性。1849年,C.F.盖特纳在他所研究的80个属的700种植物中同样发现了杂种优势。1866年,G.J.孟德尔发表的《植物杂交试验》中提到:用1英尺高与6英尺高的两种豌豆进行杂交,所得子一代植株无一例外地都达到了6~7.5英尺的高度。1862年,比尔在研究玉米杂交后代的生物学效应时,特别强调花粉粒的来源对于玉米的遗传改良具有特殊的生物学效应,并论证了将玉米品种间杂种第一代应用于生产实际的可能性。1876年,C.R.达尔文在《植物界异花授粉和自花授粉的效果》一书中总结了30个科、52个属、57个种及许多变种和品系间的杂交和自交试验观察结果,并得出了杂交对植物有益、自交对植物有害的结论。1900年,孟德尔定律重新发现后,杂种优势的研究和应用得到了进一步的发展。20世纪初,为验证孟德尔遗传学的普遍性,一大批生物学家进行了大量以不同作物为试验材料的杂交试验。试验结果不但证实了孟德尔遗传学的普遍性和实用性,还证实了生物杂种优势的客观性及其潜在价值。根据大量的杂交试验结果,沙尔(Shull)于1908年提出了"杂种优势"(heterosis)这一术语,定义为由两个遗传基础存在差异的亲本通过有性杂交所获得的杂种F_1在生长势、生活力等方面优于其双亲的现象。随后的试验结果表明,生物杂种优势现象在自然界普遍存在,这种生物学现象对于生物体的进化和发展、新物种的形成和演化、农业生产和农业现代化发展有着重要的意义。

进入20世纪之后,杂种优势在农作物领域的研究发展迅速,取得了令人瞩目的成果和显著的经济效益。其在异花授粉作物(如玉米和甜菜)、常异花作物(如高粱和棉花)以及自花授粉作物(如小麦和水稻)的杂种优势研究与生产应用中,均取得了令人瞩目的育种成果。1908年,沙尔最早报道了玉米自交系之间杂交产生的杂种第一代具有显著增产潜力及实用价值,并提出了生产玉米单交种的技术思路。随后,杂种优势首先在玉米遗传改良中得到研究利用。1918年,琼斯首先提供了由4个自交系配制杂交种(即玉米双交种)的技术路线。1921年,康涅狄格州试验站第一个报告育成了玉米双杂交种并开始推广。这一成果促使玉米在生产上的种植面积得到不断扩大,其单位面积产量大幅度提高,进而推动着其他作物杂种优势利用的研究步伐。在20世纪50年代中期和末期,杂交高粱和杂交甜菜在杂种优势研究中分别取得重大突破。

在当今的生物体遗传改良领域内,通过不断挖掘生物杂种优势效应,进而提高生物产量和增产增收已经成为重要的技术创新方向。20世纪60年代之后,育种工作者相继在雌雄同花作物中发现雄性不育的种质资源,促进了作物"三系法"和"两系法"杂种优势利用的研究进程。作物"两系法"杂种优势利用的研究成果已经产生了明显的社会效益和经济效益。从20世纪70年代中期开始,中国育种工作者首创杂交水稻在生产上大面积的推广利用,收到很大的增产效益,为杂种优势的应用开辟了新途径。无论是自花授粉植物还是异花授粉植物,普遍存在着杂种优势现象,这一结论已被大量的科研成果和农业生产实践所证实。

历经多年的探索与研究,尽管学者们尚未能从本质上揭示生物杂种优势的产生机制,但在利用杂种优势效应提升生物产量方面已取得了显著突破。

三、杂种优势的分类

1. 按照生物体表现优势的状态来划分

按照生物体表现优势的状态来划分,可以将其划分为营养型杂种优势、生殖型杂种优势和适应型杂种优势。营养型杂种优势是指杂种F_1的营养体生长发育旺盛,个体和群体的体积明显变大,营养器官特别发达;生殖型杂种优势是指杂种F_1的生殖器官很发达,花器官、雌配子体和雄配子体等体积明显变大;适应型杂种优势是指杂种F_1对外界环境的适应能力强,特别是具有很强的抗逆性。在鉴定生物体表现优势的状态时,应关注生物杂种优势的综合效应,实际上,生物杂种优势往往表现为多个性状的综合效应。在对生物体优势效应进行比较鉴定时,需要注意实验材料的生育期或生活周期,应该以单位时间内的杂种优势效应进行比较才更加具有科学性。

2. 按照杂种优势衡量的标准来划分

按照杂种优势衡量的标准来划分,生物杂种优势可以划分为平均优势、超亲优势和竞争优势。

(1) 平均优势,指杂种一代的某一性状值超过双亲性状值平均数的百分比。这种杂种优势效应可以由如下公式进行计算:

$$H = \frac{F_1 - \frac{1}{2}(P_1 + P_2)}{\frac{1}{2}(P_1 + P_2)} \times 100\%$$

式中,H、F_1、P_1、P_2分别代表平均优势效应、杂种第一代效应值、第一亲本性状效应值、第二亲本性状效应值。

(2) 超亲优势,指杂种一代性状值优于双亲中大值亲本性状值的百分比。这种杂种优势效应可以由如下公式进行计算:

$$H = \frac{F_1 - P_大}{P_大} \times 100\%$$

式中，H、F_1、$P_大$分别代表超亲优势效应、杂种第一代效应值、大值亲本性状效应值。

（3）竞争优势，指杂种一代性状值优于生产上优良品种性状值的百分比。这种杂种优势效应可以由如下公式进行计算：

$$H = \frac{F_1 - P_优}{P_优} \times 100\%$$

式中，H、F_1、$P_优$分别代表竞争优势效应、杂种第一代效应值、优良品种性状效应值。

3. 按照细胞遗传学的观点来划分

按照细胞遗传学的观点来划分，生物杂种优势可以划分为细胞核杂种优势、细胞质杂种优势和核质互作型杂种优势。细胞核杂种优势是指由生物体异源核基因或异源核基因组通过相互作用所产生的生物学效应。细胞质杂种优势是指同一细胞核在不同细胞质环境中表现出的生物学效应差异，即在某种细胞质条件下，表现出最为显著的优势效应。核质互作型杂种优势是指由生物体异源细胞核和细胞质通过相互作用所产生的生物学效应。

4. 按照生物分类学的观点来划分

按照生物分类学的观点来划分，生物杂种优势可以划分为品种间杂种优势、亚种间杂种优势和物种间杂种优势。品种间杂种优势是指通过遗传基础存在明显差异的品种间杂交所获得的杂种F_1在生物学性状上表现出优于双亲的现象。亚种间杂种优势是指在遗传基础存在显著差异的同一物种内不同亚种间杂交产生的杂种F_1在生物学性状上表现出优于双亲的现象。物种间杂种优势是指通过遗传基础存在显著差异的不同物种间杂交产生的杂种F_1在生物学性状上表现出超越双亲的现象。

四、杂交种的性状表现

杂种优势的表现是多方面的，包括各种各样的性状（形态、生理和生化的性状）：表现在杂种对其亲本性状的优越性上，表现在一定的代谢过程（如重要物质的生物合成）强度上，表现在杂种个体发育个别阶段的发育速度上，表现在杂种对其所在环境反应的差别上。

（1）生育期。单交种生育期通常介于两亲本之间，双交种亦遵循此规律。大体上可用两条本系生育期的平均值估算单交种的生育期。但各个具体生育时期又有差别。单交种较其亲本系，一般抽雄期（或抽丝期）明显地提早，但抽丝到成熟天数往往会延长一些；双交种与其单交亲本间差别则不大明显。

（2）植株性状。单交种株高通常较其亲本系更高，呈现出明显的超亲现象。同型单基因控制的矮秆系间杂交，杂交种仍表现矮秆；异型矮秆系（由非等位基因控制）间杂交，杂交种表现高秆。而多基因控制的矮秆系间杂交，杂交种表现矮秆。单交种叶片数和叶角一般倾向于多叶片、叶角大的亲本，单交种的雄穗大小和散粉性好坏一般倾向于雄株分枝多、散粉量大、散粉性好的亲本系。

（3）生长势。单交种的生长速度（包括发叶速度、叶面积增长速度、茎粗增长速度等）通常较其亲本系更快，或与生长势较强的亲本系相近。双交种生长速度则介于两单交亲本之间，有时要快一些。

（4）抗病性与抗逆性。玉米对抗大斑病和小斑病均存在单基因抗性与多基因抗性。已知玉米抗大斑病基因有 $Ht1$、$Ht2$、Htn 等显性单基因，而抗小斑病则由隐性基因 rhm 控制。多基因抗性为数量性状遗传，抗病性为部分显性的基因间有加性效应，也有表现为显性、上位性效应。大体上，杂种一代的抗病性近似或高于两条抗病级别的平均值。单基因抗病系与多基因抗病系间杂交，抗性有互补作用。

玉米抗逆性主要包括抗冷性（耐 0 ℃ 以上低温能力）、抗寒性（耐 0 ℃ 以下低温能力）、抗旱性（大气干旱、土壤干旱）、抗倒伏性和倒折性。一般说来，单交种的抗逆性介于两条本系之间且多倾向于抗性强的亲本，有的母本效应较强。采用多次轮回选择法对提高玉米抗逆性有较好的效果。

（5）产量及产量因素。研究产量及产量因素的优势表现，通常采用优势指数法（IH）。每株籽粒产量由每株有效果穗数（A）、每穗平均籽粒数（B）和每粒平均重量（G）或千粒重共同决定，计算公式为

$$每株籽粒产量 = A \times B \times G$$

与产量因素有关的是经济系数。

水稻杂种优势主要体现在植株高度、生育期、生物机能、产量潜力和实用价值等多个方面。水稻杂种 F_1 在植株高度上，多数表现出正向优势。然而，由于植株高度与抗倒性之间存在明显的负相关关系，过高的优势效应在生产实践中可能并不利于保持植株稳定性。所以，在水稻杂种优势利用中一般要求杂交父母本具有相同的半矮秆基因，以使杂种第一代的植株略高于半矮秆品种。由于籼稻的半矮秆基因和粳稻的半矮秆基因不等位，因而籼粳亚种间杂交稻往往植株偏高，而不利于应用。遗传学的研究表明，早熟水稻品种与早熟水稻品种杂交，杂种第一代通常表现出负向超亲优势，即杂种第一代将会比抽穗期较早的亲本更早抽穗。早熟水稻品种与中熟水稻品种杂交，杂种第一代的生育期短于双亲中值而偏向于早熟亲本的生育期。早熟水稻品种或中熟水稻品种与迟熟感光

水稻品种杂交,由于感光性基因通常表现出显性特点,因而杂种第一代的生育期通常偏向于迟熟(感光)亲本的生育期。

水稻杂种优势的另一个重要表现是根系发达、功能旺盛、吸收和合成能力强。汕优6号在发芽期的根干重分别比父母本根干重高24%和7%。而威优64在6.5叶期的根干重比父本根干重高36.1%。汕优6号在孕穗期,根系的伤流强度比其父本IR26根系的伤流强度高91.5%,而在苗期的氮吸收率比父本的氮吸收率高22.1%,其氨基酸合成力比父本氨基酸合成力高75.0%。在光合机能方面,杂交水稻首先表现在相同栽培条件下,单株叶面积和群体叶面积指数比常规品种更大。暗呼吸和光呼吸强度比较弱,但其光合强度与常规品种无显著差异。生育前期有机物质的积累和后期有机物质的转运,杂交水稻比常规水稻表现出更加明显的优势效应。杂交水稻根系发达、功能旺盛、吸收和合成能力强,是其杂种优势效应的基础,有机物质积累和运输力强是杂种优势的源,单位面积颖花数多是杂种优势的库。各方面优势效应的综合,最终表现为增产优势。至于在抗性和品质方面的表现,是由杂交父本和杂交母本的特性所决定的。杂交亲本只要有一方的抗性强并且受显性基因控制,则杂种第一代会表现出比较强的抗性。如果杂交亲本的品质性状均优良,并且受基因等位控制,则杂种第一代的品质也会优良。

五、杂种优势利用的技术发展

(一)玉米杂种优势利用

玉米自16世纪引入我国,约有500年的历史。前400多年里我国玉米品种主要推广引进开放授粉品种,结合自然选择和人工选择获得适应我国环境的农家品种。20世纪二三十年代我国开始玉米育种工作,经历了三个时期:主要依赖表型观察,通过自交加代选育优秀自交系的传统经验育种时期;以杂种优势群体划分模式为基础,筛选高配合力亲本组合为核心的杂种优势育种时期;综合了单倍体育种、分子标记育种、转基因育种的现代生物工程育种时期。

从20世纪30年代中期到1960年,生产上种植的主要是双交种和部分三交种。1963年,当迪卡种子公司生产第一个单交种XL45的商品种子后,由于其高产性和整齐度优于双交种,各个种子公司相继育成一批单交种并迅速推广,取代了大部分双交种,成为生产上利用的主要类型。1996年美国孟山都公司推出了世界上第一个转基因玉米品种。2019年,全球转基因玉米种植面积达到6090万hm^2,带来经济效益超过70亿美元。据国际农业生物技术应用服务组织(International Service for the Acquisition of Agri-biotech Applications,ISAAA)统计,截至 2021 年 3 月,全球共有 240 个转基因玉米转化事件①在 34 个国家或地区累计获得 2090 项用于粮食、饲料或种植的监管审批,涉及性状包括单一性状的抗虫、耐除草剂、品质改良和授粉控制系统,以及同时兼具多个改良性状的复合性状,如抗虫、耐除草剂等。

(二)小麦杂种优势利用

1951 年,日本细胞遗传学家木原均成功培育出携带卵形山羊草(*Aegilops ovata*)细胞质的雄性不育系,标志着杂种小麦研究的正式开启。而真正走上实际应用研究的是从 1962 年 T 型细胞质雄性不育系育成以后,这时主要的小麦生产国都开展了杂种小麦研究。在经过 20 世纪 60 年代集中一段时间的研究以后,育种工作者发现杂种小麦的生产利用并不像原先想象的那样容易,因而大多数研究机构都放弃了这个项目。1965 年,北京农业大学蔡旭教授从匈牙利科学院引进小麦 T 型不育系和恢复系,开启了我国杂交小麦不育系与恢复系的转育工作。1972 年我国成立了全国杂优小麦协作组,致力于杂种小麦的遗传和育种工作。

近年来,主产小麦的国家如美国、澳大利亚、法国、阿根廷等,又重新加强了杂种小麦的研究。但与玉米和水稻等作物相比,杂种小麦远没有取得应有的经济效益和社会效益。其大概原因如下:①小麦是异源六倍体自花授粉作物,具有庞大的基因组(一条染色体臂就相当于水稻的整个基因组),长期人工选择结果又使之遗传多样性较差,因此,品种间杂种优势不够强,不如杂种玉米、水稻等作物明显。②小麦是密播作物,生产上用种量都在 7.5 kg/亩以上(春小麦的播种量甚至达 20 kg/亩以上),是玉米和水稻的 3~5 倍。但现有技术生产小麦杂交种子的单位面积产量并不比玉米或水稻杂交种子的单位面积产量高,因而杂种小麦种子生产成本偏高,经济效益不如玉米、水稻,限制了小麦杂交种的生产应用。

(三)水稻杂种优势利用

水稻杂种优势利用经历了三个阶段。第一代杂交水稻是以核质互作雄性不育系为遗传工具的三系法,由袁隆平在 20 世纪 60 年代开创,在 20 世纪 70 年代成功实现了"三系"配套并成功推广。第二代杂交水稻是利用光温敏核不育性的两系法。20 世纪 80 年

---

① 利用现代生物技术手段,将外源基因转入玉米基因组中,获得能够稳定遗传且原有性状得到改良或被赋予新优良性状的转化体,称为转化事件。

代石明松发现光温敏不育系,简化了育种程序。目前进入第三代杂交水稻的推广应用阶段,它是以普通核不育系为母本的新型杂交水稻;第三代杂交水稻产量品质显著提升,有效地解决了高产与优质的矛盾,结合大数据、人工智能和现代生物技术等手段,正在推动杂交水稻育种向智能化、精准化方向发展。

六、杂种优势利用的影响因素

生物杂种优势效应的大小主要取决于双亲间性状的相对差异和性状互补程度。在一定范围内,双亲之间的亲缘关系越远,生态类型和生理特性等方面的差异越大,双亲间相对性状的优缺点越能彼此互补。双亲之间的亲缘关系越近,生态类型和生理特性等方面的差异越小,双亲间相对性状的优缺点越不能彼此互补,则其杂种第一代的杂种优势效应越不明显。对于水稻杂种优势效应的表现特点,袁隆平院士曾作了概括,即品种间杂种优势效应<亚种间杂种优势效应<物种间杂种优势效应;将利用籼粳亚种间杂种优势作为继利用品种间杂种优势之后杂交水稻发展战略的第二阶段。

生物杂种优势效应的大小与其双亲基因型的纯合程度密切相关。从生产实用角度看,生物杂种优势效应通常指杂种群体整体表现出的优势效应。只有在双亲的基因型达到高度纯合时,其杂种 F_1 群体的基因型才能具有整齐一致的异质性,不会出现性质分离现象和混杂现象,群体才能表现出明显的优势效应和产量潜力。

生物杂种优势的表现受到环境条件的显著影响。生物体性状的展现是特定基因型在特定环境条件下表达的产物,反映了基因型与环境之间的相互作用。超级杂交水稻的生产实践表明,任何优良的超级杂交水稻组合要表现其产量潜力都离不开相应的环境条件和优良的栽培管理措施。同一优良的超级杂交水稻组合在不同的生态条件下其产量潜力明显不同,或采用不同的栽培管理措施也会获得不同的产量结果。

由此获得了一些值得借鉴的经验:

(1)在作物杂种优势利用中,选择何种利用方式往往与作物的形态学特征紧密相关。特别是作物的花器官结构,在很大程度上决定了育种者采取何种技术路线来发掘其杂种优势。不同作物的花器官结构对于杂交制种的成功和效率有很大的影响。果实比较大而其中的种子数量比较多的作物(如辣椒)可以采用人工去雄后授粉杂交,进而获得杂交种子。果实比较小而其中的种子数量比较少的作物(如水稻)采用人工去雄后授粉杂交则很难达到获得大批量杂交种子的目的。

(2)作物的生殖发育类型与其杂种优势利用方式密切相关。自然界中,植物经过长期进化与演变,形成了各自独特的生殖发育类型和生殖方式。作物的生殖方式主要有三大类,即有性生殖、无性生殖和无融合生殖。对于有性生殖作物(如水稻和小麦)而言,在杂种优势利用中必须想方设法消除杂交母本的雄配子或雄配子体而保持雌配子或雌配子体的正常生物学活性。对于无性生殖作物(如马铃薯和红薯)而言,在杂种优势利用中通常是先进行有性杂交后再利用特定的器官(块茎或块根)进行后代繁殖。对于无融合生殖作物(如花椒和多倍体黑莓)而言,在杂种优势利用中首先通过杂交配组筛选出具有强优势效应的优良植株或株系,然后通过无融合生殖途径利用和固定其杂种优势效应。

(3)在作物杂种优势利用中人工去雄的技术已经比较完善。农作物杂种优势利用首先在玉米育种中利用人工去雄技术找到了突破口。1876年,贝尔在玉米品种间杂交过程中选育出高产杂交组合。1908年,沙尔明确提出杂种优势的概念和选育玉米单交种的技术程序。然而,由于当时生产玉米单交种的成本较高,沙尔利用其杂种优势的计划在生产上未能实现。1917年,琼斯提出了玉米双交种的技术思路,这一思路引导了后续对双交种的深入研究。1933年,美国开始在生产上大面积推广玉米双交种,至1956年,美国实现了玉米双交种的普及推广,这一举措显著提高了玉米的产量。

(4)针对杂交母本的杀雄技术种类繁多,且实用性不断增强。20世纪初期,玉米杂种优势利用主要依靠人工去雄技术进行大面积杂交制种。随着现代生物技术的飞速发展和遗传学研究的不断深入,生物学杀雄技术和化学杀雄技术应运而生,这些技术的进步使得不同作物能够更好地利用杂种优势效应,从而持续挖掘其产量潜力。随着生产上利用标记性状杂交制种、利用自交不亲和性杂交制种、利用雄性不育性杂交制种、利用雌性系杂交制种、利用雌雄异熟的迟配系杂交制种和化学杀雄杂交制种以及利用无融合生殖特性固定杂种优势效应等杂交制种技术的不断完善,已经将作物杂种优势利用的技术推到了相当高的技术平台,其经济效益和社会效益越来越明显。

(5)随着遗传学研究成果的不断积累,对作物雄性不育特性的理解日益深入,这使得有效利用雄性不育性构建杂种优势利用技术的研究更加趋向完备。从植物雄性不育性的遗传模式来看,雄性不育性的表达通常有3种模式,即细胞质遗传、细胞核遗传和核质互作遗传。植物的雄性可育性是一个核质相互协调的复合性状。从理论上来看,生物体发生细胞质突变或细胞核突变或核质同时突变都有可能产生雄性不育突变体。基于此推理,1947年,西尔斯明确提出了关于植物雄性不育类型划分的"三型假说"。然而,经过几十年的研究,并没有发现由细胞质单独突变而导致雄性不育性产生的研究报道,由此,1956年,爱德华森提出了关于植物雄性不育类型划分的"二型假说"。在现代遗传学理论的指引下,育种家在构建作物杂种优势利用技术方面取得了显著成效,尤其是稻属植物杂种优势利用方面的成果尤为突出。20世纪70年代中期,第一代杂交水稻技术取得重大突破,主要采用"三系法",即利用核质互作型雄性不育系进行杂交配组。而第二代杂交水稻则是以光温敏不育系及其配组父本为遗传基础,构建了"两系法"杂交水稻。第三代杂交水稻的技术特点就是以生物工程技术为主导,挖掘水稻普通核不育系的潜在价值,由此配制出具有更大产量潜力和更少制种风险的新型杂交水稻。

(6)对作物宿根特性潜在利用价值的探索、创制杂种优势多代利用的种质资源、培育具有宿根特性的作物杂交组合以及建立实用性技术,开辟了新的研究路径。对于禾本科植物来说,培育宿根性杂交组合有助于实现杂种优势效应的多代利用,从而降低生产成本,并在很大程度上实现杂种优势效应的稳定遗传。

(7)作物染色体组倍性与杂种优势效应的大小之间存在显著相关性。在作物属间的系统发育过程中,染色体或染色体组的进化特征明显,表现为由染色体组低倍性物种向高倍性物种的演化趋势。过去100多年来,麦类植物的遗传改良在很大程度上加快了麦类植物的进化步伐,并促使有利于人类的优良农艺性状朝着特定方向聚集,从而使栽培型麦类植物品种或生态型展现出更高的增产潜力、更佳的品质、更强的抗逆性和更广泛的适应性。从染色体组的角度来看,小麦属是由以7为基数的多种染色体组倍性所组成的物种群。一粒小麦为二倍体物种($2n=2x=14$),其生产价值和经济价值比较小,因而一粒小麦在现代社会的农业生产中显示不出重要的作用。二粒小麦($2n=4x=28$)为四倍体物种,其中包含有一些具有一定生产价值的品种,但这些品种由于其产量潜力有限,以致于其应用范围并不广泛,仅仅局限在一些特殊的生态区域种植。在现代经济中,异源六倍体普通小麦($2n=6x=42$)发挥着重要作用。据统计,普通小麦的变种及其衍生系在全球分布广泛,占全世界小麦总产量的90%左右。经过长期的进化过程,普通小麦的染色体组水平达到了相当高的程度,这一具有6个染色体组的物种在产量潜力上达到了意想不到的程度,由此吸引了一些学者试图通过增加植物细胞核的结构成分(即染色体组多倍性)进一步挖掘其产量潜力。基于麦类植物的研究,普通栽培稻是二倍体物种($2n=2x=14$),进化程度还比较低,其遗传改良的发展空间广阔。

第二章 杂种优势的形成机制

自然界生物杂种几乎在所有的形态学性状、生理生化性状和适应性等方面都能够表现出一定的优势效应。这种生物学特性对于生物体在其物种进化过程中由低级物种逐步地向高级物种演化、物种多样性的形成、特定物种在特定生态条件下的生存以及特定物种表现出特定的生物学价值均有着重要的生物学意义。

第一节 杂种优势相关的基因概念

一、基因的分类

根据基因所编码的蛋白质的作用把基因分为结构基因和调节基因:凡是编码酶蛋白、血红蛋白、胶原蛋白或晶体蛋白等蛋白质的基因都称为结构基因;凡是编码阻遏或激活结构基因转录的蛋白质的基因都称为调节基因。但是从基因的原初功能这一角度来看,它们都是编码蛋白质。根据原初功能(即基因的产物),基因可分为:

(1)编码蛋白质的基因,包括编码酶和结构蛋白的结构基因以及编码作用于结构基因的阻遏蛋白或激活蛋白的调节基因。

(2)没有翻译产物的基因,包括转录成为 RNA 以后不再翻译成为蛋白质的转移核糖核酸(tRNA)基因和核糖体核酸(rRNA)基因。

(3)不转录的 DNA 区段,如启动区、操纵基因等。前者是转录时 RNA 多聚酶开始和DNA 结合的部位;后者是阻遏蛋白或激活蛋白和 DNA 结合的部位。

二、基因的相互作用

(一)非等位基因的相互作用

(1)互补基因。若干非等位基因只有同时存在时才出现某一性状,其中任何一个发生突变时都会导致同一突变型性状,这些基因称为互补基因。

(2)异位显性基因(上位效应)。指影响同一性状的两个非等位基因中,当二者同时存在时,一个基因(上位基因)能抑制或掩盖另一个基因(下位基因)的作用,使得上位基因所决定的性状得以表现。

(3)累加基因或多基因。指对同一性状产生累积效应的非等位基因,每个基因对表型的影响都是部分的,且效应较小,故又称微效基因。相对于微效基因来讲,由单个基因决定某一性状的基因称为主效基因。

(4)修饰基因。指自身可能具有或不具有明显表型效应,但在与特定突变基因共存时能影响该突变基因表型表达程度的基因。即使修饰基因本身具有相似表型效应,其作用机制与累加基因不同,两者仍有区别。

(5)抑制基因。指一个基因突变后能消除另一个突变基因的表型效应,使之回归野生型表型。即使前一基因本身有表型效应,抑制基因与异位显性基因的概念依然不同,两者作用机制和关系各异。

(6)调节基因。指能够调控其他基因(包括结构基因)转录活性的基因,具有激活或阻遏作用。具有阻遏作用的调节基因与抑制基因的区别在于,前者通常调控正常(野生型或非突变)基因的表达,而后者则影响突变基因的表型效应。

(7)微效多基因。指对同一性状产生微小影响的多个基因,由于数量众多且效应叠加不易区分,这些基因共同构成了影响该性状的多基因系统。

(8)背景基因型。从理论上看,任何一个基因的作用都要受到同一细胞中其他基因的影响。除了正在研究的少数基因以外,其余的全部基因构成所谓的背景基因型或称残余基因型。

(二)等位基因的相互作用

1932年H.J.马勒根据突变型基因与野生型等位基因的功能关系,将它们分类为无效基因、亚效基因、超效基因、新效基因和反效基因,另外还有镶嵌显性现象。

(1)无效基因是指不能产生野生型表型的、完全失去活性的突变型基因。一般的无效基因却能通过回复突变而成为野生型基因。

(2)亚效基因是指表型效应在性质上相同于野生型,可是在程度上次于野生型的突变型基因。

(3)超效基因是指表型效应超过野生型等位基因的突变型基因。

(4)新效基因是指产生野生型等位基因所没有的新性状的突变型基因。

(5)反效基因是指作用和野生型等位基因相对抗的突变型基因。

（6）镶嵌显性。对于某一性状来讲，一个等位基因影响身体的一个部分，另一个等位基因则影响身体的另一部分，而在杂合体中两个部分都受到影响的现象，称为镶嵌显性。

三、基因的变异

基因是编码蛋白质或 RNA 等具有特定功能产物的遗传信息的基本单位，是染色体或基因组的一段 DNA 序列（对以 RNA 作为遗传信息载体的 RNA 病毒而言则是 RNA 序列）。包括编码序列（外显子）、编码区前后对于基因表达具有调控功能的序列和单个编码序列间的间隔序列（内含子）。遗传信息的基本单位一般指位于染色体上编码一个特定功能产物（如蛋白质或 RNA 分子等）的一段核苷酸序列。

基因变异是指基因组 DNA 分子发生的突然的可遗传的变异。从分子水平上看，基因变异是指基因在结构上发生碱基对组成或排列顺序的改变。基因虽然稳定，能在细胞分裂时精确地复制自己，但这种稳定性是相对的。在一定的条件下基因也可以从原来的存在形式突然改变成另一种新的存在形式，就是在一个位点上，突然出现了一个新基因，代替了原有基因，这个基因叫作变异基因。于是后代的表现中也就突然地出现祖先从未有的新性状。

基因序列的差异导致其表达的蛋白质发生变化，形成基因功能作用上的差异。同一生物反应可以有多个不同的同工基因参与。例如，同工酶来源于同一种系、机体或细胞的同一种酶具有不同的形式，催化相同的化学反应，但其蛋白质分子结构、理化性质和免疫性能等方面都存在明显差异。同工酶是指生物体内催化相同反应而分子结构不同的酶。最典型的同工酶是乳酸脱氢酶（LDH）同工酶。同工酶的基因先转录成同工酶的信使核糖核酸，后者再转译产生组成同工酶的肽链，不同的肽链可以不聚合的单体形式存在，也可聚合成纯聚体或杂交体，从而形成同一种酶的不同结构形式。

由同一基因转录出前体核糖核酸（前体 RNA），经过不同的加工剪接过程而生成多种不同的 mRNA，再转译出多种肽链，也可形成同工酶。同工酶只是做相同的"工作"，却不一定有相同的功能。由于多数酶的不同形式是共显性的，一个基因座位上两个或多个等位基因是能表达的，它们所编码的多肽链在凝胶上作为酶基因的表现型都能显示出谱带而被看见。

四、基因的遗传与表达

基因有两个特点：①能忠实地复制自己，以保持生物的基本特征；②基因能够"突变"，突变绝大多数会导致疾病，另外的一小部分是非致病突变。非致病突变给自然选择带来了原始材料,使生物可以在自然选择中被选择出最适合自然的个体。

在同源染色体上占据相同座位的不同形态的基因都称为等位基因。在自然群体中往往有一种占多数的(因此常被视为正常的)等位基因,称为野生型基因;同一座位上的其他等位基因一般都直接或间接地由野生型基因通过突变产生,相对于野生型基因,称它们为突变型基因。在二倍体的细胞或个体内有两个同源染色体,所以每一个座位上有两个等位基因。如果这两个等位基因是相同的,那么就这个基因座位来讲,这种细胞或个体称为纯合体;如果这两个等位基因是不同的,那么就称为杂合体。在杂合体中,两个不同的等位基因往往只表现一个基因的性状,这个基因称为显性基因,另一个基因则称为隐性基因。在二倍体的生物群体中,等位基因往往不止两个,两个以上的等位基因称为复等位基因。不过有一部分早期认为是属于复等位基因的基因,实际上并不是真正的等位,而是在功能上密切相关、在位置上又邻接的几个基因,所以把它们另称为拟等位基因。某些表型效应差异极少的复等位基因的存在很容易被忽视,通过特殊的遗传学分析可以分辨出存在于野生群体中的几个等位基因。这种从性状上难以区分的复等位基因称为同等位基因。

基因表达的主要过程是基因的转录和信使核糖核酸(mRNA)的翻译。基因调控主要发生在3个水平上:①DNA水平上的调控、转录控制和翻译控制;②微生物通过基因调控可以改变代谢方式以适应环境的变化,这类基因调控一般是短暂的和可逆的;③多细胞生物的基因调控,它是细胞分化、形态发生和个体发育的基础,这类调控一般是长期的,而且往往是不可逆的。基因调控的研究有着广泛的生物学意义,是遗传学和分子遗传学的重要研究领域。

第二节 杂种优势产生的主要假说

为了解释和阐明生物杂种优势现象产生的机制,科学家在理论上进行了不断的探索。由于生物杂种优势现象的复杂性和认识水平的局限性,杂种优势产生的原因仍停留在解释阶段且无一致结论,杂种优势学说仍然不能从根本上阐明生物杂种优势的机制。目前比较有代表性的有显性假说、超显性假说和遗传平衡假说等几种解释。

一、显性假说

显性假说又称显性学说,最初由 Davenport 于 1908 年提出,后由 Jones(1917 年)及

Collins（1921年）对其做了进一步补充，使得显性学说更加充实。该学说的主要论点如下：①显性基因多为有利基因，隐性基因大多是有害、致病以及致死基因，生物个体在长期进化过程中，通过自然选择、人工选择和适应性生存，在通常情况下，大多数显性基因有利于生物个体的生长发育，而相对应的隐性基因不利于其生长发育。②显性基因对隐性基因有抑制和掩盖作用，从而使隐性基因的不利作用难以表现。③显性基因在杂种群中产生累加效应。如果两个种群各有一部分显性基因而非全部，并且有所不同，使得 F_1 中具有比亲本的显性基因组合多，从而增加了杂合子代的生长势。④非等位基因间的互作会使一个性状受到抑制或者增强，这种促进作用可因杂交而表现出杂种优势。

这一学说在其解释实际杂种优势现象时存在两个问题：①显性学说认为，杂种优势的大小直接取决于亲本中纯合隐性基因数目，这些基因座在杂交时可能成为杂合状态而表现出杂种优势效应。因此，在每个基因座至少有一个显性基因的个体和群体具有最高的杂种优势，而在其他情况下获得的杂种优势将小于该值。然而，在亲本群体中维持许多隐性有害的不利基因纯合子的可能性是不大的。因此，根据这一学说在实际中所能获得的杂种优势应是不大的，而这与实际情况并不相符。Crow（1948年、1952年）指出，在玉米杂交中，杂种的生产性能通常超过亲本的20%，甚至超过50%。②显性学说认为，隐性基因只有在纯合状态下才是不利的，在自然群体处于杂合状态的个体具有更大的适应性。但是，一些试验结果表明，消除部分隐性基因并未给群体带来多大改变。显性学说的拥护者对此认为是在选育过程中，有许多和隐性基因紧密连锁的有利显性基因也随之丢失，因而即使消除部分隐性基因也得不到明显效果。然而，从生物发展的角度看，基因连锁强度应该受到自然选择的控制，一些有害的甚至纯合致死的隐性基因与有利的显性基因紧密连锁的特殊情况得以维持下来，由此表明这类隐性基因对一个基因型整体来说有重要的适应意义。

二、超显性假说

超显性假说又称超显性学说，由 Shull（1908年、1911年）和 East（1908年）提出，并由 East（1936年）用基因理论将其具体化。该学说认为，杂种优势是等位基因间相互作用的结果。由于具有不同作用的一对等位基因在生理上相互刺激，使杂合子比任何一种纯合子在生活力和适应性上更优越。据此，设有一对等位基因 A、a，则有 Aa>AA 和 Aa>aa。Hull（1945年）将这一现象称为"超显性"现象。East 后来进一步认为，每一基因座上有一系列的等位基因，而每一等位基因又具有独特的作用，因此杂合子比纯合子具有更强的生活力。此后，人们还认为，基因在杂合状态时可提供更多的发育途径和更多的生理生化多样性,因而杂合子在发育上即使不比纯合子更好,也会更稳定一些,优势增长的程度与等位基因间的杂合程度有密切关系。

超显性效应在有些单基因控制的性状中得到证实。Berger(1976年)的研究显示,玉米乙醇脱氢酶(alcohol dehydrogenese,ADH)基因在杂合状态下,该酶功能明显较强。人类的镰刀形血红蛋白杂合体(HbA/HbS)的红细胞中同时存在着两种血红蛋白:人类血红蛋白(HbA)和镰刀形红细胞血红蛋白(HbS),杂合体即不是贫血症患者,又不易为疟原虫感染,因而在疟疾流行地区更有利于生存。

超显性的证据在多基因控制的性状中不易得到。Hull(1952年)的研究结果显示,超显性在玉米杂种优势形成中有重要作用,与 Rambaugh 等(1959年)结果正好相反,绝大多数基因作用为加性效应。Jinks(1983年)认为数量性状中不存在超显性效应,Stuber 等(1992年)利用 RFLP 分子标记进行玉米杂种优势的遗传机制分析。他们选择2个商用杂交种的自交系 B73 和 MO17 配制杂种一代,从 F_1 自交产生的 F_2 群体中随机选择264个单株通过自交后建立264个 F_3 株系,选取6个性状进行统计分析,选用可覆盖90%~95%玉米基因组的76个 RFLP 分子标记用于位点多态性组成分析。他们分析后认为,玉米中决定产量的数量性状杂种优势与位点杂合性呈正相关(相关系数为0.68),单一位点控制的性状的表型与杂合性相关性比较小,随着性状涉及位点数的增加,表型与位点杂合性相关系数会增加。

三、遗传平衡假说

遗传平衡假说是 Turbin(杜尔宾)于1964年在基因平衡假说(1942年由 Mather 提出)的基础上发展起来的,试图以此来阐明生物杂种优势的产生机制。该假说的要点主要包括两方面:一方面,完全用非等位基因的相互作用来解释杂种优势机理是片面的,杂种优势不能够用任何一种遗传原因来解释,也不能用遗传因子相互影响的某一种形式来说明,因为杂种优势现象的产生是各种遗传因素相互作用后表现出的总效应;另一方面,生物体性状的正常发育是遗传平衡的结果,即在不同遗传因素相互作用后达到一定平衡状态的结果。在异花授粉植物中,自交系发育不良就在于它失去了遗传平衡,而经过严格选择后,自交系相互杂交,就能使杂种形成一种遗传平衡的异质结合系统,因而表现出杂种优势。

Turbin 提出遗传平衡假说的依据主要有3个:①Mather(马瑟)在1942年提出了基因平衡假学,即在没有外来的人为因素的干扰下,在生物的自然群体中某一基因的频率在亲子代中恒定不变;②在动物中,性别的正常发育取决于性染色体之间的平衡,某一种动物在生长发育过程中如果性染色体失去平衡,则其性别发育就会发生异常;③生物体某些性状的发育与染色体组的遗传平衡有密切的相关关系。在异源六倍体普通小麦($2n=6x=42$)的遗传学研究中,已经创造出 21 种具有不同特征特性的单体($2n-1=41$)。从性状表达上来看,各单体之间,各单体与正常个体之间存在着微小差异,通常难以辨认,只有在不良环境条件下单体之间的形状差异性才能鉴定。

显性假说和超显性假说的共同之处在于,二者均认为杂种优势源自杂种 F_1 等位基因和非等位基因之间的相互作用,且均认同这种互作效应的大小和方向具有差异性,可导致正向或负向的中亲优势、超亲优势。两者的区别在于,显性假说主张杂合等位基因间存在显隐性关系,非等位基因间则体现为显性基因的互补或累加效应。对于一对杂合等位基因,显性假说认为只能表现出完全显性或部分显性效应,不支持超亲优势的出现,而认为超亲优势仅由双亲显性基因的累加效应产生。相比之下,超显性假说认为杂种优势源于异质等位基因间的相互作用,杂合性本身即构成产生杂种优势的条件。超显性假说指出,一对杂合等位基因之间不存在显隐性关系,而是各自独立产生效应并相互作用,因此一对杂合等位基因同样可能产生超亲优势。若进一步考虑非等位基因间的互作(如上位性效应),超显性假说认为这将进一步增大出现超亲优势的可能性。纵观生物界杂种优势的各种表现,可以说在基因水平上的杂种优势是由于双亲有利显性基因的互补、异质等位基因及非等位基因的互作作用的综合结果。也就是说,显性假说、超显性假说是互相补充的,而不是对立的。然而,显性假说与超显性假说均侧重于基因层面的杂种优势解析,忽略了染色体组及其他基因组在杂种优势整体表现中的作用,未能探讨不同核基因组间的互作、细胞质基因组与核基因组间的互作以及质基因组间的互作对杂种优势的影响。而线粒体、叶绿体遗传、细胞质雄性不育性遗传、某些性状表现的正反交差异以及核质杂种表现优势等,都证实了细胞质和核质互作效应的存在,染色体组-胞质基因互作模式显然弥补了显性假说与超显性假说这方面的不足。

遗传平衡假说主要强调生物杂种优势效应源自遗传上多因子的综合效应,主张杂种优势的产生是由于各类非等位因子效应相互叠加的结果。在生物杂种优势的总效应中,非等位基因的累加效应为主要部分,少部分效应涉及等位基因的超显性作用。尽管遗传平衡假说为深入探究杂种优势机制提供了一定启示,但它仅对杂种优势来源进行了概念性阐述,未能明确生物体遗传基础中实现遗传平衡的各组成部分或相关基因作用和所占具体比重。

第三节 放大效应形成的合作优势

合作现象广泛存在于人类社会及自然界,是社会与经济行为的核心特征。合作是社会生活不可或缺的行为模式,包括个体、团队、组织等不同层面,表现为各方为共同目标,相互协作,以求高效地完成任务。社会就是合作的产物。

产业链中,一个产品的诞生通常历经多个环节或车间的合作,形成一条紧密联结的生产链。其产品表现与各部门的效率有关,各道环节的效率相乘决定产品的表现。即使个别部门表现出色,若链条中某个环节效率欠佳,也会严重拖累整体产品性能。同样的逻辑适用于生物体系和社会体系中各类任务的完成,各阶段效率的差异会直接塑造最终成果的质量。

在微观层面,合作体现在基因转录、修饰、翻译等生物过程,以及不同基因间的协同作用,每个环节均影响后续步骤及最终的基因表达结果。完成一个生命过程需要众多分工协作的基因产物在不同环节参与生命反应,上下游基因功能的差异会直接影响相关性状的表现。生物和社会领域的共性在于,它们均需通过一系列步骤来完成特定任务,各步骤效率的差异直接影响最终结果。

借助于螺丝帽和螺丝栓的配对试验、大米加工试验和实验人员合作等案例,研究企业合并后产品合格率、工作绩效、生产效率等方面的杂交优势,结果表明,$A^2+B^2>2AB$($A \neq B$、$A,B>0$)导致经济学上杂交优势现象的产生;企业合并双方各环节产品合格率、工作绩效、生产效率等差异越大,越能够产生强的杂交优势。合并后产品合格率、工作绩效、生产效率高,并且较易产生杂交优势。利用合并合作产生的杂交优势能够显著提高经济效益。

一、$\dfrac{A}{B}+\dfrac{B}{A}>2$ 产生放大效应

如果 $A \times a$ 与 $B \times b$ 的乘积相等,但是被乘数和乘数不同,被乘数相加的平均值与乘数相加的平均值的乘积一定大于 $A \times a$ 或者 $B \times b$ 的乘积,即

$$\frac{(A+B)}{2} \times \frac{(a+b)}{2} > A \times a(或 B \times b)$$

证明如下:

$$\frac{(A+B)}{2} \times \frac{(a+b)}{2} > A \times a(或 B \times b)$$

可演化成

$$(A \times a) + (B \times a) + (A \times b) + (B \times b) > 4(A \times a)$$
$$(B \times a) + (A \times b) > 4(A \times a) - (A \times a) - (B \times b)$$

因为 $A \times a = B \times b$,得到

$$(B \times a) + (A \times b) > 2(A \times a)$$

不等式两边分别除以 $(A \times a)$,得到

$$\frac{B \times a}{A \times a} + \frac{A \times b}{A \times a} > 2$$

用 $B \times b$ 替代 $\frac{A \times b}{A \times a}$ 中的 $A \times a$,进而得到

$$\frac{B \times a}{A \times a} + \frac{A \times b}{B \times b} > 2$$

即有 $\frac{B}{A} + \frac{A}{B} > 2$,$B$ 和 A 是正数,两边同时乘以 AB,得到

$$A^2 + B^2 > 2AB$$

$A^2 + B^2 > 2AB$ 和 $\frac{A}{B} + \frac{B}{A} > 2 (A \neq B, A、B > 0)$ 是数学公式,说明原假设是成立的,即

$$\frac{A+B}{2} \times \frac{a+b}{2} > A \times a (或 B \times b)$$

二、螺丝栓与螺丝帽的配对试验

假设甲、乙两个螺丝工厂生产相同螺丝,产量相同;螺丝帽和螺丝栓组成螺丝是随机组合的;螺丝帽和螺丝栓都为合格品时,组合后的螺丝才为合格品。为简化研究,取代表甲、乙两工厂的相同型号 M6 螺丝栓和螺丝帽各 200 个,分别用标记笔涂红各 100 个,设为合格品;涂蓝各 100 个,设为非合格品。以不同合格品比例的总数 100 个螺丝帽置于纸箱中充分混合,以不同合格品比例的总数 100 个螺丝栓置于另一纸箱中充分混合,每次随机抽出螺丝帽与螺丝栓各一个,进行配对,螺丝帽与螺丝栓均为红色的为合格品,其他为非合格品。全部抽出配对后计算合格品比例,3 次重复的百分数平均为合格品百分率。计算甲、乙两工厂亲本(比如亲本 A、亲本 B)及合并后(比如 A 和 B 杂交)的螺丝合格品率。

$$杂交优势(超亲优势)率 = \frac{(杂交样本值 - 大值亲本值)}{大值亲本值} \times 100\%$$

螺丝栓与螺丝帽的配对试验结果见表 2-1。

第二章 杂种优势的形成机制

表 2-1 螺丝栓与螺丝帽的配对试验结果 （%）

亲本及组合	螺丝栓合格品率	螺丝帽合格品率	螺丝合格品率	杂交优势率	亲本及组合	螺丝栓合格品率	螺丝帽合格品率	螺丝合格品率	杂交优势率
亲本 A	20	90	18.33		亲本 K	60	60	35.67	
亲本 B	30	60	17.33		亲本 L	40	90	35.67	
AB 杂交	25	75	19.00	3.66	KL 杂交	50	75	37.67	5.61
亲本 C	30	60	17.67		亲本 M	20	60	12.33	
亲本 D	60	30	18.67		亲本 N	30	40	12.00	
CD 杂交	45	45	20.67	10.71	MN 杂交	25	50	12.67	2.76
亲本 E	20	90	18.00		亲本 O	20	60	11.67	
亲本 F	60	30	17.67		亲本 P	40	30	12.00	
EF 杂交	40	60	23.33	29.61	OP 杂交	30	45	12.67	5.58
亲本 G	90	20	19.00		亲本 Q	30	80	24.33	
亲本 H	20	90	17.67		亲本 R	40	60	24.00	
GH 杂交	55	55	30.67	61.42	QR 杂交	35	70	24.33	0.00
亲本 I	30	80	24.00		亲本 S	30	80	23.33	
亲本 J	80	30	24.67		亲本 T	60	40	23.67	
IJ 杂交	55	55	30.33	22.94	ST 杂交	45	60	26.33	11.24

根据各组处理亲本和其杂交样本测定的螺丝合格品率,进行 u 测验,除了 QR 杂交外,其他杂交样本螺丝合格品率测定值与它们的亲本样本的螺丝合格品率测定值均差异显著。在每个杂交样本的亲本样本螺丝合格品率期望值都相等的情况下,除了 QR 杂交外,实验中杂交样本的螺丝合格品率均比亲本样本得到了显著提高。AB 杂交、CD 杂交、EF 杂交、GH 杂交均来自螺丝合格品率期望值为 18% 的亲本样本,但杂交优势率分布从 3.66% 到 61.42% 不等。亲本 G 亲本 H 之间的螺丝栓合格品率及螺丝帽合格品率差异最大,它们的杂交样本表现最高的杂交优势率。MN 杂交和 OP 杂交均来自螺丝合格品率期望值为 12% 的亲本,但是它们的杂交优势率相差 2 倍,差异来源于亲本 M、亲本 N 之间螺丝栓和螺丝帽合格品率比亲本 O、亲本 P 之间的差异小。KL 杂交表现最高的螺丝合格品率,它们亲本的螺丝合格品率也最高。GH 杂交和 IJ 杂交的亲本螺丝栓和螺丝帽合格品率平均值高,它们的螺丝合格品率也表现较高。

螺丝工厂合并时,合并双方螺丝栓及螺丝帽合格品率差异越大,杂交优势越强;与生物遗传学上杂交优势现象表现一致,遗传差异大杂交优势强。在超亲优势效应公式 $\frac{(A+B)}{2} \times \frac{(a+b)}{2} > A \times a (A \times a = B \times b)$ 中,可以看到,公式左边数值越大,产生的超亲优势越强。当两个工厂螺丝合格品率相同 $(A \times a = B \times b)$,双方螺丝栓合格品率或螺丝帽合格品率差异增大时,$(A+B) \times (a+b)$ 乘积会增大,合并后超亲优势增强。

设 $A \times a = B \times b = Y$,$Y$ 越大时,杂交优势越强,依据公式 $\frac{(A+B)}{2} \times \frac{(a+b)}{2} > Y$,即

$(A+B) \times (a+b) > 4Y$

$Aa + Bb + aB + Ab > 4Y$

$Aa + Bb > 4Y - (aB + Ab)$

$Aa + Bb$ 是固定的,所以有 $aB + Ab$ 越小,Y 越大,因为

$(A-B) \times (a-b) = Aa + Bb - aB - Ab = 2Y - (aB + Ab)$

Y 不变时,$(A-B) \times (a-b)$ 越大,$(aB+Ab)$ 越小,即 A 与 B、a 与 b 差异越大,杂交优势越大。

如果两个工厂螺丝栓合格品率和螺丝帽合格品率都比较高,$\frac{(A+B)}{2} \times \frac{(a+b)}{2}$ 表现数值大,工厂合并后容易获得高螺丝合格品率,并且较易产生超亲优势,此现象与生物杂交优势现象表现相似。合并发生在两个优秀的企业之间,合并后获得更高效益的可能性更大。

三、大米加工试验

供试品种为Hd112、Hd117两个稻谷品种。供试碾米机组Ⅰ和碾米机组Ⅱ,各由一台糙米机(Ⅰ、Ⅱ)和一台精米机(Ⅰ、Ⅱ)组成,均为实验用小型测试仪器。出糙和碾精过程中,都会产生米粒断裂。整糙米是指无破损的完整糙米,整精米是指肉眼观察无破损的完整精米。各糙米机加工稻谷,去壳得到整糙米和碎米,整粒糙米数与总谷粒数之比为糙米机整粒率。取糙米机加工后的整糙米和碎米,用精米机加工精米,调查加工后的整粒精米数与整粒糙米数之比,为精米机整粒率。将糙米机Ⅰ和Ⅱ加工稻谷去壳得到的完整糙米及碎米混合,使糙米机整粒率为糙米机Ⅰ和Ⅱ整粒率的平均值,作为杂交糙米样本,取同等量分别用精米机Ⅰ和Ⅱ加工精米,调查加工后的整粒精米数之和与整粒糙米数之和的百分比,即为杂交样本精米机整粒率。加工后的整粒精米数与稻谷总粒数的百分比为稻谷整粒精米率。具体加工试验结果见表2-2。

表 2-2　大米加工试验结果

稻谷品种	加工方法	碾糙米			碾精米			稻谷整粒精米率/%
		稻谷粒数	整粒糙米数	糙米机整粒率/%	整粒糙米数	整粒精米数	精米机整粒率/%	
Hd112	机组Ⅰ	16000	15391	96.19	15391	7303	47.45	45.64
	机组Ⅱ	16000	8259	51.62	8259	7458	90.30	46.61
	杂交	32000	23650	73.91	23650	16184	68.43	50.58
Hd117	机组Ⅰ	12000	11361	94.68	11361	6079	53.51	50.66
	机组Ⅱ	12000	6867	57.23	6867	5914	86.12	49.28
	杂交	24000	18228	75.95	18228	12695	69.65	52.90

经 u 测验,通过混合两个糙米机的糙米,再由两个精米机同等量分别加工,两个杂交样本稻谷整粒精米率均与它们的亲本样本稻谷整粒精米率差异显著,杂交样本稻谷整粒精米率得到了提高。Hd112 的杂交样本稻谷整粒精米率比大值亲本机组Ⅱ提高了 8.52%。Hd117 的杂交样本稻谷整粒精米率比大值亲本机组Ⅰ提高了 4.42%。

四、效率相同的多步骤工作优势超亲预测

一个产品由多个元部件组成时,或者一个工作由多个步骤完成时,在 $A^2 + B^2 > 2AB(A \neq B, A、B > 0)$ 的作用下,同样可表现出合格品率或者工作效率的超亲优势。两工厂在产品合格品率相同的条件下,各工厂多个元部件合格品率相乘的乘积仍然要小于两工厂各元部件合格品率平均数的乘积,即

$$\frac{(A_1 + B_1)}{2} \times \frac{(A_2 + B_2)}{2} \times \frac{(A_3 + B_3)}{2} \times \cdots \times \frac{(A_n + B_n)}{2}$$
$$> A_1 \times A_2 \times A_3 \times \cdots \times A_n$$
$$= B_1 \times B_2 \times B_3 \times \cdots \times B_n (A_1, A_2, A_3, \cdots, A_n > 0, B_1, B_2, B_3, \cdots, B_n > 0)$$

证明:

由 $A_1 \times A_2 \times A_3 \times \cdots \times A_n - B_1 \times B_2 \times B_3 \times \cdots \times B_n (A_1, A_2, A_3 \cdots A_n > 0, B_1, B_2, B_3 \cdots B_n > 0)$

$$\frac{(A_1 + B_1)}{2} > \sqrt{A_1 B_1} \qquad ①$$

$$\frac{(A_2 + B_2)}{2} > \sqrt{A_2 B_2} \qquad ②$$

$$\frac{(A_3+B_3)}{2} > \sqrt{A_3 B_3} \qquad \text{③}$$

$$\cdots\cdots$$

$$\frac{(A_n+B_n)}{2} > \sqrt{A_n B_n} \qquad \text{ⓝ}$$

①×②×③×⋯×ⓝ

得 $\dfrac{(A_1+B_1)}{2} \times \dfrac{(A_2+B_2)}{2} \times \dfrac{(A_3+B_3)}{2} \times \cdots \times \dfrac{(A_n+B_n)}{2}$

$> \sqrt{A_1 B_1} \times \sqrt{A_2 B_2} \times \sqrt{A_3 B_3} \times \cdots \times \sqrt{A_n B_n}$

$= A_1 \times A_2 \times A_3 \times \cdots \times A_n$

$= B_1 \times B_2 \times B_3 \times \cdots \times B_n (A_1, A_2, A_3, \cdots, A_n > 0, B_1, B_2, B_3, \cdots, B_n > 0)$

超亲优势效应在人与人之间的合作中同样可以表现出来。在植物组织培养过程中一般包括接种诱导产生愈伤组织（细胞脱分化），愈伤组织分化产生绿苗（细胞再分化），组培绿苗成活后形成植株等几个技术环节，如果甲、乙两人都从事这项工作，甲的愈伤组织诱导率为20%，绿苗分化率为40%，绿苗移栽成活率为80%；乙的愈伤组织诱导率为40%，绿苗分化率为80%，绿苗移栽成活率为20%；他们在植物组织培养工作中所获得的绿苗成功率为20%×40%×80%，或40%×80%×20%，均为6.4‰。如果甲乙两人合作，工作量平分，将他们得到的愈伤组织、分化绿苗、移栽绿苗混合，结果平均愈伤组织诱导率为30%，平均绿苗分化率为60%，平均绿苗移栽成活率为50%，最终获得绿苗的成功率提高至9%（30%×60%×50%），工作效率提高了40.6%，见表2-3。

表2-3 两人合作进行组织培养的效率估计 （%）

工作效率	甲工作效率	乙工作效率	甲乙合作工作效率
愈伤组织诱导率	20	40	30
绿苗分化率	40	80	60
绿苗移栽成活率	80	20	50
成功率	6.4	6.4	9.0

五、多个工厂合并后的生产效率

如果有多个工厂的产品合格率相同，而它们的元部件合格率不同，这些工厂合并为一个新工厂后,产品合格率同样会得到提高。

证明:$A_1B_1 = A_2B_2 = A_3B_3 = A_4B_4 = A_5B_5 = \cdots = A_nB_n > 0$ 时,有

$$\frac{(A_1 + A_2 + A_3 + A_4 + \cdots + A_n)}{n} \times \frac{(B_1 + B_2 + B_3 + B_4 + \cdots + B_n)}{n} > A_1B_1 \text{ 或 } A_nB_n$$

因为 $\frac{(A_1 + A_2 + A_3 + A_4 + \cdots + A_n)}{n} > \sqrt[n]{A_1A_2A_3A_4A_5A_6\cdots A_n}$ ①

$\frac{(B_1 + B_2 + B_3 + B_4 + \cdots + B_n)}{n} > \sqrt[n]{B_1B_2B_3B_4\cdots B_n}$ ②

① × ② 得

$$\frac{(A_1 + A_2 + A_3 + A_4 + \cdots + A_n)}{n} \times \frac{(B_1 + B_2 + B_3 + B_4 + \cdots + B_n)}{n}$$
$$> \sqrt[n]{A_1A_2A_3A_4A_5A_6\cdots A_nB_1B_2B_3B_4\cdots B_n}$$
$$A_1B_1 = A_2B_2 = A_3B_3 = A_4B_4 = A_5B_5 = \cdots = A_nB_n > 0$$

所以 $\frac{(A_1 + A_2 + A_3 + A_4 + \cdots + A_n)}{n} \times \frac{(B_1 + B_2 + B_3 + B_4 + \cdots + B_n)}{n} > A_1B_1$

多个圆珠笔工厂合并后的合格品率估计见表 2-4。

表 2-4　多个圆珠笔工厂合并后的合格品率估计　　　　　　　　(%)

亲本及组合	圆珠笔芯合格品率	圆珠笔筒合格品率	圆珠笔合格品率	杂交优势率	亲本及组合	圆珠笔芯合格品率	圆珠笔筒合格品率	圆珠笔合格品率	杂交优势率
厂A	20	90	18.00		厂I	60	40	24.00	
厂B	30	60	18.00		厂J	80	30	24.00	
厂C	30	60	18.00		厂K	60	40	24.00	
合并	80/3	210/3	18.66	3.67	合并	200/3	110/3	24.44	1.83
厂E	20	90	18.00		厂M	40	60	24.00	
厂F	60	30	18.00		厂N	80	30	24.00	
厂G	90	20	18.00		厂O	30	80	24.00	
合并	170/3	140/3	26.44	46.91	合并	150/3	170/3	28.33	18.04
厂Q	40	30	12.00		厂Ⅰ	40	20	8.00	
厂R	30	40	12.00		厂Ⅱ	20	40	8.00	
厂S	30	40	12.00		厂Ⅲ	20	40	8.00	

续表 2-4

亲本及组合	圆珠笔芯合格品率	圆珠笔筒合格品率	圆珠笔合格品率	杂交优势率	亲本及组合	圆珠笔芯合格品率	圆珠笔筒合格品率	圆珠笔合格品率	杂交优势率
厂T	20	60	12.00		厂Ⅳ	10	80	8.00	
合并	120/4	170/4	12.75	6.25	合并	90/4	180/4	10.12	26.50
厂U	30	40	12.00		厂Ⅴ	20	40	8.00	
厂V	60	20	12.00		厂Ⅵ	80	10	8.00	
厂W	60	20	12.00		厂Ⅶ	80	10	8.00	
厂X	20	60	12.00		厂Ⅷ	10	80	8.00	
合并	170/4	140/4	14.88	24.00	合并	190/4	140/4	16.63	107.86

第四节 杂种优势机制的放大效应假说

一个生物性状的形成一般都有一个生命反应链,都是分步骤进行的,性状表达需要一些特定基因的参与。完成一个生命过程需要这些分工协作的基因产物在不同环节参与生命反应。反应链内,一些步骤是乘积效应,各步骤效率相乘决定总反应效率。由一个以上基因控制分步骤进行而形成的性状,形成上下游关系,各个环节相互关联,各道工序的效率相乘是最终工作效率。其性状表现与各基因的基因型值有关,各基因的基因型值的乘积决定该性状的表达结果。例如,蛋白质作用大小由基因本身的结构决定,蛋白质表达量由控制表达的相关基因决定。基因产物的基因型值与基因本身的结构有关,控制基因产物表达量的基因的基因型值同样与其本身的结构有关。对于杂种 F_1 来说,它们的等位基因的平均基因型值与其他非等位基因的平均基因型值的乘积,决定该性状的表现,称其为该性状的基因型值。如 X_1 和 X_2 基因型值分别为 30 和 70,杂合子基因型值是两基因型值的平均值,即 $\frac{(30+70)}{2}$。控制其表达量的基因 Y_1 和 Y_2 的基因型值分别为 80 和 40,其杂合子基因型值为 $\frac{(80+40)}{2}$。杂合体 $X_1X_2Y_1Y_2$ 性状的基因型值为 $\frac{(30+70)}{2} \times \frac{(80+40)}{2}$。等位基因杂合时,由 $A^2 + B^2 > 2AB > 0 (A \neq B, A、B > 0)$ 产生乘积效应和加性效应可以使杂种 F_1 性状表现超过大值亲本。假设形成某一性状由 2 个至多个基因控制,若两个亲本该性状的基因型值相同,但是等位基因之内功能强弱存在差异,杂种 F_1 该性状就会产生超亲优势。若两个亲本遗传差异大,本身性状又好,杂种 F_1 超亲或超过优良品种的概率较高,符合杂交优势育种中要求亲本本身性状好、遗传差异大的规律。

一、基因合作的乘积效应

(一)两个基因控制形成的性状

1. 两个亲本性状的基因型值相同,杂交种基因型值的表现

如表 2-5 所示,假设 C 是某种生物的抗虫基因,c^1 和 c^2 是结构有差异的一对等位 C 基因 C^1 和 C^2 产生的功能强弱不同的杀虫蛋白,1 μg 的 c^1 和 c^2 分别能杀虫 2 只和 8 只;D 是决定此杀虫蛋白产量的基因,d^1 和 d^2 是结构有差异的一对等位 D 基因 D^1 和 D^2 产生的功能强弱不同的杀虫蛋白合成酶。在同样条件下,d^1 和 d^2 分别合成 c^1 或 c^2 8 μg 和 2 μg。

表 2-5 杂交 F_1 杀虫基因和其表达量基因杀虫效果的杂交优势估计

项目	亲本 A	亲本 B	杂交 F_1	杂交优势率/%
杀虫基因	$C^1 C^1$	$C^2 C^2$	$C^1 C^2$	
杀虫蛋白	c^1,1 μg 杀虫 2 只	c^2,1 μg 杀虫 8 只	$c^1 c^2$,1 μg 杀虫 5 只	
产量基因	$D^1 D^1$	$D^2 D^2$	$D^1 D^2$	
蛋白合成酶	d^1,合成 c^1 或 c^2 8 μg	d^2,合成 c^1 或 c^2 2 μg	$d^1 d^2$,合成 c^1 或 c^2 5 μg	
基因型	$C^1 C^1 D^1 D^1$	$C^2 C^2 D^2 D^2$	$C^1 C^2 D^1 D^2$	
杀虫数	2×8=16	8×2=16	5×5=25	56.25

数学原理 $A^2 + B^2 > 2AB (A \neq B, A、B > 0)$ 是产生超亲优势的本质。

设 A 和 B 分别是控制某一性状的两个基因,a 和 b 分别是等位基因,那么 $A \times a$ 和 $B \times b$ 分别是 A 和 B 两个品种的基因基因型值,基因型值相同,即 $A \times a = B \times b$,两个品种杂交,杂交 F_1 基因型值为 $\frac{(A+B)}{2} \times \frac{(a+b)}{2}$。

$\frac{(A+B)}{2} \times \frac{(a+b)}{2} > A \times a$(或 $B \times b$)时,产生杂交优势。前一节已经证明,$A、B、a、b > 0$ 时 $\frac{(A+B)}{2} \times \frac{(a+b)}{2} > A \times a$(或 $B \times b$)是数学规律。

为了形象直观,取两个数的乘积与另外两个数的乘积相等的四个整数进行杂种基因型值和杂种优势率估计,如表2-6所示。

表2-6　两个基因控制的亲本性状的基因型值相同,杂交种基因型值的估计　　(%)

亲本和杂种	基因A基因型值	基因B基因型值	性状基因型值	杂交优势率	亲本和杂种	基因A基因型值	基因B基因型值	性状基因型值	杂交优势率
亲本A	20	90	18.00		亲本I	40	30	12.00	
亲本B	30	60	18.00		亲本J	30	40	12.00	
AB杂种	25	75	18.75	4.17	IJ杂种	35	35	12.25	2.08
亲本C	30	60	18.00		亲本K	30	40	12.00	
亲本D	60	30	18.00		亲本L	20	60	12.00	
CD杂种	45	45	20.25	12.50	KL杂种	25	50	12.50	4.17
亲本E	20	90	18.00		亲本M	30	40	12.00	
亲本F	60	30	18.00		亲本N	60	20	12.00	
EF杂种	40	60	24.00	33.33	MN杂种	45	30	13.50	12.5
亲本G	90	20	18.00		亲本O	60	20	12.00	
亲本H	20	90	18.00		亲本P	20	60	12.00	
GH杂种	55	55	30.25	68.06	OP杂种	40	40	16.00	33.33
亲本Q	60	40	24.00		亲本U	40	60	24.00	
亲本R	80	30	24.00		亲本V	80	30	24.00	
QR杂种	70	35	24.50	2.08	UV杂种	60	45	27.00	12.50
亲本S	60	40	24.00		亲本W	30	80	24.00	
亲本T	亲本	60	24.00		亲本X	80	30	24.00	
ST杂种	杂种	50	25.00	4.17	WX杂种	55	55	30.25	26.04

表2-6中杂交的基因型值均比亲本得到了显著提高。AB杂交、CD杂交、EF杂交、GH杂交均来自基因型值期望值为18%的亲本,但杂交优势率分布从2.08%~68.06%不等。亲本G、亲本H之间的基因型值及基因型值差异最大,它们杂交表现最高的杂交优势率。MN杂交和OP杂交均来自基因型值期望值为12%的亲本,但是它们的杂交优势率相差2倍,差异来源于亲本M、亲本N之间基因型值比亲本O、亲本P之间的差异小。KL杂交

表现最高的基因型值,它们亲本的基因型值也最高。IJ 杂交的亲本和基因型值平均值高,它们的基因型值也表现较高。杂交发生在两个高基因型值之间,杂交后获得更高基因型值的可能性更大。GH 杂交的基因型值和基因型值平均值不是最高,但是 GH 杂交的基因型值与 IJ 相同,同为最高。说明通过杂交,可使基因型值得到提高。差异大优势率最高,但是基数低,基因型值不高。本身基数高,差异又大,杂交优势强,表现高基因型值。$\frac{(A+B)}{2} \times \frac{(a+b)}{2} > A \times a$,即 A 与 B、a 与 b 差异越大,$(A+B) \times (a+b)$ 越大。

如果基因组中有多个同样功能的基因,比如不等位的同工基因,两两一组作用相同(如 $A_1B_1 = A_2B_2 = A_3B_3 = A_4B_4$),共同作用这一步骤,也同样可表现为杂合基因的杂交优势效应,与前述多工厂合并效应相似。

只需证明:当 $A_1B_1 = A_2B_2 = A_3B_3 = A_4B_4 = A_5B_5 = \cdots = A_nB_n > 0$ 时

$$\frac{(A_1 + A_2 + A_3 + A_4 + \cdots + A_n)}{n} \times \frac{(B_1 + B_2 + B_3 + B_4 + \cdots + B_n)}{n}$$

$$> A_1B_1 \text{ 或者 } A_nB_n$$

因为 $\dfrac{(A_1 + A_2 + A_3 + A_4 + \cdots + A_n)}{n} > \sqrt[n]{A_1A_2A_3A_4A_5A_6\cdots A_n}$ ①

$\dfrac{(B_1 + B_2 + B_3 + B_4 + \cdots + B_n)}{n} > \sqrt[n]{B_1B_2B_3B_4\cdots B_n}$ ②

① × ② 得

$$\frac{(A_1 + A_2 + A_3 + A_4 + \cdots + A_n)}{n} \times \frac{(B_1 + B_2 + B_3 + B_4 + \cdots + B_n)}{n}$$

$$> \sqrt[n]{A_1A_2A_3A_4A_5A_6\cdots A_nB_1B_2B_3B_4\cdots B_n}$$

因为 $A_1B_1 = A_2B_2 = A_3B_3 = A_4B_4 = A_5B_5 = \cdots = A_nB_n > 0$

所以 $\dfrac{(A_1 + A_2 + A_3 + A_4 + \cdots + A_n)}{n} \times \dfrac{(B_1 + B_2 + B_3 + B_4 + \cdots + B_n)}{n} > A_1B_1$

2. 两个亲本性状的基因型值不同,杂交种基因型值的表现

实践中,两个有基因差异亲本的等位基因的基因型值难以完全相等。当两个亲本性状基因型值不同时,即 $A \times a \neq B \times b$,杂交 F_1 也能产生超亲优势。数学上,4 个数一定,乘数和被乘数相当时,产生的乘积较大。$A \times a$ 与 $B \times b$ 乘积相当时,产生超亲优势的概率较高。如果两个亲本的基因型值,一个低,一个高,杂交后产生超亲优势概率则较小,一般不能超过基因型值高的那个亲本。两亲本基因型值 $A \times a$、$B \times b$ 都高时,$(A+B)$ 和 $(a+b)$ 能表现数值大,使 $(A+B) \times (a+b)$ 乘积增大,容易产生超亲优势,如表 2-7 所示。

表2-7 两个基因控制的亲本性状的基因型值不同,杂交种基因型值的估计

组合	亲本1 基因A 基因型值	亲本1 基因B 基因型值	亲本1 性状基因型值 (A×B)	亲本2 基因a 基因型值	亲本2 基因b 基因型值	亲本2 性状基因型值 (a×b)	两亲本杂交种基因A 基因型值	两亲本杂交种基因B 基因型值	两亲本杂交种性状基因型值	杂交优势率/%
Ⅰ-1	0.53	0.93	0.4929	0.18	0.33	0.0594	0.355	0.63	0.2237	-54.63
Ⅰ-2	0.53	0.93	0.4929	0.33	0.18	0.0594	0.43	0.555	0.2387	-51.58
Ⅰ-3	0.33	0.93	0.3069	0.18	0.53	0.0954	0.255	0.73	0.1862	-39.35
Ⅰ-4	0.33	0.93	0.3069	0.53	0.18	0.0954	0.43	0.555	0.2387	-22.24
Ⅰ-5	0.53	0.33	0.1749	0.93	0.18	0.1674	0.73	0.255	0.1862	6.43
Ⅰ-6	0.53	0.33	0.1749	0.18	0.93	0.1674	0.355	0.63	0.2237	27.87
Ⅱ-1	0.73	0.77	0.5621	0.45	0.46	0.207	0.59	0.615	0.3629	-35.45
Ⅱ-2	0.73	0.77	0.5621	0.46	0.45	0.207	0.595	0.61	0.363	-35.43
Ⅱ-3	0.46	0.77	0.3542	0.45	0.73	0.3285	0.455	0.75	0.3413	-3.66
Ⅱ-4	0.45	0.77	0.3465	0.46	0.73	0.3358	0.455	0.75	0.3413	-1.52
Ⅱ-5	0.77	0.46	0.3542	0.45	0.73	0.3285	0.61	0.595	0.363	2.47
Ⅱ-6	0.77	0.45	0.3465	0.46	0.73	0.3358	0.615	0.59	0.3629	4.72
Ⅲ-1	0.71	0.63	0.4473	0.49	0.36	0.1764	0.6	0.495	0.297	-33.60
Ⅲ-2	0.63	0.71	0.4473	0.49	0.36	0.1764	0.56	0.535	0.2996	-33.02
Ⅲ-3	0.71	0.49	0.3479	0.63	0.36	0.2268	0.67	0.425	0.2848	-18.15
Ⅲ-4	0.71	0.49	0.3479	0.36	0.63	0.2268	0.535	0.56	0.2996	-13.88
Ⅲ-5	0.63	0.49	0.3087	0.71	0.36	0.2556	0.67	0.425	0.2848	-7.76
Ⅲ-6	0.49	0.63	0.3087	0.71	0.36	0.2556	0.6	0.495	0.297	-3.79

假设 $A、B、a、b$ 都大于0,估计在什么情况下, $\frac{1}{2}(A+B) \times \frac{1}{2}(a+b) > \frac{1}{2}A \times a + \frac{1}{2}B \times b$。

若 $(A+B) \times (a+b) > 2A \times a + 2B \times b$

得 $Ab + Ba > Aa + Bb$

当 A 和 b、B 和 a 相当时,不等式能够产生大值。

进一步得到

$$A(B-A) + b(A-B) > 0$$

$$(A-B)(b-a) > 0$$

此不等式成立,需要有 A>B 时 b>a,B>A 时 a>b。

所以,当两个亲本性状不同时,杂种也能够超亲。亲本性状表现都好又能互补时,超亲的概率较高。

(二)多个基因控制形成的性状

1. 两个亲本性状的基因型值相同,杂交种基因型值的表现

形成一个性状由多个步骤完成时,依据 $A^2+B^2 > 2AB$,乘积效应同样可以使基因型值产生超亲优势。4 个基因控制的亲本性状的基因型值相同,杂交种基因型值的估计如表 2-8 所示。

表 2-8　4 个基因控制的亲本性状的基因型值相同,杂交种基因型值的估计

亲本和杂交	基因1基因型值	基因2基因型值	基因3基因型值	基因4基因型值	性状基因型值	杂交优势率/%	亲本和杂交	基因1基因型值	基因2基因型值	基因3基因型值	基因4基因型值	性状基因型值	杂交优势率/%
亲本 I	40	90	80	30	0.0864		亲本 K	20	30	40	90	0.0216	
亲本 J	60	40	60	60	0.0864		亲本 L	60	60	20	30	0.0216	
IJ 杂种	0.5	0.65	0.7	0.45	0.1024	18.52	KL 杂种	0.4	0.45	0.3	0.6	0.0324	50.0
亲本 M	30	90	80	20	0.0432		亲本 O	40	60	30	40	0.0288	
亲本 N	60	40	30	60	0.0432		亲本 P	30	40	40	60	0.0288	
MN 杂种	0.45	0.65	0.6	0.4	0.0702	62.5	OP 杂种	0.35	0.5	0.35	0.5	0.0306	25.0

(1)亲本性状基因型值相同的条件下,各亲本多个基因基因型值相乘的乘积仍然要小于两亲本杂交基因型值平均数的乘积。即

$$\frac{1}{2}(A_1+B_1) \times \frac{1}{2}(A_2+B_2) \times \frac{1}{2}(A_3+B_3) \times \cdots \times \frac{1}{2}(A_n+B_n) > A_1 \times A_2 \times A_3 \times \cdots \times A_n (A_1 \times A_2 \times A_3 \times \cdots \times A_n = B_1 \times B_2 \times B_3 \times \cdots \times B_n)(A_1,A_2,A_3 \cdots A_n > 0, B_1,B_2,B_3 \cdots B_n > 0)$$

因为

$$A_1 \times A_2 \times A_3 \times \cdots \times A_n = B_1 \times B_2 \times B_3 \times \cdots \times B_n (A_1,A_2,A_3 \cdots A_n > 0, B_1,B_2,B_3 \cdots B_n > 0)$$

$$\frac{1}{2}(A_1+B_1) > \sqrt{A_1 B_1} \qquad ①$$

$$\frac{1}{2}(A_2 + B_2) > \sqrt{A_2 B_2} \qquad ②$$

$$\frac{1}{2}(A_3 + B_3) > \sqrt{A_3 B_3} \qquad ③$$

……

$$\frac{1}{2}(A_n + B_n) > \sqrt{A_n B_n} \qquad ⓝ$$

① × ② × ③ × ⋯ × ⓝ 得到

$$\frac{1}{2}(A_1 + B_1) \times \frac{1}{2}(A_2 + B_2) \times \frac{1}{2}(A_3 + B_3) \times \cdots \times \frac{1}{2}(A_n + B_n)$$
$$> \sqrt{A_1 B_1} \sqrt{A_2 B_2} \sqrt{A_3 B_3} \cdots \times \sqrt{A_n B_n} = \sqrt{A_1 A_2 A_3 \cdots A_n \times B_1 B_2 B_3 \cdots B_n}$$
$$= \sqrt{(A_1 A_2 A_3 \cdots A_n)^2} = A_1 A_2 A_3 \cdots A_n$$

（2）如果基因组中有多个同样功能的基因，共同作用这一步骤，也同样可表现为杂合基因的杂交优势效应。类似于生产多元部件产品的多个工厂合并。

由 $A_1 A_2 A_3 \cdots A_n$ 个步骤控制一个性状，每个步骤有 A、B、⋯、n 个同功能基因共同作用，比如多个同工酶基因。即

$$A_1 B_1 C_1 D_1 \cdots N_1 = A_2 B_2 C_2 D_2 \cdots N_2 = A_3 B_3 C_3 D_3 \cdots N_3 = \cdots = A_n B_n C_n D_n \cdots N_n > 0$$

需证明：

$$\frac{(A_1 + A_2 + A_3 + A_4 + \cdots + A_n)}{n} \times \frac{(B_1 + B_2 + B_3 + B_4 + \cdots + B_n)}{n} \times$$
$$\frac{(C_1 + C_2 + C_3 + C_4 + \cdots + C_n)}{n} \times \cdots \times \frac{(N_1 + N_2 + N_3 + N_4 + \cdots + N_n)}{n}$$
$$> A_1 \times B_1 \times C_1 \times \cdots \times N_1$$

因为

$$\frac{(A_1 + A_2 + A_3 + A_4 + \cdots + A_n)}{n} > \sqrt[n]{A_1 A_2 A_3 A_4 A_5 A_6 \cdots A_n} \qquad ①$$

$$\frac{(B_1 + B_2 + B_3 + B_4 + \cdots + B_n)}{n} > \sqrt[n]{B_1 B_2 B_3 B_4 \cdots B_n} \qquad ②$$

$$\frac{(C_1 + C_2 + C_3 + C_4 + \cdots + C_n)}{n} > \sqrt[n]{C_1 C_2 C_3 C_4 \cdots C_n} \qquad ③$$

……

$$\frac{(N_1 + N_2 + N_3 + N_4 + \cdots + N_n)}{n} > \sqrt[n]{N_1 N_2 N_3 N_4 \cdots N_n} \qquad ⓝ$$

①×②×③×…×ⓝ有

$$\frac{(A_1+A_2+A_3+A_4+\cdots+A_n)}{n} \times \frac{(B_1+B_2+B_3+B_4+\cdots+B_n)}{n}$$

$$\times \frac{(C_1+C_2+C_3+C_4+\cdots+C_n)}{n} \times \cdots \times \frac{(N_1+N_2+N_3+N_4+\cdots+N_n)}{n}$$

$$> \sqrt[n]{A_1A_2A_3A_4A_5A_6\cdots A_n} \times \sqrt[n]{B_1B_2B_3B_4\cdots B_n} \times \sqrt[n]{C_1C_2C_3C_4\cdots C_n}$$

$$\times \cdots \times \sqrt[n]{N_1N_2N_3N_4\cdots N_n}$$

因为

$$A_1B_1C_1D_1\cdots N_1 = A_2B_2C_2D_2\cdots N_2 = A_3B_3C_3D_3\cdots N_3 = \cdots = A_nB_nC_nD_n\cdots N_n > 0$$

所以

$$\frac{(A_1+A_2+A_3+A_4+\cdots+A_n)}{n} \times \frac{(B_1+B_2+B_3+B_4+\cdots+B_n)}{n}$$

$$\times \frac{(C_1+C_2+C_3+C_4+\cdots+C_n)}{n} \times \cdots \times \frac{(N_1+N_2+N_3+N_4+\cdots+N_n)}{n}$$

$$> A_1B_1C_1D_1\cdots N_1$$

2. 两个亲本性状的基因型值不同,杂交种基因型值的表现

一般形成性状的生命反应链是由多对基因共同控制的,如何获得性状杂交优势,提高性状杂交优势率非常重要。4 个基因控制的亲本性状的基因型值不同,杂交种基因型值的估计如表 2-9 所示。

表 2-9 4 个基因控制的亲本性状的基因型值不同,杂交种基因型值的估计

纯合基因和杂合基因	基因1型值	基因2型值	基因3型值	基因4型值	性状表现	杂交优势率/%	纯合基因和杂合基因	基因1型值	基因2型值	基因3型值	基因4型值	性状表现	杂交优势率/%
亲本	0.85	0.46	0.57	0.23	0.0513		亲本	0.93	0.25	0.87	0.31	0.0627	
亲本	0.25	0.73	0.32	0.83	0.0485		亲本	0.36	0.67	0.54	0.63	0.0821	
杂合	0.55	0.665	0.445	0.53	0.0863	68.23	杂合	0.645	0.46	0.705	0.47	0.0983	19.73
亲本	0.91	0.31	0.65	0.42	0.077		亲本	0.32	0.43	0.67	0.58	0.0535	
亲本	0.21	0.78	0.36	0.75	0.0442		亲本	0.37	0.32	0.56	0.76	0.0504	
杂合	0.56	0.545	0.505	0.585	0.0902	17.14	杂合	0.345	0.375	0.615	0.67	0.0533	-0.37

设 $A_1 \times A_2 \times A_3 \times \cdots \times A_n > B_1 \times B_2 \times B_3 \times \cdots \times B_n$，$(A_1, A_2, A_3 \cdots A_n > 0, B_1, B_2, B_3 \cdots B_n > 0)$，那么，在什么情况下下式成立或者可能性大：

$$\frac{1}{2}(A_1+B_1) \times \frac{1}{2}(A_2+B_2) \times \frac{1}{2}(A_3+B_3) \times \cdots \times \frac{1}{2}(A_n+B_n) > A_1 \times A_2 \times A_3 \times \cdots \times A_n$$

因为

$$\frac{(A_1+A_2+A_3+A_4+\cdots+A_n)}{n} + \frac{(B_1+B_2+B_3+B_4+\cdots+B_n)}{n}$$

$$> \sqrt[n]{A_1 A_2 A_3 A_4 \cdots A_n} + \sqrt[n]{B_1 B_2 B_3 B_4 \cdots B_n}$$

$$\frac{1}{2}(A_1+B_1) > \sqrt{A_1 B_1} \qquad ①$$

$$\frac{1}{2}(A_2+B_2) > \sqrt{A_2 B_2} \qquad ②$$

$$\frac{1}{2}(A_3+B_3) > \sqrt{A_3 B_3} \qquad ③$$

……

$$\frac{1}{2}(A_n+B_n) > \sqrt{A_n B_n} \qquad ⓝ$$

$① \times ② \times ③ \times \cdots \times ⓝ$

所以

$$\frac{1}{2}(A_1+B_1) \times \frac{1}{2}(A_2+B_2) \times \frac{1}{2}(A_3+B_3) \times \cdots \times \frac{1}{2}(A_n+B_n)$$

$$> \sqrt{A_1 B_1} \sqrt{A_2 B_2} \sqrt{A_3 B_3} \times \cdots \times \sqrt{A_n B_n} = \sqrt{A_1 B_1 A_2 B_2 A_3 B_3 \cdots A_n B_n}$$

因为 $A_1 \times A_2 \times A_3 \times \cdots \times A_n > B_1 \times B_2 \times B_3 \times \cdots \times B_n$，当 A_1、B_1、A_2、B_2、A_3、B_3、A_n、B_n 数据相当时，即使能够超亲，程度也可能不高。它们之间差异大时，$\sqrt{A_1 B_1 A_2 B_2 A_3 B_3 \cdots A_n B_n}$ 数值小，容易超亲。两个数的和一定时，两个数越接近，乘积越大；两个数的差越大，乘积越小。

二、产生杂交优势的加性效应

在生命反应链中，有些步骤的效应可以是相加的。分步骤进行时，有基因转录、翻译和加工等环节。在这个生命反应链中，各步骤的基因产物独立作用，基因对性状表达的作用是相加的。同样加性效应可以产生放大效应，使杂种产生超亲优势。

(一)两个基因控制形成的性状

假设一个性状由两个基因 a_1、a_2 控制,b_1、b_2 分别是它们的等位基因。

1. 两个亲本性状的基因型值相同,杂交种基因型值的表现

同工酶是指催化相同的化学反应,但其蛋白质分子结构、理化性质和免疫性能等方面都存在明显差异的一组酶。由于多数酶的不同形式是共显性的,一个基因座位上两个或多个等位基因是能表达的。由不同基因产生的肽链而衍生出同工酶。这里所指的不同基因可以在不同染色体或在同一染色体的不同位点上。假设有两个不同位点的基因产生同工酶。亲本 A 和亲本 B 性状的基因型值相同,如果生产 1 μg 的酶,a_1 和 a_2 分别需要 3 h 和 6 h,b_1 和 b_2 分别需要 7 h 和 2 h。两个基因控制的亲本性状的基因型值相同时,杂交种基因型值的估计如表 2-10 所示。

表 2-10 两个基因控制的亲本性状的基因型值相同,杂交种基因型值的估计

	基因1	基因型值	基因2	基因型值	合计	杂交优势率/%
亲本 A	a_1	3	a_2	6	9	
亲本 B	b_1	7	b_2	2	9	
杂交种	$\dfrac{2}{\dfrac{1}{a_1}+\dfrac{1}{b_1}}$	4.20	$\dfrac{2}{\dfrac{1}{a_2}+\dfrac{1}{b_2}}$	3.0	7.2	20

设 F_1 基因完成工作时间为 x,1 h 完成工作量为 $\dfrac{1}{x}$,亲本 A、B 基因 1 h 分别完成 $\dfrac{1}{a_1}$ 和 $\dfrac{1}{b_1}$,杂交 F_1 1 h 完成 $\dfrac{1}{2}\left(\dfrac{1}{a_1}+\dfrac{1}{b_1}\right)$,即 $\dfrac{1}{x}=\dfrac{1}{2}\left(\dfrac{1}{a_1}+\dfrac{1}{b_1}\right)$,$x=\dfrac{2}{\dfrac{1}{a_1}+\dfrac{1}{b_1}}$。亲本 AB 杂交,酶 1 完成的时间是 $\dfrac{2}{\dfrac{1}{a_1}+\dfrac{1}{b_1}}$,酶 2 完成的时间是 $\dfrac{2}{\dfrac{1}{a_2}+\dfrac{1}{b_2}}$,合计时间是 7.2 h,杂种 F_1 代谢速率产生了大幅度提高,超亲优势达到 20%。

当 $a_1+a_2=y$,$b_1+b_2=y$ 时,求证:

$$\dfrac{2}{\dfrac{1}{a_1}+\dfrac{1}{b_1}} < a_1+b_1$$

因为 $$\frac{2}{\frac{1}{a_1}+\frac{1}{b_1}} = x$$

所以 $$x = \frac{2a_1b_1}{a_1+b_1}$$

只需证明 $$\frac{2a_1b_1}{a_1+b_1} < a_1+b_1$$

化简为 $$2a_1b_1 < (a_1+b_1)(a_1+b_1)$$

即 $$2a_1b_1 < a_1^2 + b_1^2 + 2a_1b_1$$

即 $a_1^2 + b_1^2 > 0$，不等式是成立的，所以 $a_1 + b_1 > \dfrac{2}{\frac{1}{a_1}+\frac{1}{b_1}}$。

同理得到 $a_2 + b_2 > \dfrac{2}{\frac{1}{a_2}+\frac{1}{b_2}}$。

2. 两个亲本性状的基因型值不同，杂交种基因型值的表现

亲本 A 和亲本 B 性状的基因型值不同时，代谢速率同样可以产生超亲优势。两个基因控制的亲本性状的基因型值不同，杂交种基因型值的估计如表 2-11 所示。

表 2-11　两个基因控制的亲本性状的基因型值不同，杂交种基因型值的估计

	基因 1 基因型值		基因 2 基因型值		合计	杂交优势率/%
亲本 A	a_1	2	a_2	7	9	
亲本 B	b_1	9	b_2	3	12	
杂交种	$\dfrac{2}{\frac{1}{a_1}+\frac{1}{b_1}}$	3.27	$\dfrac{2}{\frac{1}{a_2}+\frac{1}{b_2}}$	4.20	7.47	17

当 $a_1 + a_2 < b_1 + b_2$ 时需要确定在什么情况下

$$\frac{2}{\frac{1}{a_1}+\frac{1}{b_1}} + \frac{2}{\frac{1}{a_2}+\frac{1}{b_2}} < a_1 + a_2$$

即 $$\frac{2a_1b_1}{a_1+b_1} + \frac{2a_2b_2}{a_2+b_2} < a_1 + a_2$$

整理为 $$\frac{2a_1b_1}{a_1+b_1} - a_1 + \frac{2a_2b_2}{a_2+b_2} - a_2 < 0$$

因为 $\dfrac{2a_1b_1}{a_1+b_1} - a_1 = \dfrac{a_1(b_1-a_1)}{a_1+b_1}, \dfrac{2a_2b_2}{a_2+b_2} - a_2 = \dfrac{a_2(b_2-a_2)}{a_2+b_2}$

因此有 $\dfrac{a_1(b_1-a_1)}{a_1+b_1} + \dfrac{a_2(b_2-a_2)}{a_2+b_2} < 0$

因为 $a_1 + a_2 < b_1 + b_2$,所以

当 $b_1 > a_1$ 和 $b_2 > a_2$ 时,不等式左边大于 0,不等式不成立。

当 $b_1 < a_1, b_2 > a_2$ 时,需满足 $\dfrac{a_1(a_1-b_1)}{a_1+b_1} > \dfrac{a_2(b_2-a_2)}{a_2+b_2}$,即要有 a_1 与 b_1 差异大,b_2 与 a_2 相近,使 $a_1 + a_2$ 与 $b_1 + b_2$ 相近。

当 $b_1 > a_1, b_2 < a_2$ 时,需满足 $\dfrac{a_2(a_2-b_2)}{a_2+b_2} > \dfrac{a_1(b_1-a_1)}{a_1+b_1}$,即要有 a_2 与 b_2 差异大,b_1 与 a_1 相近,使 $a_1 + a_2$ 与 $b_1 + b_2$ 相近。

归纳为两亲本性状的基因型值接近,而又遗传差异大时,容易产生超亲优势。

(二) 多个基因控制形成的性状

$a_1 a_2 a_3 a_4$ 等基因分别控制前后一系列步骤,前面步骤完成后,进入下一个步骤,各步骤作用效率是相加的。这里效率的定义是"单位时间完成的工作量"。

1. 两个亲本性状的基因型值相同,杂交种的表现

4 个基因控制的亲本性状相同,杂交种性状估计如表 2-12。

表 2-12　4 个基因控制的亲本性状相同,杂交种性状估计

	基因 1 基因型值		基因 2 基因型值		基因 3 基因型值		基因 4 基因型值		合计	杂交优势率/%
亲本 A	a_1	8	a_2	4	a_3	10	a_4	7	29	
亲本 B	b_1	3	b_2	9	b_3	5	b_4	12	29	
杂交种	$\dfrac{2}{\dfrac{1}{a_1}+\dfrac{1}{b_1}}$	4.36	$\dfrac{2}{\dfrac{1}{a_2}+\dfrac{1}{b_2}}$	5.54	$\dfrac{2}{\dfrac{1}{a_3}+\dfrac{1}{b_3}}$	6.67	$\dfrac{2}{\dfrac{1}{a_4}+\dfrac{1}{b_4}}$	8.84	25.41	12.38

亲本 A 和亲本 B 性状的时间值相同,如果完成第一步到第四步工作,亲本 A 分别需要 8 h、4 h、10 h、7 h;亲本 B 分别需要 3 h、9 h、5 h、12 h,亲本 A 和亲本 B 总用时相同,均为 29 h。亲本 AB 杂交,完成第一步到第四步工作需要的时间分别是 4.36 h、5.54 h、6.67 h、8.84 h,合计时间是 25.41 h,代谢速率产生了大幅度提高,超亲优势达到

12.38%。

设 $a_1 + a_2 + a_3 + \cdots + a_n = y$，$b_1 + b_2 + b_3 + \cdots + b_n = y$，即

$$a_1 + b_1 + a_2 + b_2 + a_3 + b_3 + \cdots + a_n + b_n = 2y$$

因为 $\dfrac{2}{\dfrac{1}{a_1}+\dfrac{1}{b_1}} < a_1 + b_1$，$\dfrac{2}{\dfrac{1}{a_2}+\dfrac{1}{b_2}} < a_2 + b_2$，$\dfrac{2}{\dfrac{1}{a_3}+\dfrac{1}{b_3}} < a_3 + b_3$，$\dfrac{2}{\dfrac{1}{a_n}+\dfrac{1}{b_n}} < a_n + b_n$

所以 $\dfrac{2}{\dfrac{1}{a_1}+\dfrac{1}{b_1}} + \dfrac{2}{\dfrac{1}{a_2}+\dfrac{1}{b_2}} + \dfrac{2}{\dfrac{1}{a_3}+\dfrac{1}{b_3}} + \cdots + \dfrac{2}{\dfrac{1}{a_n}+\dfrac{1}{b_n}} < a_1 + a_2 + a_3 + \cdots + a_n + b_1 + b_2 + b_3 + \cdots + b_n$

每个基因型值都小于亲本的每个基因型值平均，所以多项相加也小于平均值。因为亲本性状基因型值相同，所以必然产生超亲杂种优势。

2. 两个亲本性状的基因型值不同，杂交种基因型值的表现

4 个基因控制的亲本性状的基因型值不同，杂交种基因型值的估计如表 2-13。

表 2-13 4 个基因控制的亲本性状的基因型值不同，杂交种基因型值的估计

	基因 1 基因型值		基因 2 基因型值		基因 3 基因型值		基因 4 基因型值		合计	杂交优势率/%
亲本 B	a_1	8	a_2	4	a_3	10	a_4	7	29	
亲本 A	b_1	3	b_2	8	b_3	4	b_4	11	26	
杂交种	$\dfrac{2}{\dfrac{1}{a_1}+\dfrac{1}{b_1}}$	4.36	$\dfrac{2}{\dfrac{1}{a_2}+\dfrac{1}{b_2}}$	5.33	$\dfrac{2}{\dfrac{1}{a_3}+\dfrac{1}{b_3}}$	5.71	$\dfrac{2}{\dfrac{1}{a_4}+\dfrac{1}{b_4}}$	8.55	23.95	7.88

若 $a_1 + a_2 + a_3 + \cdots + a_n < b_1 + b_2 + b_3 + \cdots + b_n$，

即 $\sum_{i=1}^{n} a_i < \sum_{i=1}^{n} b_i$，需推断在什么情况下

$$\sum_{i=1}^{n} \frac{2}{\dfrac{1}{a_i}+\dfrac{1}{b_i}} < \sum_{i=1}^{n} a_i$$

即 $\sum_{i=1}^{n} \left(\dfrac{2a_i b_i}{a_i + b_i} - a_i \right) < 0$，$\sum_{i=1}^{n} \dfrac{a_i(b_i - a_i)}{a_i + b_i} < 0$

对于每一个基因来说：

如果 $b_i > a_i$，则 $\dfrac{a_i(b_i - a_i)}{a_i + b_i} > 0$；如果 $b_i < a_i$，则 $\dfrac{a_i(b_i - a_i)}{a_i + b_i} < 0$

因为总和为负,所以需要较多的 $b_i < a_i$;因为又有 $\sum_{i=1}^{n} a_i < \sum_{i=1}^{n} b_i$,所以必须会有一些 $b_i > a_i$。只有尽可能多的 $b_i < a_i$ 且 a_i 与 b_i 差异大,以及 $b_i > a_i$ 基因少且其 b_i 与 a_i 基因型值相差小,致使两亲本性状的基因型值相差不大时,才容易产生超亲杂种优势。

三、产生杂种优势的基因合作

由一个以上基因控制分步骤进行而形成的性状,其性状表现一定与各基因的相对效力有关,各道工序的效率相乘或相加是最终工作效率。各基因相对效力的乘积决定该性状的表达结果。各种等位基因都能够产生超亲效应。在形成一个性状的生命反应链中,只要有 2 个非等位基因互作能够产生杂交优势效应,其他等位基因即使没有差别,该性状也可能产生超亲效应。这可以导致:不同亲本的功能强弱有差异的显性基因和其他基因互作,在杂种中也能够产生出超亲效应;即使一对作用相同的显性纯合等位基因,在杂种中,由于反应链中其他基因产生的杂交优势效应,能够使其表现出超亲效应;显隐性等位基因在表达时,通过反应链中其他杂合基因的杂交优势效应,能够产生出超显性。几乎所有的形态、生理和生化性状,都能够表现出杂交优势。各种有利基因超亲效应的积累以及在整个生长过程中杂交优势的积累,导致最终杂交优势表现的程度。另外,等位基因分化是无止境的,能够不断产生好的突变体,同时,能够从亚种和近缘物种通过杂交引进功能更强的等位基因,生物杂交优势效应无止境。

杂交优势效应会受到环境和生物体内部调节的影响。任何基因的改变,会影响其他基因的表达,导致性状和基因的基因型值发生改变。性状表现虽然在实际上难以测定甚至无法测定,但却是客观存在的。这样的合作在微观世界也是存在的,如两个基因。很多性状不能测量或者难以测量,所以找到相当水平的杂交十分重要。存在很多无形的性状。强强联合,不但杂交优势可能性大,而且产生竞争优势的可能性大。

基因一般都无法单独起作用。基因表达一定与上下游基因功能有关,说明基因在不同条件下的作用大小不同。研究作用于性状形成各基因的相对效力,进行精确的基因和性状的基因效力估计,考虑环境背景的影响,能够产生精准分子数量遗传学。

杂交优势的程度与亲缘关系的远近有关,但并非近亲繁殖就一定缺乏杂种优势或者说近亲衰退,水稻植株自交或近亲杂交经常可以观察到杂交优势,实际上,遗传不纯合的植株后代自交,以及姊妹系之间杂交,雌配子和雄配子也有遗传差异,雌配子和雄配子结合仍有可能产生杂交优势。近亲繁殖的主要缺点在于可能丧失与其他同类的竞争优势,而非绝对导致衰退。

亲本本身性状好容易产生超亲和对照优势。两个亲本的性状表现一样，并且控制性状的基因具有差异的时候，一定会表现出性状的超亲效应，两个亲本性状都好，杂种能够表现更好。两个性状表型值都高的亲本杂交，都表现大值，容易超亲，如果一个亲本的表型值低，则超亲机会小，而且可能负超亲。两个具有遗传差异的亲本的某一性状表现相同，并且和生产上对照品种表现同样好，会表现出性状的对照优势。自然界存在着性状优良的杂交优势品种群，它们的一般配合力好，容易与其他优势群品种配组出强优势杂交组合。原因是群内遗传基础比较相似，品种群之间遗传分化程度高。同时，在特定的生态条件下，性状表现不同，基因型值不同，选育强优势杂交组合，需要在当地环境条件下选择遗传差异大且性状表现优异的亲本配组。

第五节　杂种优势效应的重要性

杂种优势效应以其跨越生物与非生物、自然与人工界限的普遍性、深远影响力，具有对人类社会发展的决定性作用，杂种优势效应不局限于农业领域，它广泛存在于各类生物群体中，包括植物、动物、微生物乃至部分病毒。这一现象揭示了生物多样性在进化过程中的核心作用，以及基因交流在驱动生物适应性和进化创新中的关键地位。对杂种优势的研究与应用，不仅深化了对遗传学、生态学、演化生物学等领域的理论认知，而且有力推动了现代生物科学的发展与实践应用。

面对全球性挑战，如粮食危机、环境污染、气候变化、公共卫生等，以及科技革命、产业转型、全球化进程带来的机遇，杂种优势效应将持续发挥其无可替代的作用。在生物技术、人工智能、大数据等前沿领域，杂种优势理念将进一步拓展应用边界，推动跨学科、跨领域的深度融合与创新。同时，对杂种优势效应的深入研究与精准应用，将为构建更加和谐、高效、可持续的自然与社会生态系统提供有力支持。

在农业领域，杂种优势技术的大规模应用，为应对全球粮食增产、抗病虫害、气候变化等重大挑战提供了切实可行的解决方案，对保障食品安全、缓解资源压力、维护社会稳定具有不可估量的价值。

杂种优势效应作为跨越生物与社会经济领域的核心规律，以其对生物进化、社会演进内在动力的深刻揭示，以及对人类社会发展的强大推动作用，无可争议地被视为世界上最重要的自然规律。它不仅是科学家探索自然奥秘、推动科技进步的重要工具，也是政策制定者优化资源配置、提升社会福祉的智慧源泉，更是全人类应对挑战、创造美好未来的强大基石。在一个生物群体中,当所有基因为定值时,通过杂交,可以显著增强群体的自然竞争力,赋予个体生存与繁殖的优势,进而淘汰杂种优势较小的个体,推动生物种群的进化。鉴于地球各地环境、生态条件的差异,各地原始生物群体经历了不同程度的变异,形成了彼此间一定的差异。随着变异的不断积累,各隔离群体间的差异逐渐增大,形成新物种。推动生物多样性的演进。无论是基因与基因的合作、人与人的合作,还是单位团体之间的合作,应寻求差异化而非同质化,力求找出双方的互补优势,进行详尽分析以避免决策失误,并预测合并效果。了解企业各工序的生产效率,预测合并后的效益。

杂种优势效应揭示了一种普遍适用的优化机制,即通过基因交流、信息融合与资源重组,实现系统整体性能的提升。这一机制为理解生物进化、生态系统构建、社会经济变迁等复杂过程提供了坚实的理论基础。此外,杂种优势效应的数学模型和经济模型,为科学研究和决策分析提供了有效的量化手段,有助于深入探究自然与社会系统的内在规律。

新形成的生物品种的后代又继续向地球各地扩散、分散,形成一些新的生物隔离群,新的生物隔离群在内因和外因的作用下,产生新的有利于自身生存和发展的变异。这些变异通过隔离的遗传(近亲遗传)得以保持和积累,当这些变异积累较多,且这些新的生物隔离体有了较大差异时,就形成了新的生物品系。这些新的生物品系继续在隔离的状态下产生、保持、积累变异,使得变异的差异由量变转为质变,产生飞跃,进而形成更新的生物品种,从低级向高级发展进化起来。

生物离不开竞争和发展。在生物进化过程中,杂种同样发挥作用。一个群体中,所有基因一定的情况下,杂种优势能够提高自然竞争力,取得生存和繁殖优势,淘汰杂种优势小的个体,是生物进化的一个重要动力。

杂种优势效应本质就是通过合作提高效率。杂交导致后代差异的产生,导致后代优势和劣势地位的产生,优势地位的个体或者群体积累了优异的性状,是世界进步、生物进化最重要的规律之一。所有机会对于个体和群体是相等的,杂交则是特殊事件,通过杂交能够获得杂种优势,使群体或者个体变得更加具有竞争力。生物杂种优势和社会合作优势引领社会或者生物进化的方向。

第三章　作物杂种优势利用途径

第一节　作物生殖概述

生殖是生物体通过特定方式产生后代,以维持种族或种群延续的生物学现象,这一过程通常遵循一定的时间顺序并在特定空间内完成。在生物界,有性生殖和无性生殖是两种最基本的生殖方式,除有性生殖和无性生殖外,还存在一种特殊的生殖方式——无融合生殖,它介于有性生殖和无性生殖之间。

一、有性生殖

植物通过减数分裂产生单倍性配子,随后通过配子间的融合(即受精作用)形成双倍体后代的生殖方式,称为有性生殖。植物有性生殖的基本类型通常包括同配生殖、异配生殖和卵式生殖。

被子植物是植物的高级进化形式,其卵式生殖的特点是其生殖器官的进化程度相当高,配子都位于特定的配子体内,即卵位于胚囊之内,精子位于花粉粒之内;双受精作用导致胚珠或胚囊内同时形成幼胚和胚乳,这两者在后续发育中相互依存,协同成长。在被子植物的有性生殖过程中包括两个相互独立而必不可少的细胞学环节,即减数分裂和受精作用。通过减数分裂可以产生出孢子或配子,染色体数目减半;通过受精作用,雌雄配子相互融合,染色体数目达到 $2n$ 水平。

被子植物有性生殖一方面在染色体水平上维系了物种的遗传稳定性,另一方面通过染色体片段和基因层面的变异推动了物种的进化。减数分裂期间的染色体片段交叉与交换可能导致染色体发生缺失、倒位、重复或易位等变异,这些变异进而引发植物体性状变化,从而促进物种进化。

二、无性生殖

被子植物的无性生殖是指植物无须经历有性过程,仅通过单个特化细胞、一组特异细胞或特化器官在特定环境条件下直接发育成新个体的生殖方式。许多表现多年生宿根特性的草本植物都具有肉质器官,如富含储藏物质的特异性根、茎和叶等,这些特化器官经过越冬或渡过旱季之后就会再生长出新芽和新根,由此进一步形成新的植株。

雄配子体(male gametophyte)位于花药内部,在被子植物中,花粉粒实质上就是雄配子体的体现。雄配子体作为载体,通过特定途径将雄配子输送并释放至胚囊中,以实现双受精过程。成熟花粉粒的壁包括外壁和内壁。大多数被子植物的花粉粒外壁上具有1个或多个萌发孔。花粉粒的内壁由果胶质和纤维素组成,其中含有特定的蛋白质和各种水解酶。内壁蛋白由单倍性雄配子体合成,其中包含决定着配子体不亲和性的识别蛋白。在花粉粒内包含有一个营养细胞和一个生殖细胞。生殖细胞和营养细胞都是单倍体,但营养细胞比较大,而生殖细胞比较小并呈椭圆形、纺锤形或月牙形。花粉粒内部的营养细胞核和生殖细胞核(即精子)都具有主动移动的能力。

根据被子植物花药开裂时花粉粒内所含核的数目不同,通常将其分为二核型花粉粒和三核型花粉粒。在进化上属于原始分类群的被子植物一般产生二核型花粉粒,而产生三核型花粉粒的都是进化程度比较高的被子植物,由此认为植物物种的进化也伴随着其花粉粒结构的不断进化。

被子植物的花粉粒在遗传上属于单倍体,其内所包含的遗传物质比较简单,可以脱离母体而单独生活,具有像单细胞生物那样的生存行为,因而可以在非常简单的培养基中培养。花粉管的生长速度快,在体外每小时可以长到数毫米。在生长过程中花粉管具有尖端生长和趋化性生长的特性。

被子植物的雌配子体位于胚珠内,也称之为胚囊(embryo sac)。正常情况下,蓼型胚囊包含7个细胞:珠孔端有1个卵细胞和2个助细胞,合点端有3个反足细胞,二者之间有1个包含2个极核的中央细胞。

大多数被子植物成熟胚囊的结构较为一致,通常包括1个卵细胞、2个助细胞、1个含2个极核的中央细胞以及3个反足细胞。在卵细胞内部,可见液泡、储藏淀粉、色素体以及小泡体。卵细胞是胚囊内的最主要成员,是雌配子。当卵细胞与雄配子结合后,会发育成为新一代的孢子体。

在成熟的胚囊中,中央细胞呈现高度液泡化状态,通常包含2个极核。这2个极核与精核融合后形成初生胚乳核,进而发育成胚乳。在胚囊中还存在着3个反足细胞,它们通常位于胚囊内的合点端,其功能是分泌特殊的营养物质以维持胚囊的正常代谢活性。

三、无融合生殖

无融合生殖(apomixis)是可代替有性生殖、不发生雌雄配子核融合的一种无性生殖方式。其主要分为两大类:营养的无融合生殖及无融合结籽。

营养的无融合生殖能代替有性生殖的营养生殖,例如大蒜总状花序上常形成气生小鳞茎,可代替种子。无融合结籽是指能产生种子的无融合生殖。

四、作物生殖特性

1. 双受精现象

双受精现象的揭示是植物胚胎学研究的重要突破。被子植物授粉后,花粉粒在雌蕊柱头上通过特定化学信号识别其亲和性。一旦确认亲和,花粉粒便开始萌发,形成花粉管。花粉管通过花柱进入子房之后,通常沿着子房的内壁或胎座继续生长,然后经过珠孔进入胚珠。花粉管经过珠孔进入胚珠后完成双受精的方式称为珠孔双受精,大多数被子植物都进行珠孔双受精。

当雄核接近卵核时,精核呈现线团状,并逐渐展开,其整个表面紧贴卵核的核膜。接着,精核缓缓"浸入"卵核内,最终导致雄性染色质与雌性染色质融合,以及雄性核仁与雌性核仁的合并。现已明确,被子植物双受精过程中雄性核与雌性核融合需经历五个步骤:第一步,两核接触;第二步,核膜融合;第三步,精子染色质在受精卵核内松解并显现雄性核仁;第四步,雄性与雌性染色质相互混匀至无法区分;第五步,雄性核仁与雌性核仁融合成单一的大核仁,标志着雌雄核融合完成。

雄性生殖过程发生在雄蕊器官之内,雄蕊器官包括花丝和花药。花丝为管状结构,具有运输水分和营养物质的功能。花药包含生殖和非生殖组织,负责产生并释放花粉粒(或雄配子体)。花药的形成和发育在时间上受到多种遗传因素的精密调控,其发育过程可大致划分为前期发育和后期发育两个阶段。花药前期发育涉及形态构建、组织分化以及小孢子母细胞的减数分裂,此阶段包含多种特化细胞与组织,如位于花粉囊中央的四分体小孢子。后期发育则涵盖花粉粒的分化、花药体积增大,以及花丝伸长以抬高花药至适宜授粉的高度。

花药与花粉粒形成过程中细胞分化现象显著,花药中不同类型的细胞源自花器官分生组织的特定细胞层。花药的第一期发育涉及几种特化的细胞和组织,其中有的参与生殖功能(即孢子的发生和花粉粒的形成);有的参与非生殖功能(即形成表皮、皮层、绒毡层、环形细胞团、药隔、裂口和维管束)。在花药中这些特化的分片组织各自执行不同的生物学功能。

在花药内初生小孢子造孢细胞经过几次分裂后形成次生造孢细胞,进而发育成小孢子母细胞。小孢子母细胞在细胞形态上很特别,即细胞体积大、细胞核也比较大、细胞质浓厚、细胞内没有液泡。

每个小孢子母细胞经过减数分裂后形成四分体(即由双倍体的小孢子母细胞开始产生四个一群的单倍体细胞)。通过减数分裂,使双倍体的孢子体细胞转变为单倍体的配子体,其植物生活周期中的生物学意义重大。在小孢子母细胞减数分裂过程中包括2次连续的有丝分裂,第一次分裂的结果是产生染色体数目减半的二分体(即通过同源染色体的分离而发生染色体数目减半),第二次分裂的结果是产生四分体(即通过同源染色体中染色单体的分离而发生染色体数目减半)。

通过减数分裂所形成的小孢子在经过一定的静止期后发生第一次有丝分裂(不对称分裂),由此形成2个发育命运完全不同的2个细胞核(营养核和生殖核),其生物学意义重大。营养核不再分裂,其体积比生殖核的体积大一些。经过进一步发育后营养核成为营养细胞,其功能是雄配子体内的"能源站",为花粉粒的进一步发育和花粉管的生长提供养分和能源,促进精子进入子房中的胚囊内。

从小孢子发育至成熟雄配子体产生涉及2次细胞内部的核分裂。第一次分裂后产生1个形态比较大的营养细胞和1个小的生殖细胞;第二次分裂只是生殖细胞发生分裂,由1个生殖细胞形成2个生殖细胞(即雄配子或精子)。观察鉴定结果表明,在小孢子内贴近细胞壁的细胞核发生有丝分裂,其结果是形成2个子核。贴近细胞壁1个细胞核即是生殖核,向着大液泡的1个细胞核即是营养核。随后,细胞内发生细胞质分裂,在生殖核和营养核之间出现一个成弧形状态的细胞板,由此将其分隔成2个细胞。由于细胞质分裂的不均等性,由此形成的2个细胞在形态上存在着很大差异,即大的细胞为营养细胞(包含原来小孢子的大液泡和大部分细胞质),小的细胞为生殖细胞(只包含原来小孢子的少量细胞质,在形态上呈凸透镜状态或半球形状态)。在雄配子体形成过程中涉及小孢子形态上的明显变化,其中包括小孢子的单核中央期、单核靠边期、双核期和三核期。三核期的成熟小孢子就是成熟的花粉粒或雄配子体,其内包含着1个营养细胞和2个生殖细胞。

成熟的雄配子体,在内存在着1个营养细胞、2个生殖细胞(或精子)和花粉粒内含物。营养细胞的主要功能就是为生殖细胞的发育提供必需的营养。花粉粒的内含物实际上是指储藏在营养细胞的细胞质中的物质,其中包括营养物质、各种生理活性物质、色素、酶和盐类物质。

在减数分裂完成之后,小孢子开始形成花粉壁。成熟的雄配子体带有双层壁,即外壁和内壁。外壁主要包含孢粉质,该物质对化学降解作用有很强的抵御能力。内壁主要由果胶和纤维素组成。在成熟的雄配子体的壁上存在着花粉粒萌发孔,其位子在小孢子发育的早期就已经决定,可能与减数分裂发生时纺锤体的两极位子有密切关系。

2. 作物生殖特性的利用

作物生殖发育的研究表明,通过有性过程首先产生雌雄配子或雌雄配子体,随后按照特定的受精途径和胚胎发育方式完成雌雄配子融合和幼胚发育,进而产生后代。

由于花器官构造、开花习性、传粉方式以及开花与环境条件等的不同,按照天然异交率的差异将不同授粉方式的作物划分为自花授粉、常异花授粉和异花授粉3大类,除此之外,生产上还存在着无性繁殖作物。

自花授粉作物是指雌雄配子源于同一植株或同一花朵,其天然异交率低于4%。常异花授粉作物既能自花授粉又能异花授粉,其天然异交率为4%~50%。这两类作物因长期自花授粉导致品种内各植株性状基本一致,遗传基础通常处于纯合状态。两个品种杂交产生的杂种一代可能表现出杂种优势效应,且群体整齐度较高。因此,对这类作物而言,利用杂种优势的主要策略是选择两个优良品种进行杂交,以得到品种间杂种一代。从这类作物的花器结构和开花习性考虑,能否有效利用其杂种优势的关键在于能否妥善解决母本去雄问题。

异花授粉作物是指在自然状态下,借助不同植株的花粉完成受精并产生后代,其天然异交率高于50%。异花授粉作物天然杂交率较高,其品种的遗传基础相对复杂。尽管可利用品种间杂种,但其F_1群体生长状态往往不一致,杂种优势效应较弱,产量潜力受限。因此,针对这类作物,利用其杂种优势的特点在于通过人工控制授粉来获取大量杂交种子。在利用其杂种优势的技术中,首先应依据育种目标,按照选定育种材料的表现型特征,进行强制自交分离,并经多代筛选。之后,对筛选出的后代单株进行配合力测定,以培育出基因型纯合优良且配合力良好的自交系。接下来,选取性状适宜的自交系作为杂交亲本,制作优质的自交系间杂交种,供农业生产使用。

无性繁殖作物在农业生产中占据重要地位,几乎涵盖所有果树作物、绝大多数花卉作物、蔬菜作物中的马铃薯与山药,以及大田作物甘薯和经济作物甘蔗、啤酒花等。通过无性繁殖作物营养器官繁殖产生的后代群体,即无性系,与有性繁殖群体有所区别。个体层面上,无性系具有高度杂合的遗传基础;群体层面看,无性系内个体间基因一致性较高。因此,无性繁殖与有性繁殖在选择育种方面存在显著差异。

采用无性系生产方式能够迅速固定优良性状和杂种优势效应。这类作物兼具有性繁殖和无性繁殖能力。在进行有性繁殖时,有的是异花授粉作物,如甘薯,其无性系品种的基因型是杂合的,但表现型一致;有的是自花授粉作物,如马铃薯,其无性系品种大多数来自于自交系之间的杂交后代,也是一种特殊的同质杂合群体。由于上述特性,无性繁殖作物依照育种目标选配亲本进行有性杂交后,利用杂交重组方式可以丰富其遗传变异类型,在分离的 F_1 实生苗中选择优良单株(选出优良杂交组合),使杂种后代能在比较长的时期内维持像 F_1 那样的优势水平,即杂种可以通过无性繁殖方式固定杂种优势。然而,由于无性繁殖作物的遗传基础呈杂合状态,在通过有性杂交后所产生的 F_1 会产生性状多样性分离。因此,这类作物除进行品种间杂交外,还可以通过选育自交系生产自交系间杂种。

第二节 作物杂种优势利用方式

如何有效而大量生产 F_1 杂交种子是作物杂种优势利用技术关键或主要影响因素。对于不容易配制大量种子的杂交种,生产上也难以大面积推广利用。作物杂种优势利用能否获得成功在很大程度上取决于是否能建立实用性杂交制种的技术。自20世纪的100多年以来,科研工作者一直在探索和研究作物杂交制种的技术和方法。纵观作物杂种优势利用的现状,其杂交制种主要方法有以下9个方面。

一、异花授粉作物中的自然杂交制种

在生产实践中已经有多种异花授粉作物在其杂种优势利用中取得了显著的成效,进而产生出重大的社会效益和经济效益。然而,对于一些雌雄同花和花器官比较小的作物而言,人工去雄比较困难。对于这类作物的杂种优势利用,可以采用自然杂交方法进行杂交制种。在实际应用中,一般采用杂交父母本混合播种或杂交父母本间行种植的方式进行杂交制种。

混合播种是指将等量的父本种子和母本种子混合播种在制种田内,开花后任其自然授粉,随后混合收获种子,由此满足生产需求。在采收的种子内包含正交种子、反交种子和双亲本自交种子。从实际生产来看,这种制种方法适用于主要经济性状的正交效果和

反交效果基本相似的杂交组合。

间行种植是指将杂交父本和杂交母本单行相间或数行相间种植,在制种田内让其自然授粉。自然杂交制种作为一种最原始的利用杂种优势的制种方法,具备操作简便、种子收获量大、成本低廉的优点。然而,采用此方法产生的杂交种子,其杂交率通常为 50%～70%,这可能会影响杂种一代群体的整齐度和预期的增产效果。

二、利用特定标记性状进行杂交制种

通过选择某一显性或隐性标记性状来区分真伪杂种,使得在杂交制种过程中,生产者无须进行人工去雄即可直接获得杂种。标记性状的表现必须明显,对产量和主要农艺性状无不良影响。比如,杂交父本选育或转育一个在苗期显现的显性标记性状,而在杂交母本上选育或转育一个同样在苗期表现的隐性标记性状,杂交父母本任意杂交,花期结束后可拔除杂交父本,在杂交母本上收获杂交种子。在苗期根据标记性状拔除具有隐性性状的幼苗,留下具有显性性状的幼苗即为杂种苗,从而免去人工去雄的技术性环节。从生产实际来看,这种杂交制种方法简便易行,杂交制种成本低。在结球白菜、西瓜和甜瓜等异花授粉作物杂种优势利用中通常采用这种杂交制种方法。

三、利用化学杀雄技术进行杂交制种

特定作物在其生殖发育阶段,其雄配子或雄配子体对特定化学药剂敏感的特性,通过对母本植株喷施化学药剂而阻碍其正常的生理生化代谢,进而诱导其产生雄性不育。化学杀雄技术是解决人工去雄难题的一种手段,即通过化学手段替代人工去雄。在实际应用中,选择特定的化学药剂(即杀雄剂),在作物生长发育的特定阶段喷施于杂交母本植株上,直接破坏或阻滞雄性器官的正常发育,导致生理性雄性不育,从而达到去雄的目的。

化学杀雄剂可以有选择性地诱导雄性不育或杀死雄性器官,但不影响雌性器官的正常发育和正常功能(即保持正常的受精作用和胚胎发育状态)。随后,在开花时杂交母本可以自然授粉和发生正常的受精作用,其胚胎发育正常,最后从母本植株上收获杂交种子。利用特定的化学药剂(杀配子剂或化学杂交剂)杀死杂交母本的雄蕊器官而不损伤雌蕊的正常受精能力,可以省去手工去雄的技术环节。在杂交育种中,采用化学杀雄的技术路线则有助于更方便、更灵活地筛选强优势杂交组组合,这是多种作物在杂种优势利用中都广泛探索和研究的一条技术途径。在那些花器官比较小和人工去雄困难的作物的杂种优势利用中特别适合利用化学杀雄法达到预期目的。

20世纪60年代,曾成功利用乙烯利诱导普通小麦产生雄性不育特性。然而,据浙江省农业科学院报道,乙烯利无法完全诱导小麦雄性不育,并且会导致抽穗不完全(卡脖)现象。20世纪80年代,河北省农业科学院等研究机构在乙烯利中添加碱性物质,以中和其残留酸性,从而改善其部分性能,并将其作为化学杂交剂用于普通小麦的杂交制种。由此配制的杂交小麦在河北省累计试种示范面积达到10多万亩。由于此类化学杂交剂在杂交制种时性能不稳定,现已停止使用。

20世纪80年代初期,英国Shell公司研发出化学杂交剂WL84811。它具有内吸和杀雄力强而稳定的特点,只要在部分叶片上涂上药剂,就可以使该植株表现出完全雄性不育的特性。欧美等国家将这种方法应用于小麦杂交育种中,以替代人工去雄。然而,WL84811未能通过生物安全性检测,它对豚鼠皮肤具有刺激性,并可能存在致癌风险。目前,该化学杂交剂已停止生产试验。与此同时,美国Sogetal公司研制出了SC2053,经20世纪80年代末和90年代初在我国试验,其杀雄率在98%以上。我国杂种小麦育种单位多年来利用此药剂进行杂交制种均获得初步成效。1994年,化学杂交剂SC2053在我国注册,定名为津噢啉。津噢啉的缺点是不能在分蘖间转移,且对植株的生育期要求严格。在田间应用时,由于喷药不匀,或大小苗生长不一致,不能生产出纯的杂交种子。

20世纪80年代中期,美国孟山都公司旗下的子公司HybriTech研发出化学杂交剂MO21200。经欧美等国多年测试,可以在杂种小麦制种中应用。1994年,该药剂在美国注册,定名为GENESIS。从1996年开始,GENESIS进入中国。在孟山都公司资助下,我国开展了GENESIS的杀雄效果和杂交制种研究。GENESIS是一种无毒的化学药剂,在普通小麦剑叶抽出期间的一个星期内喷施,能诱导100%雄性不育。GENESIS对不同普通小麦品种的基因型表现出敏感性差异,在某些品种中可能需要较高的剂量。其在杀雄过程中可能伴随柱头受损,从而降低异交结实率和杂交种子质量。

自20世纪80年代起,中国农业大学推出BAU2和BAU3等药剂,其使用效果仍在持续验证中。化学杀雄剂已经在水稻、茄子、辣椒、番茄的杂交制种中获得了比较成功的试验结果并在小面积得到应用。然而,由于化学药剂杀雄效果的不稳定性、用药量控制难度、常见药害问题,以及对地域和气候条件的敏感性,导致其在大面积生产中推广运用的难题有待深入研究。

四、利用自交不亲和特性进行杂交制种

自交不亲和系是指一类异花授粉作物的特定品系,其特点是雌雄蕊发育正常,但在

品系内部植株间或同一植株内进行授粉均不能正常结实,而与其他品系植株授粉时则能正常结实。常见的许多农作物如小麦、棉花、玉米等,利用本花或本株的花粉可以受精结实,但另一些作物,它的某些品系虽然雄蕊正常,能够散粉,但自交或系内株间杂交均表现为不结实或结实极少。利用自交不亲和系作杂交母本,以另一自交亲和的品种作父本,生产杂交种可省去人工去雄的麻烦。当杂交双亲均为自交不亲和系时,二者可以互为杂交父本或母本,从这两个亲本植株上收获的种子均为杂种,这样可以提升杂交制种的效率和杂交种子的产量。利用两个自交不亲和系配制杂交种,可以按1∶1的行比在隔离区域内种植,若正交效果和反交效果相似,可以将混收的杂交种子用于生产;若正交效果和反交效果不同,则分别收获正交种子和反交种子。若仅杂交母本为自交不亲和系,则需要适当增加杂交母本行数,仅收获杂交母本植株上所结实的种子。自交不亲和系制种现在已经在白菜、甘蓝、油菜、萝卜、雏菊和石刁柏等多种作物杂交制种中得到广泛应用。

在自交不亲和系的繁殖过程中,需要确保严格的隔离条件。在作物开花前 2~4 天,使用镊子去除花冠,然后用同植株或同系植株的花粉进行授粉,有望获得自交不亲和系的繁殖种子。在大规模繁殖时,可在开花期喷施 1%~5% 的氯化钠水溶液,以暂时打破自交不亲和性,同时配合蜜蜂等昆虫授粉,最终可收获大量自交不亲和系种子。

五、利用雌性系的生殖发育特性进行杂交制种

通过现代生物技术手段,使雌雄同株异花作物的雄花发育受到抑制,从而产生只含雌花的植株,即雌性系。利用雌性系作杂交母本配制杂交种,方法简便,易于获得比较多的杂交种子。在杂交制种过程中,以雌性系为杂交母本,将杂交父本和杂交母本按一定行比种植在隔离区内,在开花前摘除雌性系上可能出现的个别雄花,随后自然授粉并进行人工辅助授粉,由此生产杂交种。

雌性系的繁殖需要通过人工诱导后使其产生雄花,进而自交繁殖。具体方法:在开花前利用 300~500 mg/kg 的硝酸银溶液喷洒植株的新叶,间隔 4~5 天再喷施 1 次。通常喷施 2 次即可以诱导出雄花。这种方法已在菠菜杂交种生产中得到实际应用。

超雄株系石刁柏是一种典型的雌雄异株植物,其雄株细胞内含有 XY 型性染色体,雌株细胞内则含有 XX 型性染色体。在自然群体内雌株和雄株各占 50%,但是雄株的产量显著高于雌株的产量。曾以雄株花药(或花粉)为材料进行组织培养,由此获得单倍体植株后,利用秋水仙碱进行染色体组加倍处理,使其成为超雄株(性染色体 YY 型),随后利用无性繁殖法将其遗传基础固定下来并形成超雄株系。在杂交制种时,利用超雄株系作

为杂交父本,在隔离区内与杂交母本按一定行比种植,开花时拔除母本群体内的雄性植株后让其自然授粉。最后,在杂交母本雌植株上收获杂交种子,这些种子所产生的植株全部为雄性植株(即性染色体 XY 型),可以用于生产。

苦瓜具有雌雄异花同株的生殖构造。经过多代自交纯化,当主蔓雄花数量少于 10 朵的植株占比超过 90% 时,这样的株系被称为强雌系。生产上苦瓜杂交是利用强雌系作为杂交母本,辅以人工去雄,是比较经济可行的制种方法。除不断加强其雌性外,还应注意优良经济性状的筛选,以便其杂交亲本的花期达到一致。

六、利用雌雄异熟的迟配系特性进行杂交制种

在异花授粉作物的某些品系中,存在一种特殊的生殖发育现象:植株在自花授粉时花粉管伸长速度较慢,而在接受不同品系花粉时花粉管伸长速度较快。具有这种特性的品系被称为迟配系。利用迟配系进行杂交制种的方法与利用自交不亲和系进行杂交制种的方法很相似。然而,迟配系可以自交结实而自身繁殖。在杂交制种时,合理安排杂交父母本种植时间,使得杂交父母本的花期相遇,这对于提高杂交种子纯度很关键。利用迟配系进行杂交制种的方法在大白菜杂交种生产中已经得到广泛应用。

七、利用无融合生殖特性固定杂种优势效应

生殖是指生物体通过特定方式产生后代的生物学现象,是生物体按照一定的时间和空间顺序复制或产生类似个体以延续种族或种群的过程,是生物体最为重要的特征之一,表现为生物发育到一定阶段产生后代,或是通过产生特定生殖细胞来延续下一代。在生物界,有性生殖和无性生殖是最基本的两种生殖方式,而无融合生殖则是介于两者之间的另一种生殖方式。

被子植物的无融合生殖是指在胚珠内,不经雌配子和雄配子的受精过程就能产生种子(即无融合结籽)的生殖方式,其基本形式包括单倍体无融合生殖和二倍体无融合生殖。由于单倍体无融合生殖经历了减数分裂,由此产生的配子在遗传上可能存在异质性,因此无法利用单倍体无融合生殖特性来固定杂种优势。由二倍体无融合生殖方式所产生的种胚没有经过减数分裂,也没有经过正常的受精作用,在遗传上种胚与其母体植株完全一致,因而这种生殖方式在生物杂种优势利用上具有潜在的应用价值,即固定杂种优势和简化杂交种子的生产程序。

二倍体无融合生殖是指未经历减数分裂,由特化的二倍性细胞直接发育为幼胚的单

性生殖现象。根据被子植物无融合生殖的发生及其发育特点,通常将二倍体无融合生殖划分为二倍体孢子生殖(或多倍体孢子生殖)、无孢子生殖和不定胚生殖三种类型。由于二倍体孢子生殖和无孢子生殖需要通过雌配子体(胚囊)形成胚和种子,而不定胚生殖则不形成雌配子体结构,因此将前者称为配子体无融合生殖,后者称为孢子体无融合生殖。

在禾本科植物中无融合生殖现象普遍。育种家通过有效利用二倍体无融合生殖种质资源,建立固定杂种优势效应的技术,由此可以控制杂种第一代的遗传性分离,进而保持其具有杂种优势潜力的基因型。按照此技术路线所培育的新品种不但会表现出一定的杂种优势效应,而且还能固定杂种优势效应。在育种过程中只要获得一个具有无融合生殖特性并具有强大杂种优势的单株,就可以通过种子繁殖扩大群体,迅速地在生产上大面积应用其杂种优势,从而提高其增产潜力。

八、利用人工去雄配制杂交种

在作物遗传改良中去雄就是指将作物的两性花器官中的雄蕊或雄性器官有效去除而只保留雌性器官的技术操作。人工去雄通常就是指在作物进行有性杂交之前将作物植株所携带的两性花器官中的雄蕊或雄性器官有效地清除干净而只保留具有正常受精功能的雌性器官的人工技术操作。通过人工去雄之后迫使作物不能自花授粉,而只能通过异花授粉或其他生殖方式产生后代种子。人工去雄杂交是作物遗传改良领域获得杂交种子和改良其遗传基础以及创制新的基因型种质资源中应用面积最广泛和利用频率最大的有效方法。在作物杂种优势利用中杂交种子的质量对于有效挖掘其杂种优势的产量潜力起着关键性的作用。杂交种子的质量通常按照其纯度、发芽率、净度和含水量等指标进行技术鉴定,其中种子纯度是最重要的技术指标。

在人工去雄杂交过程中,杂交技术水平的高低与其成效的大小密切相关。通常而言,作物人工去雄杂交主要包括3个技术环节,即人工去雄、花粉粒采集和授粉。对于具有两性花特性的作物进行杂交时,人工去雄是必需的技术步骤,其目的是去除杂交母本的雄蕊,以防止自花授粉导致自交种子的产生。人工去雄要在作物花粉粒成熟之前完成,需要关注去雄时间和去雄方法。由于作物种类的多样性和特有的遗传特性,去雄时间因作物的种类而异。在仙客来杂交中,应在开花前7天进行去雄;而在西红柿杂交中,应在开花前2~3天进行去雄有助于获得真正的杂种后代。在现代作物遗传改良中,人工去雄方法主要包括机械去雄法、温汤处理去雄法以及化学杀雄法等。

采用人工去雄法进行杂交制种是许多作物生产杂交种子的常用手段,其特点是通过手工去除杂交母本花朵中的雄蕊,然后施以杂交父本花粉,以生成杂交种子。适宜采用人工去雄方式配制杂交种的作物应满足以下 3 个条件：①植物的花器官应足够大，便于人工去雄操作；②去雄方法简便易行，很容易生产出比较多的杂交种子；③在生产上种植杂交种时的用种量比较少。

人工去除杂交母本的雄蕊、雄花或雄株，然后利用杂交父本的花粉进行人工授粉或在隔离条件下与杂交父本自然授粉，从杂交母本上收取杂交种子。花粉采集对于确保杂交工作的顺利进行非常重要。根据自然作物授粉方式的特点，学者们通常将作物划分为风媒花作物和虫媒花作物。风媒花作物的花粉粒数量比较大，其质地比较轻而干，可以直接采集或采集花枝来收集花粉粒。虫媒花作物的花粉粒数量比较小，具有粒子大而黏的特性，通常在植株开花前数日采集即将开化的花蕾，从中取出花药进行储存备用。花粉粒的储存时间因作物种类不同而异。

玉米是一种异花授粉的作物，在杂交制种中一般都需要进行人工去雄，才能实现大面积杂交种的生产，进而有效利用其杂种优势达到增产的目的。在杂交玉米的大田生产中，合理运用人工去雄技术可有效促进增产增收。然而，人工去雄并非一项简易工作，技术不熟练或操作失误可能导致玉米植株茎叶损失过大，从而引发大面积减产。在玉米大田实际生产中，当玉米植株雄穗抽出但尚未开花散粉时，应隔株或隔行摘除雄化穗，确保植株前后或左右保留雄花穗。但地边地头 4 m 内的植株不应去除雄花穗，以保障雌花穗充分授粉。间隔去雄后可于盛花期进行人工辅助授粉。生产结果表明，通过人工去雄能够增产。然而，如果人工去雄操作不正确也会造成茎叶损伤，进而导致大田玉米减产。

在进行人工去雄时需要注意以下 6 点：①把握好人工去雄的时机。要在玉米植株的雄穗刚刚伸出顶叶还没有散粉时将其拔除，过早或过晚进行人工去雄都达不到去雄的预期效果。②人工去雄时要防止损伤植株的茎叶。拔除或剪除雄蕊时要特别小心，以防折断植株的茎叶。人工去除的雄穗不能留在田间，防止其中带有的玉米螟虫会继续危害植株。③去雄的植株布局要合理。一般人工去雄的植株数量不要超过总植株数的一半，靠近地边的几行不能进行人工去雄。如果在人工去雄期间遇上干旱高温或者连阴雨天，或者植株长势严重不均，则要少去雄或者不去雄。④在进行人工去雄时要去弱留强。要通盘考虑田间植株的生长势，对于弱小植株的雄穗可去除而留取强势植株的雄穗，以促弱小植株早吐雌穗而授粉结实。⑤人工去雄后，可根据情况适时进行人工辅助授粉。此举旨在防止玉米棒子出现缺粒和秃顶现象，确保完全授粉，从而增加籽粒数量和饱满度，实现增产目标。⑥人工授粉结束后可剪除玉米田所有雄穗（即全部去头），以改善植株的光照状态，促使养分和水分集中供给雌穗发育，进而实现增产效果。

目前，棉花杂交种子生产尚未实现标准化，大面积制种活动主要以农户为基本单位进行。为便于监督管理，所有制种须成方连片，集中种植。父、母本同期播种，种植行比1∶10，母本种植密度通常为2500～3300株/亩，而父本密度可适当提高至3500～4000株/亩。制种田地应平坦，排水灌溉设施完善，具备良好的水肥条件；应适量增施肥料；通过合理化控制措施塑造通风透光的理想株型。若母本为非抗虫棉品种，应及时防治棉铃虫、蚜虫等害虫。大面积人工制种宜采用"全株"去雄授粉方法。方法：选取第二天上午开放的花苞，手工将花冠连同雄蕊部分全部剥掉，保留柱头、子房、苞叶和花托，逐株逐花进行操作，并且将去雄花蕾进行标记，以备授粉时容易辨认。圆满的操作应当做到去雄彻底干净，即花柱上不得存有花丝和花药，且不能损伤子房、柱头和苞叶。由于各花蕾的花冠生长快慢有差异，有些第二天开的花在下午天黑之前难以辨认，因而，为提高制种产量，应分别在下午3∶00后和次日清晨分两次去雄，但全部去雄操作需在清晨6∶30以前完成，否则容易发生自花授粉现象，影响制种纯度。采用人工采粉方法，即在去雄后第二天上午7∶00～8∶00之间，取下父本已开放花朵的花粉粒，晾晒使其充分散开，随后对前一天去雄标记的花蕾逐株逐花进行授粉。注意授粉量必须充足。当天授粉时间，晴天一般为上午9∶00～下午1∶00，阴天可适当推迟。开花前三天的早开花蕾可以全部去除。授粉完成后，应在当天或次日将无效花蕾全部剪除。在印度等国家，F_1杂种种子生产已基本实现标准化，被直接应用于农业生产。种子质量标准可达到：含水量低于12%，发芽率80%以上，纯度98%。制种田收获时必须在地头集中收获，并须按要求时间采摘，采摘后的棉花应充分晾晒，并集中存放籽棉，统一轧花包装。为保证种子质量和制种工作顺利进行，需做到以下几点：①亲本种子应统一进行提纯、繁殖，并按需集中发放；②根据农户劳动力实际情况，合理安排制种亩数；③设置专人负责监督去雄授粉质量，通常每10亩制种田配备1名监管人员；④各制种户的制种起止时间及采摘时间应严格遵照规定保持一致。

九、利用雄性不育系制种

植物雄性不育是指高等植物在有性繁殖过程中，雌性器官发育正常而雄性器官发育异常、结构畸形或功能异常，不能产生正常的花药、花粉或雄配子，致使其丧失授粉或授精或结实能力的现象。最常见的有雄蕊发育不全、花药皱缩、花药不开裂、花粉空瘪等。在自然界中，植物的雄性不育现象非常普遍。被子植物的生殖发育涉及一系列复杂的生理生化代谢过程，从雄蕊原基分化开始到具有正常功能的雄配子（体）形成这一段发育时期，都需要在特定育性基因的控制下经历一系列正常的生理生化代谢，由此促使花原基组织在形态上和代谢上发生明显的变化。在此代谢过程中任何不正常的遗传调控或生理生化代谢都有可能导致雄配子(体)发育异常,进而不能产生具有正常生活力的雄配子(体),即表现为雄性不育。在自然界植物的雄性不育现象普遍,它是利用农作物杂种优势效应、开展农作物轮回选择和改良农作物群体性状的重要遗传工具,也是研究花粉粒发育特征、细胞质遗传特性和细胞核质互作效应的良好材料。

20世纪70年代初期,我国完成了籼型"三系"杂交水稻的配套研究,成功将其在农业生产中推广与应用。杂交水稻选育的成功在很大程度上得益于在发掘水稻雄性不育种质资源方面所取得的技术性突破。在被子植物的自然群体中雄性不育现象普遍,理论上每一种植物的群体内都有可能出现雄性不育突变株。依据Kaul(1988年)的研究统计,已在43科162属320种植物中发现了植物雄性不育种质资源,这些资源包括由自然突变形成的雄性不育突变体及通过远缘杂交产生的雄性不育后代。例如,棉花有两种主要的CMS型。一种具有非洲异常棉细胞质,另一种具有哈克尼西棉细胞质。具有非洲异常棉细胞质的类型的不育性易受环境条件影响,表现出不稳定性;具有哈克尼西棉细胞质的类型则表现出雄性完全不育,大部分陆地棉品种可用作其保持系,但恢复系较为稀少。又如,油菜分为白菜型、甘蓝型和芥菜型三种。四川省农业科学院从白菜型油菜中筛选出了雄性不育系。湖南省农业科学院从甘蓝型油菜中选育出了湘一型不育系。云南省农业科学院则初步选出了芥菜型的三系材料。

基于水稻雄性不育系的遗传特性,杂交水稻技术主要划分为第一代杂交水稻、第二代杂交水稻和第三代杂交水稻三大类别。第一代杂交水稻是以核质互作雄性不育系、相应的保持系和恢复系作为遗传工具,采用"三系法"进行配制的杂交水稻。第一代杂交水稻的研究始于1964年,1977年在生产中开始试种示范,至今已产生了显著的社会效益和经济效益。第二代杂交水稻是以光温敏不育系及其相应的配组父本作为遗传工具,开发出的"两系法"杂交水稻。第二代杂交水稻的研究始于1973年,于1996年取得成功,现已成为水稻杂种优势生产利用的重要途径之一,展现出了显著的社会效益和经济效益。近年来,李新奇等通过在水稻上运用现代生物技术,从根本上解决了普通核雄性不育水稻难以繁殖的技术难题,构建了第三代杂交水稻技术,提升了杂交水稻育种的技术水平,标志着水稻杂种优势利用步入了新的发展阶段。以普通核雄性不育系为遗传工具的第三代杂交水稻技术已获成功,其重要性不仅对我国粮食战略安全具有重大意义,也将对全球水稻种植及植物遗传改良产生深远影响,推动其发生巨大变革。以普通核不育性利用为核心的第三代杂交作物是本书探讨的重点内容。

第三节 植物雄性不育现象及利用

一、植物雄性不育现象的发现及研究历程

利用作物的雄性不育性进行杂交制种是克服人工去雄困难,进而利用杂种优势最有效的技术途径。利用雄性不育系进行杂交制种,可以避免费时费工和人工去雄工作,从而提高杂交制种效率,降低杂交制种成本,也为一些不容易进行人工去雄的雌雄同花作物的杂种优势利用开辟一条新的技术途径。借助于雄性不育的遗传特性,充分利用杂种优势效应在不同的技术层次上挖掘农作物的增产潜力和实用价值已经成为农作物遗传改良的重要研究方向。

人类对植物雄性不育现象的观察和研究始于1763年,已经历了4个研究阶段。

第一个阶段为对植物雄性不育现象的观察研究阶段(1763—1908年)。Kolreuter(1763年)最早在植物中观察到花药败育现象,并将其描述为雄蕊萎缩现象。随后,Cartner(1844年)、Herbert(1847年)和Darwin(1890年)分别在石竹科、杜鹃花科和百合科植物中观察到这种雄蕊萎缩现象。对于这种特殊的生物学现象,Darwin(1893年)认为它具有生物进化的意义,由此可以促进生物体之间的异交和基因重组。

第二个阶段为对植物雄性不育现象进行遗传研究和分类阶段(1908—1956年)。在孟德尔遗传学定律被重新发现(1900年)之后,Bateson和Shull根据各自的研究结果,在1908年分别提出"遗传学"和"杂种优势"的概念。与此同时,Bateson以香豌豆为试验材料,曾对其群体内出现的雄性不育株进行过深入研究,由此认为植物的雄性不育现象并不只是一种偶然的个别现象,而是一种可以从上一个世代传递到下一个世代的遗传性状;香豌豆中的雄性不育性状在遗传上受一对隐性基因控制。该项研究开创了对植物雄性不育特性进行遗传学研究的新时代。在此之后,在多种植物中相继发现了细胞质雄性不育现象和核质互作雄性不育现象。Seard(1947年)提出了著名的"三型假说",即将植物的雄性不育现象划分为三大类型(细胞核雄性不育、细胞质雄性不育和核质互作型雄性不育)。结果表明,在自然界纯粹的细胞质雄性不育材料并不存在,只发现细胞核雄性不育材料和核质互作型雄性不育材料。基于这些客观事实,Edwardson(1956年)提出了"二型假说",认为植物雄性不育仅包括细胞核雄性不育和核质互作型雄性不育两种类型。

第三个阶段为对植物雄性不育机制的比较分析研究阶段(1957—1976年)。这一阶

段主要通过对比分析雄性不育株（系）与雄性可育株（系）在细胞内的差异，从细胞学、亚细胞学及酶学层面探究植物雄性不育的发生机制。

第四个阶段为对植物雄性不育机制的实验研究阶段（1977—至今）。运用聚合研究技术在分子、细胞、亚细胞、个体和群体水平对植物雄性不育的基因组成基础、生理生化过程、细胞和组织的结构特征等进行了比较深入的研究，旨在阐明植物雄性不育的表达特征和调控效应。Aarts等（1993年）提出了对植物雄性不育基因进行分离、克隆及转化的技术设想，为研究植物雄性不育特性构建了新的技术平台。自1977年以来，科研人员在生物学不同层次上致力于揭示植物雄性不育的表达机制，为培育和改良作物雄性不育系、构建作物杂种优势利用技术提供了新的思路、方法和途径。通过寻找、发现、创造和培育雄性不育种质资源或雄性不育系，进而有效利用水稻杂种优势的研究特别引人注目。

20世纪50年代初，日本水稻育种家胜尾和新城常有开始关注水稻杂种优势现象的客观存在及其潜在的实用价值。由于水稻是自花授粉作物，其颖花相对小，从事人工杂交的难度比较大，杂交种生产成本比较高，他们明确提出了通过培育水稻雄性不育系，进而利用水稻杂种优势的技术思路，即通过培育"三系"（即水稻雄性不育系、雄性不育保持系和雄性不育恢复系）的育种方式来利用其杂种优势效应。1964年夏天，袁隆平在洞庭早籼、胜利籼、南陆矮和早粳4号等水稻品种的生产田中陆续发现了5株具有雄性不育特征的突变单株，这标志着我国正式开启了水稻雄性不育与杂交水稻的研究。"野败"的发现及成功利用为我国第一代杂交水稻育种（以核质互作型雄性不育系为基础的"三系"杂交水稻育种）的成功提供了关键的种质资源和技术指导。

在20世纪70年代初期，湖北水稻育种家石明松在水稻品种"农垦58"稻田中偶然发现一株具有特殊生殖发育性状的突变单株。其育性的表现特征是，在长日照高温的夏季条件下表现为雄性不育，而在短日照低温的秋季条件下表现为育性部分恢复。石明松推测这种水稻雄配子或雄配子体发育过程中育性基因的表达显著受光温条件影响，其雄性不育性可以通过自交繁殖得以保持。光温敏核雄性不育水稻的发现和成功利用为第二代杂交水稻育种（即以光温敏不育系为基础的"两系"杂交水稻育种）的成功提供了重要的基因资源和技术。

随着现代生物技术的发展，基因工程为解决普通核雄性不育的繁殖问题提供了有效途径。李新奇等以水稻花粉育性基因 *EAT1* 以及相应的水稻核雄性不育突变体为研究材料，构建了育性基因、红色荧光蛋白基因和花粉致死基因连锁表达的三元载体，进而成功转化出雄性不育突变体 *eat1*。经过多年的艰苦探索，在上万株水稻阳性植株群内筛选到一株育性恢复正常的转基因植株。于 2015 年成功创制了符合水稻雄性不育系标准的普通核不育系 Gt1s 和繁殖系 Gt1S,并配制出第三代杂交水稻的强优组合。通过遗传工程方法获得的可以大规模商业化繁殖的水稻普通隐性核雄性不育系简称普通核不育系,这种使不育突变体得到育性恢复正常的转基因植株称为普通核不育繁殖系。经过 20 多年的艰难探索,第三代杂交水稻育种(以水稻普通隐性核雄性不育系为基础的杂交水稻育种)的主要技术体系已经形成,已经选育出一批超高产第三代杂交水稻组合。

二、植物雄性不育的获得途径

自然界中植物雄性不育类型丰富多样,各类雄性不育类型呈现出各异的雄性败育特征。依据雄配子(体)在发生过程中败育时间的早晚,通常将植物雄性不育分为 5 类:雄蕊退化型、花药异常型、孢子囊退化型、小孢子退化型和花粉功能缺陷型。对植物雄性不育材料进行鉴定的方法主要有 4 种:目测法、染色法、花粉离体培养法及活体鉴定法。200 多年的研究和探索已经证实,获得植物雄性不育新种质的途径主要有如下 8 条。

(1)在自然群体中寻找雄性不育自然突变体。在植物的自然群体内,只要有足够的耐心和毅力,都有可能寻找到植物雄性不育突变单株。

(2)通过自交方式在其后代群体内寻找雄性不育株。在异花授粉作物或常异花授粉作物的自交后代群体内通常由于基因分离和重组,有可能会产生出隐性核雄性不育突变单株。已经在玉米、黑麦、向日葵、荞麦、洋葱、西瓜、黄瓜、南瓜、高粱、甘蓝型油菜和棉花等作物中找到过雄性不育新种质。

(3)通过品种间杂交方式在其杂交后代群体内寻找雄性不育株。对于自花授粉作物而言,品种间杂交将导致育性基因的分离和重组,结果在其后代群体内有可能会产生雄性不育株。在水稻、油菜和高粱中所发现的雄性不育新种质(BT-CMS、nap-CMS 和 A1-CMS)均是通过品种间杂交方式获得的。

(4)通过种属间远缘杂交方式在其杂交后代群体内寻找雄性不育株。Kihara(1951年)最先提出通过物种间远缘杂交或属间远缘杂交和连续回交方式进行异源核质置换,进而创造核质互作型雄性不育新种质。随后,分别在麦类植物、稻属植物、烟草、油菜和向日葵等植物中通过种属间远缘杂交和连续回交方式在其杂交后代群体内寻找到核质互作型雄性不育单株,进而培育出相应的雄性不育系。随着生物技术的不断完善,近年来有学者提出通过原生质体融合途径创造核质互作型雄性不育新种质,这将为植物雄性不育新种质的创造开辟一条具有深远意义的新途径。

(5)通过在植物无性系培养后代群体内寻找雄性不育株。植物组织培养技术在

20世纪70年代就已经趋于成熟。植物无性系培养后代群体中常常会出现一定比例的无性系突变体,其中包含雄性不育突变体。已在水稻幼穗或幼胚培养的再生后代群体中筛选出一些雄性不育新种质。通过此途径筛选出的雄性不育新种质大多属于细胞核雄性不育突变体。

(6)通过转座子和T-DNA插入方式在其后代群体内筛选雄性不育株。当将具有特殊功能的转座子和T-DNA插入到植物雄性育性基因之后,通常会导致雄性育性基因的原有功能丧失,进而导致雄性不育。Glover(1996年)首次在玉米转基因研究中揭示了转座子的特殊诱导功能。随后,Sanders等(1999年)发现具有特定功能的T-DNA插入植物雄性育性基因后会导致育性失活。

(7)通过理化诱变途径在其后代群体内筛选雄性不育株。利用物理方法(如离子辐射或中子辐射)和化学方法(如烷化剂或链霉素诱导)可诱发植物产生不定向变异,其中包含雄性不育变异。在后代群体内所筛选到的育性突变体既可能是由细胞核基因突变所导致的,也可能是由细胞质基因突变所产生的。在诱变后代中筛选出的雄性不育突变体多数属于隐性核雄性不育突变体。

(8)通过基因工程途径在其后代群体内筛选雄性不育株。利用具有特定功能的目的基因与花药或花粉粒内具有特异性表达的启动子和终止子构建出特定的嵌合基因,随后将其导入受体植物的细胞内;由于具有特定功能的目的基因的特异性表达能有限阻断小孢子发育的正常途径,结果会导致雄性不育。

三、花粉发育与雄性不育的产生

植物雄性器官的育性是一种复合型遗传性状,涵盖了雄性可育性与雄性不育性两个方面。雄性可育性基于特定的遗传物质(涉及上百个育性基因),通过一系列生理生化代谢和形态建成过程,最终表现为生物学效应。因此,在植物生殖发育过程中,任何育性基因功能异常都可能影响正常的生理生化代谢和形态建成,进而导致雄性不育。对于受孢子体调控的育性基因,其突变将产生孢子体雄性不育突变体;而对于受配子体调控的育性基因,突变则会导致配子体雄性不育突变体的出现。此外,远缘杂交中由于双亲亲缘关系较远,其后代群体内可能出现多种类型的雄性不育突变体。从细胞学角度看,高等植物的遗传基础主要由两部分构成:细胞质遗传物质和细胞核遗传物质。在调控生物体特征特性时,它们既可以独立发挥作用,也可以共同调控某一性状的表达。

1. 不同的雄性不育类型表现出不同的雄性败育特征

植物雄性不育性状是一种复杂的生物学性状,其表现不但受特定的雄性不育基因控制,还受到特定环境因子的调控,即该性状的表达是基因型与环境条件相互作用的结果。结合现有研究资料,植物雄性不育主要分为三类:遗传因素主导的遗传性雄性不育、生理因素主导的生理型雄性不育,以及特定基因型在特定生态条件下才表现出来的生态型雄性不育。

2. 关于花粉壁形成过程中具体物质代谢及其相关基因的作用关系

脂类及其衍生物(如脂肪酸、蜡和磷脂)均为花粉壁的重要组成部分。孢粉素和含油层的前体物质(脂肪酸和长链脂肪酸)的合成是由在绒毡层中表达的孢子体基因控制的。在绒毡层中,脂肪酸的从头合成就是酰基载体蛋白质酯化的过程。酰基载体蛋白是一种在内质网上通过分裂和易位而直接延伸长度或者通过 *MS2* 和 *DPW* 这样的还原酶基因还原十六醇得来的蛋白质。拟南芥 *MS2* 和水稻 *DPW* 的发现揭示了从脂肪醇到脂肪酸转化途径是一个新的、保守的质粒介导途径。十六醇通过自由扩散或者运输到达细胞亲水区,在细胞亲水区十六醇又被转化为脂肪酸,随后被运输进花药室作为孢粉素前体物质直接用于接下来的进一步羟基化过程。水稻中与拟南芥同源的孢粉素合成基因 *DPW*、*CYP704B2* 和 *CYP703A3* 突变体均表现出孢粉素的生物合成受到阻碍,花药角质层缺失,这些表现与拟南芥中的此类基因表型一致。此外,水稻中的 *CYP704B2* 和 *CYP703A3* 属于古老的细胞色素 P450 家族,对于雄性生殖发育过程中脂肪酸氧化过程作用重大。

酚类化合物,尤其是木质素、香豆素类、芪类、黄酮类化合物等,都是通过苯丙烷代谢途径合成的,这些物质既是组成花粉外壁的主要物质,也与含油层的形成密切相关。在拟南芥的内质网上脂肪酸进行着连续的修饰,这些修饰主要包括脂肪酰基辅酶 A (Acos5)合成酶催化的羟基化、丙二酸单酰辅酶 A 的聚酮合酶(PksA 和 PksB)催化的缩合和丁烯酮还原酶(Tkpr1 和 Tkpr2)催化的还原反应。Acos5、PksA、PksB、Tkpr1 和 CYP704B 蛋白在内质网上形成了孢粉素蜕变中间物质,有效地为孢粉素前体物质的产生提供酚醛和脂质。此外,一种类似 BAHD 酰基转移酶,其功能主要是为含油层的形成提供黄酮醇苷和羟基肉桂酸酰胺。

多糖代谢在花粉壁的发育方面是至关重要的,这些相关基因的突变往往导致花粉壁异常。编码果胶多糖合成和降解的基因或酶(比如果胶裂解酶、果胶修饰酶和其他的果胶修饰酶等)的突变会导致出现有缺陷的原外壁、内壁或其他花粉壁的结构。此外,编码其他类型多糖代谢酶的基因突变也会造成花药的不正常发育。最近的转录组分析也表明,相比于雄性可育株,雄性不育系中多糖代谢相关基因如转化酶、己糖激酶和果胶裂解酶的表达明显下调。

3. 在花粉粒发育过程中前体组成物质在花药组织中的运输

表达分析证明,绒毡层是孢粉素前体合成的主要组织,但这些化学物质如何在花粉壁形成过程中分配仍不清楚。ATP 结合盒(ABC)、脂质转移蛋白(LTP)可能是负责运输孢粉素前体的重要结构。水稻的 *OsABCG15*、*OsPDA1* 被认为是运送脂质提供给花粉角质层和花粉外壁的合成,*OsABCG26* 主要作用是在花药绒毡层表面运输蜡角质前体,三者突变体表现出角质层和花药外壁发育缺陷,而且 *OsABCG15* 和 *OsABCG26* 双突变体的表型与 *OsABCG15* 突变体一样。拟南芥中的类似同源基因 *AtABCG9*、*AtABCG31* 也各有各自专门负责的脂质运输模式,这里不做赘述。花粉前体物质的另一运输机制是脂质转移蛋白(LTP)模式,该模式只在拟南芥中有所研究,具体总结起来就是拟南芥Ⅲ型 LTPS 的功能既是外壁前体物质的提供者,也是外壁的组成物质,另一种类型的 LTPS 为糖基磷脂酰肌醇(GPI)锚定的非特异性 LTPs,它们作为外壁前体物质的转运体发挥作用。其他花粉壁发育相关蛋白包括用于初生外壁沉积的糖转运体 RPG1,用于花粉发育的镁转运体 AtMGT5 和 AtMGT9,以及为孢粉素和初生外壁性转运 UDP 葡萄糖和 UDP 半乳糖胺的细胞分裂素阻遏蛋白(ROCK1)。

近年来,基因表达数据揭示花粉壁发育过程中至少涉及数百个基因的协同调控作用。这些基因的调控顺序长期以来难以解析,但随着研究的深入,花粉壁发育相关基因的作用机制日益明朗。最近的证据表明,转录因子(TFs)形成了控制花粉壁发育的调控网络。拟南芥 MS1 和 MS1 在水稻中的同源基因 *PTC1* 都是 *PHD* 调控蛋白,它们调控花粉壁发育相关基因来形成完整的花粉外壁结构。*PTC1* 作用在 GAMYB 的下游,但和 *TDR* 功能平行。近年来新发现的 3 个 *bHLH* 家族基因——*TIP2/bHLH142*,*TDR* 和 *EAT1/DTD* 组成了一个在花药壁和花粉外壁的分化和发育方面的调控途径。*TDR* 和 *GAMYB* 共同调控包括 *OsC6*、*CYP704B2* 和 *CYP703A3* 在内的相同靶基因。此外,拟南芥中发现的两个 CCCH 锌蛋白,调控胼胝质合成和降解的 *CDM1* 以及组成包括 *AtTTPmiR160 − ARF₁7 − CalS5* 在内的遗传途径 *AtTTP* 也是一种调控花粉外壁形成的调控因子。

植物角质层是一种由角质基质构成的结构,其中填充并覆盖着各类蜡质物质,使空腔结构的器官表面得以封闭,有效防止水分流失及其他损害。角质层的基本组成成分是角质素,角质素的化学本质是蜡质,根据这种组成本质,花药角质层的合成,也就是角质素的合成,也是一种脂质合成的过程。水稻中与角质素或角质层合成相关的基因主要包括 *CYP704B2*、*CYP703A3* 和 *OsABCG15*,这些基因通过调控脂质代谢来影响角质素的合成。

作物自然群体中出现的遗传型核雄性不育材料通常源于核基因突变导致的功能性

不育。这类材料在生殖发育过程中表现为小孢子发育异常,无法形成有活力的花粉粒或完全无花粉,其突变性状可通过雌配子或雄配子稳定遗传。

在复杂的花药发育网络中,花粉壁和绒毡层的发育占据极其重要的地位,对构建完整的花药至关重要。作为花药壁内壁具有分泌功能的绒毡层细胞,在花粉发育早期为小孢子提供大量所需营养物质,而一些花粉外壁前体物质则在花粉发育后期由绒毡层细胞分泌产生。花粉壁是花粉粒的复杂多层外表面,它不仅能抵御雄配子所受到的生物性和非生物性胁迫,还在与雌配子相互作用、受精以及种子发育等方面也有着重要作用。因此,与花粉壁和绒毡层的发育相关,水稻隐性核雄性不育基因的定位克隆以及表达调控机制的研究,不仅阐释了花药发育的分子机制,同时对创造新的种植资源以及新的杂种优势利用途径都有重大意义。目前,在玉米、水稻和拟南芥等材料中已克隆了较多隐性核不育对应的显性可育基因,例如,玉米中的 *MSCA1* 和 *MS45* 基因;拟南芥中的 *SPL/NZZ*、*AMS*、*MS1*、*MS2*、*NEF1* 和 *AtGPAT1* 基因;水稻中的 *MSP1*、*EAT1*、*TDR*、*CYP703A3* 和 *CYP704B2* 基因等。水稻雄蕊原基分化到成熟花粉粒形成并释放的各阶段任何一个相关可育基因的异常,都可能导致不能形成有活力的花粉,产生雄性不育。

绒毡层细胞是一圈围绕在花药内壁内部的细胞层,其主要来源于雄蕊原基的 L2 和 L3 层细胞,L2 层细胞经过分化产生孢原细胞,孢原细胞经过平周分裂产生初生周缘细胞,初生周缘细胞再经过平周分裂产生次生周缘细胞,次生周缘细胞经过最后分化从内至外形成绒毡层、中层和药室内壁三层细胞,而 L3 层细胞则分化产生参与绒毡层内层形成的连接组织。绒毡层细胞形成后的发育过程可概括为:初期单核细胞经过多次有丝分裂转化为双核或多核细胞。小孢子发育到四分体时期,绒毡层的发育也进入代谢最旺盛时期,随后,绒毡层细胞浓缩进入降解凋亡阶段,直至花粉成熟时期,完全降解的绒毡层被发育的花粉细胞吸收。因绒毡层是花药壁的最内层,所以其得以与药室内的小孢子母细胞(或小孢子)紧密接触,因而在小孢子形成和发育方面起重要作用。绒毡层在花粉发育过程中的重要作用是由其所具有的分泌功能决定的,主要表现在三个方面:①绒毡层分泌出的碳水化合物、蛋白质、脂肪等物质在小孢子减数分裂和发育过程中为其提供所需的营养物质;②绒毡层分泌的酶能够将四分体周围包裹的胼胝质降解,从而使得小孢子被释放出来;③绒毡层分泌花粉外壁形成所需的孢粉素等前体物质,以便其沉积在初生外壁外层结构上。

4.绒毡层发育过程中涉及多种调控因子和调控基因

多年的研究证明,绒毡层的发育以及随后的降解都在花药的发育过程中起着不容忽视的作用,而且越来越多的绒毡层发育相关基因已经被发现。*MSP1* 是水稻中发现的比较早与绒毡层发育有关的基因之一,在 msp1 突变体中,额外产生的小孢子母细胞代替了绒毡层和中间层,绒毡层彻底消失。相关研究表明,MYB 转录因子中的 OsGAMYB 功能的缺失引起小孢子母细胞和绒毡层细胞之间的相互作用。DTM1 编码一个仅在禾谷类物种中出现的内质网膜蛋白,dtm1 突变体中细胞器内质网的发育存在缺陷而引起了绒毡层分化和降解的受阻,花粉母细胞的发育停留在第一次减数分裂前期的早期阶段。bHLH 转录因子中,UDT1 的缺失导致形成一个空泡的绒毡层,但在 udt1 突变体中减数分裂还是正常进行的。TDR 的突变表现为绒毡层和花粉壁的形成滞后,TDR 作为中游调节基因也影响着后续花粉外壁发育基因。细胞的程序性死亡是引起绒毡层降解的主要原因。EAT1 作为一个正向调控因子调控水稻中的花药绒毡层细胞的程序性死亡,该基因发生隐性突变会导致其花药绒毡层程序性死亡过程严重延迟,完全不育。EAT1 直接调控天冬氨酸蛋白酶基因 OsAP25 以及 OsAP37 的表达,诱导并促进绒毡层细胞程序性死亡。

5. 关于花粉壁的结构及形成过程

尽管不同物种的花粉表面呈现不同的形态,但是成熟的花粉粒结构通常包括外壁、内壁和含油层三层。其中,外壁从内到外又分为网状层、外壁外层(基粒棒和致密层)和外壁内层三层。花粉外壁的外层,因其主要由圆柱状的基粒棒层和瓦片状的覆盖层组成,成为物种分类的重要依据,赋予花粉外壁独特的不溶性与显著稳定性。另外,位于小孢子质膜和花粉外壁之间的花粉内壁作为花粉最内层,其结构相对简洁,主要由纤维素、果胶以及多种蛋白质构成。此外,在小孢子质膜与花粉内壁之间,疏水性质的含油层填充其间,主要包含脂肪酸、长链脂肪酸衍生物(如酯类、脂类挥发性化合物)以及各种蛋白质。花粉壁的形成始于减数分裂初期,此时胼胝质从绒毡层释放并包覆在小孢子母细胞外,形成胼胝质壁。到了四分体时期,胼胝质进一步包裹质膜外侧,将单个小孢子从四分体中逐一隔离。此时,在胼胝质壁和小孢子质膜的中间,原生壁形成。接着,孢粉素以原生壁为模板开始沿着小孢子质膜有序沉积。四分体后期,小孢子质膜呈现出有规律的波浪起伏状结构,研究表明这一结构与原外壁的正常发育密切相关。四分体时期过后,在细胞程序性死亡的诱导下,绒毡层细胞开始退化,胼胝质降解,与四分体完全分离的小孢子形成初生外壁。随着孢粉素沉积,外壁结构不断增厚,在三核花粉时期,绒毡层降解形成的含油层嵌入花粉外壁间隙,至此,成熟花粉粒外壁完全形成。总的来说,花粉壁的形成主要包括以下几个过程:胼胝质的合成与降解、花粉外壁的形成以及小孢子细胞膜的流动、孢粉素前体物质的合成、含油层的形成、花粉内壁的形成等。

6. 关于胼胝质的合成和降解及其相关基因

随着水稻花药发育,胼胝质的发育也进入行程。胼胝质的生成和沉淀发生在整个孢母细胞的减数分裂阶段,孢母细胞时期,胼胝质开始生成,此时,一层临时的细胞壁(胼胝质壁)在初生细胞壁和小孢子质膜之间沉淀形成,在四分体时期胼胝质完全包裹四分体花粉细胞。在四分体后期,当 β-1,3-葡聚糖酶催化小孢子从四分体上完全分离的同时,胼胝质的降解也迅速完成了。独立的单核小孢子被释放于药室之中。胼胝质的重要作用源于其在发育过程中的表现。小孢子母细胞经减数分裂产生四个单核小孢子时,胼胝质的形成能有效地将它们彼此分离,避免小孢子间的粘连与融合。近些年来的研究对胼胝质作用也有了更深了解。比如,胼胝质壁为发育中的小孢子提供了物理支持,这种支持有效地限制了小孢子在发育过程中原生质的膨胀程度,防止其过度膨胀以致破裂,此外,它也能将原外壁组成物质的组成分子局限在胼胝质壁内,提高这些组分的局部浓度不让其扩散到药室内,这种现象为原外壁在小孢子质膜上的有序且有效地形成沉积位点提供了重要的物理支持。另外在花粉外壁形成的过程中,胼胝质壁也有可能会作为一种胁迫因子,在该过程中对基粒棒层产生挤压,使基粒棒顶端变平并最终形成花粉外壁的覆盖层。虽然前人对胼胝质的发育过程和作用的研究比较深入,但此过程中已发现的基因却不多,在拟南芥中发现的 CalS5、GLUCANSYNTHASE-LIKE1(GSL1)和 GLUCANSYNTHASE-LIKE12(GSL12),以及水稻中的 GSL5,均为小孢子形成过程中胼胝质形成所必需的基因。GSL1、GSL12 和 GSL5 这三个基因突变得来的突变体都表现出胼胝质合成受阻,从而导致花粉壁外壁形成受阻的表型。

7. 关于初生外壁发育过程和小孢子细胞膜流动及其相关基因

花粉壁的结构是由初生外壁决定的。在小孢子细胞膜流动性的指引下,基粒棒依靠着初生外壁形成。花粉外壁是在小孢子母细胞减数分裂形成四分体时期形成的,该时期作为花粉外壁前身的原外壁在小孢子和胼胝质壁之间形成。原外壁是由微丝体物质组成高电子密度结构,其主要成分是中性或者酸性糖物质、蛋白质和纤维素。原外壁在随后的继续发育过程中具有选择性结合物质的能力,为孢粉素聚集并在最初阶段的沉淀提供模板。孢粉素在花粉外壁中孢粉素的沉淀过程由孢粉素相关接收酶调控,这些酶作为孢粉素接收颗粒广泛存在于多种植物中。孢粉素接收酶不仅先为孢粉素提供聚合位点,而且随后直接参与孢粉素的聚集和沉淀。不管是原外壁这样的初始状态,还是三层结构完整的成熟状态,花粉外壁主要作用是既为孢粉素沉积提供理想的框架,也为孢粉素沉积提供所需要的各种催化酶。这在很大程度上从理论方面解释了孢粉素聚集和沉积的分子原理。细胞膜流动方面,拟南芥中的 DEX1 是一个膜上的钙合成蛋白,*dex1* 突变体中,不仅初生外壁形成不完整,形成时间推迟,而且细胞膜流动性也降低,同时花粉外壁也不正常。NEF1 是一个膜内在蛋白,此蛋白与脂类代谢有关,*nef1* 突变体中,由于膜蛋白的缺失,原生质膜无法形成导致原外壁几乎没有形成,孢粉素无法在原生壁上聚合和沉淀,这就导致了后面的花粉外壁无法形成。RPG1 是一种糖转运蛋白,其主要作用位置也是在膜上,*rpg1* 突变体中,原生壁虽然形成但孢粉素在其上面的沉积却是随机的,后续发展中,花药外壁发育也是缺陷的。RPG1 和 RPG2 在调控花粉发育过程中对 *CalS5* 基因表达的作用具有一定的冗余性。另外,*NPU* 作为一个细胞膜蛋白基因,它的突变导致花粉外壁沉积无法完成,同时细胞膜的流动性也消失。此外,在 *efd* 突变体中,细胞膜流动性是正常的,但是初生外壁构架是受损坏的,从而使花粉外壁的形成过程完全受阻。然而,以上基因的具体代谢途径和规律还未了解清楚。

8. 关于孢粉素前体组成物质的合成及其相关基因

孢粉素作为花粉外壁的重要组成部分,研究发现其本质是多种生物高分子聚合物,因此其具有极强的稳定性,不溶于水和有机溶液。近年来一些生物化学方法分析发现孢粉素是由长链脂肪酸和长链脂肪族等物质组成的复杂混合物,其组成成分决定了孢粉素的合成过程就是一种脂质代谢过程。*MS2* 作为最先发现的影响孢粉素合成机制的基因,编码一个脂酰还原酶,该酶参与了孢粉素的合成。拟南芥中与 MS2 高度相似的脂酰还原酶 CER4 主要作用是将蜡质脂肪酸还原成相应的蜡醇,*ms2* 突变体表现出小孢子从四分体释放出来的突变表现,*ms2* 突变体花粉外壁与正常花粉外壁相比其厚度要薄一些,并且此突变体花粉对醋酸水解处理非常敏感,花粉在醋酸水解处理后完全破裂。但 *cer4* 突变体的花粉外壁却是完整的,这个现象表明虽然 MS2 和 CER4 都是脂酰还原酶,但由于其催化底物不同,催化产生的酯醇种类也不同。近年来在水稻中也发现了许多控制着蜡质脂质合成的一些基因,比如 OsC6 作为一个脂质转移蛋白,具有脂质结合活性,在减数分裂后的水稻花药发育中,参与孢粉素前体物质的合成;*WDA1* 编码的去饱和酶催化极长链烷烃的形成,参与长链脂肪酸的修饰。水稻突变体 *wda1* 花药中,作为孢粉素前体物质的蜡状物以及蜡状物中含量较少的脂肪酸和醇类物质都减少了;*dpw*、*dpw2* 的突变体中,由于孢粉素不足,后续的沉积不够,角质素合成受阻,所以花药外壁结构和花粉壁结构也不完整。此外,水稻细胞色素 P450 基因家族中的 *CYP704B2* 和 *CYP703A3* 在孢粉素前体物质的合成中都有自己独特的调控途径。*CYP704B2* 主要是调控 C16/C18 脂肪酸的 ω-羟基化,从而为孢粉素的形成提供所需前体物质。*cyp704b2* 突变体中,孢粉素合成不了,花粉外壁没有形成。CYP703A3 是一种链式羟化酶,其特异作用底物是月桂酸,催化使其形成七羟基月桂酸。*cyp703a3* 突变体中孢粉素前体物质底物合成也是受阻的,也无花粉外壁形成。

近年来,随着研究技术的改进和研究方向的精确,一些新的与孢粉素前体物质合成有关的酶和基因被发掘出来。比如,ATP-二磷酸水解酶基因(*APY*)、胞内酰基辅酶 A 基因(*ACBP*)以及 UDP-吡喃阿拉伯糖变位酶基因(*UAM*)。*apy6* 和 *apy7* 双突变体无法形成花粉壁的原因可能由于孢粉素前体物质多聚糖合成受阻,从而基粒棒和致密层结构极少,含油层随机减少最终表现出花粉外壁薄弱。*acbp4*、*acbp5* 和 *acbp6* 植株中表现出基粒棒不规则排列,含油层减少从而花粉表面平滑。*OsUMA3* 干涉植株中,由于作为孢粉素前体物质的阿拉伯聚糖含量减少,导致外壁结构异常。

9. 含油层的形成过程及其相关基因

花粉壁形成过程中在质膜和花粉内壁之间形成了空隙,这个缝隙被一层较厚的疏水性脂类和蛋白质物质覆盖,这层物质被称为含油层。这些疏水性物质主要包括一些复杂的脂质、蜡酯、黄酮类化合物等。含油层主要作用体现在防止花粉失水,从而在花粉与柱头识别以及粘连方面起促进作用。因为技术的限制,已经被发掘出的含油层形成相关基因不多,水稻中还未有该类基因的发现,但在拟南芥中根据含油层内的成分物质可知,长链脂肪酸的合成和转运基因对于含油层的合成还是必要的。拟南芥中,*CER1*、*CER3/FLP1* 和 3 个 *CER2* 类似基因以及长链酰基辅酶 A 合成酶基因 *LACS1*、*LACS4* 的突变引起含油层以及花粉外壁合成不正常。磷酸丝氨酸磷酸酶催化丝氨酸合成途径中的磷酸化途径最后一步,*PSP* 作为编码磷酸丝氨酸磷酸酶的基因,该基因突变的突变体中花粉没有含油层,但外壁正常。

10. 花粉内壁的形成过程及其相关基因

花粉内壁位于花粉外壁和小孢子质膜之间,是花粉壁的最内层结构,其主要组成成分有果胶、纤维素、半纤维素、水解酶和疏水蛋白等物质,其主要作用就是维护花粉粒的完整性,促进花粉的萌发和花粉管的伸长。但是花粉内壁的详细作用机制还未被研究透彻。近年来,随着对花粉内壁的研究,与其发育相关的一些基因也相继被发现。其中,*OsGT1* 编码了一个糖基转移酶,糖基转移酶的主要作用是通过增加单糖或多糖的修饰方式来催化底物,*OsGT1* 是定位于高尔基体的糖基转移酶,对内壁形成和维护以及花粉成熟必不可少,在 *osgt1* 突变体中没有检测到正常的花粉内壁结构,然而花粉有丝分裂阶段发育是正常的,但却没有成熟的花粉产生。拟南芥中,*CAP1* 基因编码具有很高相似性的蛋白(拟南芥)L-阿拉伯糖激酶,该酶是一个由 996 个氨基酸组成的蛋白,其主要作用是催化 L-阿拉伯糖转化为 L-阿拉伯糖磷酸，cap1 突变体的具体表型是有正常数量的花粉粒形成，但是花粉粒是皱缩的，而且这些皱缩的花粉粒的细胞质、细胞核、细胞壁以及花粉内壁都是未发育的，这些表型证明了 CAP1 影响的不是花粉的形成过程，而是花粉的发育过程。

此外，考虑到果胶在花粉内壁发育过程中的作用，在其他的植物中发现了一些与果糖代谢相关的酶和基因。研究表明在马铃薯中，鼠李半乳糖醛酸裂解酶以及内生的 1,5-L-阿拉伯聚糖酶主要是用来催化去除果胶支链，当编码这两种酶的基因的过表达时，花粉内壁将不能形成。芸薹属植物中编码果胶裂解酶的 PLL、BcPLL9 和 BcPLL10 的沉默均能导致花粉不能形成外壁、内壁以及含油层，还有作为阿拉伯半乳聚糖合成的编码基因 BcMF8，该基因的抑制使得花粉粒畸形且无花粉内壁形成。

四、核质互作型雄性不育的利用

1. 杂交作物三系法

由细胞质和细胞核基因相互作用而产生雄性不育，称作核质互作型雄性不育系。三系法杂交作物需三个育种材料，即雄性不育系（A）、雄性不育保持系（B）和雄性不育恢复系（R）。故杂交水稻的制种技术称之为"三系法"杂交种生产体系。生产上使用的杂交作物是通过雄性不育系与雄性不育恢复系杂交得到的子代。然而，雄性不育系自身无法产生种子，为了实现其繁殖，必须依赖雄性不育保持系。雄性不育系与雄性不育保持系杂交产生的子代依然保持不育性，可用于继续生产杂交种子。水稻雄性不育保持系与正常水稻完全一样，其雌雄性器官发育都正常，它唯一的特点是与不育系杂交产生的种子能保持其不育的特性，其细胞核基本上与不育系相同，除了育性正常以外，其他农艺性状与不育系基本相同。由于受不育特性影响，雄性不育系的雄性器官发育异常，表现为花药瘦小、干瘪、不开裂，内部含有败育花粉或无花粉，无法自交结实，且常伴有不同程度的包颈现象。不育系的抽穗期比对应的保持系滞后 2~3 天。在"三系法"杂交制种中需要利用雄性不育系作为杂交母本，在隔离区内与杂交父本按一定行比种植，采用自然授粉，最后从雄性不育系植株上获得杂交种子。杂种一代以果实和种子为收获产品。杂交父本（即恢复系）的细胞核内携带纯合的恢复（可育）基因。在雄性不育系的繁殖中需要利用相应的保持系为杂交父本，将两者按一定行比种植于隔离区内，采用自然授粉，最后在雄性不育系植株上所结的种子仍为雄性不育系，在保持系植株上所收获的种子为保持系。目前，水稻、高粱、向日葵、油菜、萝卜等作物都成功利用了"三系法"配制杂交种子，其杂种优势的利用成效明显。

小麦、水稻和玉米等杂交作物三系法,它们的雄蕊是否可育,是由细胞核和细胞质中的基因共同决定的。细胞核与细胞质中均存在决定雄蕊是否可育的基因。细胞核中的不育基因记为 r,可育基因记为 R,R 对 r 呈显性;细胞质中的不育基因用 S 表示,可育基因用 N 表示。在这四种基因的相互作用中,细胞核内的可育基因(R)能抑制细胞质中不育基因(S)的表达。因此,当细胞核可育基因(R)存在时,植物都表现为雄性可育。当细胞质基因为可育基因(N)时,无论细胞核是可育基因还是不育基因,植株都表现为雄性可育。只有当细胞核不育基因(rr)与细胞质不育基因(S)同时存在时,植株才能表现为雄性不育。用基因为 N(rr)的品种作为父本,与基因为 S(rr)的雄性不育系杂交,杂交后代的基因型就是 S(rr),表现为雄性不育。这里,基因型为 N(rr)的品种,既能使母本结实,又使后代保持了不育的特性,因此叫作雄性不育保持系(简称保持系)。以基因型为 N(RR)的品种作为父本,与基因型为 S(rr)的雄性不育系进行杂交,其后代能够恢复可育性。这种能够使雄性不育系的后代恢复可育性的品种,叫作雄性不育恢复系(简称恢复系)。用这样的种子在田间大面积种植,长成的植株既可以通过传粉而结实,又可以在各方面表现出较强的优势。在杂交育种中,雄性不育系、雄性不育保持系和雄性不育恢复系必须配套使用。

核质互作型雄性不育特性出现的概率与杂交组合中所利用的杂交亲本密切相关。以种间杂交获得核质互作型雄性不育特性的概率最大,其次是亚种间杂交,再次是亚种内品种间杂交。选用进化程度较低、地理纬度较低、海拔较低的品种作为杂交母本(即细胞质供体),与进化程度较高、地理纬度较高、海拔较高的品种作为杂交父本(即细胞核供体)进行杂交,较易获得雄性不育系,并实现"三系"配套。

2. 核质互作型雄性不育系类型

(1)典败型雄性不育系:以具备雄性不育特性的野生稻作为杂交母本,通过与普通栽培稻品种杂交并进行连续回交(即育种学中的核代换技术),最终筛选培育而成。典败型雄性不育系在遗传上属于孢子体雄性不育,其花粉败育发生的时期比较早(即单核后期败育),败育花粉粒以典败为主。野败型(WA)水稻珍汕 97A 和 V20A 属于这一类型。

(2)圆败型雄性不育系:如以红芒野生稻与普通栽培稻的籼稻品种莲塘早通过杂交和成对连续回交后选育中间材料,随后利用其他籼稻品种与其杂交和连续回交,最后育成不同类型的红莲型雄性不育系(如粤泰 A 等)。红莲型雄性不育系在遗传上属于配子体雄性不育,花粉败育的时期比较晚(即在二核期败育),花粉粒以圆败为主。

(3)染败型雄性不育系:如 BT 型雄性不育系以印度籼稻品种 Chinsuran Boro Ⅱ 为细

胞质供体,以粳稻品种为细胞核供体选育而成(如粳稻雄性不育系黎明 A 和六千辛 A 等)。BT 型雄性不育系在遗传上表现为属配子体雄性不育,花粉败育发生的实践最晚(即二核后期或三核初期败育),其花粉粒以染败型为主。

3. 恢复基因来源遵循的规律

从生殖发育特性和主要农艺性状表现的研究来看,在普通栽培稻种质资源中,水稻恢复基因来源主要遵循以下三个规律。

(1)水稻品种的地理分布或生态类型与其恢复能力的强弱存在显著关联。来源于低纬度地区的水稻品种通常带有恢复基因的频率比较大,比较容易筛选到具有强恢复能力的品种;来源于高纬度地区的水稻品种通常带有恢复基因的频率比较小,很难筛选到具有强恢复能力的品种。来源于东南亚地区(包括印巴次大陆)的水稻品种比来源于西南地区或华南地区的水稻品种带有恢复基因的频率更大;来源于长江流域的早稻品种或中稻品种或晚稻品种中具有恢复能力的水稻品种比较少;来源于黄河流域或黄河以北地区的水稻品种中很难筛选到具有恢复能力的水稻品种;来源于东欧、日本、朝鲜等生态条件的水稻品种中几乎没有筛选到具有恢复能力的水稻品种。

(2)水稻品种是否具有恢复能力与其起源或进化程度存在着明显的相关性。从低纬度到高纬度来看,普通栽培稻的起源和进化历程是:从普通野生稻进化到籼稻(晚籼、中籼、早籼),由籼稻再进化到粳稻(晚粳、中粳、早粳);从低海拔到高海拔来看,普通栽培稻的起源和进化历程也是如此。水稻育种者在以野败型雄性不育系为基础测交筛选水稻恢复系的过程中发现,凡是与普通野生稻亲缘关系比较近的水稻品种带有恢复基因的可能性比较大,其恢复能力比较强;凡是与普通野生稻亲缘关系比较远的水稻品种带有恢复基因的可能性比较小,其恢复能力比较弱或完全没有恢复能力;在籼稻品种中,尤其是在晚籼品种中具有恢复能力的品种比较多,而在粳稻品种中,尤其是在早粳品种中没有筛选到具有恢复能力的品种。

(3)通过分析水稻系谱关系,可以追踪到强恢复基因的存在。水稻的恢复基因存在于特定的水稻系谱中,通过有性杂交手段可将该基因从一个品种转移到另一个品种。在国际水稻研究所选育的品种中,凡是带有印尼品种"Peta"血缘的品种通常都表现出比较强的恢复能力,其原因就是"Peta"带有强恢复基因,对野败雄性不育系表现出比较强的恢复能力。"Peta"与台湾水稻品种"台中本地 1 号杂交"杂交所选育的 IR262-48-8 及其衍生系 IR837-7-2、IR112-104、IR837-36-1 和 IR110-78 等品种均表现出比较强的恢复能力。早期的 2 号恢复系(IR24)和 6 号恢复系(IR26)均带有来自"Peta"的恢复基因,它们的转育后代(如 26 窄早等恢复系)均表现出比较强的恢复能力。

4. 雄性不育系及保持系育种方法

在高粱、小麦和水稻等雌雄同花作物的杂种优势利用中,雄性不育性的育种价值得以显现。高粱属($Sorghum$)植物起源于非洲,其类型的数目比较多,在其遗传改良中常用的高粱主要有南非高粱、西非高粱、埃及高粱和中国高粱等类型。生产上常用的粒用高粱和甜高粱均为一年生植物,其染色体数目为 $2n = 2x = 20$,它们属于同一个物种($S. vulgare$)。高粱作为常异花授粉作物,其在自然条件下的天然杂交率通常约为5%,但部分高粱材料的天然杂交率可能达到甚至超过15%。根据常异花授粉作物的特点,利用杂种优势效应来挖掘其产量潜力是非常有效的途径。然而,高粱的花器官比较小,在一个穗子上的颖花数目比较多,很难通过人工去雄方式获得大量的杂交种子。只有成功选育出优良的高粱雄性不育系,并完善杂种优势利用技术,进而挖掘高粱的产量潜力。Stephens(1954年)报道了高粱雄性不育系的选育进展,并提出了高粱杂种优势利用的技术策略。美国在20世纪50年代后期率先在生产中推广高粱杂交种,树立了常异花授粉作物杂种优势利用的典范。

在高粱雄性不育系及保持系的育种过程中,主要采用以下六种方法:变种间或品种间杂交法、直接回交转育法、复式杂交选育法、综合杂交选育法、人工诱变选育法以及基于田间自然突变雄性不育材料的选育法。

在高粱育种中育种家所采用的细胞质主要有2种,即A1型细胞质和A2型细胞质。雄性不育系的细胞核可分为四种类型:南非高粱核体系、中国高粱核体系、倾向南非高粱核体系的类型以及印度高粱核体系。在高粱杂种优势利用技术中,恢复系主要有两种来源:中国高粱种质及改良型(倾向中国高粱)种质。杂交配组方式由印度高粱与中国高粱、中国高粱与中国高粱、倾向南非高粱与中国高粱的组合,逐渐演变为印度高粱与倾向中国高粱的搭配。尽管杂交高粱的生产应用使我国高粱的单位面积产量得到了大幅度提高,但近年来高粱的产量一直徘徊不前,其主要原因就是高粱的种质资源很有限,由此导致杂交亲本之间的遗传差异性很有限,有待挖掘的杂种优势效应的潜力不是很大。因此,在高粱杂种优势利用中,迫切需要利用现代生物技术创制新的种质资源,特别是高粱雄性不育的种质资源,扩大杂交亲本之间的遗传距离。从生物进化的历程和现代作物遗传改良的发展趋势来看,通过染色体组多倍化技术途径有可能为高粱雄性不育系的选育及其杂种优势利用寻找到新的技术性突破口。

小麦属($Triticum$ L.)植物起源于小亚细亚半岛一带的生态条件下,其中包括若干个物种。当前在全球生产上栽培的小麦主要是普通小麦($T. aestivum$),其染色体组为 $2n = 6x = 42$,系异源六倍体。小麦属植物是自花授粉作物,天然杂交率通常低于0.4%。小麦杂种优势是客观的生物学现象,但利用人工去雄法生产杂交种子则难以满足生产需求。

1962 年 Wilson 等育成了 T 型小麦细胞质雄性不育系及其恢复系。长期以来,T 型细胞质雄性不育的育性恢复问题没有解决。1986 年,江苏省农科院通过整合不同恢复基因,成功培育出恢复系 R16。R16 具有强且稳定的恢复力。1988 年,西北农业大学从美国引入的具偏凸山羊草(*Ae. ventricosa*)和粘果山羊草(*Ae. kotschyi*)细胞质的质-核杂种中,成功选育出 V 型和 K 型细胞质雄性不育系。根据基本原理,含有 1B/1R 易位染色体的小麦品种均可作为其保持系,而所有非 1B/1R 易位染色体的品种(系)则可作为其恢复系。1B/1R 易位系是黑麦 1R 长臂易位到小麦 1B 染色体上的罗伯逊易位系,具有很强的抗锈和抗白粉病能力。在对 V、K 型不育系研究后发现,这类不育系的应用并不容易,其主要问题是:不是所有的 1B/1R 系小麦都是 V、K 型不育系的保持系。受基因互作的影响,某些 1B/1R 品种保持的不育系,其育性不稳定,出现花药开裂、自交结实的现象。同时,V、K 型不育系及其杂交种易出现单倍体,其最高频率在 30% 以上。据 1998 年报道,西北农业大学已通过在 K 型不育系中引入 *T. spelta* 小麦种质,成功解决了单倍体问题。不是所有的非 1B/1R 系小麦品种都是 V、K 型不育系的恢复系。测交表明,这类品种对 V、K 型不育系的恢复力为 5%～90%。绝大多数品种的恢复力在 70% 以下,不能直接用于杂种小麦制种。而恢复力在 90% 以上的品种,其农艺性、配合力和开花习性还不能适于直接作为杂种小麦父本。因此,V、K 型不育系的恢复系仍有一个继续改造的过程。V、K 型不育系的细胞质具有部分降低小麦生活力的副作用。三系法杂交小麦研究仍然未获得成功。

玉米属(*Zea*)植物起源于南美洲大陆,在玉米属中只包含 1 个二倍体物种(*Zea mays* L.),其染色体组为 $2n=2x=20$,系一年生植物。玉米为异花授粉作物,天然杂交率高达 95% 以上。玉米在植物学上的形态特征(即雌雄同株异花)有助于杂种优势利用,其自交选育或杂交配组均很简便。利用玉米雄性不育系生产玉米杂交种的研究工作首先在玉米育种中寻找到突破口。

最早选育的玉米雄性不育系主要有两大类,即 T 型(德型)雄性不育系和 M 型(莫型)雄性不育系。T 型(德型)雄性不育系的原始株于 1931 年在美国德克萨斯州的玉米品种"墨西哥六月"群体内被发现。该雄性不育系及其保持系于 1957 年引入我国,随后被转育出一大批适合我国生态条件的雄性不育系(如 WF9、R9、W33 和 BⅡP44 等)。T 型(德型)雄性不育系的生殖发育特性就是雄穗比较发达、开花时花药不开裂、绝大部分花药呈干瘪状而不能伸出颖壳,花粉粒败育,雄性不育性比较稳定。M 型(莫型)雄性不育系的原始株于 1931 年在苏联莫尔达维亚的白粒玉米品种中发现,1957 年引入我国后将其转育出一大批新的雄性不育系(如金14、瑞北1、38-11和BⅡP44等),但该类型的雄性不育系的育性不是很稳定。

随后,国内外育种家相继在不同的玉米群体内发现一系列玉米雄性不育的种质资源,进而培育出B型、G型、C型、K型、W型、ME型和Q型雄性不育系及其保持系。在这些雄性不育系所配制的杂种中,由C型雄性不育系所配制的杂种具有比较强的抗性,特别是对玉米大斑病和小斑病的抗性比较强。玉米雄性不育选育主要采用以下三种方法:回交转育法、早代测交转育法以及以恢复系为基础的转育法。在玉米杂种优势利用中主要采用"三系法"的技术,即利用雄性不育系与保持系杂交生产下一世代的雄性不育系(为杂交制种提供母本),利用雄性不育系与恢复系杂交生产杂种第一代种子满足大面积生产需求。

5."三系法"杂种优势利用中的技术局限性

(1)"三系法"所组建的技术体系处于较低层次,由此所挖掘的杂种优势效应有限。尽管"三系法"已取得显著成果,带来了可观的社会效益与经济效益,但在实际应用中仍存在较多技术局限。第一代杂交水稻是以核质互作雄性不育系、保持系和恢复系为遗传工具所配制的"三系法"杂交水稻。在杂交水稻的生产实践中,大多数"三系法"杂交水稻组合的产量潜力大约为550 kg/亩,根据袁隆平先生1987年提出的杂交水稻育种战略设想,第一代杂交水稻主要利用品种间杂种优势,增产幅度约为常规水稻良种的20%。

(2)采用"三系法"进行育种时,育种家在杂交亲本选育与杂交配组过程中面临较大的技术挑战。在"三系法"技术中包括雄性不育系的选育、雄性不育系保持系的选育和雄性不育系恢复系的选育。在实际操作中除了以雄性不育系为非轮回亲本与轮回亲本(即具有保持雄性不育特性的种质资源)进行核代换之外,还要以雄性不育系为杂交母本完成测交筛选(即筛选恢复系)。由于受到遗传上恢保关系的严格限制,可利用的稻种资源有限,育种家很难选育出具有多样性的适合"三系"配套的骨干亲本,并且育种程序复杂,选育优良杂交亲本和完成杂交配组的周期比较长,育种效率低。

(3)"三系法"生产程序复杂。三系法技术中包括三大技术环节,即雄性不育系的繁殖、杂交制种和杂种第一代在生产上应用。在杂交母本的繁殖田中通过雄性不育系繁殖产生新的杂交母本;在杂交制种田中通过杂交制种产生杂交第一代种子;在广阔的生产大田中利用杂种第一代生产出农作物的高产果实或种子。与"两系法"(即杂交母本"一系两用",节省了专用的杂交母本繁殖的技术环节)比较,"三系法"多了一个专门繁殖杂交母本的技术环节。

(4)"三系法"所获得的杂种一代很难达到最佳的核质协调关系。杂种第一代的核质关系与其杂种优势效应的表现存在着一定的相关性。已经证实,现存的所有农作物物种在其长期的演化过程中均遵循着一个基本规律,即从低级物种逐渐地向高级物种演化或分化,其中包括细胞质遗传体系的演化和细胞核遗传体系的演化。我国学者在20世纪80年代对水稻核质杂种的研究表明,双亲的核质组配或核代换方式对核质杂种的优势效应有明显的影响,即在杂交配组时如果以进化程度比较高的杂交亲本为细胞质供体,而以进化程度比较低的杂交亲本为细胞核供体,则由此获得的核质杂种将会表现出一定的核质杂种优势效应;相反,在杂交配组时如果以进化程度比较低的杂交亲本为细胞质供体,而以进化程度比较高的杂交亲本为细胞核供体,则由此所获得的核质杂种将会表现出负向的核质杂种优势效应或劣势效应。在采用"三系法"利用作物杂种优势的杂交母本选育中,育种家通常会以进化程度比较低的杂交亲本为细胞质供体,而以进化程度比较高的杂交亲本为细胞核供体,由此所得到的雄性不育系在主要农艺性状的表现上往往存在着很多负向效应。以这样的雄性不育系为杂交母本与相应的恢复系杂交配组,其杂种第一代的核质关系并不是处于最佳状态,因而其杂种优势效应及其产量潜力有限。

五、光温敏核雄性不育的利用

Knox 等人最早报道,对生长 135 天的毛梗双花草植株进行连续 60 天的 8 h 短日照处理后,其花药高度不育;而在短日照诱导后改施 16 h 长日照处理,超过 70% 的花药又重新变为可育状态。这种短日诱导花粉败育、长日诱导可育的育性转换光周期现象还在玉米和大麦中发现。

在20世纪70年代初期,石明松在水稻品种"农垦58"稻田中发现对光照长度敏感的隐性雄性不育水稻农垦58s。这种材料具有长日高积温条件下不育、短日低积温条件下可育的特性,认为可以一系两用,不育期用作母本进行杂交制种;可育期通过自交,繁殖不育系种子。

在水稻种质资源中已发现多个基因位点存在光温敏核雄性不育突变现象。获取光温敏核雄性不育基因的主要途径包括三种:①自然突变产生。如农垦58s是由粳稻品种农垦58自然突变形成的。石明松在农垦58一季晚粳大田中发现,其育性表达受隐性光敏核雄性不育基因控制。②远缘遗传距离亲本杂交产生。安农s和衡农s等均为远缘杂交后代,其雄性不育性均由一对隐性温敏雄性不育基因所控制。③人工诱变产生。例如,福建农学院在IR54辐射后代中发现了5460s;日本学者通过γ射线照射黎明种子,成功培育出温敏核雄性不育系H89-1;美国学者利用EMS化学诱变M201种子,创造出以光长作用为主的两用核雄性不育系。水稻光温敏核不育性是光温敏核不育基因在不同环境条件下表达的结果。光温敏核不育基因，一般是在自然界中，由基因突变形成。遗传行为上比其他雄性核不育类型更进化，可能是对不育突变的不完全修复，也可能是对环境适应的结果而产生的一种生存方式。光温敏核不育基因属于细胞核内隐性基因，纯合状态下表现为完全不育，而杂合状态下会被同源染色体上的显性基因所掩盖，不影响植株的可育性。其不育性与细胞质无关。

对光温敏核不育水稻突变原因的认识尚不完全明确，但普遍认为其可能由水稻自身的生理代谢过程与外界环境因子共同作用导致。环境因子是引起突变的外界条件，物质代谢的剧烈变化、异常的物质代谢、代谢过程产生的有害代谢产物，可能引起某些位点产生光温敏核不育基因突变。外界异常高温、放射线等作用也可能导致DNA结构改变，产生光温敏核不育基因。农垦58自日本引入中国栽培后，由于生态环境发生较大变化，加上其感光性强且常作为一季稻种植，导致在长日高温条件下抽穗时易引发物质代谢剧烈变化。此外，经过在中国长时间的栽培，该品种群体内部积累了较多变异。这可能是导致农垦58s光敏不育基因产生的原因。远距离遗传杂交，在一定程度上打破了水稻遗传平衡。遗传基础丰富，内部的协调性被改变，也能引起物质代谢的激烈变化。根据光温敏不育基因突变的现象，提出了产生光温敏质不育基因的"生理保护"假说。如热带地区品种幼穗发育开花一般适应于高温条件下，不适合在低温条件下进行。在印度发现一些育性转换的不育株，均为高温可育、低温不育类型。温带地区某些品种开花耐寒性较强而不耐热产生的温敏不育系多为高温不育、低温可育类型。感光不强的品种适宜在短日适温条件下抽穗。长日高温条件下抽穗不适应。如果抽穗时光温条件改变幅度大，可能诱变长日高温不育、短日低温光敏不育基因产生。辐射诱变引起光温不育基因突变的事例很多，可以理解为由于辐射极易造成雄性不育，光温敏不育基因突变，是对不育突变不完全修复的结果。

（一）光温敏核不育系类型

光温敏核不育系类型已发现有长日不育或长日高温不育、短日不育或短日低温不育、高温不育、低温不育等多种形式。实际利用中一般有下列3种。

(1)光敏核不育：在农垦58s中首次发现，此后已成功将该不育基因转移到5088s、7001s、W6154s、培矮64s等不育系中。该不育基因可表达为长日不育、短日可育的光周期敏感特征。

(2)温敏核不育：已在安农s、衡农s等不育系中被发现。纯合个体在敏感期内，若外界条件为高温则表现为不育，反之在低温条件下则可育。

(3)反向温敏不育:该类型不育基因由昆明植物研究所、衡阳市农科所等机构发现,其表达特性与温敏不育基因相反,表现为高温可育、低温不育,与细胞质BT型、滇型欠稳定的不育系以及野败型协青早A具有相似表现。

水稻上,农垦58s光敏不育系表现为长日高温不育,而安农s、5460s、衡农s等则表现为单纯的高温不育。自20世纪80年代后期起,陆续发现了一系列短光低温诱导不育、长光高温诱导可育的新种质,如江西的D1s、衡阳的G0543s,以及在印度发现的Irs等。

(二)光温敏核不育基因遗传

1. 农垦58s光敏不育基因遗传

农垦58s源自1973年在农垦58中发现的光敏不育株,经多代繁殖而得。农垦58s及其衍生不育系,具有败育不彻底的共同特点,一般育性欠稳定。在不育期内,有少量可育花粉,大群体内有少量自交结实,极个别花药正常散粉。

农垦58s与籼、粳稻品种杂交后,其杂种F_2在不同实验材料中会分离出比例各异的不育株。F_2植株花粉可育率,自交结实率呈连续分布。

多数组合的不育株比率低于1/4。如果以花粉可育率低于10%或5%作为不育株,则在一些组合中,不育株与可育株之比为1:3。符合1对隐性基因的遗传表现。农垦58s衍生不育系与籼、粳稻品种杂交,杂种F_2的育性表现与用农垦58s所得结果相似。

用农垦58s、农垦58s衍生不育系作轮回亲本回交籼、粳稻品种,在回交F_1中除少数组合低不育株与高可育株呈1:1比分离外,一般不育株数少于可育株数,育性呈连续分布。

在杂交F_2和回交F_2得到的完全不育株,后代出现育性分离,并有半不育株和高结实株出现,存在杂合不育现象。

农垦58s与其衍生不育系杂交,杂种F_1表现不同比率的自交结实,在F_2中分离较高比例的结实正常株,半不育株比例更高。

农垦58s及其衍生不育系与籼、粳稻进行杂交得到的F_2,以及与籼、粳稻进行回交得到的F_1,它们之间进行互交产生的F_2中,大部分结实率正常的单株在肉眼下可见少量不育花药。镜检这些花药可达99.9%以上的不育度。单株繁殖的群体,育性多表现为半不育或接近可育。通过多代繁殖,这些接近可育的株系与籼稻杂交,杂种F_2中同样分离出一定比例的不育株,其花粉败育率可达99.5%以上。说明这些接近可育的株系,同样含有可导致完全不育的不育基因。与高度不育的单株育性差别在于所处的遗传背景不同。

上述表明,农垦58s光敏核不育基因为一对隐性基因,其作用不完全,易受到微效多基因的强烈修饰。在特定遗传背景下,该基因可能无法正常表达,导致植株表现为可育。实验方法或实验材料的差异可能导致研究出现较大分歧。在某些遗传背景下,光敏核不育基因不能表达,带有光敏核雄性不育基因的纯合体仍然表现为可育。光敏核雄性不育现象中基因型与表现型不一致的问题,是导致光敏核雄性不育性遗传学研究与鉴定中产生混淆的根源。光敏核雄性不育系选育过程中,那些影响农垦58s光敏核雄性不育基因表达的微效可育基因亟待识别并予以排除。

2. 安农s温敏不育基因遗传

安农s及其衍生不育系在不育期花粉败育率为100%,自交结实率为0%,不育株率为100%。一般表现为典改,敏感期外界温度过高时,表现为无花粉型。

安农s与籼、粳稻品种杂交,杂种F_2分离出不育株比例为1:4,可育株比例为3:4,无半不育株。各不育株表现为完全败育。

用安农s为轮回亲本回交安农s与籼、粳稻的杂种,在F_1中,可育株和完全不育株约各占50%。χ^2测验不育株与可育株呈1:1分离。

安农s与其衍生温敏不育系杂交,或衍生不育系之间互交,F_1表达为100%不育,F_2单株完全不育,不存在育性分离。

安农s及其衍生不育株(系)在可育期内收到的杂交种,种植在高温条件下抽穗,表现为完全不育。完全败育的特征能世代传递。

遗传分析结果显示,安农s的温敏核不育基因为一对完全作用的隐性基因,能够在各类遗传背景下完全表达。

其他核不育转换材料的不育基因遗传方式,与农垦58s和安农s的不育基因遗传方式相似。

(三)光温敏核不育基因等同性测定

各类核不育转换材料与其衍生不育系杂交,以及具有相同不育基因供体的衍生不育系之间互交时,杂种一代通常表现为完全不育或高度不育。各类型光温敏不育材料相互杂交后,杂种一代的花粉表现出正常可育,其结实率普遍高于60%。这些结果表明,上述几类核不育材料所涉及的不育基因各不相同,其不育性分别由不同的遗传系统调控。

(四)光温敏核不育性遗传及其与环境互作

1. 光敏核不育性遗传

在长日条件下,不育株的不育程度增强,而在短日条件下,不育株可转变为部分可育或完全可育,这种现象称为光敏不育性。这种不育株,称为光敏不育株。带有纯合光敏不育基因的植株不仅可能表现可育,就算表现不育也可能只表现温敏不育。农垦58s及其衍生光敏核不育系与籼、粳稻品种杂交,在F_2中分离出的不育株,对光、温有不同的反应。当中有光敏不育株,也有温敏不育株;也可能只有温敏不育株,而无光敏不育株。一般情况下,农垦58s与粳稻品种杂交,F_2不育株中,光敏不育株出现的机会多,与籼稻品种杂交,杂种F_2不育株中,光敏不育株出现的概率小。农垦58s衍生籼稻不育系,与籼、粳杂交,一般不出现光敏不育株。至今未能成典型的籼型光敏核不育系。粳稻遗传背景可能较适合光敏性的表达。

已育成的粳型光敏核不育系,生育期表现出不同程度的感光性,如5088s、7001s、105s等。尽管感光基因与不育基因相互独立,一般仍认为感光基因对光敏不育性的表达具有重要作用。可以看出,光敏不育性是光敏核不育基因在特定遗传背景条件下表达的结果,受微效多基因的制约。粳稻遗传背景和感光基因的存在可能有利于光敏不育性的表达。

长日促进光敏核不育系的不育,但不一定在长日条件下表现完全不育。敏感期低温,有降低不育性的作用。在长日条件下5088s的完全不育起点温度约为23.5 ℃,7001s约为25 ℃,起点温度的差别可能由感温遗传系统强弱决定。

2. 温敏核不育性遗传

各种温敏核不育基因纯合体,在各世代中,均表现高温不育、低温可育的温敏不育特征。未发现日照长短对各种各样的衍生温敏不育株的育性表达有明显作用。其育性转换遵循下列模式。

遗传背景不同,各温敏不育系发生育性变化的温度指标不同,可育、部分不育和完全不育的温度区域存在位置和范围宽窄差异。完全不育起点温度是温度系育性转换的重要指标,由遗传背景决定。已育成的起点温度较低的温敏不育系,一般表现为基本营养生长性强,短日高温出穗促进率小,在各种环境中,生育期较为稳定。起点温度低的温敏不育系转换为可育,在敏感期需要更低的温度和更长的感受时间。生育期易发生变化的感温类型温敏不育系,不育起点温度一般较高,感温微效多基因,可能是提高不育起点温度的遗传系统。

光敏核不育系具有长日不育、短日可育的重要遗传特征。光敏核不育基因的表达，受到遗传背景的左右，难以彻底败育。利用光敏核不育基因转育光敏核不育系的方法，与三系法胞质雄性不育系选育技术类似。三系法胞质不育系选育要排除微效恢复基因；光敏不育系选育要排除影响不育基因表达，影响光敏不育性表达和引起不育起点温度较高的微效多基因，如果这些微效多基因不能得到完全排除，后代的不育性将不稳定；"同质恢"繁殖能力强，可育株逐代提高；群体不育性降低，不育起点温度提高。已经育成的一些光敏不育系就具有与胞质雄性不育系协青早A类似的育性表现。

反向温敏不育基因利用欠方便，温度较低时，对制种不利，开花适宜温度一般为28℃。繁殖时要求过高的温度，产量也难稳定。

一般温敏核不育基因遗传简单、作用完全。容易转育到不育起点温度低、异交习性好、配合力好、米质优良的遗传背景之中，由此育成的优良不育系性稳定，生产上将具有很强的竞争力。

关于光温敏核雄性不育性产生的原因，学者们已有较为深入的研究。光温敏核雄性不育水稻的产生是其自身生理代谢与外界环境因子共同作用或单独作用的结果。环境因子是引起生物体突变的外界条件。生物体细胞或组织内物质代谢的剧烈变化、异常的物质代谢、代谢过程产生的有害代谢产物，均有可能诱导某些基因位点产生光温敏核雄性不育基因突变。在远缘杂交后代中，在一定程度上打破了水稻的遗传平衡。遗传基础丰富，内部的协调性被改变，也能引起物质代谢的激烈变化。在印度水稻田间发现的一些育性转换的雄性不育株，均表现为高温可育而低温不育的特性。

在杂交制种阶段，光温条件的异常变化可以使光温敏核雄性不育性发生波动而恢复其可育性。1989年7月下旬，南方大部地区的盛夏低温，引起一大批光温敏不育系在不同程度上恢复自交结实，由此导致杂交制种惨遭失败。

不育起点温度较低的水稻光温敏雄性不育系在敏感期需经历较低温度和较长时间的刺激才能转为可育。在一个地区表现为终身不育的温敏核雄性不育系，其雄性不育起点温度通常低于22℃，在大多数地区利用这类杂交母本是相对安全的。雄性不育起点温度低是光温敏不育系选育的最基本和最关键的技术指标。在杂交母本繁殖中发现，许多光温敏不育系的雄性不育性和雄性不育起点温度表现出不稳定现象。在群体内雄性不育起点温度比较高的个体，由于其可育的温度范围比较广，在温度经常变化且有时幅度很大的自然条件下，结实率比较高，因而它们在群体中的比例逐代加大，繁殖2代或3代之后，达标的雄性不育系的比例减小，由此会降级为不合格的雄性不育系。

具有不同遗传背景的光敏核雄性不育系的雄性不育起点温度存在着很大差异。仍难以准确预测何种遗传背景最有利于产生起点温度低的光敏核雄性不育系。导致完全雄性不育的临界日长与雄性不育起点温度存在一定关联。通常,表现出较短完全雄性不育临界日长的光温敏不育系,其雄性不育起点温度较低。这可理解为在一定日长条件下,与临界日长长(即不育阈值日长较高)的光敏核不育系相比,临界日长短的不育系相当于相对延长了日长,而日长的增加有助于降低雄性不育起点温度。然而,光敏核雄性不育系起点温度并不仅仅与雄性不育的临界日长有关。

(五)低温不育型小麦的光温敏核不育现象

1979年,日本学者报道了具有D2型山羊草细胞质的普通小麦"农林26"育性表现与较长光照和较大温差相关联的现象。随后,在20世纪90年代,我国学者先后成功育成光温敏型核不育材料(即所谓的两系),如C49s、ES系列小麦品种,这些两系小麦引发了育种工作者的极大关注。

许多研究表明:小麦不育花粉退化发生在减数分裂后的精子形成期,花粉母细胞进行减数分裂,大多数能形成正常的四分体,在花粉粒发育时期,能形成正常的单核花粉粒,只有少数花粉母细胞出现异常现象,这些花粉母细胞的细胞质稀薄,核解体,或者核质解体,形成空壳,而且还可以明显地观察到花粉粒形状由单核期的圆球形变为不规则形和三角形,有许多花粉粒粘连在一起,大小不均一。研究还发现花粉败育主要发生在二核期至三核期。

生态不育是指雄性不育性显著受温度、光周期等环境因子影响的一种雄性不育类型。雄性不育是受一个或少数几个主基因位点控制,并受多个微效基因影响。

由于生态雄性不育系只需经过改变原品种的生长发育时空即可获得,这样就可缩短育种年限,易于筛选出生态雄性不育系,为利用杂种优势提供了一条简便的新途径。再利用生态雄性不育系时无须考虑其繁殖问题,不育系原生长发育时空即为不育系的繁殖时空。

如果需要制种,应把不育系的抽穗扬花期安排在安全不育期内,以保证种子纯度,实现繁种、制种程序的简单化。

在水稻、小麦、大豆、高粱和玉米等作物上都选育出一大批光温敏雄性不育材料,尤其在水稻上已配制出了不少优良组合。光温敏二系杂交小麦和二系杂交水稻应用技术是我国独创。二系法因其制种程序简便、育性易于恢复和种子生产成本低等优点,为小麦和水稻杂种优势的利用提供了一个新的途径。北京杂交小麦工程技术研究中心率先成功选育出强冬性小麦的光温敏不育系,并培育出已通过审定的二系杂交小麦新组合

"京麦6"。目前,该品种已在北方主要小麦产区大规模示范推广。光温敏不育系是一种受光温条件调控的生态遗传类型,其育性不仅受到遗传因素制约,还受到外界光温条件的影响,育性表现呈现出高度复杂性。北京杂交小麦工程技术研究中心多年的研究表明,小麦光温敏不育系具有丰富的遗传多样性,有单基因、双基因和多基因类型,有光敏、温敏和光温互作类型,即使是同一类型的不育系,也出现基因互不等位现象,不同类型的不育系其敏感时期和敏感部位也存在一定的差异,体现了小麦光温敏不育遗传的复杂性。光温敏水稻的相关研究也证明了类似的遗传特征。

迄今关于小麦光温敏核不育基因的遗传规律、分子生物学研究等的报道较少,即对于雄性不育遗传机制研究还薄弱,仅限于国内学者的报道。不同来源的小麦光温敏不育系所得结果差异较大,主要原因:①受一对主基因控制,但也受微效修饰基因的控制;②受两对基因控制,且受微效基因修饰;③受多对基因控制;④主基因+多基因类型;⑤其他,如不同播期导致相同群体控制育性的基因数目不同。光温敏雄性不育337S在短日低温下是由一对隐性基因控制,而在长日高温下由两对隐性基因控制。Xing等(2003年)通过利用温敏材料BNY-S与兰考52-24的F_2群体,成功将温敏基因 *wtms1* 定位在2B染色体上。曹双河等利用光温敏不育系农大3338(ES-10)/9025的F_2群体定位了两个主效基因,分别命名为 *ptms1*(未知染色体)和 *ptms2*(位于3A)。北京杂交小麦工程技术研究中心利用BS20/F_3的DH群体,找到了一个于光温敏不育基因紧密连锁的分子标记WMC170。曹双河等(2004年)利用转录调控蛋白G-box家族DNA序列设计引物,结合DDRT-PCR技术对农大3338的研究,发现在可育与不育的生态条件下,育性转换时期的基因表达存在显著差异,经过反向Northern验证,对10个差异表达的基因进行了序列分析和功能预测。Xing等成功克隆了一个与温敏不育相关的基因 *TaAPT2*。赵昌平等利用DDRT-PCR与反向Northern技术,对小麦光温敏不育系BS210的育性相关基因片段进行了分析,最终确定了4个候选基因。尽管当前已获得大量植物光温敏雄性不育相关的基因片段及光温敏雄性不育基因的定位信息,但仍未成功分离出一个完整的光温敏雄性不育基因。因此,无论采用图位克隆还是功能克隆策略,成功分离出完整的光温敏雄性不育功能基因都是实现突破的关键。总体而言,对小麦光温敏雄性不育基因的研究尚处于初级阶段,对其内在遗传机制的理解尤为匮乏。

小麦光温敏不育系与恢复系的异交生物学特性和规律的研究是杂种优势利用新途径开发的基础。杂交小麦种子生产是限制小麦杂种优势进入大面积生产的关键。北京杂交小麦工程技术研究中心通过对二系杂交小麦制种技术研究,提出二系法杂交小麦制种中,异交结实率的提高对不育系和父本的开花性状有特殊的要求,即不育系要求的关键性状有柱头外露率高、柱头活力持续时间长、开颖角度大、开颖时间长;恢复系要求的关键性状有花粉外露率高、花粉量大、花粉活力强等。常规小麦花粉与雌蕊相互作用的相关研究表明,当某一品种小麦柱头接受来自不同小麦品种的花粉时,可表现出结实率的不同。在假定所提供的花粉均为正常时,就存在花粉与柱头的相互作用。花粉从萌发、生长到释放精子都是花粉与雌蕊相互作用的结果。花粉-雌蕊的相互作用主要包括识别信号交流、异养花粉管在雌蕊中生长以及花粉管生长方向的引导等。前人对植物传粉受精过程中,有关花粉-柱头的识别、传粉对雌蕊发育的影响及雌蕊对花粉管生长的作用,开展了较为系统的研究,但就其明确的相互作用机制仍然有待研究。

  花粉在柱头表面的萌发过程中需要细胞间的信号交流。柱头不仅是抵御外源花粉的重要屏障,同时也为亲和花粉提供刺激其萌发的信号。细胞遗传腐蚀术研究表明,刺激花粉萌发的识别信号来自柱头细胞。自交不亲和植物花粉-柱头之间的识别物质可能是 S 位点编码的跨膜受体激酶(SRK),SRK 在花粉-雌蕊相互作用的初始事件中被活化,继而产生相应的磷酸化级联反应,刺激花粉萌发的来自分泌区细胞的渗出物,不过这些渗出物的分子特征还不清楚。Thoraness 等和 Goldman 等的实验还揭示,分泌区被腐蚀后,还会抑制花柱的伸长。这意味着来自分泌区细胞的信号可能对于成功传粉的两个协同过程(花柱的适当伸长和柱头表面分泌物的存在)都是必要的。在十字花科成员中,花粉粒的初始识别是由花粉鞘调节的。长链脂类可能在花粉-雌蕊信号交流中起作用。油菜中的不亲和性由一多态性基因位点调控,这一位点编码 SRK 和 SLG 两个柱头蛋白,SRK 或 SLG 基因发生突变都能导致自交亲和性,花粉中与这两个蛋白相互作用的分子至今尚未分离到。传粉信号可能主要源自花粉所携带的化学物质,其中乙烯的诱导与释放起着关键作用。花粉中的氨基环丙烷羧酸、生长素、果胶寡糖、油菜素类固醇等成分对乙烯的合成具有重要影响,它们可能是构成花粉初始信号的分子。花粉管生长过程可能依赖与雄性配子体和各种雌性孢子体之间细胞表面的相互作用。这些细胞表面的相互作用信号必须转导到花粉管细胞内才能影响花粉管生长的方向和速度。另外,这些相互作用信号还会激活雌蕊组织中各种生理、发育、分子和生化反应。小麦是严格的自花授粉作物,播种量大,繁殖系数相对较低,建立完善的高产、高效、高质量杂交种子生产技术是杂种小麦应用于生产的关键问题之一。在小麦杂交制种过程中,不育系开颖性能、父母本的花时相遇程度是影响制种产量高低的重要因素。已经报道的对颖花开颖有作用的激素有茉莉酸类、水杨酸、油菜素甾体类。外部喷施这些物质,可以调控不育系开颖时间和柱头存活时间。

  育性转换规律的研究是小麦光温敏雄性不育系利用的基础。遗传学、基因组定位以及小麦光温敏雄性不育基因表达遗传网络机制的研究,旨在构建不育基因表达遗传网络模型,这是全面揭示光温敏不育基因表达复杂性的重要手段。对于不育关键基因的克隆及其遗传机制的研究具有重大意义,为优化不育系和有效利用光温敏不育系进行二系杂交小麦育种提供了坚实的理论支撑。开展小麦光温敏不育系和恢复系的异交生物学特性、开花习性的机制和制种调控技术研究,明确其调控技术,是小麦杂种优势利用新途径的研究基础,对加速二系杂交小麦的应用具有重要的意义。两系法存在的主要问题是受光温生态条件的制约作用,光温敏两用不育系会发生育性波动,产生自交结实,出现"假杂种"。合适的光温生态条件难找。不育系的选育过程烦琐,种子研发成本高。当光温敏不育小麦与恢复系的杂种F_1在应用的时候,由于F_1表现出对环境的敏感特性,容易出现不育和部分不育的现象。到目前为止,生态雄性不育小麦的利用还未取得突破性的进展,主要是因为其育性不稳定的缘故。因此,要确保其育性稳定就必须从遗传基础上对其纯化,不断对种子施加选择压力,选育遗传基础尽量为纯合减效基因的个体进行繁殖获得原种。

异常气温可能导致光温敏不育系在制种过程中不同程度地恢复自交结实,进而引发杂交制种失败。特别是在小麦等冬季作物中,由于生殖生长期较长且育性敏感期持续时间久,遭遇异常天气的概率较大,杂交制种风险显著增大,这也是小麦光温敏不育系至今未能大规模应用于生产的原因之一。近年来的研究和生产实践表明,由于自然界天气变化不可抗拒,年际间气候变化差异大,作物光温敏不育系的雄性不育性容易出现育性波动,其潜在风险比较大。因此,在育种上迫切需要通过技术创新寻找到安全利用作物"两系法"杂种优势效应的新方法,进而将其杂交制种风险降低到尽可能小的程度,促使原来不能通过光温敏不育系利用杂种优势效应的作物可以利用"两系法"途径不断挖掘杂种优势的增产潜力。

六、普通核雄性不育性的利用

第一代杂交水稻主要致力于发掘水稻品种间的杂种优势效应,其在稻属植物杂种优势利用领域属于初级技术体系。然而,在采用"三系法"进行杂交水稻育种时,由于受到遗传上恢保关系的严格约束,育种家面临选育多样化、适用于三系配套的骨干亲本的挑战,且可用稻种资源有限,育种程序复杂,选育周期较长,迫切需要为稻属植物杂种优势利用探索出新的技术思路和育种途径,由此促使全力挖掘新的种质资源和探索第二代杂交水稻的技术体系。

由于采用的作物雄性不育材料的类型不同,其杂交配组的方式也不一样。对于核质互作型雄性不育性而言,主要是分别培育出雄性不育系、保持系和恢复系,通过"三系"配套方式完成杂交配组。对于核雄性不育型而言,过去由于其在生产杂种时缺乏获得纯合雄性不育系的有效方法,因而使其在生产上的利用受到局限。然而,核雄性不育型材料在杂种优势利用中至少有3个优点:①核雄性不育材料可以一系两用,它既可以自交结实繁殖,不需要保持系,又能表现出完全的雄性不育特性,可以用作杂交制种的优良亲本。②核雄性不育材料在遗传上无严格的恢保关系限制,恢复谱广,便于利用丰产、优质、抗病、抗逆性强的种质资源进行杂交配组。③在杂种优势利用的技术中有效利用核雄性不育材料可以避免雄性不育胞质的负效应和胞质单一化的潜在威胁。

杂交亲本的繁殖是作物杂种优势利用中的重要技术环节,其中包括杂交母本的繁殖和杂交父本的繁殖。在通常情况下,杂交父本的繁殖比较简单,根据其特征特性在提纯复壮后进行世代推进则可以确保杂交父本的种性和群体的纯度。杂交母本的繁殖则因作物类型和杂交配组技术而存在着很大的差异,其技术要求比较严格且复杂。在杂交水稻育种的技术中,第一代杂交水稻以核质互作型雄性不育系为杂交母本,采用"三系法"的技术程序,因而杂交母本的繁殖方式就是以杂交母本为基础接受相应保持系的花粉而生产新的雄性不育系。第二代杂交水稻以光温敏不育系或生态型核雄性不育系为杂交母本,采用"两系法"的技术程序,因而杂交母本的繁殖方式就是以杂交母本为基础在特定的生态条件和特定的季节条件下通过杂交母本的自交繁殖而生产新的雄性不育系。第三代杂交水稻以遗传工程核雄性不育系为杂交母本,采用"两系法"或"三系法"的技术程序,因而杂交母本的繁殖方式有自交繁殖法和杂交繁殖法两种。作物杂交制种的技术及其方法因作物的种类和杂交配组的特点而存在着一定的特殊性。

在自然界中,水稻普通核雄性不育现象较为常见,且相对易于获取。由一对隐性育性基因控制的水稻普通核雄性不育性的遗传方式能够满足对水稻最佳雄性不育系选育的要求。在普通栽培稻中所出现的核雄性不育材料通常属于由核基因突变所造成的功能性不育,表现为小孢子在发育过程中出现异常,不能形成有活力的花粉粒甚至无花粉,其突变性状可通过雌配子或雄配子稳定遗传。在自然界,普通隐性核雄性不育现象比较普遍。开花植物的生长史本质上是二倍体孢子体与单倍体配子体交替出现的循环过程。其中,雄配子是由花器官中的花药进行分化和发育而来的。雄蕊由包含有可以产生大量花粉粒的花药和支撑花药的花丝两种特化结构组成。花粉发育是一个烦琐的生物进程,包括雄性造孢细胞的分化、减数分裂、小孢子形成和成熟等一系列过程。其中任意过程发生紊乱都会引起花粉的败育。只有详细地了解和掌握水稻雄性生殖发育的每个过程及其相互的调控机制,才能更好地将雄性不育基因种质资源应用起来,从而探索出新型的杂交种生产技术,从根本上解决"三系"制种和"两系"制种过程复杂的问题。

第三代杂交水稻是依托遗传工程核雄性不育系这一遗传工具构建的新型杂交水稻体系。遗传工程核雄性不育系通常是指通过遗传工程技术获得，并已实现大规模商业化繁殖的普通隐性核雄性不育系。繁殖系 Gt1S 自交后，每个稻穗会结出一半有色种子和一半无色种子，通过色选机可将二者完全分离。不表现红色荧光的种子是具有 100% 不育度和 100% 不育株率的遗传工程核雄性不育系，可以用于杂交水稻制种（用作杂交母本）。由于它们不含转基因成分，因而配制出来的杂交水稻种子也是非转基因杂交水稻。具有红色荧光的种子具有可育性，可用于繁殖下一代的雄性不育系。在其下一世代的群体中有色种子和无色种子又各占一半。这种使普通核雄性不育突变体能够得到繁殖的转基因系称之为遗传工程核雄性不育系的繁殖系。利用上述三元载体构建遗传工程核雄性不育系的技术方案被称为 SPT（seed production technology）第三代杂交水稻技术。Gt1S 稻穗结一半"有色"种子和一半"无色"种子，后期可通过色选机将种子分开。

2015 年，我国的第三代杂交水稻组合的技术体系基本形成，其先锋组合"三优 1 号"表现出明显的杂种优势效应。2019 年，第三代杂交水稻组合"三优 1 号"的试种示范面积进一步扩大。在湖南省衡南县云集镇向阳片区清竹村梓木冲组的试种结果表明，第三代杂交水稻平均有效穗数 15.8 个/蔸，平均每穗实粒数为 290 粒，种植密度为 1.42 万株/亩，结实率为 93.6%，千粒重为 25.7 g，亩产达到了 1046 kg。在第二代杂种水稻研究的基础上所建立的第三代杂交水稻的技术体系将促使稻属植物的遗传改良发生根本性变革，进而将掀起新的绿色革命浪潮。水稻隐性核雄性不育性的显性可育基因见表 3-1。

表 3-1 水稻隐性核雄性不育性的显性可育基因

核不育基因	育性基因编码的蛋白质	基因功能
PAIR1	Coiled-coil 结构域蛋白	同源染色体联会
PAIR2	HORMA 结构域蛋白	同源染色体联会
ZEP1	Coiled-coil 结构域蛋白	减数分裂期联会复合体形成
MEL1	ARGONAUTE 家族蛋白	生殖细胞减数分裂前的细胞分裂
PSS1	Kinessin 家族蛋白	雄配子减数分裂动态变化
UDT1	bHLH 转录因子	绒毡层降解
GAMYB4	MYB 转录因子	糊粉层和花粉囊发育
PTC1	PHD-finger 转录因子	绒毡层和花粉粒发育
API5	抗凋亡蛋白 5	延迟绒毡层降解
WDA1	碳裂合酶	脂质合成和花粉粒外壁形成

续表 3-1

核不育基因	育性基因编码的蛋白质	基因功能
DPW	脂肪酸还原酶	花粉囊和花粉外壁发育
MADS3	同源异形 C 类转录因子	花粉囊晚期发育和花粉发育
OSC6	脂转移家族蛋白	脂质体和花粉外壁发育
RIP1	WD40 结构域蛋白	花粉成熟和萌发
CSA	MYB 转录因子	花粉和花粉囊糖的分配
AID1	MYB 转录因子	花粉囊开裂

第四节 第三代杂交作物的创制技术

一、概述

荧光蛋白作为分子标签,用于标记生物体的个体、组织、细胞、亚细胞、病毒颗粒和特定蛋白质定位,在分析生物技术和细胞内分子示踪方面已经具有广泛的应用。荧光是指物质吸收电磁辐射后被激发,其受激发的原子或分子在去激发过程中重新发射波长与激发辐射波长相近或不同的辐射。当停止对试样的激发光源照射后,荧光的再发射过程随即终止。当物体接受比较短的波长光照时,可以将能量储存起来,然后缓慢放出比较长波长的光,放出的这种光就叫荧光。最早出现的绿色荧光蛋白(green fluorescent protein,GFP)由日本著名化学家下村修等人于 1962 年在一种名为 Aequorea victoria 的水母中发现。由于许多生物体本身就具有微弱的自发绿色荧光现象,导致在进行细胞内成像时背景较高,从而影响 GFP 的检测效果。此外,GFP 可能参与细胞凋亡过程,构建 GFP 稳定表达的株系具有一定难度。因此,在水稻遗传工程核雄性不育系新种质创制中,红色荧光蛋白得到了更为广泛的利用。

1999 年 Matz 等报道了第一个从珊瑚中来源的红色荧光蛋白 drFP583(DsRed)。DsRed 是 drFP583 的商品名,由 225 个氨基酸残基组成,其最大吸收波长为 558 nm,最大发射波长为 583 nm。该荧光蛋白有比较高的量子产率和光稳定性,并且受 pH 值影响小,在 pH 值 5~12 范围内吸收和发射光强度没有明显变化。相较于种子中表达的 GFP,DsRed 的表达更为显著,即使在白光环境下也能清晰检测到红色荧光。此外,DsRed 对转基因种子的蛋白质成分无影响,相较于 GFP 基因,*DsRed* 基因更适合作为转基因作物的报告基因。迄今所有的红色荧光蛋白都是从珊瑚纲类珊瑚目或海葵目的不同物种中分离进化而来的。

来源于大麦 *Ltp2* 启动子只在糊粉层特异性地调控外源基因的表达。*Ltp2* 启动子在转基因单子叶植株中能够特异性地调控目的基因在糊粉层中表达,并且不影响种子的正常发育。*End2* 启动子是另一个糊粉层特异性启动子。已经克隆的胚乳启动子有玉米的 *2S*、*VP1*、*mZE40-2*、*Nam-1*,油菜的 *napB*、*Bn-FAE1.1*、*Napin*、*BcNA*、*FAD2*,水稻的 *γTMT*、*Wsi18* 和谷蛋白启动子等,这些启动子都是经过深入研究的具有实用性的启动子。已知,将种子内糊粉层细胞中特异性表达启动子与红色荧光蛋白基因相连接,可确保红色荧光蛋白基因在糊粉层细胞中特异性表达,产生红色荧光。

二、荧光和可育基因连锁创制遗传工程核雄性不育系

在纯合的普通核雄性不育植株中导入连锁表达的育性恢复基因和由糊粉层特异性表达启动子调控的红色荧光蛋白基因两套元件,可以获得该雄性不育的繁殖系。繁殖系自交后,将产生1/4的无色雄性不育系种子,而剩余3/4的红色荧光种子则可以通过荧光色选机进行分离。

区分无色的雄性不育系与有色的繁殖系时,必须利用色选机的特殊功能。根据物料光学特性的差异,色选机采用超高速传感器电子眼,将颗粒物料中的异色颗粒自动分拣出来。可识别小至 $0.08\ mm^2$ 的微小异色区域。色选机已经被广泛应用于大米等粮食作物的精选,能够剔除大米中所有的垩白粒,处理速率可达 $3\sim10\ t/h$。色选机主要由给料系统、光学检测系统、信号处理系统以及分离执行系统四个部分构成。

荧光分选法遗传工程核雄性不育系自交繁殖见表3-2。

表3-2 荧光分选法遗传工程核雄性不育系自交繁殖

雌配子基因型	雄配子基因型	
	ms	*ms/F+DsRed*
ms	*ms ms* (无色)	*ms/F+DsRed* (红色)
ms/F+DsRed	*ms/F+DsRed* (红色)	*ms ms/F+DsRed F+DsRed* (红色)

注:*ms ms*(无色)种子隐性雄性核不育,不含转基因成分,可作为母本用于杂交水稻制种;*ms/F+DsRed*(红色)种子杂合可育,含转基因成分,可作为繁殖系,其自交后产生一半"有色"种子和一半"无色"种子;*ms ms/F+DsRed F+DsRed*(红色)种子在理论上是纯合可育个体,但是因为含有纯合花粉致死基因,不会结实。

色选机工作时,被选物料从顶部料斗进入设备,通过振动器装置的振动作用,物料沿通道向下加速滑落,进入分选室内的观察区,并从传感器与背景板之间穿过。在光源的作用下,根据光的强弱及颜色变化,使系统产生输出信号驱动电磁阀工作吹出异色颗粒,吹至接料斗的废料腔内,而好的被选物料继续下落至接料斗成品腔内,从而达到分选的目的。

安徽美亚光电技术股份有限公司与国家杂交水稻工程技术研究中心联合研发的遗传工程核雄性不育系荧光色选机采用了绿光作为照明光源。当绿光照射到水稻种子时,水稻种子会被激发出红色光。此时,带有荧光的水稻种子在反射绿光的同时,还会发出红色光;而非荧光水稻种子则只会反射绿光。在相机前设置带通滤光片,滤除绿色光,让红色光透过。此时,相机捕捉到的荧光水稻种子呈现红色,而非荧光水稻种子因反射的绿光被滤光片滤除,形成的图像呈黑色。所以,在图像上,荧光水稻种子和非荧光水稻种子有明显的亮暗区别(图3-1)。遗传工程核雄性不育系的繁殖系红色荧光种子被激发荧光,无色雄性不育系种子不发荧光(图3-2)。

图3-1　绿光下水稻繁殖系种子发红色荧光

图3-2　第三代杂交水稻不育系和繁殖系糙米

生物学杂交试验中,胚乳直感是有性杂交当代所结的种子胚乳表现出花粉供体性状的现象。例如,玉米黄色胚乳为显性性状,以黄玉米的花粉对白玉米光温敏不育系进行授粉,在杂交母本植株上就能结出黄色胚乳的籽粒,当代就显示出杂交父本的显性性状,在这种情况下可以其作为鉴定真假杂种的直观方法。

普通隐性核雄性不育株与携带育性基因及红色荧光基因的保持系进行杂交,也是实现普通隐性核雄性不育系繁殖的一种方式。参与受精作用的花粉中带有控制胚乳性状的红色荧光显性基因,胚乳中的染色体数是$3n$,其中$2n$来自普通隐性核雄性不育株的极核,1n 来自红色荧光父本的精核。在 3n 胚乳的性状上由于精核的影响而直接表现杂交父本红色荧光的性状(表 3-3)。

表 3-3 胚乳直感繁殖荧光分选法遗传工程核不育系

雌配子基因型	雄配子基因型	
	ms	ms/F+DsRed
ms	ms ms（无色）	ms/F+DsRed（红色）

三、用转基因的方法创制非转基因的第三代杂交水稻

(一)技术原理

关于花粉致死基因和花粉或花药特异性表达启动子,学者们的研究结果已经趋于一致。在植物中花粉致死基因有玉米的 ZM-AA1、pep1、SGB6,大肠杆菌的 argE、dam,水稻的 Osg1,解淀粉芽孢杆菌的 Barnase,发根农杆菌的 rolB 和 rolC,苏云金芽孢杆菌的 CytA,棒状噬菌体的 DTA β,芍药的 CHS,马铃薯的 Wun1,菊欧文菌的 pelE 等。芽孢杆菌 RNA 酶(Barnase)、Rnase T1 和 DTA 基因属于细胞毒素基因,它们由绒毡层特异性表达启动子 TA29 启动表达后,将导致转基因烟草、油菜和玉米等作物的花粉败育。大肠杆菌 argE 基因的产物能够脱去非毒物质,诱导产生毒素物质 L-膦丝菌素。Kriete 等将 argE 基因与花药绒毡层特异性启动子 TA29 同源物相连后构建嵌合基因,随后将其导入烟草植株。在花粉发育时期施用 N-ac-Pt 后,毒素释放,从而导致其花药呈现空瘪状态,表现为雄性不育。β-1,3-葡聚糖酶(Osg1)基因通过提早降解胼胝质壁可以导致植物雄性不育。除此之外,pelE 基因、发根农杆菌的 rolB 和 rolC 基因通过与花药特异性启动子相融合,可以导致花粉异常,从而造成植物雄性不育。

花粉发育相关的基因在花粉或花药中的组织特异性表达,需要花粉或花药特异性表达的相关调控因子在特定的时间和空间的正确调控。植物中常见的花粉或花药特异性表达启动子包括玉米的 PG47、5126、ZmC5、ZmC13、Zmabp1、ZmPSK1、Mpcbp、Zmpro1 和 AC444,烟草的 TA13、TA26、TA29 和 NTP303,水稻的 OsSCP1、OsSCP2、OsSCP3、OsRTS、OsIPA 和 OsIPK,拟南芥的 A3、A6 和 A9,金鱼草的 tap1,以及欧洲油菜的 Bp10 和 Bp19。有关花粉致死基因相应的特异性调控元件研究,比较深入的有来源于玉米的 Zmc13、5126

和 *PG47* 启动子。在现代生物技术育种中可以将上述启动子与花粉致死基因连接,构建表达载体,获得转化植株后,使之在花粉中特异性表达,从而引起植物花粉败育。

隐性核雄性不育突变体的育性恢复基因与其特异性启动子连接,同时连接花粉致死基因及其特异性启动子,然后转入相应作物的核雄性不育突变体中。植株的育性恢复基因可以使含有雄性不育基因的花粉(小孢子)恢复育性,而到花粉发育后期,花粉致死基因则可以使含有育性恢复基因的转基因花粉降解,只留下一种含有隐性核雄性不育突变基因的非转基因花粉。但是,雌配子有两种类型,在授粉之后,将产生两种基因型的种子,一种是含有育性恢复基因与雄性不育突变基因的杂合体种子,即隐性核雄性不育保持系,另一种是只含有雄性不育突变基因的非转基因种子(*ms/ms*),即隐性核雄性不育系,从而实现了恢复与保持功能融合于一体的育种目标(表3-4 和表3-5)。

表3-4 转连锁的致死基因和可育基因不育突变体自交获得遗传工程核雄性不育系的繁殖系

雌配子基因型	雄配子基因型	
	ms(可育配子)	*ms/F+ZmAA1*(败育配子)
ms	*msms*(不育系基因型)	—
ms/F+ZmAA1	*msms/F+ZmAA1*(繁殖系基因型)	—

注:*msms* 为纯合不育基因;*F* 为可育基因;*ZmAA1* 为花粉致死基因。

表3-5 转连锁的致死基因和可育基因获得遗传工程核雄性不育系的繁殖

雌配子基因型	雄配子基因型	
	ms(可育配子)	*ms/F+ZmAA1*(败育配子)
ms	*msms*(不育系基因型)	—

注:*msms* 为纯合不育基因;*F* 为可育基因;*ZmAA1* 为花粉致死基因。

在隐性核雄性不育系植株中引入包含育性恢复基因、筛选报告基因(如红色荧光基因)以及花粉致死基因的三套紧密连锁的基因表达元件,可得到该不育系的保持系。然后,保持系自交能够实现雄性不育系和保持系本身的繁殖,进而维持杂交体系。该技术就是前述红色荧光途径和花粉致死途径的技术集合。

李新奇等人开发的第三代杂交水稻技术,是基于上述原理,将水稻花粉育性恢复基因、花粉致死基因以及红色荧光基因构建为紧密连锁的遗传转化表达载体。随后通过农杆菌转基因技术,将其导入水稻隐性雄性核不育系中,从而恢复雄性不育系的育性并使之有效保持和繁殖,实现一系两用的目的。与此同时,利用致死基因使得含有转基因成分的花粉失去活性(即通常所说的雄性败育)。然后,再利用色选机的荧光分选技术快速将水稻保持系和雄性不育系两类种子分开。将育性基因导入雄性不育突变体中,可使其育性得以恢复。花粉致死基因使含有转基因片段的雄配子失去繁殖活力,所以保持系自交能够实现雄性不育系和保持系本身的繁殖,进而维持杂交体系。红色荧光基因作为筛选报告基因,后代种子中带红色荧光的是保持系,不带红色荧光即普通颜色则为不育系,便可通过色选机将保持系和不育系水稻种子完全分开,得到杂交制种所需的纯合不育系。其花粉在成熟过程中凋亡,不含转基因的花粉发育成熟。雌配子则由两种类型组成,一种与不育突变体 eat1 雌配子相同,一种则含有三套基因连锁表达载体。

第三代杂交水稻三优 1 号创制技术途径见图 3-3。

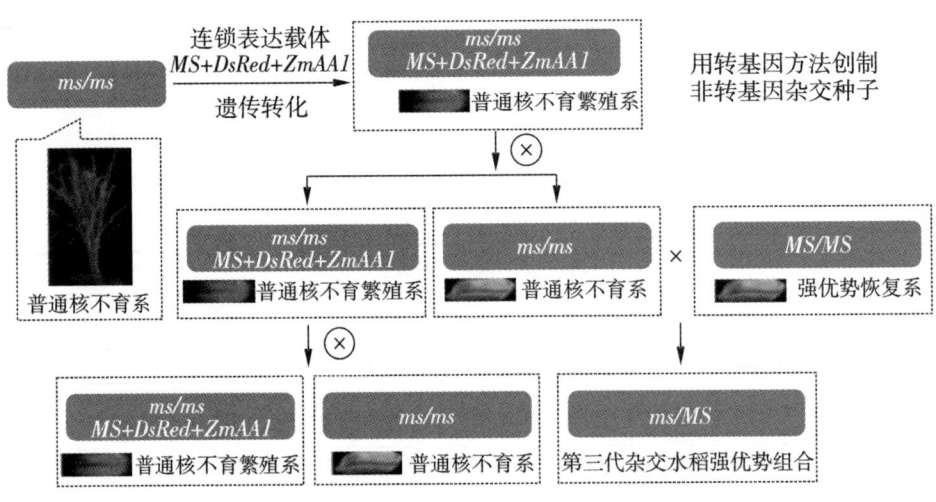

图 3-3　第三代杂交水稻三优 1 号创制技术途径

注:ms 为不育基因;MS 为可育基因;DsRed 为编码红色荧光蛋白基因;ZmAA1 为花粉致死基因。

遗传工程核雄性不育系保持系花粉不含转基因,自交种子作为保持系使用,不育株和可育株各一半,F_1 雌配子具有 ms 和 F 两种基因型,繁殖时,需要增加父本群体植株数量。

(二)遗传表现

遗传工程核不育系 Gt3s 繁殖系的每个稻穗上结一半的红色种子和一半的无色种子。无色种子是雄性不育的,用于杂交水稻种子生产;红色种子是可育的,因其自交产生的 F_1 代中仍然是红色种子和无色种子各占一半(由于导入的 ZMAA1 会使雄配子不育),因而被用来繁殖不育系。利用色选机可将红色种子和无色种子彻底分开,因此,遗传工程核不育系的制种和繁殖都简便易行。SPT 遗传工程核雄性不育繁殖系自交遗传分析和 SPT 遗传工程核不育系与遗传工程核不育繁殖系杂交 F_1 遗传分析见表 3-6、表 3-7。

表 3-6　SPT 遗传工程核雄性不育繁殖系自交遗传分析

雌配子基因型	雄配子基因型	
	ms(可育配子)	ms/F+DsRed+ZmAA1(败育配子)
ms	msms(不育系基因型)	—
ms/F+DsRed+ZmAA1	msms/F+DsRed+ZmAA1(繁殖系基因型)	—

注:ms 为不育突变体;F 为可育基因;DsRed 为编码红色荧光蛋白基因;ZmAA1 为花粉致死基因。

表 3-7　SPT 遗传工程核不育系与遗传工程核不育繁殖系杂交 F_1 遗传分析

雌配子基因型	雄配子基因型	
	ms(可育配子)	ms/F+DsRed+ZmAA1(败育配子)
ms	msms(不育系基因型)	—

注:ms 为不育突变体;F 为可育基因;DsRed 为编码红色荧光蛋白基因;ZmAA1 为花粉致死基因。

将克隆得到的普通核雄性不育或人工核雄性不育的可育基因与来自叶绿体的启动子(或其他适用启动子)以及部分叶绿体同源序列相连接,通过同源重组手段将可育基因整合到雄性不育株细胞的叶绿体基因组中,以实现其在细胞内的完全表达。带有可育基因的细胞质和雄性不育基因的细胞核的转基因植株可能表现为可育,利用其作杂交父本,与雄性不育植株杂交来繁殖雄性不育系,因为细胞核和细胞质的组成与雄性不育植株相同,杂交 F_1 植株应表现为 100% 雄性不育。同时,利用雄性不育系与优良亲本杂交配组,生产大田用的杂交种子。

(三)技术优越性

作物自发突变和通过遗传工程均有可能产生核雄性不育种质资源。自发突变形成的核雄性不育材料在自然界很普遍,在水稻、小麦、棉花、玉米、油菜和高粱等主要农作物中都有发现。这类突变材料一般表现为雄性败育彻底,其育性表达不受环境因素影响。大多数突变材料的雄性不育性仅由一对隐性基因控制,不受遗传背景影响,恢复谱广,没有雄性不育细胞质单一性和负效应的问题。相较于其他杂种优势利用方式,利用普通核雄性不育材料进行育种具有操作简便、适应性广的特点。任何作物品系理论上都可以被转育成雄性不育系,任何品系也可作为恢复系,从而有望筛选出最佳的雄性不育系和恢复系。加之杂交配组的灵活性,这一方式能够很好地满足对理想杂交组合选育的需求,展现出其他雄性不育类型难以匹敌的优势,堪称作物杂种优势利用的理想途径。

第一、二、三代杂交水稻技术的比较见表3-8。

表3-8 第一、二、三代杂交水稻技术的比较

项目	第一代	第二代	第三代
不育性	较稳定	不稳定	稳定
潜在父本比例	约5%	约95%	100%
合格不育株率	约0.10%	约0.10%	100%
不育系选育过程	繁杂、育性鉴定难	不育株鉴定、加代难	似常规稻育种
一般繁殖产量	常规稻的35%	常规稻的50%、不稳定	常规稻的50%且稳定
制种	产量较高较稳	产量不高不稳	母本开花比父本早

通过基因工程技术构建各类雄性不育系和恢复系是当前的研究热点。其中,利用细胞毒素(如 *Barnase* 和 *TA29* 启动子引导的特异性表达)进行育性调控、运用反义技术干扰目标基因表达,以及通过基因工程手段干扰细胞质内线粒体等细胞器的正常功能,都是创建植物雄性不育系的主要基因工程策略。通过制备针对雄性不育物质的反义 RNA 或引入雄性不育蛋白的抑制基因,可以构建相应的恢复系。

在水稻杂种优势利用的技术中,水稻雄性不育系的筛选是非常重要的关键性技术环节。水稻雄性不育系在特定遗传基础的作用下,植株雄性器官发育异常,花器官中的花药呈现出瘦小、干瘪和不开裂的形态特征,其内含败育型花粉粒或无花粉粒,在自交情况下不能受精结实,大多数情况系下有不同程度的包颈现象。在第一代杂交水稻育种和第二代杂交水稻育种取得巨大成就之后,第三代杂交水稻育种再次取得技术性重大突破,其理论研究价值大,应用前景广阔。第三代杂交水稻以普通隐性核雄性不育系为杂交母本,以常规水稻品种或品系为杂交父本配制杂交水稻。在第三代杂交水稻的技术体系中,研究工作主要涉及繁殖系的创制、雄性不育系的筛选、杂交配组和优良杂交组合的鉴定。第三代杂交水稻技术不仅兼有第一代杂交水稻中雄性不育系育性稳定和第二代杂交水稻中光温敏不育系杂交配组自由的优点,同时又克服了其缺点,即杂交配组受恢保关系限制,在杂交制种时母本可能"打摆子"和繁殖产量低的缺点。从实际应用来看,第

三代杂交水稻的杂交制种和母本繁殖都简便易行,由此显示出巨大的应用潜力。为了与水稻光温敏不育系在代号上有区别,在以往的研究中通常将水稻遗传工程核雄性不育系的命名以大写 G 字母开头,小写 s 结尾,如 Gt1s;水稻遗传工程核雄性不育系的繁殖系则以大写 G 字母开头,大写 S 结尾,如 Gt1S。

与水稻生态型核雄性不育材料或光温敏核雄性不育材料相比较,水稻普通隐性核雄性不育材料在任何水稻能正常生长的季节都表现出稳定的雄性不育特性,其雄性不育性不会因外界环境条件的改变而发生改变。而且,其雄性败育彻底,遗传方式很简单。因此,水稻普通隐性核雄性不育材料是水稻杂种优势利用中的一种理想的遗传工具。在自然界,水稻普通核雄性不育性现象比较普遍,也比较容易获得。由一对隐性育性基因所控制的水稻普通核雄性不育性的遗传方式能够满足对水稻最佳雄性不育系选育的要求。在涉及水稻花药发育这个庞大的系统网络中,花粉壁和绒毡层的发育是极其重要的一部分,对于一个完整花药的形成至关重要。与花粉壁和绒毡层的发育相关的水稻隐性核雄性不育基因的定位克隆以及表达调控机制的研究,不仅在阐释水稻花药发育的分子机制方面,同时也在创造新的种质资源以及新的杂种优势利用途径方面,均具有重大意义。

第三代杂交水稻是根据 SPT 技术原理、转基因技术和普通核雄性不育水稻的特点,通过遗传转移的方法获得转基因后代,即利用遗传工程方法在纯合的普通核雄性不育植株中直接导入具有连锁表达的育性恢复基因和由糊粉层特异性表达启动子调控的红色荧光蛋白基因两套元件,进而采用水稻常规筛选方法,最后可以筛选出该雄性不育系的繁殖系。这样的繁殖系在生殖发育上表现出一定的特点,即繁殖系经过自交后在其稻穗上产生两类种子,1/4 的种子表现为无色,即雄性不育系种子,另外 3/4 的种子带有红色荧光,即雄性不育系繁殖系种子。这两类种子可以通过荧光色选机将其分开,由此获得雄性不育系种子和雄性不育系的繁殖系种子。

常规杂交育种和回交育种是选育水稻遗传工程核雄性不育系的主要途径。对水稻普通隐性核雄性不育系的基本要求:在其遗传基础中雄性不育基因的作用效应能够得到完全表达,雄性不育性稳定;雄性器官内的雄配子或雄配子体在发育中败育彻底,其雄性不育性的表达不受任何环境因素的影响,植株在任何地点和任何时期抽穗,其花粉粒的雄性不育度>99.5%;开花习性良好,柱头大而外露,张颖角度大、开花时间长,花时早而集中;具有良好的株叶形态,一般配合力好,抗逆性强和米质好等。第三代杂交水稻的育种潜力见表 3-9。

表 3-9 第三代杂交水稻的育种潜力

项目	理想目标	第一代	第二代	第三代
稻谷产量	聚合各种优良性状,比常规水稻增产30%~50%	比常规水稻增产20%,一季稻产量潜力约为1000 kg	比常规水稻增产30%,一季稻产量潜力约为1100 kg	易与各种优良性状重组,一季稻实际产量达1326.77 kg,双季晚稻936.1 kg,均为世界亩产纪录
抗性	高抗多抗	实现很难	受限	引入聚合各种抗性基因,表现高抗多抗
品质	优质,满足各种需要	一般较差	总体中等	能够配组出极好的米质,满足社会需求,比如杂交粳稻、超长粒
杂种优势水平	亲本性状好,遗传差异大,杂种优势水平提高	低	中等	能提高配组自由度和一般配合力、特殊配合力
繁殖制种	产量高,成本低	繁殖制种性能中等	繁殖制种成本高、风险大	繁殖制种容易且安全,种子产量接近常规水稻产量
推广应用	世界杂交水稻推广20亿亩,增产稻谷3000亿kg	第一、二代杂交水稻占世界水稻面积10%		中长期内可使世界杂交水稻面积提高5倍以上

第五节 普通核雄性不育的其他利用途径

基于水稻隐性核雄性不育基因的功能及其表达特性,结合育性基因调控元件的应用,有望开发出普通核雄性不育利用的新策略。例如,通过一些条件(比如诱导性因素)来控制启动子对育性恢复基因遗传表达的启动,并将之当作一种互补基因正常转入到雄性不育植株中。在这种情况下,如果不提供适合的特定启动子表达条件,则植株的育性恢复基因无法表达,便可以得到雄性不育系;当提供适合的特定启动子表达条件时,如喷施诱导物,则植株的育性恢复基因正常表达,故雄性不育株的育性得到恢复从而可以成功繁殖。除此之外,还可以利用启动子驱动植株本身内源育性基因的一些抑制因子发生作用,从而达到上述相同的目的。利用植物雄性不育性与抗除草剂性状紧密连锁,利用除草剂杀死可育种子而繁殖雄性不育系,即依赖抗除草剂基因的组成型表达,通过施用除草剂杀死一半的可育株,保留另一半的雄性不育株。因为雄性不育系的不育性和可育性在实际生产中很难被完全精确地控制,且雄性不育系中含有转基因成分而涉及转基因安全问题,导致上述方案都没有真正得到推广应用。

1998年Cigan和Albertsen提出的利用化学诱导启动子繁殖普通核不育系的技术理念,同样适用于人工核雄性不育系的繁殖。将化学诱导启动子与基因工程雄性不育系恢复基因相连,导入雄性不育植株中。在一般情况下,可育基因不表达,它们为雄性不育系。需要繁殖雄性不育系时则喷施诱导物,促使可育基因表达,促使其变为可育植株。

还设想出利用普通核雄性不育性和人工核雄性不育性的可能途径。通过叶绿体转化,将核雄性不育性的可育基因向核雄性不育株细胞质转移,创造核雄性不育株的保持系;通过种子成熟后表达的启动子;以位点特异性重组技术为基础的基因开关的利用,都可能繁殖出100%雄性不育株率的核雄性不育系,由此开辟核雄性不育性利用的新途径。如果采用这几种可能的技术途径,利用人工雄性不育及其可育基因进行试验,可能在近期实现人工雄性不育性的生产利用,而无须再利用抗除草剂基因和除草剂来繁殖人工雄性不育系,以免除草剂作用不彻底,影响雄性不育系纯度。

作物普通核雄性不育性的有效利用一直是育种家梦寐以求的愿望。一直在探索有效的生物学方法,试图在水稻等作物普通核雄性不育材料中获得具有100%雄性不育株率的种质资源。采用雄性不育株($msms$)与可育株(杂合体$MFms$)杂交的传统方法,后代中仅能获得50%的雄性不育株。然而,近年来的研究成果表明,利用基因位点特异性重组技术有可能在一定程度上克服作物普通核雄性不育性利用的难题。基因位点特异性重组酶识别一段固定的DNA序列,介导一种DNA重组反应,进行DNA准确切割和重新连接。广泛研究应用的是Cre/lox和FLP/FRT重组体系。在Cre/lox系统中Cre重组酶专一性地识别由34个碱基对组成的特异序列(lox位点),在两个lox片段之间的基因或其他序列能够得到完全切除。由于基因位点特异性重组技术能够对DNA序列定点切割,在基因的两端连接基因位点特异性重组酶的识别序列,可以使得人们对生物体细胞内外来转入基因的行为能够进行准确的控制。利用普通核雄性不育性的可育基因和雄性不育基因,借助基因位点特异性重组技术和遗传转化,可能实现普通核不育系的商业化繁殖。借助可育基因、雄性不育基因的克隆和基因转化技术,提出了如下几种利用普通核雄性不育性的可能途径。

一、建立并有效利用二级繁殖体系

在此技术体系中,首先在可育基因两端添加特异性基因位点重组酶识别的DNA序列,然后将修饰后的基因导入普通核雄性不育植株中,使其表达为可育状态。通过自交方式促使其达到纯合状态(可以作为保持系);在相同雄性不育植株中,另外导入这种特异基因位点重组酶基因,通过与其可育的(近)等基因系杂交或花药培养,筛选出具有纯合的雄性不育基因和特异基因位点重组酶基因的植株,作为普通核不育系。在普通核不育系与可育保持系杂交 F_1 中,来源于雄性不育系的特异基因位点重组酶基因产生重组酶,消除保持系两个特异 DNA 序列之间的可育基因,杂交 F_1 表现为雄性不育,由此繁殖普通核不育系。

  对于大多数作物来说,单纯采用上述方法无法完全解决普通核不育系的繁殖问题,因为它仅能进行一次繁殖,繁殖系数偏低。因此,有必要构建二级繁殖体系。在棉花等作物中,如棉花洞 A 普通核不育系,可以通过建立临时保持系来实现。将通过上述方法繁殖得到的普通核不育系作为杂交母本,利用临时保持系作为杂交父本进行杂交,可以有效提高繁殖系数。大多数作物普通核不育系通过三级繁殖,能够有效解决普通核不育系的繁殖问题(图 3-4)。

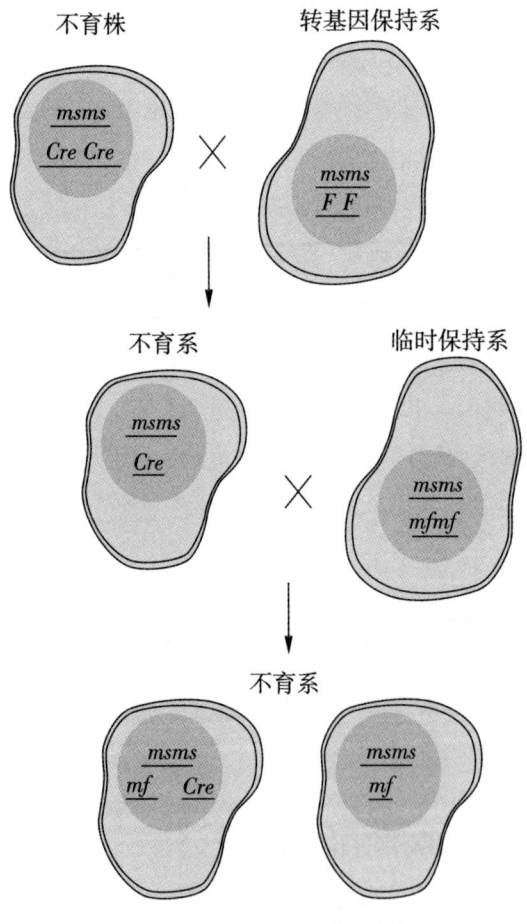

图 3-4　普通核不育系的二级繁殖

注:ms 为雄性不育基因;F 为连有 lox 的可育基因 $lox\text{-}MF\text{-}lox$;
F 为雄性可育基因;Cre 为重组酶基因;mf 为临时保持系育性基因。

在 TA29-Barnase 雄性不育系中，*Barnase* 基因在普通品种中表现为显性。利用 *Barnase* 基因纯合品系与相应的正常近等基因系杂交，所产生的杂交 F_1 仍表现为雄性不育，这可作为 *Barnase* 普通核不育系的一级繁殖方式。上述特异基因位点重组技术可应用于二级繁殖阶段。此时，要求一级繁殖得到的普通核不育系中携带纯合的特异基因位点重组酶基因，而作为二级繁殖父本的个体则应具备纯合的 *TA29-Barnase* 基因、可育基因 *Barstar* 以及 *Barstar* 两端的特异位点重组酶识别序列（见图 3-5）。

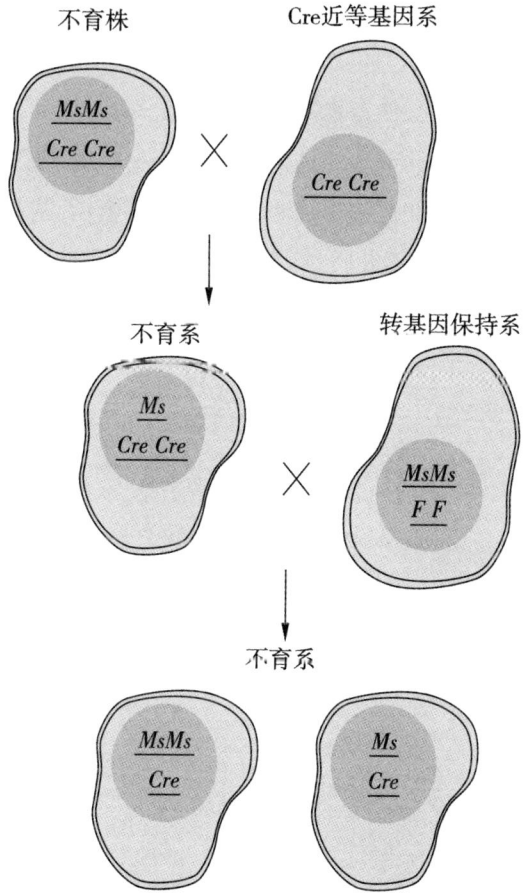

图 3-5 转基因人工雄性不育系的二级繁殖

注：*Ms* 为人工雄性不育基因；*F* 为连有 *lox* 的可育基因；*Cre* 为重组酶基因。

二、仿效种子致死技术

Oliver 等(1998年)利用特异性表达的启动子和基因位点特异性重组技术为基础的基因开关系统发明了种子致死技术专利,其目的是促使大田生产中的常规作物不能产生有生活力的种子供下一个季节使用。随后,在其基础上对其进行了技术改进,其原理同样可以用于繁殖普通核不育系。应用绒毡层特异性表达的启动子(如 *TA29*)与一个毒素基因(如 *Barnase*)连接,中间用一段 DNA 间隔序列(spacer)隔开,间隔序列的两端有重组酶(如 Cre/lox 系统)的识别位点。间隔序列存在的时候种子表现为可育。在重组酶行使功能时,能够切除这段间隔序列,使毒素基因行使功能,此时产生的种子将表现为雄性不育。重组酶由一个具有四环素调节功能的启动子连接一个抑制基因所控制,在不施加四环素时,抑制基因可以表达,由此促使形成重组酶失活的蛋白,进而使重组酶不能行使功能,能正常繁殖种子。当施加四环素后,抑制基因启动子没有活性,重组酶行使功能,最后产生雄性不育的后代(见图3-6)。

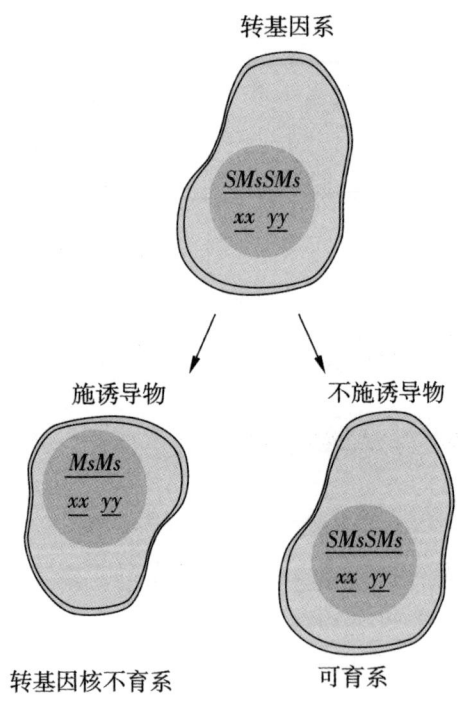

图3-6 仿效种子致死技术繁殖人工核不育系

注:x 为重组酶基因;y 为重组酶抑制基因;
SMs 为连有 *lox* 和间隔序列的人工雄性不育基因。

三、通过基因开关控制育性表达

在可育基因两端加上能够被重组酶识别的 DNA 序列,导入普通核不育株中使其表达为可育。同时转移进去由重组酶基因和它的抑制基因组成基因开关系统,当抑制功能正常时,重组酶不能起作用,该植株表达为可育,为正常品种。抑制基因的作用受化学药物如四环素等调节控制,当施加四环素时抑制作用被解除,重组酶行使功能,切除可育基因,使种子成为雄性不育系(见图 3-7)。

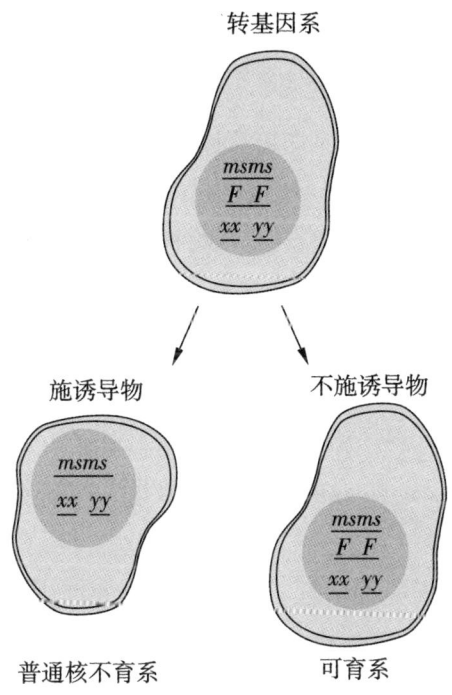

图 3-7 利用基因开关繁殖普通核不育系

注:F 为连有 lox 的可育基因 $lox-MF-lox$;x 为重组酶基因;y 为重组酶抑制基因;ms 为不育基因。

四、利用等位基因互作原理实现核雄性不育性控制

通过遗传工程能够产生由两个基因(假设 α 和 β)共同作用而形成的雄性不育特性。α 基因可以是 1 个导致雄性不育基因,β 基因可以是该雄性不育基因的活化基因。以

T7P 和 *T7* 系统为例,说明两基因控制雄性不育的技术原理。*T7P* 是一个需要 T7 RNA 聚合酶存在才能起作用的启动子,*T7* 是 T7 RNA 聚合酶基因,它不存在于高等植物中。*T7* 与一个花药绒毡层特异表达的启动子(如 *TA29-T7*)连接,将其导入植物受体中,则能够在受体的绒毡层细胞中产生抗菌素 T7。*T7P* 与一个毒素基因(如 *T7P-RNase*)连接,将其导入受体植物中,如果有 T7 RNA 聚合酶基因存在则可以杀死细胞或细胞组织。*TA29-T7* 和 *T7P-RNase* 在受体绒毡层细胞内同时存在的时候,能够破坏花药绒毡层,从而使受体植株表现出雄性不育特性。

利用两套基因位点特异性重组系统能够将两个外源基因安排在同源染色体的相同位置上表达。通过制造等位基因的重组技术 Izhar Shamay 获得了一种由等位基因共同控制的核雄性不育性。在上述 α 基因的两端连接基因位点特异性重组系统 Cre/lox 的识别序列 *lox*;在 β 基因的两端连接另一基因位点特异性重组系统 FLP/FRT 的识别序列 *FRT*。再将这两段 DNA 连接起来后导入正常品种内,由此将获得雄性不育转基因植株(-*lox*-α-*lox-FRT*-β-*FRT*-)。将此雄性不育转基因植株分别与具有 Cre 和 FLP 重组酶基因的转基因植株杂交,结果各自能够切掉 α 基因或 β 基因,分别产生具有 β 基因和 α 基因的后代品系,并且使得 α 基因或 β 基因处在一对同源染色体的相同位置上,成为等位基因。α 基因品系与 β 基因品系通过杂交所获得的杂种 F_1 个体由于同时具有 α 基因和 β 基因而表现为雄性不育(见图 3-8)。常规品系与上述不育株杂交,由于 α 基因和 β 基因等位,不发生交换,在杂种植株中,α 基因和 β 基因不能共同存在,所有植株均将表现可育。这样所有常规品种都是它的恢复系。

在该遗传系统中,α 基因或 β 基因系本身可育,为获得其杂交 F_1,需要通过异交。利用人工去雄可以解决玉米等异花授粉作物不育系的繁殖问题,但对于自花授粉的小麦和水稻等作物来说,人工去雄难度太大,效率太低。利用化学杀雄可能是一个解决办法,但仍然存在去雄不彻底、纯度不好、异交率低、技术难度大的问题。利用光温敏不育性来解决等位基因互作核雄性不育系的繁殖问题较为理想。在小麦、水稻等作物已发现有高温不育,低温不育,长日不育或长日高温不育,短日不育或短日低温不育等多种形式的光温敏核不育性。它们遗传上多表现为单基因隐性核不育。将 α 或 β 品系通过回交转育为光温敏不育系,利用光温敏不育系 αs/β 品系或者 βs/α 品系的方式,获得具有等位基因 α 和 β 的 F_1,完成该系统雄性不育系的繁殖。

在育种实践中,常会遇到一些光温敏不育系具有良好的配合力,但其不育性却不稳定。可以通过回交等方法在光温敏不育系中导入 α 基因,培育出携带纯合 α 基因的光温敏不育系;同时在光温敏不育系中导入 β 基因,并去除其原有的光温敏不育基因,得到光温敏不育系的β可育近等基因系。这样既解决了光温敏不育系的育性稳定性问题，又使优良的光温敏不育系得以广泛应用。

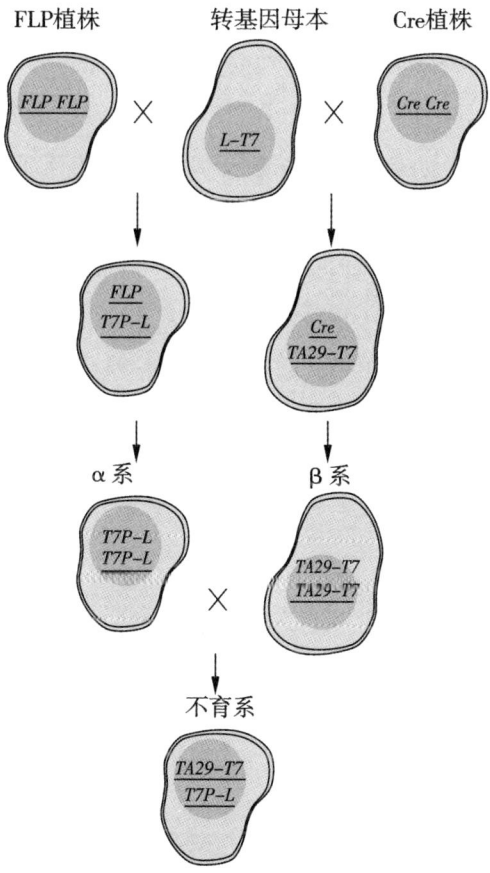

图3-8 等位基因互作核雄性不育的产生

注：$L-T7$ 为外源 DNA 片段 $-lox-TA29-T7-lox-FRT-T7P-L-FRT-$；$T7$ 为 T7 RNA 聚合酶基因；$T7P$ 为 T7 诱导启动子；L 为致死基因。

五、一些特殊启动子的利用

研究已证实，作为 DNA 分子与 RNA 聚合酶特异性结合并启动转录过程的关键区域，启动子在基因表达调控中扮演着至关重要的角色。如今，可以根据需求选取特定的启动子或设计构建合适的启动子，以实现对外源基因表达的精确时空调控和剂量控制。例如，诱导型启动子可根据需求在植物特定发育阶段、组织器官或环境条件下迅速开启或关闭目标基因的转录。这种特殊的启动子主要包括如下两种类型。

1. 种子成熟后表达的启动子的利用

将种子成熟后表达的启动子与一个毒素致死基因拼接,并与雄性可育基因相连后导入雄性不育株。在雄性可育基因的作用下,转基因植株能正常开花散粉,但由于致死基因在种子成熟时的表达,导致种子死亡。鉴于其能正常散粉的特性,该转基因植株可作为普通核不育系的保持系,与雄性不育株杂交以繁殖雄性不育系。在产生的异交种子中,含有雄性可育基因且同时携带致死基因的种子将在成熟时死亡(约占50%)。其余50%的种子,其细胞核与雄性不育株的细胞核相同,即为所繁殖的雄性不育系。雄性不育系植株上未成熟的异交结实种子由于致死基因还未能表达,具有发芽能力,它们中有50%的种子将表现为可育或育性正常。收获未成熟的异交结实种子加以保存,用于繁殖保持系本身(见图3-9)。由于携带可育基因的种子在成熟时会自然死亡,因此可按照一定比例混合保持系和雄性不育系进行混播,以此方式繁殖雄性不育系,有助于降低劳动强度并提升异交率。

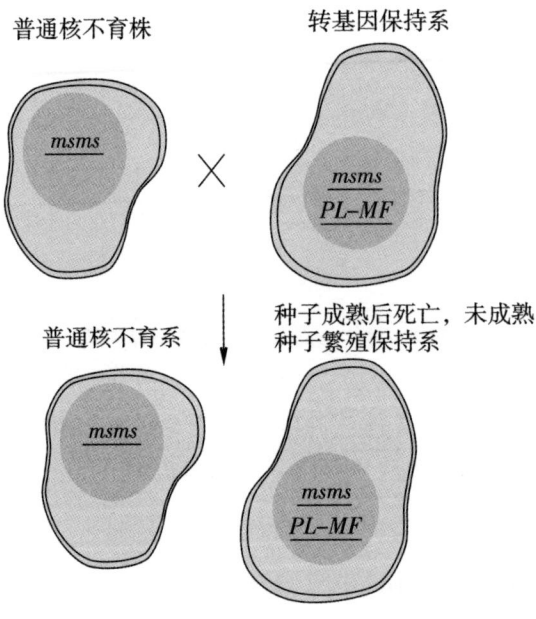

图3-9 利用种子成熟后才表达的启动子繁殖普通核不育系

注:P 为种子成熟后表达的启动子;L 为致死基因;ms 为雄性不育基因;MF 为雄性可育基因。

2. 化学诱导启动子的利用

Cigan 和 Albertsen 提出将化学诱导启动子与雄性可育基因相连,导入雄性不育株中。在一般情况下,雄性可育基因不表达(即为雄性不育系)。在需要繁殖雄性不育系时,可以喷施化学诱导物,促使可育基因表达,由此变为雄性可育植株。该技术体系中还有另一种方法:将化学诱导启动子与一个毒素基因相连,再与一个带有高效启动子的雄性可育基因拼接,将此复合基因导入普通核雄性不育株中,使其表现为雄性可育,进而作为保持系用于繁殖普通核不育系。雄性不育系(基因型 msms)与保持系(基因型 msms,诱导启动子+毒素基因+MF)混播,在杂种 F_1 群体内 50% 植株表现为雄性不育系基因型,另外 50% 植株表现为保持系基因型。在杂种 F_1 植株上施用化学诱导物,启动毒素基因产生相应的功效,消除带有雄性可育基因的植株,最后可以获得 100% 雄性不育株率的普通核不育系(见图 3-10)。用一定比例的 F_0 种子与普通核不育系混播,50% 的 F_0 种子将是保持系。由于诱导物可以在作物开花前整个生长发育过程中施用,且可以施用多次,毒素基因可以作用于植株整个部位,这个方法可能容易保证不育系纯度。若采用自发突变形成的核雄性不育性,则在杂交作物中不存在转基因成分,此类作物不属于转基因作物。

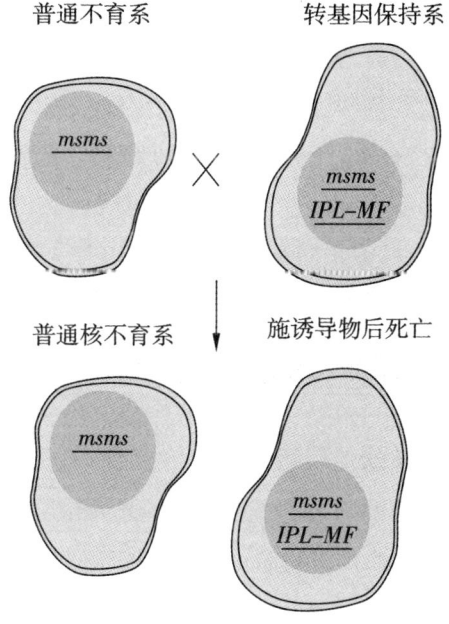

图 3-10 利用化学诱导启动子繁殖普通核不育系

注:IPL 为化学诱导启动子连接致死基因;ms 为雄性不育基因;MF 为雄性可育基因。

六、通过质体或线粒体转化产生普通核雄性不育的新方式

已经在烟草、水稻、拟南芥、马铃薯和油菜等多种作物中实现了叶绿体转化。在外源基因的两侧各连接一段质体 DNA 的同源重组片段,将其导入质体后,促使 2 个片段与质体基因组上的相同片段发生同源重组,将外源基因定点整合到质体基因组,这是进行质体转化较为有效的方法。一般认为,线粒体与雄性不育的关系密切。虽然把普通核雄性不育性的可育基因或人工核雄性不育基因导入线粒体中表达的可能有比较大的技术难度,但如果成功地突破技术瓶颈,可能更有利于探索雄性不育基因或可育基因的生物学规律。现有如下 2 种方式。

1. 普通核雄性不育性利用的胞质可育"三系法"

由于质体的遗传方式是母性遗传,因而当转基因品系作为杂交父本时,不会将转基因成分遗传到杂种后代的遗传组成中,由此获得的这些 F_1 杂交种子不会是转基因种子,可以不受转基因安全性法规的限制。换句话说,如果可育基因的叶绿体转化能够成功繁殖普通核不育系,可以避免对转基因产品安全性的疑虑。叶绿体转化植株不须表达为完全可育也能作为保持系,在这一设想中的关键之处是细胞核基因在细胞质中能否顺利表达。有利的方面则是将水稻可育基因仍放在原来细胞环境下表达。通过在叶绿体转化后代中持续选择可育性优良的单株,有望解决细胞内转基因叶绿体一致性问题。借助叶绿体转化的细胞质可育法有可能成为另一条比较理想的普通核雄性不育性利用的新途径。将普通核雄性不育性的可育基因连接来自叶绿体的启动子(或其他适合的启动子)及部分叶绿体同源序列,通过同源重组将雄性可育基因导入雄性不育植株的叶绿体基因组中,促使其表达。由此带来的结果是,带有雄性可育基因的细胞质和雄性不育基因的细胞核的转基因植株可能表现为雄性可育,利用其作杂交父本与雄性不育株杂交则可以繁殖雄性不育系。

如图 3-11 所示,由于质体遗传属于母性遗传,杂种 F_1 细胞核和细胞质的遗传组成与雄性不育植株的遗传组成相同,因而会表现为 100% 雄性不育。以此繁殖出雄性不育系后再利用雄性不育系与优良亲本进行杂交配组,生产大田所需的杂交种子。该技术路线的成功与否,关键取决于雄性育性基因在叶绿体内能否有效表达以及叶绿体转化技术效果。

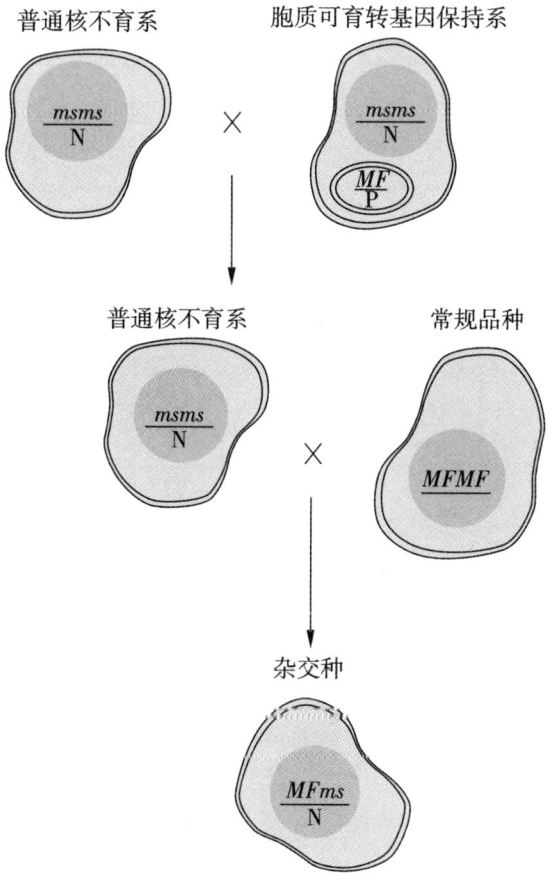

图 3-11 普通核雄性不育性利用的胞质可育"三系法"

注．ms 为雄性不育基因，MF 为雄性可育基因；N 为细胞核；P 为质体。

若选用自发突变形成的核雄性不育材料，由此产生的杂交种子不属于转基因种子。此外，叶绿体转化植株无须完全雄性可育即可作为保持系，关键在于细胞核基因能否在细胞质中顺利表达。在叶绿体转化后代中持续筛选雄性可育性优良的单株，可能有助于解决细胞内转基因叶绿体一致性问题。在构建人工雄性不育保持系时，除已知能引发雄性不育的基因外，还可选择功能类似 TA29 的启动子与一个抗生素除草剂基因连接作为细胞核不育基因；而在细胞质中，雄性可育基因可选择为一个抗除草剂基因。另外，利用化学诱导启动子及其化学诱导物所诱导的基因，借助质体转化技术，有可能形成两种新的杂种优势利用方式。例如，将需要 T7 RNA 聚合酶存在才起作用的启动子 T7P 与 1 个可育基因连接(*T7P-MF*),导入雄性不育植株(*msms*)的细胞核基因组内。同时,T7 RNA 聚合酶基因也导入其叶绿体基因组内,由此所获得的转基因植株,能够产生 T7 RNA 聚合酶。当 *T7P-MF* 基因表达时可以促使植株表现为雄性可育。作为保持系与普通核雄性不育植株杂交,由于其 F_1 中没有 *T7* 基因,所有植株均表现为雄性不育,即繁殖出雄性不育系(见图 3-12)。

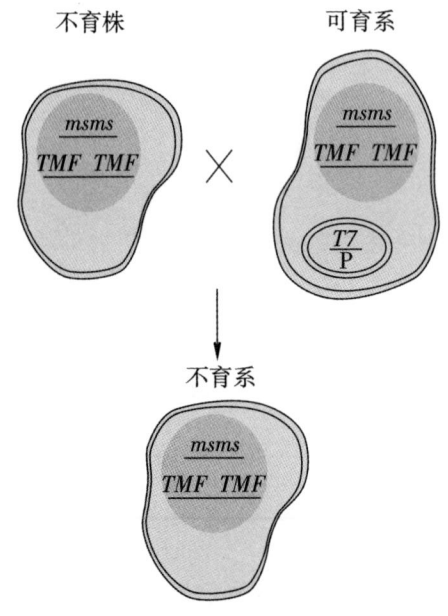

图 3-12　利用抗生素基因繁殖普通核不育系的胞质可育"三系法"

注:*ms* 为雄性不育基因;*T7* 为 T7 RNA 聚合酶基因;
TMF 为 T7 诱导启动子+可育基因;P 为质体。

2. 繁殖核雄性不育系的胞质不育"三系法"

采用胞质不育"三系法"利用雄性不育基因时,前人研究显示,将一个在常规品种中表现为显性、仅影响花药而不破坏其他细胞,且具有雄性不育特性的工程基因(如 *PAL* 基因类似物)与部分叶绿体同源序列连接,通过同源重组将其导入常规品种叶绿体并表达,含有雄性不育基因的细胞质与正常细胞核的转基因植株可能表现为雄性不育。将其作为杂交母本与常规品种杂交,由于杂种 F_1 细胞质中始终存在雄性不育基因,杂交或回交后代将始终保持雄性不育状态,从而实现雄性不育系的繁殖。利用此雄性不育系与雄性不育恢复系杂交,杂种 F_1 可能表现为正常可育,即生产出供大田利用的育性正常的杂交种子,如图 3-13。该技术体系的优越性主要表现在任何常规品种都能够转育为雄性不育的保持系,常规品种转入恢复基因后能够作为雄性不育性的恢复系,所以杂交配组自由,育种程序简单,能够有效提高优良杂交组合的选育效率。考虑到外源启动子在叶绿体基因组中发挥作用可能存在困难,对类似 *TA29-Barnase* 基因组合的可行性进行深入研究是必要的。

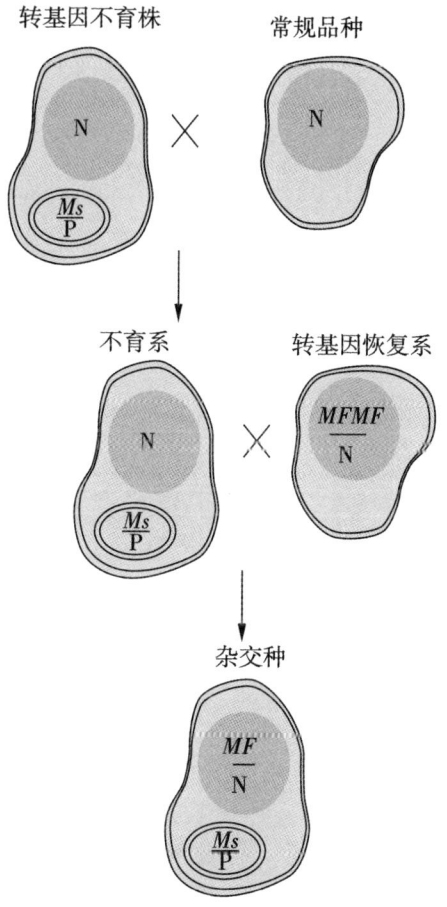

图 3-13 转基因雄性不育性利用的胞质不育"三系法"

注:*Ms* 为雄性不育基因;*MF* 为育性恢复基因;N 为细胞核;P 为质体。

对于以营养体为收获对象的作物而言,任何常规品种均可作为雄性不育保持系,同时也能作为杂交配组的父本使用,无须顾虑杂种 F_1 是否结实,这大大提升了应用便捷性。其雄性不育基因可选择为自发突变形成的显性核雄性不育基因。此外,将 *T7P* 与

1个毒素基因连接后再连上1个雄性可育基因(如 *T7P-Barnase-TA29-MF*),导入雄性不育植株(*msms*)的细胞核基因组内(成为可育保持系);*T7* 基因则导入雄性不育植株(*msms*)的叶绿体基因组内,所获得的转基因植株能够产生 T7 RNA 聚合酶(作为雄性不育系)。由于雄性不育系胚囊内产生 T7 RNA 聚合酶,雄性不育系与保持系杂交时,*T7P-Barnase-TA29-MF* 的配子不能存活和发生受精作用,所有 F_1 植株均表现为雄性不育,即繁殖出雄性不育系(见图 3-14)。保持系与普通核雄性不育植株杂交可以繁殖保持系。

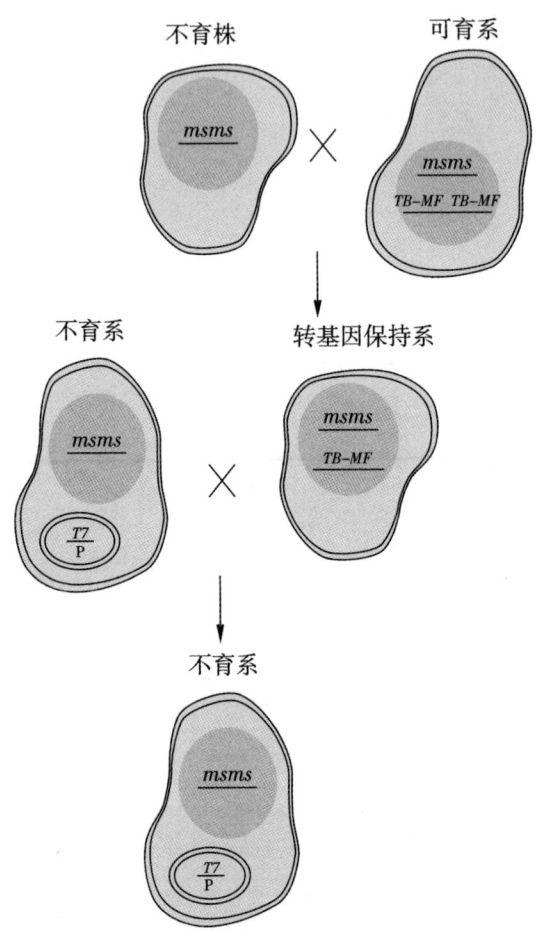

图 3-14　利用抗生素基因繁殖核雄性不育系的胞质不育"三系法"

注:*ms* 为雄性不育基因;*MF* 为雄性可育基因;P 为质体;*T7* 为 T7 RNA 聚合酶基因;*TB* 为 T7 诱导启动子 *T7P*+致死基因。

第四章 雄性不育系选育

水稻、小麦、大豆等农作物为自花授粉作物,使用雄性不育系可以免去人工去雄工序,节省人力,降低成本,确保种子纯度。对优良雄性不育系的基本要求包括:雄性不育性稳定,雄配子或雄配子体败育彻底,雄性不育特性表达不受环境条件影响,不论在何种生态条件和抽穗时期,雄性不育度均需大于99.9%,同时具备良好的开花习性、较大的柱头、集中的花时以及良好的配合力,株叶形好,抗性和品质好。降低杂交种子的制种成本、提高杂交配组的自由度、提高利用作物杂种优势的技术水平和选育出符合生产需求的各种类型的优良杂交组合是雄性不育系遗传改良的发展方向。

第一节 核质互作型雄性不育系选育

一、概述

在"三系法"杂种优势的技术体系中,三系是指核质互作型雄性不育、保持系和恢复系。核质互作型雄性不育系是其重要的遗传工具,第一代杂交水稻是"三系法"杂交水稻。而核质互作型雄性不育系由于具有以下优点而在农业上可以广泛应用:①其不能产生正常的花粉,可作为杂交母本;②能找到保持系与其杂交,从而产生的F_1仍能保持雄性不育;③并且能找到恢复系与其杂交,所产生的F_1都是可育的。

保持系是一种正常的作物品种,它有一种特殊的功能,即用它的花粉授给不育系后,所产生后代,仍然是雄性不育的。因此,借助保持系,不育系就能一代一代地繁殖下去。如果没有保持系,不育系就不能繁殖。

自然界中作物核质互作型雄性不育类型的种质资源极为丰富。在作物长期的进化过程中,由于严格的生殖隔离等因素,通过物种种间、亚种间乃至品种间的杂交,均有可能产生新的细胞核质互作型雄性不育种质。通常,当细胞质供体亲本与细胞核供体亲本在遗传上存在较大遗传距离或差异时,较易找到具有完全雄性不育特性的保持系与之匹配。然而,这样的雄性不育系一般难以获得强恢复系,在杂交配组时其局限性比较明显。当细胞质供体亲本与细胞核供体亲本在遗传上存在比较小的遗传距离或遗传差异时,其雄性不育系通常表现为雄性败育不彻底,很难寻找到相应的保持系。不同类型水稻核基因组置于野败细胞质中的育性和异交习性表达如图4-1所示。

```
野生稻    晚稻    中稻    早稻    爪哇稻    粳稻
─────────────────────────────────────────────▶
```

⟶,相距越远,杂交不育性越强;可育度越低

⟶,相距越远,开花习性(异交习性)越差;恢复能力越差;

图4-1 不同类型水稻核基因组置于野败细胞质中的育性和异交习性表达

在以"野败"为基础所选育的水稻雄性不育材料为母本所进行的测交试验中发现,对于这类水稻雄性不育材料而言,具有恢复能力的测交材料表现出4个特点:①随着雄性不育材料回交世代的推进,杂种第一代表现出其恢复率和恢复度逐步地趋于一致。②能使"野败"雄性不育材料育性恢复的品种(系),对于那些由"野败"转育而成的各种新的雄性不育系均表现出共同的恢复效应。当然,由于各种新雄性不育系的核背景的差异,其恢复程度会表现出一定的差异。③对于"野败"雄性不育材料而言,品种的地理来源与品种的恢复程度存在着一定的相关性。原产于东南亚的水稻品种中具有恢复能力的比例比较大,而原产于温带的水稻品种中具有恢复能力的比例比较小或很难寻找到恢复品种。④利用数千个粳稻品种进行测交的试验结果表明,没有1个粳稻品种表现出恢复能力。基于这些研究,可以认为,"野败"雄性不育的恢复基因主要分布在低纬度的热带地区,这与普通栽培稻的起源和进化有一定的相关性。

具有相同不育细胞质的水稻核质互作型雄性不育系之间,其花粉败育程度与不育稳定性也可能存在差异。育种上存在的主要问题是可利用的水稻优良核质互作型雄性不育系有限,常规籼稻品种中,野败保持系频率很低,大多数品种中都有微效恢复基因。它们导致水稻核质互作型雄性不育系败育不彻底,不育性不稳定,在高温条件下使野败水稻核质互作型雄性不育系育性易恢复,产生自交结实。不完全核质互作型雄性不育系是指在某些环境条件下花粉败育不彻底,产生自交结实的核质互作型雄性不育系。由于受到遗传背景的限制,优良水稻核质互作型雄性不育系的选育难度大,效率较低。不育系

间遗传差异小,类型相似。特别是综合性状优良、无严重缺点的不育系几乎没有。难以将存在于各种水稻核质互作型雄性不育系中的优良性状综合在一起。

在作物杂种优势利用的研究中发现,有一些作物的雄性不育细胞质源本身具有比较多的优点或特性,但在现有作物品种的杂种优势利用中难以测配到具有完全保持能力的保持系,因而没能得到利用,其主要原因并不是细胞质雄性不育基因不能导致雄性败育彻底,而是在细胞核基因中所存在的微效可育基因在育种中难以排除。例如,在油菜物种内通过细胞质互换所产生的一些雄性不育系(如"波利马雄性不育系")一般更容易恢复,杂交配组更自由,但其雄性很难彻底败育。在生产实践中,由于"波利马雄性不育系"的雄性败育不彻底,导致杂交油菜的种子纯度比较低,进而影响杂交油菜的产量潜力。

二、微效恢复基因鉴定和排除

核质互作型雄性不育系在细胞核和细胞质内分别存在着不同的育性基因,这些育性基因共同控制其育性表达的植物雄性不育系。在"三系法"杂交水稻技术体系中,常规籼稻品种中具备对"野败型"雄性不育系保持能力的种质资源的频率低于0.1%。当前育种家可利用的优良水稻核质互作型雄性不育系资源相对有限,各雄性不育系间的遗传距离或差异较小,形态类型相似度较高,难以将存在于各种水稻核质互作型雄性不育系中的优良性状综合在一起,由此导致现有优良杂交水稻组合的产量潜力、生态适应性、抗病虫性和稻米品质等方面均难以满足各地对水稻生产的不同需求,特别是高产优质的杂交粳稻组合和适合长江流域作双季早稻的早中熟杂交组合比较少。

在创制水稻核质互作型雄性不育系的育种中发现,微效可育基因的存在是选育水稻优良雄性不育系的一个主要技术障碍,它导致雄性不育系自交结实。

通过利用分子标记,可以更清晰地揭示花粉恢复基因的遗传机制,从而辅助水稻细胞核质互作型雄性不育系的选育工作,拓宽新不育系选育的种质资源利用范围,提高选育效率。协青早 A/B456 F_1 的花粉不育度为98.8%,在保持系杂交育种中常采用协青早 B/B456 这样的杂交后代。为了利用分子标记排除微效恢复基因,以 232 个协青早 A/B456///协青早 A/B456//B456 植株组成的分离群体为材料,调查花粉可育率和自交结实率,并采用 121 个在染色体上分布比较均匀的 SSR 多态性标记进行 QTL 检测。发现 22 个 SSR 标记分别与 10 个花粉育性位点连锁,分布于第 2、5、6、8、10、12 条染色体上;28 个标记分别与 16 个小穗育性位点连锁,分布于第 1、2、4、5、6、8、10、11 条染色体上;13 个标记同时与花粉育性和小穗育性连锁,小穗育性与花粉育性 QTL 差异说明了植物花粉可育度和自交结实率不平行性的遗传基础。各可育位点对花粉育性和小穗育性的提高效应比较小,为微效基因,但每个花粉育性位点的存在都可导致不育系败育不彻底。协青早 A 中发现 1 个花粉可育位点 Pf 5-1,与分子标记 Bm 55 和 Rm 13 紧密连锁,进行分子标记辅助选择,可能排除协青早 A 的微效恢复基因(可育位点),达到完全不育。协青早 A 存在 8 个小穗育性位点,能够提高自交结实率,有助于杂种 F_1 结实率的提高,有利于提高不育系的可恢复性。多数微效恢复基因显示为部分隐性或隐性,是水稻核质互作雄性不育系选育难的重要原因。

B456 中至少发现有 9 个位点与花粉育性有关,每个位点的存在都可导致不育系败育不彻底,说明在 B456 与没有花粉恢复基因的保持系的杂交 F_2 代中,没有花粉恢复基因的植株比例为 1/262144。花粉恢复基因的遗传方式导致水稻优良细胞核质互作型雄性不育系选育难,应当尽量不使用 B456 这种花粉恢复基因较多的材料作为亲本。

植物中不育细胞质类型丰富,有很多不育细胞质由于难以找到具有完全不育保持能力的保持系,其不育系大多败育不彻底,花粉恢复基因难以排除,没能得到利用。利用分子标记定位和辅助选择则可能将其排除。但是 B456 这种可育位点多的亲本用于保持系杂交育种时,利用分子标记来排除花粉恢复基因会比较困难,宜采用回交育种来利用其优良遗传因子。

不完全雄性不育系协青早 A 表现含有一个次要恢复基因,由于次要恢复基因在协青早 A/协青早 B 中,总是等位的,能够导致协青早 A 在制种时自交结实。分子标记用于排除现有败育不彻底的不育系如协青早 A 等可能更有效。协青早 A 经常在生产上造成制种不纯。利用与协青早 A 的 Pf 5-1 可育位点紧密连锁的微卫星分子标记 Bm 55 和 Rm 13 进行辅助选择,有望排除协青早 A 的花粉恢复基因,使之达到完全不育状态。对花粉恢复基因的定位需要更多的研究。如果大多数花粉恢复基因在水稻染色体上位置相同,分子标记辅助选择将更有效,通过数据的积累,会更容易鉴定和排除亲本中的花粉恢复基因。

有 13 个相同的标记与花粉育性和小穗育性都紧密连锁,另外不同的连锁标记分别为 9 个和 15 个,说明控制花粉可育度的基因对自交结实率的提高有直接作用,同时也说明小穗育性与花粉育性 QTL 差异是实践中花粉可育度和自交结实率不平行性的遗传基础。协青早 A 中只检测到 1 个花粉可育位点,但存在可能不与花粉育性关联的 8 个小穗育性位点。这些小穗育性位点能够提高自交结实率,它们在不育系中存在可能有助于杂种 F_1 结实率的提高,有利于提高不育系的可恢复性。在育种工作中,在获得完全不育系的基础上,应重视增加小穗育性位点的数量和提高其效应,以提升不育系的可恢复性和杂交水稻的结实率。

有很多小穗育性基因可能不影响核质互作型雄性不育系的花粉败育度,而且小穗育性基因降低花粉败育度要通过花粉恢复基因起作用,所以不育系育种中要排除的微效恢复基因只是花粉恢复基因。花粉恢复基因的遗传表现隐性、不完全隐性或显性的都有。由于花粉恢复基因可能较多,又不能根据植株的形态判定花粉恢复基因的有无,还只能利用植株与核质互作型雄性不育系的测交来淘汰,但是对于隐性的或不完全隐性的花粉恢复基因不能够观察到,因此,在育种实践中鉴定杂交后代单株的不育保持能力事先没有预见性,容易造成最后获得的不育系败育不彻底。

三、核质互作型雄性不育系与保持系的杂交与回交选育

三系法杂种优势利用的一个主要局限在于可供选择的亲本资源有限。以水稻为例,常规籼稻品种中,具备野败保持能力的材料频率低于0.1%。微效可育基因的存在是水稻等细胞质雄性不育系选育的一大难点,因其可能导致不育系出现自交结实现象。还没有比较有效的育种方法来排除水稻亲本中的微效可育基因。在杂交选育雄性不育系的保持系时,通常采用某个保持系与另一个保持系或亲本杂交,从杂种后代中挑选单株与雄性不育系进行测交。若其测交 F_1 表现为雄性不育,则将该单株保留为未来保持系候选测试株系,如图4-2所示。然而,这种方法在育种实践中的结果可能具有一定的不确定性。

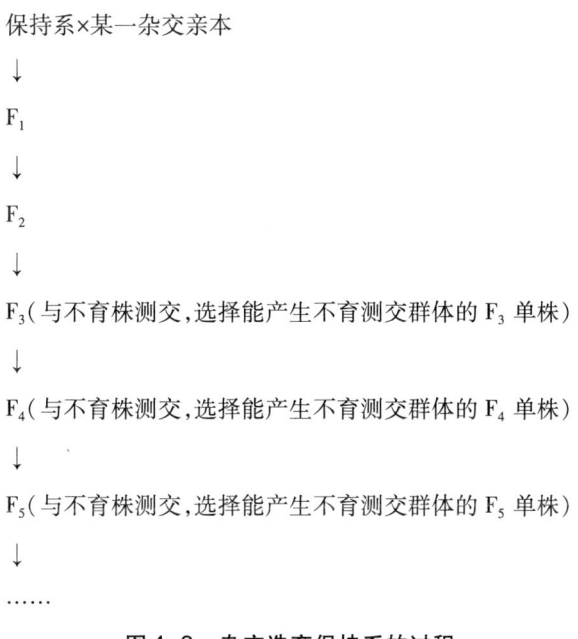

图4-2 杂交选育保持系的过程

国际水稻研究所(IRRI)研究发现"野败型"雄性不育系与稻种资源的杂交 F_1 表现完全不育的父本数可以达到 4.7%。而在实践中保持系频率低于 0.1%，二者之间差异很大，这是由除杂合不育性引起的。他们也发现利用保持系与保持系的杂交选育方式，其后代中也有很大一部分单株并不是保持系，有 17% 的植株不是保持系植株。由于杂交后代单株以及与雄性不育系杂交所获得的后代微效恢复基因发生重组，导致部分后代不能完全保持雄性不育。

传统鉴定一个亲本是否保持系的方法是利用它与一个不育系杂交，如果不育，则认为其属于保持系，可以看到，由于花粉恢复基因可能是不完全隐性或隐性的，所以这种鉴定方法是不准确的。

在杂交选育保持系时，由于杂交后代群体与雄性不育株测交的后代群体处于分离状态，微效恢复基因也是如此，由此判断一个单株是否具有保持系功能相当难。理论上，只有当一个品系的细胞核完全转移到雄性不育细胞质中，才能确切判断该品系是否具有保持系特性及其开花习性是否优良。因此，在育种实践中，对杂交后代单株的雄性不育保持能力及开花习性的鉴定往往缺乏预见性，可能导致最终得到的雄性不育系出现花粉败育不彻底或开花习性不佳的情况。当微效恢复基因数量较多时，选育效率会显著降低。

在作物杂种优势利用中还没有比较有效的育种方法来排除杂交亲本细胞内的微效可育基因。因此，在育种实践中鉴定杂交后代单株的雄性不育的保持能力和开花习性往往没有预见性，进而容易造成最后获得的雄性不育系的雄配子或雄配子体很难彻底败育或其开花习性未必很优良。当细胞内的微效可育基因比较多时，选育雄性不育系及其相应的保持系的育种效率很低。选育雄性不育系的周期长、难度很大、预见性很差。

在进行保持系杂交育种时，最好对亲本的花粉恢复基因数量事先有所了解，用不育细胞质作为鉴定背景，不育系/拟用亲本一般没有自交结实，采用不育系/拟用亲本//保持系/拟用亲本的配组方式，可以观察到杂种后代中间的育性分离。由于不育系与保持系细胞核相同，事实上所获群体是不育系/拟用亲本的 F_2。如果这种 F_2 中完全不育株少，要考虑是否采用该亲本或用什么育种方法进行选育。用保持系/拟用亲本//保持系的方式来排除拟用亲本的花粉恢复基因比较实用有效。采用不育系/拟用亲本//保持系/拟用亲本的方式，观察杂种育性分离，可对拟用亲本的微效恢复基因有所了解，用保持系/部分保持系//保持系的方式可提高微效恢复基因排除的效率。

四、三系法不育系育种的反向核置换法

如果能够通过杂交育种以不育细胞质为选择背景，在田间事先鉴定出优异的完全不

育株,纯合成优良高配合力不育系,测配到优异的目标组合,可以利用某些方法通过不育系再来获得其同型保持系。它就具有强的目标性和预见性,有利于提高细胞质雄性不育系的配合力和培育不同类型优异不育系。细胞质雄性不育系选育的常规技术是将保持系细胞核置换到不育细胞质中,先育成保持系后再由其转育不育系。这里探讨的选育技术与其相反,是将不育系细胞核转换到可育细胞质中,先获得不育系后再由其转育保持系。所以称其为反向核置换法和反向核代换法。今后希望通过它能够达到较大幅度扩大新不育系与现有不育系的遗传差异,提高现有杂种优势水平的目的。筛选到优异不育株后,利用花药培养和诱导孤雌生殖使杂合不育株纯合而得到优异的目标不育系是可行的。

(一)反向核置换法的育种意义

1. 新不育细胞质的创建和利用

通过种间、亚种间或品种间的杂交,由于细胞质与细胞核的互作效应,可以创造出新的雄性不育细胞质资源。实践中一些不育细胞质源在现有作物品种中难以测到完全保持系,没能得到利用,但它们一般具有育性易恢复,配组更自由的优势。利用反向核置换技术可能为其得到完全保持系。做法是通过种间、亚种间或品种间杂交,产生完全不育株后,再经过单倍体育种,得到遗传纯合的完全不育株。而后利用反向核置换技术获得其保持系。这样所谓不能保持的不育细胞质源也可能通过反向核置换技术而得以利用。

2. 排除微效可育基因

波利马油菜细胞质雄性不育系、水稻 BT 型粳稻不育系及红莲型籼稻不育系等一般败育不彻底,很难选择到完全保持系。如果以不育细胞质为选择背景,用几个油菜保持品种或水稻品种为父本复交,通过基因重组,直接观察到微效可育基因的表达而将它们排除,从而获得败育彻底的不育株,再通过单倍体育种,得到纯合的雄性不育后代。

3. 不育系的定向改造

育种中常发现某些亲本具有很好的配合力,但不具或不完全具有保持能力,或具有某些其他缺点,如水稻优良广亲和系培矮64。通过该方法,应用下列方式则可能将培矮64 转育成优良保持系。V20A/培矮64—> F_2 优良不育株/培矮64—> BC_1F_2 优良不育株/培矮64…> BC_nF_2 优良不育株,再通过花药培养获得与培矮64相似的遗传纯合优异不育株。

4. 选育高配合力不育系

通过扩大与现有保持系的遗传差异,协调开花习性与不育性的关系,可以鉴定筛选出高配合力不育株。例如,绝大部分粳稻对野败是保持的,如能育成优良野败粳稻不育系,则可以将现有籼型品种间杂交稻优势提高到籼粳亚种间水平。但一般野败粳稻不育系开花习性太差,不具实用性。通过不育细胞质为选择背景和基因重组,能解决这一问题。

5. 加速育种进程

反向核代换法所需育种周期一般只要2~3年,能节省育种时间3~5年。

(二)反向核置换法育种程序

1. 目标不育系的获取

采用现有优良细胞质雄性不育系或创建的新细胞质不育系/某一亲本,或/亲本A/亲本B/亲本C等多种复交或回交方式,通过广泛杂交,改变不育系遗传背景单一的状况,扩大亲本之间的差异,获得性状优异的符合育种目标的杂合不育株。如杂交或回交F_1不育,选不育株;如部分可育,种植杂交或回交F_2,分离不育株。在田间杂种后代群体中,选择到不育性好、开花习性优异、农艺性状优良、抗性好的优异不育单株。

对于处于分离状态的不育株,可以通过单倍体育种将所选择到的优异不育单株纯合稳定。选择其中不育性好、配合力好、开花习性优异、农艺性状优良、可恢复性好、抗性好、所配杂种品质好的优异的目标不育株后,分蘖保存,测配优良杂交组合,鉴定其遗传稳定性,高配合力的优异纯合不育株当选为目标不育系。孤雌生殖诱导有利于选育目标不育系,雄性不育性与孤雌生殖有一定关系,小麦的K、V、T型不育系本身就容易产生单倍体,许多不育系单倍体频率在5%以上。而且诱导不育株孤雌生殖时不要去雄,可以有大量的颖花供诱导处理。花药培养则可以在粳稻、甘蓝型油菜等材料上有较高的育种效率。甘蓝型油菜不育系被认为属无花粉败育型,但一般败育不彻底,仍有少量花粉,需要研究它们是否可以通过花药培养获得败育程度高的不育系。

2. 目标组合的获取

目标不育系与优良的恢复系测交配组,进行组合田间试验。筛选出比生产上当家杂交组合更好的目标组合及其目标恢复系。

3. 目标不育系保持系的获取

至少有4种方法能够通过不育系而获得不育系的同型保持系。

(1)利用主效恢复基因将不育细胞质代换为可育细胞质。在目标不育系中,转入一个可育基因,使其带有一个杂合恢复基因而表现为可育。再用这些具有杂合恢复基因的可育株作父本和轮回亲本多代回交可育细胞质的母本,使带有不育细胞质的父本的细胞核转换到可育株细胞质中。回交结束后,回交群体一般为不带恢复基因的保持系,另外一半是带有一个杂合恢复基因的杂合体。

(2)通过组织培养体细胞变异使不育细胞质转化为可育细胞质。在1977年从玉米、狼尾草、水稻等植物细胞质雄性不育系的培养物中获得了雄性可育的突变,后来证实这种突变是由于不育系的细胞质线粒体DNA发生了突变所致,即由雄性不育的细胞质变为育性正常的细胞质。红源A花药培养R_1代中可育、低不育、半不育株比例占4.6%。包源A花药培养R_1代中可育、低不育、半不育株分别占0.96%、0.6%、0.36%。珍汕97A花药培养R_1代中可育和半不育株占2.46%和0.29%。由此可以看出,通过花药培养,不育系转换成为可育或半不育株的频率很高。许多完全不育的胞质雄性不育系也产生一些可育花粉,可育花粉粒的生长发育后代可能较易表现可育。对目标不育系进行花药培养,筛选可育的突变体,获得目标保持系,同时具有进一步的纯合作用。胞质不育系在花粉形成过程中高温或低温处理,结合再生,使其转换为部分可育或者可育。在后代中筛选高可育株,鉴定植株不育保持能力,获得目标保持系。

(3)胞质雄性不育系经花粉发育期高温或低温处理后可转变为可育状态。环境温度的变化导致细胞质雄性不育系育性转换的现象具有普遍性。大多油菜细胞质雄性不育系在开花前10天左右如遇低温,育性部分恢复。水稻等细胞质雄性不育系在孕穗期遇高温或结合再生,能够转换为部分可育或者可育。蒋义明(1988年)发现高温处理可以使滇型水稻雄性不育系部分可育,而产生的可育后代仍然具有完全不育保持能力。在实践中也观察到,经过高温处理,得到的水稻野败不育系自交后代不育保持能力没有改变。20世纪70年代,曾用破碎花药的办法来繁殖小麦潍型核不育系。许仁林和易琼华(1991年)研究了高温对两个水稻雄性不育系珍汕97A和协青早A育性的影响,发现高温诱变的可育特性能传递下去,不过高温对它的表达有较大的影响。他们认为细胞质雄性不育系的核基因上同样存在可育基因,正常温度下,可育基因可能受到细胞质雄性不育因子的抑制而不能表达或表达不完全,使不育系表现为不育;高温能使温敏调控基因启动,可能通过解除细胞质雄性不育因子的抑制而使可育基因得到表达。实用油菜细胞质雄性不育系败育不彻底,总能产生散粉的花朵,以其为父本,结合回交,可以将不育系的细胞质换成可育细胞质;对于某些细胞质雄性不育系来说,其花药本身含有可育花粉,只是不开裂而表现不育。不同胞质不育系的花粉可育度和开花散粉程度受外界温度的影响。

每代经过高温处理,用转换为部分可育的单株作为父本及轮回亲本与常规品种进行回交,将其核代换到可育细胞质中,得到目标保持系。

(4)通过原生质体融合实现细胞质的传递。原生质体融合在许多植物中都是成功的。利用原生质体融合将保持系原生质体细胞核转入不育细胞质的育种途径中,需要用碘醋酸等抑制保持系原生质体的细胞质,因为将不育细胞质与可育细胞质融合得到的后代仍然是可育细胞质。采用反向核置换法时,利用目标不育系的原生质体与一个已破坏细胞核的可育系原生质体融合,可以得到具有目标不育系细胞核和可育细胞质的目标保持系。同时做原生质体融合时,不育细胞质也可以通过碘醋酸处理得到抑制。同种内的原生质体融合再生相对容易得多,粳稻、甘蓝型油菜等材料原生质体融合再生的效率较高。

用一个常规品种的原生质体作为可育细胞质供体,γ 射线或 X 射线处理消除其细胞核活性,目标不育系的原生质体直接作为细胞核供体或用碘醋酸处理,用 PEG 或电激,将此两种原生质体融合并再生。融合再生的单株具有可育的细胞质和目标不育系的细胞核,即为目标不育系的保持系。

植物原生质体培养技术体系的建立,为体细胞杂交提供了基础。水稻原生质体融合一般采用电融合法和 PEG-高钙高 pH 法。电融合法包括两个步骤:将原生质体置于充满融合液的电极之间,先加上高频交流电场,使原生质体偶极化,沿着电场方向排列成串珠状并紧密接触,然后施加瞬间高压直流脉冲,引起原生质体相互接触部位的细胞膜产生穿孔,使 2 个原生质体融合成 1 个细胞。电融合法具有的优点:操作方便、速度快;原生质体不受化学融合剂的毒害;融合过程同步进行,融合条件可精确控制,重复性强,应用范围广泛等。已发展了自动控制的微电极,可以实现单对原生质体的融合,不仅提高了融合效率,而且解决了杂种细胞的选择问题。PEG-高钙高 pH 法的原理:20%~35% 的 PEG 溶液加到混合原生质体悬液上,引起原生质体凝聚,再用高钙高 pH 溶液洗涤,就可以产生高频率的融合。由于 PEG-高钙高 pH 法不需要昂贵的电融合仪,成本低廉,得到广泛应用。

4. 应用

目标不育系蔸子与其保持系杂交而繁殖不育系,与目标恢复系杂交生产目标组合种子。以花药培养和原生质体融合为基础的反向核置换法育种程序如图 4-3 所示。

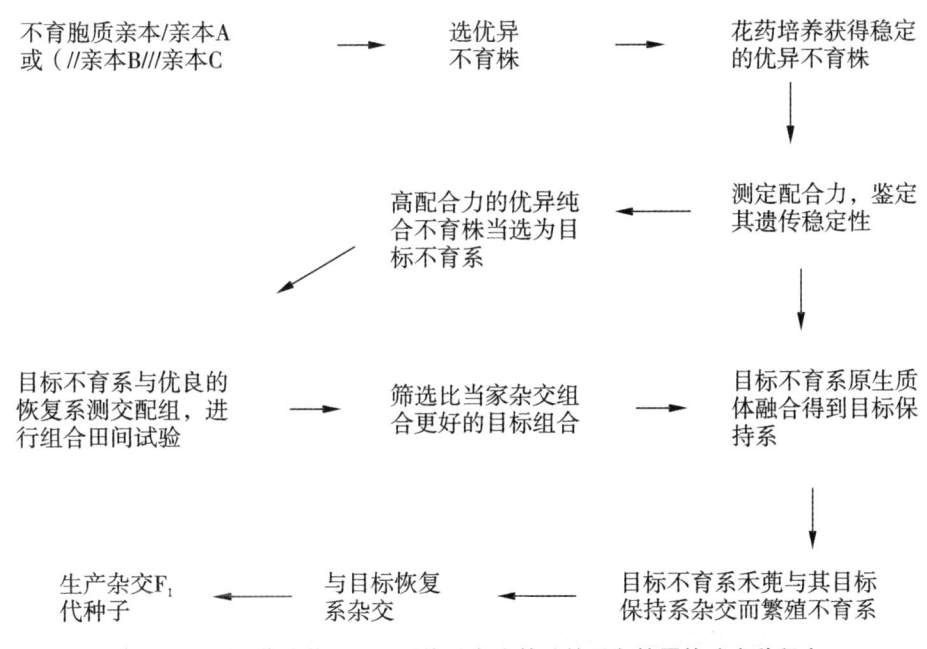

图 4-3 以花药培养和原生质体融合为基础的反向核置换法育种程序

单倍体育种与原生质体融合技术已被较广泛应用于细胞质雄性不育系的选育研究中。例如，许多人分别以 γ 射线或 X 射线破坏水稻雄性不育系的细胞核，用碘醋酸抑制育性正常水稻的细胞质，然后将这两种水稻原生质体做细胞杂交，通过原生质体融合将保持系细胞核转入不育细胞质中，直接获得新的雄性不育系（Yang, 1989; Kyozuka et al, 1989; Akagi et al, 1995; Gupta, 1996; Bhattacharjee et al, 1999）。但是，同种内原生质体融合再生利用研究过多集中在将某些保持系品种直接转育为不育系，其主要作用是节省回交时间。

基于花药培养和原生质体融合技术的特性，它们更适合于培育杂交作物的优质亲本。常规良种通常要求具备全面的优良特性，非特别突出的品种难以得到广泛应用。杂交作物亲本的价值主要取决于其一般配合力与配组的特殊配合力，相比之下，对亲本自身产量和综合性状的要求并非苛严。有某些缺陷和不足也可能在配组后得到补充。例如，花药培养在早世代选择，早世代稳定，在早世代选择优良高产的常规良种概率不高，因为产量性状在早世代的遗传力低，但是杂交作物育种主要是对其亲本的遗传背景和外观农艺性状的选择，遗传背景在杂交配组时就已基本决定，且单个农艺性状的遗传力一般都比较高，在早世代稳定有效。拿反向核置换技术来说，花药培养和原生质体融合再生的效率在某些材料中可能较低，但由于一个组合基本上只需获得一株原生质体融合再生的可育苗子，就能得到目标保持系。关键在于能否便捷地获得适宜单倍体育种的优质杂合不育株。田间种植杂种后代群体可以非常大，成本低，田间鉴定也能做到非常准确。获得充分好的杂合不育株不难。而且有些油菜等作物原生质体融合再生的效率是较高的。如果该方法能产生较高效益，它能反过来促进育种效率的提高。希望通过反向核置换技术得到"最好"的不育系。在创造新型雄性不育细胞质源及为难以找到完全不育保持系的新型不育细胞质开发完全不育保持系方面，反向核置换技术具有独特优势。在水稻研究中，若采用粳稻作为实验材料，有望提升花药培养和原生质体融合再生的效率，为粳稻不育系选育创造出有效方法。

花药培养及原生质体融合后代中有部分单株会产生体细胞变异，只要不影响不育性和开花习性，这些变异可能是允许的。好处是可能从一个原生质体融合的后代中获得不同类型的保持系和不育系。

五、利用主效恢复基因将不育细胞质替换为可育细胞质的反向核代换技术

实践中，部分不育细胞质源在现有作物品种中难以找到完全保持系，导致其未被利用，主要原因在于细胞核基因中微效可育基因难以剔除。如普通小麦种内胞质互作产生的一些不育系，如普里美比不育细胞质，它们一般更易恢复，配组更自由，但败育很难彻底。生产中，由于波利马不育系败育不彻底，导致杂交油菜的纯度较低，影响杂交油菜的产量。

反向核代换法利用雄性不育细胞质作为遗传鉴定与筛选手段，能有效去除雄性不育系细胞质内的微效恢复基因，从而提升雄性不育系的异交结实能力与优良不育系选育效率，所得到的雄性不育系具备较为稳定的雄性不育特性。此外，育种专家可以从雄配子或雄配子体败育不彻底的雄性不育细胞质资源中，经过筛选和鉴定，成功选育出具备完全保持能力的优良保持系。育种家运用该技术能够拓宽水稻核质互作型雄性不育资源的利用领域，同时有效扩展水稻雄性不育系的恢复谱系。

（一）技术步骤

（1）利用不育细胞质母本（包括难以找到完全保持系的水稻BT型），通过杂交等手段，获得理想不育株。

（2）不育株与恢复系杂交并回交。每次以不育株为轮回母本，回交后代的可育株为父本，直至不育株与可育株的比例为1∶1，保存F_0种子。

（3）显性核不育（如萍乡核不育水稻、太谷核不育小麦）为母本，用F_0种子作为轮回

父本杂交和回交,每代选择显性核不育株作母本,直至完全把不育胞质换为可育细胞质。

(4)换质完成后,有一半植株是保持系,与目标不育系进行测交,鉴定出保持系并繁殖不育系。

(二)实施程序

(1)通过杂交、回交、复交、花培等,获得农艺性状优良、异交习性好的、符合选育目标的细胞质雄性不育株。

(2)利用所述步骤(1)所得细胞质雄性不育株,与具有恢复基因的品系进行杂交,获得杂交种子。

(3)以不育株为母本,与步骤(2)产生的杂交种子种植后产生的可育株进行杂交。后续各代中,保持不育株为母本,以各代中的可育株为父本,进行多代杂交或回交,逐步排除群体中除一对主效恢复基因之外的其他恢复基因,直至获得后代不育株与可育株分离比为1∶1的植株群体。其中50%植株为不育株,即为目标不育系,与常用的恢复系配组,筛选出符合生产要求的优良组合;剩余50%植株为不育基因与可育基因杂合的可育株,将这些可育株作为父本与目标不育系杂交,保留所有杂交种子。种植这些杂交种子后产生的可育株即为目标保持系。

(4)以具备可育细胞质的品系为母本,与步骤(3)得到的目标保持系进行杂交,产生杂交 F_1 种子。

(5)将步骤(3)获得的包含目标保持系的杂交种子全部保留,分批作为各世代父本及轮回亲本,与步骤(4)获得的杂交 F_1 为母本进行回交;以回交后代为母本,轮回亲本为父本,连续回交多代,直到获得与可育株性状相似的回交后代群体,完成把不育细胞质换为可育细胞质,细胞核仍保持为目标保持系细胞核的过程。

(6)将步骤(5)获得的,与可育株性状相似的回交后代群体进行自交,产生回交后代自交 F_2 群体,使其不育基因与恢复基因分离重组。

(7)将步骤(6)中获得的回交后代自交 F_2 群体,分单株与目标不育系植株进行测交,获得测交群体,检验测交群体育性。当测交群体表现完全不育时,该测交群体的父本即为目标不育系的保持系,用获得的保持系与该不育群体杂交,即繁殖出不育系。

步骤(1)中细胞质雄性不育株可以是通过花培等获得的稳定的不育系,或为育种中间材料的遗传上未稳定的不育株。

步骤(2)中具有恢复基因的品系可以是恢复系,或者是只具有一对恢复基因的育种材料。

通过花培获得的稳定的不育系和育种中间材料的遗传上未稳定的不育株可以通过再生保留,供以后世代使用。

步骤(3)中不育株可以是通过花培等获得的稳定的不育系,所述不育株是通过花培等途径获得的稳定不育系,或者是作为固定轮回亲本的农艺性状优良的目标不育株。或者是不育系与具有恢复基因的品系杂交,分离出来的各世代不育株。

步骤(4)中母本是具有可育细胞质的育种材料,可为常规保持系或显性核不育系。

步骤(5)中回交后代群体是置换成可育细胞质并完全保留目标保持系细胞核的农艺性状整齐,与可育株性状相似的群体,或者是不含有恢复基因的分离材料,在后代中通过选择,再使其稳定。

如果能够通过杂交育种以不育细胞质为选择背景,在田间事先鉴定出优异的完全不育株,纯合成优良高配合力不育系,测配到优异的目标组合,再利用上述方法通过不育系再来获得其同型保持系,就会具有很强的目标性和预见性,有利于提高细胞质雄性不育系的配合力和培育不同类型优异的不育系。

实践表明,利用该技术,可以有效排除微效恢复基因,提高不育系异交能力,提高雄性不育系育种效率;并且可以从难以败育彻底的不育细胞质源中,选育出完全保持系,能够将所谓难以保持的不育细胞质源得以利用,拓宽核质互作型雄性不育资源的利用范围,扩大雄性不育系恢复谱。

(三)小麦普型细胞质 17A 不育系的转育

(1)以具有不育细胞质的小麦普里美比为母本,与小麦品系川麦 33 进行杂交,获得 F_1 种子;将普里美比/川麦 33 的 F_1 与新麦 19 杂交,获得三交 F_1;普里美比/川麦 33//新麦 19 的 F_1 中分离出来的半不育株与郑麦 9023 杂交;在普里美比/川麦 33//新麦 19///郑麦 9023 的四交 F_1 中获得一部分不育和一部分可育的植株群体;在其中筛选性状理想细胞质雄性不育株。

(2)用步骤(1)筛选到的细胞质雄性不育株与步骤(1)四交 F_1 群体中与被选择的不育株性状相似的可育株进行杂交,获得可育 F_1 种子。

(3)种植步骤(2)获得的 F_1 种子,在抽穗后,继续筛选性状理想的不育株,并用其作为母本,与该群体中性状相似的可育株为父本杂交;在其杂交后代中,继续筛选优异不育株为母本,相似可育株为父本,进行杂交,用以上方法重复 12 代,排除群体中除一对主效恢复基因外的其他恢复基因,获得后代不育株与可育株的分离比为 1∶1 的育种群体。其中 50% 的植株不育即是目标不育系,与小麦恢复系川农 19 测交配组,筛选到符合生产要求的强优组合;另外50%植株为不育基因与可育基因杂合的可育株,用它们作为父本与目标不育系杂交,保留所有杂交种子,种子种植后产生的可育株作为目标保持系。

(4)以小麦显性核不育系太谷核不育系为母本,以步骤(3)所得目标保持系为父本进行杂交,获得不育F_1。

(5)以步骤(4)所得不育F_1为母本,保留的步骤(3)所得目标保持系为父本进行杂交,获得回交F_1;继续以不育回交后代作为母本,保留的目标保持系为父本进行回交,连续6代回交,获得不育株;可育株为1:1的,可育株农艺性状整齐的,与目标保持系性状相似的回交后代群体,完成把不育细胞质换为可育细胞质,可育株细胞核仍保持是目标保持系细胞核的过程。

(6)将步骤(5)所得农艺性状整齐,与目标保持系性状相似的可育回交后代进行自交,使其不育基因与恢复基因分离重组,获得回交后代自交F_2群体。

(7)将步骤(6)所得的回交后代自交F_2群体,分单株与步骤(3)所得目标不育系进行测交,检验测交群体育性,测交群体中的A17表现完全雄性不育,不育株率100%,花粉不育度达到99.6%,而且该测交群体农艺性状整齐、优良,异交习性好,当选后定名为17A,测交群体的父本即为目标不育系的保持系,定名为17B;用保持系17B与17A杂交,即繁殖出17A不育系。

(四)水稻BT型败育完全的不育系D23A选育

(1)以水稻BT型不育系9201A为母本,与水稻品种秋光进行杂交,获得F_1种子。将9201A/秋光的F_1与日本晴杂交,获得三交F_1。9201A/秋光/日本晴的三交F_1中分离出优异细胞质雄性不育株,将其进行花培,获得纯合稳定的优异不育株,利用人工气候室和分蘖保存,定名为D23A目标不育系。与常规水稻品种测交配组,筛选到符合生产要求的强优组合。

(2)D23A作为母本,与恢复系培C311为父本杂交。

(3)用上述F_1为父本,D23A作为母本进行回交。后继续回交。在回交后代中,选择与D23A性状相似的可育株为父本,D23A作为母本,共回交7代,排除了恢复系培C311中除一对主效恢复基因外的其他恢复基因,获得了后代不育株与可育株的分离比为1:1的育种群体。其中50%的植株不育,与目标不育系完全相似。另外50%植株为不育基因与可育基因杂合的可育株,用它们作为父本与目标不育系杂交,保留所有杂交种子,种子种植后产生的可育株作为目标保持系。

(4)以水稻萍乡显性核不育系为母本,用目标保持系为父本进行杂交,获得F_1种子。

(5)用此 F_1 种子为母本,保留的目标保持系为父本进行回交。继续以回交后代作为母本,保留的目标保持系为父本进行回交,连续 6 代回交,获得农艺性状整齐,与可育株性状相似的回交群体。完成了把不育细胞质换为可育细胞质,细胞核仍保持是目标保持系细胞核的过程。

(6)将上述获得的农艺性状整齐,与可育株性状相似的回交后代群体进行自交,使其不育基因与恢复基因分离重组。

(7)将上述获得的回交后代自交 F_2 群体,分单株与目标不育系进行测交,检验测交群体育性。测交群体 C12 表现完全不育,不育株率 100%,花粉不育度达到 99.9%,该测交群体农艺性状整齐、优良,异交习性好,即作为 D23A 不育系,测交群体 C12 的父本即定名为其保持系 D23B,用其与不育系 D23A 杂交,即繁殖出不育系 D23A。

第二节　光温敏不育系选育

一、光温敏核不育基因获得的途径

水稻育性基因突变具有较高的发生频率,其中隐性核不育突变占主导地位。通常认为,这种现象有助于克服水稻自交的遗传保守性,提升异交率,进而丰富水稻的遗传组成。已发现众多位点的普通核不育、光温敏核不育以及其他类型的雄性不育突变。这些突变随着世代推进,能够实现不育与可育状态的转换,成为一种既能增强遗传多样性,又能保持品种自身生存能力的机制。通过多种途径,现已获得了不同类型的光温敏核不育基因。而 3 种引起育性基因突变的方式,是获得光温敏核不育基因的主要途径。

(一)自然突变

农垦 58s 即由粳稻品种农垦 58 突变而来。1973 年秋,石明松在农垦 58 一季晚粳大田中,发现 3 株雄性不育株,并在以后的研究中发现其中 1 株的不育株后代,晚期分蘖和再生穗能自交结实,被鉴定为光敏不育基因系。

(二)远缘遗传亲本间的杂交

通过这种方式,已成功获得温敏不育基因,如安农 s 和衡农 s。安农 s 是由超 40B/285//6029-38 代中的 1 株不育株选育而来的。它包含有多个国家生态差异大的水稻品种血缘。衡农s是(长芒野生稻/R0183)F/测64-7后代选到的不育株,经系选育成的,含野生稻和栽培的血缘,它们的不育系都是一对隐性温敏不育基因控制。

(三)人工诱变

日本用20 kR剂量的γ射线辐照黎明种子,在1989年育成一对隐性基因控制的温敏不育系H89-1。除辐射诱变外,化学诱变也可以产生光温敏雄性不育突变。美国Rutger通过EMS化学诱变M201种子,育成了以光长作用为主的两用不育系,育性由2对隐性基因控制,从Calrose76的花培后代中获得了以光周期控制育性为主的突变体,国际水稻研究所(IRRI)用γ射线处理籼稻品种IR32364-20-3-2B 30 min,获得了温敏不育材料。福建农学院在IR54辐射后代中发现了5460s。

要获取光、温敏核不育株,应在种植历史悠久的品种中进行搜寻。在其他生态区域中寻找自发突变的品种,或者在育种材料丰富的资源圃和中间材料中进行筛选。对于田间突变产生的不育株,由于其高度不育、结实率低,通常只有少量异交或自交种子,且营养物质消耗较少。当可育株进入黄熟期时,不育株往往仍保持茎叶绿色。通过观察鉴定绿色植株是否为不育株,并将发现的不育株置于短日低温条件下抽穗,以观测其育性转换情况。通过光、温敏条件的调控,可鉴别所选植株属于光温敏不育株还是单纯温敏不育株。鉴别过程中,关键是要确定引发育性转换的不育基因是否与已知的光、温敏不育基因相同。具体方法是对已发现的光温敏不育株进行不育基因遗传分析,并将其与所有已知的光温敏不育系进行杂交。如果有杂交组合表现为完全不育,则可认为与测交不育系属相同不育基因。如果所有F_1均可育或个别部分可育,但不育性由一对或两对隐性基因控制,与遗传背景无关,可认为属于新的光温敏不育基因。如果不育性有遗传背景的作用,则需进一步鉴定。例如,W6434/W6154s的不育基因相同,都来自农垦58s,但其杂种F_1表现为50%左右的可育度,是由于杂种F_1遗传背景中微效可育基因对不育性影响大而引起的,不能认为W6434s和W6154s不育基因不同。所以,出现这种情况时,需要其不育基因相同的多个不育系杂交。如杂交组合F_1均为可育,则可能是不同基因。只要有一个组合表现高度不育,则可能是相同基因,并根据基因的作用、遗传方式、光温反应的特点进行判别。光敏核不育基因作用败育欠彻底,随着遗传背景的改变,不育株可恢复为可育。某些遗传背景中,光敏不育性难以表达,同时育性转换受温度变化影响大,这些是光敏不育系存在的缺陷。如果温敏不育系恢复可育需要更长低温时间诱导,其不育性会更稳定。在寻找新的光温敏不育基因时,对此应加以注意,以便获得更加优良的光温敏不育基因。

二、光温敏不育系鉴定

(一)田间种植和室内处理

参试材料:大田种植1000株,盆栽200株生长较整齐一致的秧苗,在幼穗分化3期开始处理。长光高温处理一般可安排在夏季长日高温的自然条件下,大田观察育性表现,如当时气温低,可移入温室进行;短光高温处理安排在自然高温条件下,取30株在暗室进行短光处理直至7期移出;长光平温和短光平温处理安排在人工气候室或人工光温控制室中进行。在3、4、5期分别将10株材料移入长光平温处理4天后移至自然条件下抽穗,短光平温处理则在短光处理过程中(3~5期)每期在低温处理后移至自然温度下,短光处理结束后,再移至自然条件下抽穗。另在3、4、5期长光平温和短光平温处理都分别移入10株材料,各处理10、7、5天,还需在3~5期也进行短光处理,均移至自然条件下抽穗。

(二)鉴定方法

抽穗时每日取当天将开花穗上、中下部颖花12朵,取尽花药,压片,用碘-碘化钾液染色,在光学显微镜下放大100倍镜检,每穗制2个片子,每片观察4个视野,调查花粉败育率和花粉败育类型,同时每株套袋1~2穗,成熟时调查自交结实率。在连续4天的各长光平温处理中,如果花粉败育度均高于99.5%,表明该不育系能达到不育起点温度24℃的标准。如果表现为100%败育,则起点温度低于24℃。在处理10、7、5天后,花粉败育度仍能高于99.5%或达100%的,则说明这些不育系不育性更加稳定,能够承受较长时间的异常低温,而保持不育。在长光高温和长光平温处理后,保持完全不育,而短光平温和短光高温处理后表现可育的是导致完全不育起点温度较低,光敏温度范围宽的光敏不育系。4种处理后都表现完全不育的可认为是导致完全不育起点温度低的温敏不育系,只有短光平温处理可育的是起点温度较低,但光敏温度范围较窄的光敏不育系。

(三)现场评议

(1)组合示范现场。不育系配制的组合参加正规品比试验,同时另设一亩以上代表组合示范田,在蜡熟至黄熟时期进行现场评议,大田5点取样测定产量。

(2)制种繁殖现场。在一亩以上制种田和繁殖田,在种子腊熟至黄熟时期进行现场评议,5点取样,各取5株考种测定异交结实率和自交结实率。

三、温敏不育系选育

(一) 温敏不育基因选择

不同温(光)敏核不育基因控制的温敏不育性的遗传方式差异很大,某些表现为受一对隐性基因控制,也有受两对隐性不育基因控制的,其中有些不育基因还受到微效基因控制,对不育性的很大影响。在选育温敏不育系的过程中,原则上应选择遗传简单、作用完全的不育基因。遗传复杂受遗传背景微效基因影响大的不育基因,一般不宜选用。过去转育的不少温敏不育系,由于微效基因对不育性影响大,在长日高温条件下也表现败育不彻底,可达1%左右的自交结实。

内部较小的遗传变异也易导致败育不彻底的不育系产生可育株或半不育株,影响种子生产的纯度,并且这种温敏不育系与常规品系杂交后,在杂种后代中不育株出现概率小,完全不育株少,育种效率不高,作用完全的温敏不育基因遗传简单,不育性稳定,是宝贵的遗传方式。安农 s 温敏不育基因是一对作用完全的隐性不育基因,与常规品系的杂种 2 代不育株比例高达25%。遗传背景对不育性没有影响,表达为100%败育,不育基因能转移到各种遗传背景中表达,容易将不育基因与各种优良性状重组在一起,淘汰不良基因,培育实用的温敏不育系。所以如无特殊需要,在转育温敏不育系时,应选择一对作用完全的隐性基因供体。本节选育技术介绍限于一对隐性不育基因。在一对作用完全的隐性基因之间进行选择时有 2 条原则:①选用敏感期低温导致可育需要时间长的,如安农 s-1 需要 3～4 天的低温,衡农 s-1 的只有 1～2 天;②不应与不良性状紧密连锁。

(二) 不育起点温度的选择指标

在制种阶段,光温条件的异常变化,可使光温敏核不育性出现波动,而恢复可育。1989 年 7 月下旬,南方大部地区的盛夏低温引起已育成的光温敏核不育系不同程度地恢复自交结实,导致此期的制种失败。作物育种家应把两系法制种风险降低到尽可能小的程度。起点温度低的不育系转换为可育在敏感期需要很低的温度和很长的感受时间,在一个地区表现为终身不育的温敏核不育系,不育起点温度一般在 22 ℃以下,在大多数地区利用应当是安全的。不育起点温度低是光温敏核不育系选育最基本、最关键的指标。实践中,不但选育的光温敏核不育系不育起点温度要低,而且要防止制种用的光温敏核不育系种子不育起点温度发生漂移。在繁殖中发现,许多光温敏核不育系不育性和不育起点温度不稳定,群体内不育起点温度较高的个体,由于其可育的温度范围较广,在温度经常变化且有时幅度很大的自然条件下,结实率较高,因而它们在群体中的比例逐代加大,繁殖2~3代后的不育系就降级为不达标。

温敏不育系不育起点温度随遗传背景的变化而不同,一般分布在20~30 ℃,它关系到种子生产和繁殖的成败,是温敏不育系最重要最关键的选育指标。

设定温敏不育系不育起点温度育种目标的原则为确保安全保证率达到95%以上。这在农业生产中属于较高水平。制定时应根据当地气候资料,考查气象数据,找出多年来制种季节幼穗分化至抽穗时段,异常低温出现的次数,持续时间,各天平均气温和最低气温。如果20年中连续4天或4天以下低于日平均气温24 ℃(最低气温19 ℃或19 ℃以上)的天气只出现1次,则可将当地选育温敏不育系不育起点温度的选择指标定为24 ℃,其安全保证率达到95%。若低温出现次数更多、温度更低、持续时间更长,则选择指标应设定在24 ℃以下。

不育起点温度低的一些不育系,不仅转换可育需要比不育起点温度高的不育系更低的温度,而且表现为需要更多的低温时间。在敏感期能够抵抗较在时间低温而保持不育。安农s不育起点温度为24 ℃左右,敏感期内3~4天低于24 ℃的平均温度,就能导致不育系转为可育。测64s不育基因来自安农s,不育起温度约23 ℃,连续7天日平均温度平均23 ℃以下的异常低温条件下,能够保持完全不育,这种情况有利于提高不育起点温度低的温敏不育系制种的安全可靠性。

自然条件下,高温季节连续降温的时间一般不长,多数不超过4天,超过5天以上的相当少,而且各天的降温幅度不一致,中间有日平均温度高于不育起点温度的天气。所以不育起点温度为<23 ℃的温敏不育系在南方稻区制种只要海拔高度适宜,是比较安全的。起点温度高于24.5 ℃的温敏不育系,导致可育只需较短的低温诱导时间,制种有较大风险,不宜应用也不宜选育。

(三)温敏不育系不育起点温度的遗传基础

现在对温敏不育系不育起点温度的遗传缺乏系统的研究,基本看法是微效基因的作用。水稻生长发育的感温性与不育起点温度有较大关系。如不育系感温性强,一般表现起点温度高,长江流域的早熟品种,如V20、常菲22、潭引早籼、协青早、二九表、红410、珍汕97、湘早籼1号等品种与安农s杂交,F_2基本不分离出不育起点温度低的不育株。在杂交选育温敏不育系过程中,在同一杂交组合内分离的后代,一般也表现为感温强的不育起点温度高,起点温度低的多出现在感温性不强的不育株中。国际水稻研究所育成的品种或中间材料,多为中稻类型,基本营养生长性强,以它们为受体亲本,转能温敏不育系,在杂交后代中出现不育起点温度低的不育株概率高,已育成的不育起点温度低的温敏不育系,如培矮64s、测64s、测49s、K14s、W8013s、735S等表现为感温性不强,而基本营养生长性较强,感温微效基因可能是提高不育起点温度的遗传物质。在选育温敏不育系过程中应尽量将其排除。

(四)温敏不育系异交能力

不育系由于异交的需要,对花器和开花习性等性状特别讲究。浆片吸收膨胀,外颖被推动,内外颖顶端张开,是开花的直接原因。浆片细胞吸收体积增大主要取决于水势差,不育系浆片的呼吸作用弱,水解酶活性不强,浆片中淀粉不能迅速水解成可溶性糖,水势下降慢,表现为花时推迟,开花分散,开花时间长,甚至部分颖花不能开放。不育性对花时、开颖率和花时集中程度呈负效应。

一般早稻开花早于晚稻,温带、亚热带和热带平原丘陵地区的开花较早,寒带和高海拔地区品种开花较迟。在花器结构上,通常壳薄、颖腹沟松的品种易于浆片推动,表现为开花早且集中。然而,壳的厚薄与颖腹沟的松紧需适中,否则可能导致颖花难以闭合。双亲柱头外露率高的情况下,其杂种后代温敏不育株往往具有较高的柱头外露率。外露柱头对于弥补开花延迟或分散的问题具有一定的补偿作用。

温敏不育性因其遗传简单,易与各类优良器官性状及开花习性相结合。只要亲本选择搭配合理,杂种后代往往能分离出开花早且集中、柱头外露率高的温敏不育株。

敏感期高温对温敏不育系的不育性具有增强作用,温度升高会导致败育程度加剧,可能由典败型转为无花粉型。生理代谢活动降低过多,呼吸作用减弱,柱头活动力有所下降,导致异交能力下降许多。在各种环境条件下,特别敏感期高温条件下和稳定性是温敏不育系异交能力的重要选择指标,不仅开花迟早和集中程度,而且柱头活动力弱是敏感期高温条件下决定异交率的主要因素。敏感期高温引起异交能力下降,与不育起点温度高低不紧密相关。1356s不育起点温度较低,在各种环境条件下,异交结实率保持最高,表明在不育起点温度低的温敏不育株中,通过选择能够得到异交习性的不育系。

(五)温敏不育系杂交育种

1. 杂交亲本选配原则

通过杂交、杂种后代温敏不育株极易获得,要选择到实用的优良不育系比较容易。配组亲本和方式是能否获得实用温敏不育系的关键因素,为了减少有性杂交选育温敏不育系配组的盲目性,提高选择效果,在亲本选配方面一般应遵循以下原则。

(1)杂交亲本不育系(或不育系之一)立足生产上实用的优良温敏不育系,具有低的不育起点温度,有利于后代出现适应性好、性状优良、起点温度低的不育株类型。

(2)利用中粳类型品种作为亲本。中粳类型受体亲本有利于低不育起点温度的表达。长江流域感温性强的早籼品种要慎用。双亲感温性较强,杂种后代中可能会没有不育起点温度低的不育株。

(3)亲本应有较好一般配合力,其杂种后代优良单株多,选择效果好。

(4)在无特定需求的情况下,建议选用一对作用完全的隐性不育基因作为供体。

(5)亲本性状优良,没有大的缺陷,且性状能够互补,亲本基本性状符合不育系选育的要求。

2. 杂交选育的方法

(1)单交。通过一次杂交将两亲本优良性状重新组合,以培育新的不育系。按照亲本类型的不同,单交可细分为不育系与常规品系杂交、不育系与不育系杂交。

不育系与常规品系的杂交配组方式,F_1 结实大多正常,由于受一对隐性基因完全控制,F_2 代中有 1/4 的温敏不育株,在杂交 F_1 可初选组合,重视结实度、田间抗性、农艺性状、株型好的组合,对抗性差、株型不好或太高等有明显缺陷的组合,除非制定育种目标时有特殊需要,在 F_1 即可以淘汰,F_2 代各组合种植的群体大小,宜根据组合的重要性、F_2 表现、两亲本遗传差异的大小来确定,对于重要的组合,F_1 性状好,以及两亲本遗传和性状差异大,F_1 超亲性状多的,F_2 群体可植 2000 株以上,一般组合有 300~500 株即可。

不育系与不育系杂交。两个不育基因相同的温敏不育(株)系杂交,敏感期在高温下,F_1 表现为完全不育;在低温下为可育,F_2 代均是完全不育,比率比不育系/常规品配系组的 F_2 代增加 3 倍,在配制 F_1 时,可在温敏不育系可育期去雄杂交,或在高温季节将亲本之一进行低温处理,使之可育,授粉另一亲本不育系,杂种 F_1 要通过繁殖途径得到种子。考虑到不育株结实较低,应在低温下多次再生,以便得到足够的种子。如杂种 F_1 苗少则应分株或稀植。根据杂种 F_1 结实后迟分蘖和再生穗的育性表现,可淘汰一些 F_1 表现起点温度特别高、某些性状不好的组合。由于 F_2 代均为不育株,群体大小可适当降低。不育系之间杂交较有预见性,F_1 代表现起点温度低,杂种后代出现起点温度低的不育株概率大,并可在 F_1 观察到花器性状和开花习性。

(2)复式杂交法。一次杂交难以达到育种目标,综合两个亲本优良性状后,仍然缺少一个或多个重要性状时,需要进行复式杂交选育,选育综合性状优良,符合育种目标的温敏不育系,这里介绍两种三交的方法。

1)温敏不育系与常规品系杂交,再与常规品系 2 杂交。一般在单交 F_2 或其后的分离世代中筛选出性状优良的温敏不育株,再进行第二次杂交,以选取符合育种目标的个体。第二次杂交的亲本所占遗传比重大,应当是综合性状好、配合力好、遗传力强和适应性好的品系。如果第二次杂交,直接以常规品系为母本,用不育系/常规品系 F_1 作父本直接复交,在三交 F_2 中不育株概率应为 1/8,适用于对时间要求迫切的温敏不育系选育,所植群体应比间接复交大一倍左右。

2)不育系2//不育系1/常规品系。此配组方式适用于综合两个不育系优良性状,并获得常规品系亲本具有而两个不育系亲本缺少的某些特性的温敏不育系选育,不育系2应当是生产上应用的不育起点温度低的优良温敏不育系。用不育系1/常规品系 F_1 作父本,不育系2作母本,配制三交种子,三交 F_1 即出现 1/2 的不育株,变异类型多,遗传基础丰富,从中直接选择农艺性状优良、开花习性好、花器发达的不育起点温度低的不育株。三交 F_1 的群体比温敏不育系/温敏不育系方式变异更丰富,群体数量要大 1~2 倍,重要组合在 2000 株以上。

(3)回交转育。某些品种(系)具有很好的一般配合力,配组的杂种一般具有很强的优势,或者与某品种(品系)杂交优势极其突出,可作为选育的目标组合。若这些品种基本符合培育实用温敏不育系的要求,可采用多次回交方式将温敏不育基因引入其遗传背景中,定向培育成温敏不育系;或通过较少次数的回交,培育出兼具该品种配合力及优良综合性状的实用温敏不育系。培矮64s 和测64s 分别是通过隔代回交法和连续回交法育成的温敏不育系。隔代回交法及连续回交法育种进度如图 4-4(a)(b)所示。

隔代回交法是指在不育系与轮回亲本杂交及其各回交世代中,选择性状偏向轮回亲本且不育起点温度较低的优良不育株进行回交。作为非轮回亲本的温敏不育系,其不育起点温度应较低。当轮回亲本遗传背景对低起点温度表达的适应性尚不明确,或存在多个性状需改良时,采用隔代回交法较连续回交法更为有效。然而,面对较多性状改良需求时,应控制回交代数不宜过高。培矮64s 的选育过程中经历了一次回交,不仅保留下了培矮64 的广亲和性、矮秆、分蘖力和配合力,并且进一步提升了其优良性状。同时,该回交过程确保了非轮回亲本的粳稻成分与籼稻配组的配合力得以优化。在进行多代回交时,每次均应在各回交世代 F_2 中选择不育起点温度低且符合育种目标要求的多个不育株与轮回亲本杂交。随着需改良性状的增多,回交的株数、种子数量以及种植群体规模应相应增加,以确保在回交后代中能够筛选出符合育种目标的单株。

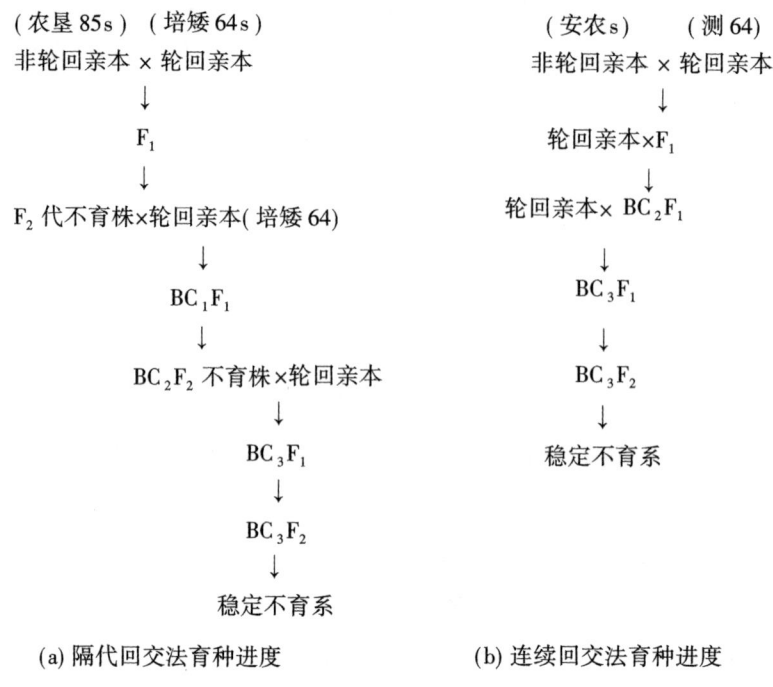

图 4-4 隔代回交法和连续回交法的育种进度

若需将某一品种(品系)定向转育为温敏不育类型,采用连续回交法可有效缩短育种周期。在这种情况下,不仅要求不育基因供体具有更低的不育起点温度,还应确保轮回亲本遗传背景利于表达低起点温度的不育性状。通常要求轮回亲本为粳稻类型,具有较强的基本营养生长性及相对较弱的感温性。测64s得以通过连续回交法成功选育,主要得益于其遗传背景源自国际水稻所培育的感温性较弱的品种。尽管如此,连续回交法在实际应用中仍存在一定局限性。理论上 B_1F_1、B_2F_1 和 B_3F_1 分别有 1/2、1/4、1/7 植株携带不纯合的温敏核不育基因。

在生产实践中,当一个优良温敏不育系或育种中间材料不育株系缺乏某个所需的性状时,可借助回交法引入控制该性状的遗传基因。若该性状主要受显性基因控制,适宜采用连续回交法进行改良。若由隐性基因控制,则应采用逐代回交法进行改良,以连续回交法为例,将该不育系作为轮回亲本。性状优良,具有育种目标所需性状的常规品系作非轮回亲本,进行连续回交,在各世代中选择具有所需性状的可育株作父本,在不育期回交不育系,每一世代中均有50%的可育株,选择容易,操作简便。一般有经验的育种者回交3代即可将非轮回亲本的目标性状转到温敏不育系中,育成新不育系。现举例说明:测64s不带有花青素原基因,Cps1o17 的广亲和性基因与其花青素原基因 C 连锁,表现为具紫色稃尖。如需要将广亲和基因转入测64s中,可用测64s作轮回亲本,Cpslo17为非轮回亲本杂交,每代选具有紫色稃尖的可育株与测64s进行连续回交,即可育成具有广亲和基因的测64s(不考虑染色体交换)。

3. 优良单株的选择

不育起点温度低是温敏核不育系的必备条件,是生产应用的安全可靠保证。选择筛选实用温敏型核不育系的方法主要包括低世代高压筛选法和高世代高压筛选法。低世代高压筛选法是利用自然变温和人控温度条件,在一定的选择压下,首先在早期世代筛选育性转换起点温度低的不育单株或不育株系,并对农艺性状、品质性状、适应性和异交习性等进行选择。在选择到育性转换起点温度低、农艺性状等较为稳定的不育株系后,再测交筛选配合力好的不育系。高世代高压筛选法则与之相反,初期侧重于对农艺性状、品质性状、适应性和异交习性等进行选择,通常在$F_5 \sim F_6$代通过测交筛选配合力良好的不育株系。待获得形态性状稳定、结合性状优良且配合力强大的不育系后,再利用自然变温和人为调控的温度条件,在一定选择压力下筛选育性转换起点温度低的不育单株或不育株系。高世代高压筛选法之所以可行,是因为在高世代不育系群体中会出现育性变异株,这些变异株尽管育性表现与原始不育株系有所不同,但其配合力和其他性状与原不育株系基本保持一致。因此,利用自然变温和人控温度,在一定的选择压下,即可以在不育系大群体中,筛选到育性转换起点温度符合要求的实用温敏核不育系。

常用的敏感期不同低温处理的筛选鉴定方法:

(1)早季鉴定筛选:南方稻区早夏气温变化较大,在长沙地区一般6月1日至6月30日均有1~4次降温天气适合于筛选不育起点温度低的温敏不育株。在实践中最好采用旱地育秧、温室育秧、直播等提前播种和提前发育的措施。

(2)秋季鉴定:某些年份9月或10月在长沙温敏不育系有一定可育程度的可育期,但有些年份大出不出现可育期。

(3)海南冬季鉴定:冬繁时,不育材料安排在2月中下旬抽穗,并不断再生,一般在敏感期可遇上2~3个低温时段。

(4)中高海拔地区筛选:在云南、贵州海拔1100~1500 m地区,夏季日平均气温一般为22~24 ℃。不育起点温度23 ℃的温敏核不育系有间断的不育期。

(5)冷水灌溉:根据幼穗发育进度,结合再生,可人为控制鉴定时间、鉴定次数和低温处理天数。筛选过程中,应设置高(约25 ℃)、中(约24 ℃)和低(约23 ℃)不育起点温度的温敏核不育系作为对照。根据对照不育系的育性表现来判断并作出取舍决策。光温敏不育系的杂交后代群体中可以分离出"终身核不育"类型,这类植株在一个地区水稻自然生长季节中不会表现出育性转换,始终保持完全雄性不育状态,无法产生自交种子,只能依赖再生株、异地繁殖或冬季温室中自交结实进行保存。这类基因资源往往被育种者忽视,对其研究相对匮乏。"终身核不育"水稻是在转育光(温)敏核不育基因过程中常常出现的类型,不育性极其稳定,制种安全可靠,对两系法杂交水稻育种具有重要意义,因而对该类资源的开发与利用有必要作进一步研究,本研究中称其为安全型温敏核不育系。

另一个决定温敏核不育系是否具有实用性的指标是其异交能力和稳定性。由于温敏核不育系育性受温度影响,敏感期外界气温条件的高低,直接影响不育系的异交率高低。气温过高,导致败育程度更高,开花习性变差,异交能力降低。异交能力和稳定性随温敏核不育系的遗传背景不同而不同,不育起点温度低也能够与高异交率及较好异交稳定性相结合。可在敏感期将温敏核不育系置于长日高温和长日平温条件下,测定其异交能力和稳定性。抽穗后观察花器性状和开花习性,如花时、开花集中程度、闭颖率、柱头外露率、开花后闭合情况等。选择花器性状优良、开花习性好、柱头活力强、异交率高且受敏感期高温影响小的株系,淘汰闭颖严重、柱头活力低、异交率低的株系。

各世代选择时,很难观测到不育起点温度低的不育株正常结实。不育株的性状,特别是不育株后期表现,如抗病虫性、抗寒耐热性、灌浆性能、籽粒充实度、后期熟色、结实能力等性状在某种程度上和某些方面缺乏真实性。在分离群体中,有必要对其中的可育株进行选择,有较高比例的可育株仍然能够分离出不育株。利用先繁后鉴技术,中世代组群筛选,单倍体育种(花药培养或诱导孤雌生殖)对重点单株进行处理,可以提早稳定,加快选育进程。

(六)系统选育

在现有优良温敏不育系中,选择通过自交变异,某些性状得到明显改进的个体,发展成为新不育系,能够保持供体不育系的优良性状,提高和改进个别性状,是一种简单快速并通常有效的选育方法。

一个优良不良系在推广时,尽管外形比较整齐,但其遗传基础的稳定性是相对的,存在若干微小差异,微小差异逐渐积累或与其他也有变异的单株产生基因重组,可发展成为明显的变异,以及某些位点的基因突变和染色体结构上的变异,群体内将不断出现新的类型,种植代数多,积累的变异越多。

系统选育一般只有个别性状改变有效,选育目标要落实到具体性状上,针对生产上应用的不育系存在的不育之处,通过一些手段有意识地寻找筛选,如温敏不育系的抗病性、抗虫性、品质、开花习性(如柱头大小、外露率、开颖时间等)、株高、生育期等性状都可能通过系统选育而获得提高。

系统选育的程序包括:①在优良不育系中,选择符合育种目标的单株,繁殖种子;②种植30株以上,观察所选性状是否获得或有否变化,其他性状是否改变,群体是否整齐,并选择优良单株;③如性状比较整齐,可鉴定温敏不育株系不育起点温度;④用得到改进后的不育系,配组观测杂种优势和配合力,稳定后提供不育系联合鉴定。

(七)诱变选择

利用辐射等诱变方法,诱导水稻产生变异,对于改良个别性状往往有效,可用于对温敏不育系早熟性、矮秆、抗病等其他性状改进。在进行诱变育种时,宜用生产上表现优良的温敏不育系作供试材料,通过诱变及选择,可能得到符合育种目标要求的新不育系。

(八)广亲和温敏不育系选育

广亲和温敏不育系是利用水稻亚种间杂种优势的遗传工具,育种目标:亲和谱广,具有高产生理机能,籽粒允实度好,熟色好,分蘖力强,后二片功能叶生活时间长,最好具有显性矮秆基因,同时排除亲本可能具有的感光互补基因。在配制籼爪交和籼粳交时,应选用籼型广亲和温敏不育系;而对于配制粳型杂交水稻组合,则应选择爪哇型不育系。这样的选择有助于确保亲本间的花时吻合,确保其开花适时。

粳稻、爪哇稻通常不具备籼稻矮秆基因,与籼稻配组时,若矮秆基因不等位,F_1代可能表现为高秆类型。通过利用显性矮秆基因,选育具备显性矮秆基因的广亲和温敏不育系,可以有效拓宽籼爪和籼粳交配组的范围,从而提高获得理想株型组合的可能性。以饱攻饱是解决亚种间杂交籽粒充实低的有效方法,生理机能旺盛,分蘖力强,熟色好,籽粒充实饱满,后三叶功能期长的不育系比较容易配出籽粒充实度高的籼爪交和籼粳交组合。

利用紫色稃尖和糯性作标记性状,育成了一些广亲和温敏不育系。真系36是具有广亲和基因的品系,其广亲和性基因与花青素原基因C和糯性基因连锁,表现稃尖紫色和糯性胚乳,在安农s/真系36 F_2代中选其中紫色稃尖的不育株,在转换可育后剥壳观察米粒,选择具有糯性的单株,逐代自交选择至纯合稳定,育成了广亲和籼稻温敏不育系136s。

四、光敏不育系选育

(一) 光敏不育性表现特征

理论上光敏不育的育性比温敏不育系更加稳定,光长变化存在基本不变的规律。在生产实践中,光敏不育系的可操作性通常优于温敏不育系,其制种和繁殖稳定性较高。然而,由于光敏核不育基因的特性,有些因素会影响其在不同遗传背景下进行光敏不育系的转育。光敏不育性的表达有两个决定因素:①完全不育性的表达;②光敏不育性的表达。实践表明,还没有发现纯粹的光敏不育系,所谓的光敏不育系都为光温互作型,育性同时受光照和温度的影响。为什么光敏不育系的杂交后代中出现温敏不育类型的不育株,对此,还缺乏深入的研究。一般来说,粳稻遗传背景比籼稻有利于光敏不育性的表达。籼稻光敏不育系难获得,可能是粳稻光敏不育系在转育为籼稻光敏不育系时,光敏不育因子丢失,而仅由光敏不育系中的温敏不育因子起作用,即得到的是籼稻温敏不育系。农垦58s及其衍生不育系存在不育性不稳定的问题,难以彻底败育。选育农垦58s类型光敏核不育系时,由于植株即使在长日高温条件下不育性也受到太多遗传因子的影响,难以表达为不育,所以光敏性的表达难上加难,导致光敏核不育系选育困难。常用选育光敏不育系的杂交方法有粳型光敏核不育系/爪哇型品种、粳型光敏不育系/籼型光温敏不育系//粳型光敏不育系和粳型光敏不育系/籼稻品种等方式,在早代严格选株,鉴定出不育株败育度及其稳定性,光敏不育性强弱和不育起点强度。不育株系不育率低的分离群体可不选株,否则不育性极不易稳定,重视败育度高、不育株多、不育起点温度低、粳稻不育株频率高的组合。中选单株在各世代必须得到严格鉴定,如 F_6 代不育性不能稳定的一般可以舍弃。

1. 光敏不育基因表达受遗传背景的影响

存在微效可育基因,影响光敏不育基因不育性的表达。在不育期内,败育不彻底,在育成的一些光敏不育系中,单株之间育性差异大,尽管某些不育系鉴定时可达1000株群体99.5%以上花粉不育度,在后代总是分离出半育株或高结实株,类似于粳稻BT型细胞质雄性不育系的同质恢表现。

2. 光敏不育基因置入不同不育遗传背景条件下的表现

在大多不育株中,育性转换光温反应不同,不表现光敏不育性,而表现为温敏不育。在光敏不育系选育过程中,首要任务是剔除干扰农垦58s光敏不育基因不育性表达的微效可育基因,以促进光敏不育性的表达,并降低光敏不育系导致完全不育所需的起点温度。这些目标的实现均受到遗传背景的显著影响。败育彻底且不育起点温度较低的光敏不育性是特定遗传背景下基因表达的产物。要构建这样的遗传背景,应遵循其表达规律,精心选择亲本,并通过大量基因重组实现。育种策略应以杂交育种为主。只要亲本选择恰当,通过广泛的杂交组合后代筛选,辅以逐代鉴定与优选,便能找到符合上述三个目标的优质光敏不育株。采用复式杂交育种,应在确认单交后代具有实用价值的不育株后再进行。采用系统育种有效,不育性由于微小的遗传变异而可以改变,采用回交法将常规品系定向转育,一般不适合光敏核不育系育种,成功的可能性太小,轮回亲本的遗传背景不一定能败育彻底,起点温度低的光敏不育性表达只要有微小的不适应,就可能劳而无功。如一定要用回交法选育,先应观察供体不育系与轮回亲本杂交后代出现完全不育,表现光敏不育和起点温度低的植株频率高低。只有频率较高时,进行隔代回交转育才可能取得较好的效果。对于杂种后代的处理,采用系谱法往往比其他方法更为有效。通过逐代鉴定不育度、光敏不育性及不育起点温度,并严格执行筛选淘汰标准,方有可能筛选出实用的光敏不育系。在此过程中,应谨慎对待任何旨在加速育种进程的方法,以免欲速则不达。

(二) 微效可育基因的排除

水稻光温敏不育系育性表达的特异性是光温敏核不育基因在不同环境条件下和不同遗传背景条件下表达的结果。农垦58s及其衍生的不育系通常表现出败育不彻底以及不育性不够稳定的共性问题。农垦58s与籼、粳稻品种杂交后,其杂种F_2代在不同试验材料中会分离出比例各异的不育株。F_2植株花粉可育率,自交结实率呈连续分布。多数组合的不育株比率低于1/4。如果以花粉可育率低于10%或5%的作为不育株,则在一些组合中,不育株与可育株之比为1:3。符合1对隐性基因的遗传表现。在杂交F_2和回交F_2得到的完全不育株,后代也出现育性分离,并有半不育株和高结实株出现,存在杂合不育现象。而且光温环境条件的变化可以诱导影响光敏核不育基因表达的遗传因子的变异,而进一步导致不育性的改变。水稻光温敏不育系中存在引起可育的遗传因子,在某些条件下造成不育系不育性的不稳定。以来自农垦58s的不育系相互杂交,多数组合得到的是可育株,仅少数组合得到不育株。在农垦58s衍生不育系F_2中分离较高比例的结实正常株,半不育株比例更高。这些可育株系稳定后与籼稻杂交,杂种F_2中同样分离出一定比例的不育株,其花粉败育率可达99.5%以上。说明这些可育的株系,同样含有可导致完全不育的不育基因,与高度不育的单株育性差别在于所处的遗传背景不同。

农垦58s核不育基因作用不完全,有很多基因能够影响其不育性的表达。受这些基因的严重影响,有时农垦58s核不育基因不能表达,其不育基因纯合体仍然可表现为可育。农垦58s核不育出现基因型与表型不一致的现象可能是农垦58s核不育性遗传和鉴定结果不一致的原因。过去选育的部分光敏核不育系由于未能完全剔除影响不育基因表达的遗传因子,导致其不育性难以保持稳定,后代中持续出现半不育株或可育株。

在育种工作中,提升农垦58s光敏核不育系的稳定性至关重要。由于农垦58s光敏核不育系具有特定的遗传特性,其选育方法可能与采用三系法野败或BT型雄性不育系的技术有相似之处。大多数品种中包含三系法野败或BT核质互作不育系的微效恢复基因,甚至在已育成的核质互作不育系中也可能出现"同质恢"现象。育种时需将此类恢复基因排除;光敏核不育系选育过程中,不仅要排除影响不育基因表达的遗传因子,还要剔除导致不育起点温度升高的基因,并积极引入能促进光敏不育性表达的遗传因子。如果影响光敏核不育系不育性的遗传因子不能得到完全排除,后代的育性将不稳定,产生不育、部分不育甚至可育的分离。"同质恢"繁殖能力强,可育株将逐代提高,群体不育度逐代降低。已经育成的一些光温敏不育系就具有与败育不彻底的核质互作雄性不育系类似的育性表现。如果引起不育起点温度较高的遗传因子不能得到完全排除,光敏核不育系不育起点温度也会逐代提高。如果没有导入足够促进光敏不育性表达的遗传因子,不育系可能会表现温敏不育性强。袁隆平提出的水稻光、温敏核不育系提纯及原种生产技术,从生产角度来看,不仅有效地解决了不育起点温度的漂移问题,同时也克服了不育性不稳定性的问题。通过选择,起到了类似细胞核质互作雄性不育系如优1A、2-32A、香2A不育系提纯的作用,控制制种中不育系群体的可育度和不育起点温度在生产上允许的范围内。

在选育过程中,应选用现有的优良光敏不育系作为不育基因供体,与多种遗传背景各异的优良品种(品系)进行杂交,力求构建多样化的组合。各杂交组合 F_2 一般种植300~500株即可,并保留约1万粒各组合种子。将这些种子种植于夏季长日照、高温条件下,以利于雄性不育特性的显现。首先,重点筛选可育株与不育株分离比为3:1的组合,优先考虑不育株频率较高的组合。接下来,从单株层面进行选择,挑选不育度达到100%的优质单株。在这一过程中,应淘汰育性分离比例过大以及出现多种不同程度半不育株的组合,即使这些组合中包含个别完全雄性不育株,也不予入选。对于表现完全不育株比率高、光敏不育株频率高、不育株性状优良的组合,还可在下一季种植保留的种子,加大群体进行选择,各组合可植6000株以上。

选择到比较适合的遗传背景能够促进光敏不育性表达。以光敏不育性强的不育系与各类型品种杂交,某些杂种后代能够分离出光敏不育株,受体亲本选用得当,获得光敏不育株效率更高。现阶段可根据光敏不育性表达的现象来选择受体亲本,以粳型和籼重偏粳的遗传背景来获得光敏不育性的表达。

对光敏不育株的筛选与鉴定工作,可选择在海南冬繁期间进行,同时设立具有不同临界日长的光敏不育系及不同起点温度的温敏不育系作为对照。光敏不育株在海南三亚3月份一般稳定可育,可与光敏不育对照比较进行鉴别,育性随温敏不育系育性波动而波动的,是温敏不育系,稳定可育的不育株,其中可能有些是不育起点温度高的温敏不育系,鉴别时与这种类型的对照进行比较,一般对照随光温的变化育性表现有所不同,无法鉴别的需进行补光处理鉴定。

进行短光处理以筛选鉴定光敏不育株时,日平均气温应保持在 25~27 ℃,最低气温不应低于 22 ℃,以防止混入较多不育起点温度较高的温敏不育株。若要筛选光敏温度范围宽、光敏上限温度高的不育株,日平均气温应设定在 28~29 ℃。短光处理的日长一般较短:①可以提高短光处理筛选的效果;②不会漏选临界日长较短的光敏不育株,短光处理以暗室处理,黑布、黑薄膜遮盖处理均可。

(三)降低光敏不育系不育起点温度

不同光敏不育(株)系导致完全不育起点温度不同,在相同日长条件下,还有光温不育性强弱不同。郑祖龙等 1989 年认为粳型光敏核不育材料,育性转换受低温影响小于籼粳中间型和籼型,中间型材料又小于籼型。这种趋势在不同光温条件下,并不十分明显。典型光敏不育系、农垦 58s、7001s 等贵阳长日低温条件下无不育期,长日条件下,只要敏感期日均温低于 24 ℃就出现可育,染色花粉率高达 50%,结实率 3.3%~10.1%。将 32 个光敏不育株禾苑和 7001s 禾苑在长沙长日条件下观察育性表现,在长沙 6 月 19 日至 25 日 6 天出现日平均在 23.5 ℃左右,大多数光敏不育株和 7001s 育性受低温影响转换可育,7001s 禾苑自交结实率为 24.7%,同期温敏不育系测 46s 不育度保持为 100%,其中 2 株光敏核不育株育性受低温影响较轻,自交结实率为 0.02% 和 0.07%。同年,当其他光敏核不育系在 9 月上旬转换为可育时,它们仅表现为花药变黄,转换为可育的时间在 9 月 23 日,比起点温度低的温敏不育系要早,这两个光敏不育株后代已经定型,已转变为光敏不育性弱,每年 9 月上旬均不同程度转换可育,但经人工气候室 6 大日均温 24 ℃处理,每天日长 14 h 以上,自交结实率可达 10% 以上,起点温度已经提高。

虽然仍难预测什么样的遗传背景才能育成起点温度低的光敏不育系,及适合于长江流域应用的光敏不育系是什么类型及其特征怎样,但在籼型光敏核不育系和籼粳中间型光敏核不育系中,完全不育的临界日长与不育起点温度密切相关。光敏不育系的育性表现由光温互作所决定,遗传背景相似的不育系,其完全不育的临界日长通常表现为:临界日长短的光敏不育系相较于临界日长长的不育系,其临界温度相对较低。这可理解为在一定日长条件下,临界日长较短的光敏不育系相对于临界日长长者,其日长相对延长,且较长的临界日长有助于降低不育起点温度。

光敏不育系起点温度并不仅只与临界日长有关,临界日长相当的光敏不育系,不育起点温度也存在很大的差异,临界日长长的还可表现为比临界日长短的光敏不育系不育起点温度低,其遗传表达机制未能得到认识。

光敏不育系在长日敏感期遭遇低温时的育性表现,与其在海南地区转换为不育状态的时间有关。在选育过程中,应通过对光敏不育株系进行筛选鉴定,以期获得实用且不育起点温度较低的光敏不育系。对于生育期较短的光敏不育株(系),可考虑在早季种植,利用早夏低温环境,观测其在长日照条件下的育性表现。而对于生育期较长的光敏不育系,只要早播同样适用此法,因为其在敏感期内较易遭遇低温。

在高海拔地区(1000 m 左右)长日条件下抽穗,敏感期长日条件下进行冷水灌溉,也都是筛选鉴定起点温度低的光敏不育系的有效方法,实施技术与不育起点温度低的温度不育株筛选鉴定相似,不同之处是不仅要设立高、中、低不育起点温度的温敏不育系对照,也应当设立高、中、低不高起点温度的光敏不育系对照。

(四)重组型光敏核不育系选育

农垦 58s 光敏不育基因与安农 s 温敏不育基因有 2 个区别:①农垦 58s 不育基因作用不完全,败育不彻底,而安农 s 不育基因表达完全,败育彻底;②光敏不育基因可表达为长日不育、短日可育;安农 s 不育基因表达由温度调控。将农垦 58s 光敏不育基因与安农 s 温敏不育基因重组于一体,光敏核不育基因能够在温敏不育基因系中表达,表现为光敏不育株频率高和 100% 的败育度,获得优良光敏核不育系的概率大大增加。通过光敏不育基因与温敏不育基因重组,可解决光敏不育系败育度欠彻底,及不稳定的问题,一般只要解决不育起点温度的问题,就能得到优良籼型光敏不育系,获得实用籼型光敏不育系的难度变小。

用来源于农垦 58s 的粳型光敏不育系与来源于安农 s 的籼稻温敏不育系杂交,在 F_2 代中选择光敏不育株,用光敏不育系或温敏不育系回交或复交,观察后代育性表现,鉴定重组体,后继续回交或复交,分别选择粳型、籼型和中间型的重组型光敏不育系。鉴定不育系的不育起点温度,筛选不育起点温度低的重组型光敏不育系。

通过农垦58s光敏不育基因与安农s温敏不育基因重组,光敏不育性在温敏不育基因系中容易表达。光敏不育系选育的效率得到大幅度提高,在长日条件下不育起点温度约24 ℃的重组型光敏不育系在短日条件下表达为可育的外界温度可以达到30 ℃,呈现典型的光敏不育特征。温敏不育基因的存在使得光敏不育系的不育性变得十分稳定。有助于光敏不育系败育彻底,有助于光敏不育特性表达出来。它解决了光敏不育系选育中,光敏核不育株难获得和败育不彻底的问题,可以是一个获得优良光敏不育系、早熟光敏不育系和各类型籼稻光敏不育系有效的方法。某些重组体能够在短日条件下表达为可育,长日条件下表达为不育,光敏核不育基因能够在温敏核不育基因系中表达。

1. 重组型粳稻光敏不育系选育

农垦58s光敏不育基因在晚稻品种农垦58遗传背景中产生,粳稻遗传背景有利于光敏不育性的表达,通过杂交的方法,育成了7001s、5088s等一批能够应用的光敏不育系。

粳稻品种间亲缘关系相对紧密,遗传差异较小,导致粳稻间杂交时通常展现出较弱的优势,表现为前期分蘖不旺盛,后期结实率较低。袁隆平指出,对于两系法杂交粳稻的选育,应以爪粳为主导,因为爪粳交配组能够有效扩大和增加遗传多样性,同时具备米质优良、偏粳倾向、结实率较高且籽粒充实度较好的优点,较少出现结实率低和籽粒充实度差的问题。爪粳交选育,优势杂交粳稻组合已成为两系杂交粳稻育种的主攻方向。爪哇型粳稻的偏籼型,不仅与典型粳稻的遗传距离大,而且开花较早,具有良好的开花习性。广亲和性基因的应用,可以进一步扩大爪粳亲本间的亲缘关系,克服遗传距离增大可能造成的杂种不亲和性,培育广亲和爪哇型光敏不育系,不仅能提高配合力,而且能提高不育系异交能力的抗性。得到花时较早而集中,柱头外露率高的和高配合力的光敏不育系。

利用光敏不育基因与温敏不育基因重组是选育粳型光敏不育系的高效方法,操作技术将在籼型光敏不育系选育中介绍,两者差别主要在于亲本的采用。

导致完全不育的临界日长与不育起点温度之间存在一定的关联。通常情况下,表现出完全不育的临界日长较短的不育系,其不育起点温度相对较低。可以理解为在一定日长条件下,与临界日长较长的不育系相比,临界日长短的不育系在日长上有所延长,而日长的延长有助于降低不育起点温度。然而,光敏核不育系的起点温度并非仅取决于不育临界日长。例如,光敏核不育系5088s和7001s在长日照条件下具有较低的不育起点温度,分别约为23.5 ℃和24 ℃。这些不育系的完全不育临界日长相对较短。即使不育临界日长相似的光敏核不育系之间,其不育起点温度也可能存在差异。有时,临界日长较长的不育系的不育起点温度甚至可能低于临界日长短的不育系。此类不育系遗传表达机制的具体细节尚未得到充分认知。在选育过程中,对于生育期较短的光敏核不育株(系),建议在早季进行种植,并利用早夏的低温环境,以便观察其在长日照条件下的育性表现。在高海拔地区长日条件下抽穗,敏感期长日条件下进行冷水灌溉,也都是筛选鉴定起点温度低的光敏核不育系的有效方法。筛选时,不仅要设立高、中、低不育起点温度的温敏核不育系对照,也应当设立高、中、低不育起点温度的光敏核不育系对照。

在复选阶段,首要任务是确定适宜的生态条件。根据现有研究成果,海南岛南部春季短日照与温度变化的生态条件特别适合于对试验材料的光温敏特性进行鉴定与复选。将试验材料的杂种第三代或后续群体的育性敏感期安排在海南岛南部的3月或4月,此时日照较短且温度波动较大。根据前人研究,根据试验材料育性转换与温度变化的关联,按照以下3项技术原则进行筛选:①选择那些在海南岛5月上旬前后才开始显示雄性不育特性的材料,这些材料很可能属于光敏型核雄性不育材料或高温敏型材料;②选择那些在海南岛3月中下旬之后一直表现稳定雄性不育的材料,此类材料很可能是低温敏型材料;③淘汰那些雄性育性随温度起伏而发生波动的试验材料,这类试验材料是温敏型核雄性不育材料,其实用价值不大。

在决选过程中,首先要确定对试验材料进行鉴定的生态条件或人工控制的光温条件。通常设置4种光温组合,即长光照高温、长光照低温、短光照高温和短光照低温。采用一分为四法(即将一个单株成4份)在人工控制的光温条件下对试验材料进行鉴定。试验中以典型的温敏型核雄性不育系和光敏型核雄性不育系作为对照。鉴定的结果应该有4种:①在长光照高温和长光照低温条件下表现为雄性不育而在短光照高温和短光照低温条件下表现为雄性可育的材料为光敏型核雄性不育材料;②长光照高温和短光照高温条件下表现为雄性不育而在长光照低温和短光照低温条件下表现为雄性可育的材料为一般性温敏型核雄性不育材料;③在长光照高温、长光照低温和短光照高温条件下表现为雄性不育而在短光照低温条件下表现为雄性可育的材料为光温互作型或低温敏型核雄性不育材料;④在4种光温条件下均表现为雄性不育的材料为纯低温敏型核雄性不育材料。在经过鉴定后所选出的试验材料还要通过进一步扩大群体进行田间试验,最后才能确定其生产实用价值。

2. 重组型籼稻光敏不育系选育

籼型实用光敏不育系,表现日长对育性的决定作用,温度变化影响小,不育期和可育期较为稳定,比粳稻光敏不育系利用范围更广,不仅可在籼稻区配制杂交籼稻,而且还可在籼粳稻区利用籼粳杂种优势,败育彻底,不育起点温度低的籼型光敏不育系,利用价值上均高于其他类型光温敏不育系。

采用农垦58s及其衍生的光敏不育系5088s与安农s的广亲和温敏不育系早培矮64s和广安早s进行杂交,所得F_1代具有广亲和基因,且结实正常。在F_2代中分离出了约1.77%的光敏不育株,这些不育株在9月10日前后转化为可育状态。在海南进行鉴定和短光处理后,确认为光敏不育株。将这些光敏不育株与早培矮64s或广安早s进行回交,98%的光敏不育株回交组合的所有单株表现出温敏不育特性,这表明98%的光敏不育株中含有纯合的安农s不育基因。没有纯合安农s不育基因或没有安农s不育基因的光敏不育株仅占2%,种植上述表现为温敏不育系的回交组合后代,分离出光敏不育株比例高达15.89%,并均为完全不育株。说明光敏不育基因容易在温敏不育基因系中充分表达。用9月初转换为可育的典型光敏不育株,与安农s衍生系测49s、怀4s等复交,复交后代同样完全表现出温敏不育性,复交后代分离出14.8%的光敏不育株。说明由于安农s不育基因的存在,光敏不育性容易表达出来,不育性变得十分稳定,大幅度扩大了光敏不育性表达的遗传背景,用以转育籼型光敏不育系和早熟光敏核不育系效果好。这种作用可能是温敏不育基因有助于光敏不育株败育彻底,从而有助于光敏不育特性的表达。

农垦58s光敏不育系被发现后不久,科研人员即着手将农垦58s光敏不育基因转移到籼稻遗传背景中,这一工作迅速成为光敏不育选育研究的重点。由于籼稻遗传背景不太适合于光敏不育性的表达,育成的籼型不育系基本上是温敏不育系,仅有极少如8902s、8906s、W415s等表现光敏不育性比一般籼稻不育系强,但均弱于粳型光敏不育系,并且具有败育不彻底、败育度达不到标准和不育起点温度高的问题。实践证明,籼稻遗传背景中,光敏不育基因的作用受到微效可育基因的影响更大,光敏不育性变弱,不育起点温度有一定提高,它是选育籼型敏不育系的技术难点。育种策略上,不应追求纯籼遗传背景,育种方法上宜采用光敏不育基因与温敏不育基因重组的方法,进行光敏不育系选育。其理论根据如下:

(1)籼粳杂交后代具有光敏不育基因的不育株,可表现较强的光敏不育性,与籼稻回交或复交的后代中,仍可表现一定的光敏不育性,而典型籼稻遗传背景不适合光敏不育性表达。

(2)籼型偏粳光敏不育系与籼稻配组,比一般籼籼交遗传距离拉大,亲缘关系更远,优势潜力更大。因此,籼型光敏核不育株(系)中,具有较多的粳稻成分,如引入广亲和基因,则能协调内部籼、粳稻成分的亲和性,性状较易稳定,能克服籼粳交后代的疯狂分离,而且具有广亲和基因的不育株遗传基础将更丰富,而可提高配合力,配组时则可协调杂种的亲和性,克服杂种可能产生的不亲和性。

在各类型籼稻光敏不育系中,存在着导致完全不育临界日长的差异。一般临界日长较短的光敏不育系,导致完全不育的起点温度更低一些,但是日长的作用变得较小。过分地追求籼型,是选育实用的导致完全不育起点温度低的光敏不育系没有获得成功的原因。

在各类粳型和中间型光敏不育系中同样存在着导致完全不育临界日长的差异,但是它们一般都表现临界日长较长,在长沙9月上旬转换为可育。筛选在海南冬季完全可育的,在长沙6月表现不育的稻苑,已经获得了导致完全不育的起点温度低的临界日长长的光敏不育系。

(3) 重组型籼稻光温敏不育系选育技术。在农垦58s光敏不育基因与安农s温敏不育基因重组后的后代中,通常临界日长较短的光敏不育系,其导致完全不育的起点温度较低。其中,部分株系在长沙表现为终身不育,而在海南却能产生少量种子。针对这些株系,进行短日低温、长日低温和短日中温的处理,以鉴定其是否为重组型光温敏不育系。同时摸索光温因子对它们育性的调控。观察其不育性,开花习性表现。

并非仅农垦58s不育基因和安农s温敏不育基因存在于重组型不育系中就一定会表现为光敏不育性。控制光敏不育性表达的还有其他相关基因。通常情况下,农垦58s及其衍生的光敏核不育系与粳稻品种杂交所得F_2代不育株中,光敏不育株出现的概率较高。相比之下,与籼稻品种杂交时,杂种F_2代不育株中光敏不育株出现的概率较小。籼稻中本身可能缺乏有助于光敏不育性表达的遗传因子。选育籼稻光敏核不育系之所以困难,可能是因为影响农垦58s不育性的遗传因子众多,导致难以获得败育彻底的不育株。此外,在从农垦58s向籼稻转育的过程中,易于丢失那些对光敏不育性表达至关重要的粳稻遗传因子。相较于单一选育过程,重组型光敏核不育系的选育中,籼稻光敏核不育系的获取相对容易,且选育效率大幅提升。这可能归因于温敏不育基因的存在,它构建了一个不育的遗传背景,进而产生了大量可供选择的不育群体。如此一来,在粳稻至籼稻遗传因子转移过程中,导致光敏不育性表达的遗传因子得以容易识别且未被丢失。

将光敏不育基因与温敏不育基因重组于一体,选育籼型光敏不育系常用的配组方法如下:

1) 粳型光敏不育系/籼型温敏不育系。此配组方式中,粳型光敏不育系亲本后代光敏不育系育性强,育性受温度影响小,籼型温敏不育系则应具有广亲和基因,性状优良,因为有杂种后代选择到籼型光敏不育株的性状,将主要受其影响。在杂交F_2中,应挑选败育彻底的光敏不育株。由于F_2中半籼半粳类型较多,因此籼型光敏不育株的比例可能较小。为了保证筛选效果,F_2群体中单株种植数量应较多,对于重要组合而言,其F_2

群体规模应达到万株以上。

2）粳型光敏不育系/籼型温敏不育系//籼型温敏不育系。通过粳型光敏不育系/籼型温敏不育系,得到籼型中间型偏粳型光敏不育株后,可用籼型温敏不育系进行回交或复交,在回交 F_1 中,选择群体均表现为温敏不育性的组合,或某些组合中表现为温敏不育性的单株,在低温条件下繁殖种子。F_2 在短日条件下会出现光敏不育株,即使不育起点温度高的温敏不育株一般也会表现不育,起点温度较低的温敏不育株一般会表现完全不育,而能够保持可育的一般是光敏不育株。在可育株中进行鉴定选择,获得优良籼型光敏不育株的频率大有提高。

3）籼型光敏不育株/籼型光敏不育株。通过上面两种配组方式,得到的籼型光敏不育系,一般具有光敏不育基因和温敏不育基因。用不同组合得到的籼型光敏核不育系之间杂交,可改造光敏不育系的性状,综合两个不育株的优良性状,杂种 F_1 一般表现光敏不育性,杂种 F_2 代中将有光敏不育株和温敏不育株的分离,并有光敏不育性强弱的差别,某些遗传背景如不适应光敏不育性表达,就会表现为温敏不育性。将 F_2 安排在海南3月下旬进行抽穗,有助于鉴别光敏不育株。在粳型光敏不育株与籼型光敏不育株的杂交中,双亲均携带有光敏核不育基因和温敏不育基因。这种杂交方式能够产生遗传基础丰富的后代,从而有望得到性状优良、类型多样的光敏不育系。得到性状优良的籼型光敏不育株后,应对其光敏性和不育起点温度进行鉴定。在光敏不育株之间,光敏不育性表现有一定差别,某些单株或株系在较高温条件下进行10 h短光处理,表现光敏不育性可育自交结实。在海南三亚二、三月份抽穗表现结实正常,在长沙条件下,某些年份在9月份仍表现完全不育,像这些单株,只要不育起点温度低,性状优良也可以当选,它们可能属于不育临界日长较短的光敏不育系,一旦获得光敏不育性强、不育起点温度低、性状优良的籼型光敏不育株后,则应作为重点进行选育,增加株系加大群体进行选择。

(4) 重组型光敏核不育系的不育起点温度。要选育不育起点温度低的籼稻重组型光敏核不育系可能要扩大选择背景,逐步排除籼稻中提高不育起点温度的遗传基因。

控制农垦58s光敏不育性与安农s温敏不育性不育起点温度的遗传因子可能并不相同。然而,尚无法证实安农s温敏不育性中导致不育起点温度升高的遗传因子在重组型光敏核不育系中是否会失去作用。倘若安农s温敏不育性中引起不育起点温度升高的遗传因子在重组型光敏核不育系中确实发挥作用,那么需要排除光敏和温敏两套系统中导致不育起点温度升高的遗传因子,以期获得不育起点温度较低的重组型光敏核不育系。根据研究,获取不育起点温度较低的重组型光敏核不育系并非极其困难。控制光敏或者温敏不育性的不育起点温度在不同的遗传背景中不同,能够供人们选择。通过重组型光敏核不育系的互交,能够产生大量的光敏不育株后代,频率高达70%以上,容易获得大群体供筛选鉴定。将海南三亚4月份以前正常结实的重组型光敏核不育株禾蔸子带回内陆,在5~6月长日低温下鉴定,或者在高海拔地区长日下鉴定,可能筛选到不育起点温度低的不育株。这样通过田间初选,再经人工气候室鉴定,并以7001s、测64s、G26s等多种光温敏不育系作为对照,能够获得不育起点温度低的重组型光敏核不育系。

(五)安全型温敏核不育系的利用

一般认为籼稻在外界温度20 ℃、粳稻在18 ℃能够正常开花散粉。花粉幼穗发育正常发育的温度是16 ℃以上。所以理论上温敏核不育系不育起点温度可以低于20 ℃。不育起点温度低的温敏核不育系转换为可育,在敏感期需要更低的温度和更长的感受时间。安全型温敏核不育系广博s和广培s在长沙多年水稻生产季节,从未出现过可育时期,基本上与普通核不育系类似。在长沙制种遇上极端异常低温也不会可育,制种安全可靠。由于不育性稳定,可以寻找最适合地区制种。安全型温敏核不育系的利用对今后光温敏不育系的选育、组合的选配能够起到积极的推动作用。安全型温敏核不育系在人工控制温度和光照的条件下,于12月份在长沙温室中可以实现较低水平的结实。人工辅助赶粉有助于促进安全型光温敏雄性不育系的有效繁殖。通过调控温室内的温度和光照条件,并结合人工辅助赶粉,能够在一定程度上有效繁殖安全型温敏核不育系。如果使其自交结实率达到10%以上,在生产上就具有实用性。安全型温敏核不育系在春季制种,具有竞争力。

建立安全型温敏核不育系的带有光敏核不育基因的近等基因系(重组型光敏核不育系),用其作为父本与安全型温敏核不育系杂交产生不育起点温度极低的温敏核不育F_1。用此F_1代替安全型温敏核不育系用于生产,为安全型温敏不育系的利用创造了一个有效方法。

广博s和广培s在长沙自然环境条件下,自5月至11月始终保持终身不育状态,不存在可育期。通过配制广博s/7001s和广培s/7001s杂交组合,收获F_1代并种植F_2代,从中筛选出光敏不育株。将这些光敏不育株与广博s、广培s进行回交,种植BC_1F_1代,在其敏感期遭遇低温后收获BC_1F_2代种子,观察其育性。继续进行回交,直至获得BC_5F_2代,形成与广博s、广培s完全形态相同的光敏不育株系。待其性状稳定后,将其命名为光广博s和光广培s。将广博s、广培s为母本分别与光广博、光广培s杂交,种植F_1,与对照一同处理观察,在海南配制杂种,在长沙早季、晚季海南制种,观察杂种整齐性。结果表明,光广博s、光广培s不育起点温度高,长日条件下在24.5 ℃以上,控制重组光敏不育株系的不育起点温度表达的遗传因子与温敏不育性不同。广博 s、广培 s 的杂种 F_1 仍然表现和广博 s、广培 s 的不育起点温度一致,农艺性状也没有明显差异,所配杂种性状相当整齐。说明通过建立安全型温敏不育系的带有光敏不育性的近等基因系,通过杂交,可以有效地繁殖出安全型温敏不育系。

安农 s 类型不育系中,不育起点温度较低的相对于不育起点温度较高的通常表现为显性。在培育安全型温敏核不育系时,若目标是获得高不育起点温度的近等基因系,那么这些系间通常仅存在少数与不育性相关的基因差异。可以考虑使用这些杂交后代替代安全型温敏核不育系进行生产。

五、小麦可育起点温度高的核雄性不育系选育

小麦生态型核雄性不育系 BS210 表现为高温部分可育、低温完全不育,与水稻的高温不育、低温可育的光温敏不育系农垦 58s 相反。利用 BS210 小麦生态型核雄性不育基因作用不完全的特性,将具有等位生态型核雄性不育基因的同质恢姊妹系与 BS210 进行杂交,其 F_1 代表现为完全不育。在不育起点温度较高的情况下,不育性通常表现为显性。这意味着小麦生态型核雄性不育系可以在任何环境条件下找到表现为不育的保持系。利用这些特性,选育雄性不育性稳定的核雄性不育系,由此提高在大面积杂交制种的安全性。该方法通过以下技术方案实现:

利用短日低温雄性不育型小麦生态型核雄性不育基因 BS210,与保持系 A683 进行杂交,随后使用 BS210 进行回交。在回交 F_2 代中,选择不育株继续与 BS210 进行回交。在回交 BC_2F_2 代中,筛选出两种类型:一种为完全不育的单株,另一种为可育的单株。通过育种等手段,最终选育出符合预期目标的短日低温不育光温敏雄性不育系 s。

基于小麦生态型核雄性不育基因作用不完全的原理,选育具备核雄性不育互作基因的基因系 s。利用短日低温雄性不育的光温敏核雄性不育基因,通过杂交育种等手段,经筛选后选育出具有纯合核雄性不育互作基因的可育自交系 s′;该 s′具有纯合核雄性不育互作基因。随后,以 S 和 s′互为近等基因系则是最佳的杂交亲本材料。

将短日低温雄性不育光温敏不育系 s 与具有核雄性不育互作基因的可育自交系 s′杂交,由此获得育性稳定的核雄性不育材料(即 s/s′或 F_1)。

筛选相应的恢复系 R。在现有作物品种中或在作物分离群体中,通过选出优良单株再与杂种 F_1(s/s′)进行复交杂交,在其后代群体内筛选出能够使杂种 F_1(s/s′)的育性完全恢复可育的品系或株系作为恢复系 R。

利用完全雄性不育的杂种 F_1(s/s′)作为杂交母本与恢复系 R 杂交,由此筛选出符合

生产要求的杂交组合,生产 s/s'//R 杂交种子。

第三节　普通核不育系选育

在自然界中,普通隐性核雄性不育是实现水稻杂种优势利用的理想遗传工具,完全符合对最佳雄性不育系的选育需求。普通隐性核雄性不育水稻材料具有显著的利用优势,包括:①雄性不育性通常仅由一对隐性基因控制。由于不受遗传背景限制,所以育种家能够比较容易地将其雄性不育基因转移到任何水稻品系中,进而使其成为普通隐性核雄性不育系;②任何常规水稻品系都具有等位的可育基因,能够作为普通核不育系的恢复系;③雄性不育性稳定性强。与光温敏雄性不育系在育性表达上易受环境条件影响不同,普通隐性核雄性不育材料在水稻正常生长的所有生态环境下均能保持稳定的雄性不育特性,环境条件的变动对其雄性育性的表达不会造成根本性影响。然而,普通隐性核不育水稻材料无法进行自交繁殖,也无法通过杂交等手段实现雄性不育系种子的生产繁殖。采用雄性不育株($msms$)与杂合体可育株($MFms$)杂交,只能得到50%雄性不育株的杂交后代,无法得到100%雄性不育株率的水稻普通核不育系,这在一定程度上限制了其实际应用价值。

1993年,比利时 PLANT GENETIC SYSTEM 公司提交了一项 PCT 专利申请(SPT 技术),该技术旨在通过在隐性雄性不育植株中直接整合并连锁表达育性恢复基因、花粉致死基因以及报告基因(如荧光蛋白基因)等三套元件,从而实现对雄性不育植株保持系的构建。

一、水稻普通核雄性不育利用研究进展

第三代杂交水稻繁殖系 Gt1S 稻穗一半结"有色"种子和一半结"无色"种子,后期可通过色选机将种子分开。

在水稻遗传工程核雄性不育系的杂交选育中,首先要筛选育性恢复基因、筛选报告基因和花粉致死基因,按照 SPT 的技术操作规程,将其3套基因连锁表达元件通过遗传转化后获得 SPT 遗传工程核雄性不育系种质资源。在遗传工程核雄性不育繁殖系稻穗上结实两种类型的种子,即有一半雄性不育系种子(无色)和一半繁殖系种子(有色),因而两者(即遗传工程核雄性不育系及其繁殖系)的选育可以同时进行。由于红色荧光基因与育性基因、花粉致死基因连锁,在各个世代的繁殖系选育中均需选择带红色荧光的种子。无色种子不带有繁殖系的育性恢复基因、筛选报告基因和花粉致死基因,因而从

雄性不育繁殖系稻穗中选取的无色种子就是水稻遗传工程核雄性不育系。

(1)保持系通过自交就可以实现不育系和保持系的繁殖。也可以通过在纯合的雄性不育植株中导入连锁表达的两套元件,即育性恢复基因和报告基因,由此获得该雄性不育植株的保持系;保持系与不育株进行杂交,可以实现雄性不育系和保持系的繁殖。这两种方法成功解决了隐性雄性核不育基因及核雄性不育材料在实际应用中的难题,为杂交水稻育种研究开辟了崭新的思路和技术路径。通过遗传工程技术培育出的具备大规模商业化繁殖潜力的水稻普通隐性核雄性不育系具有独特的育性表达特性,即雄性不育突变体可通过自交方式产生育性恢复正常、携带转基因的植株(即普通核雄性不育繁殖系),从而实现其特殊遗传基础的维持。普通核不育繁殖系在自交过程中,每个稻穗上的种子通常呈现一半有色、一半无色的分布。无色种子具有100%不育度和100%不育株率,保持了雄性不育特性,适合作为杂交水稻制种的母本(因其为非转基因种子,由此制得的杂交水稻种子也将是非转基因的)。而有色种子具有可育性,在其下一代群体中会分化为有色与无色种子各占一半,利用色选机可轻松将二者区分开。在第三代杂交水稻的技术体系中,利用此类型的普通核不育系将使杂交制种和普通核不育系繁殖均简便易行。因此,在正常生态条件下进行杂交制种和普通核不育系繁殖时始终保持稳定的育性表达特性是水稻优良普通核不育系的必备特性。

(2)水稻优良普通核不育系必须具备良好的综合农艺性状。第三代杂交水稻组合能否展现出强大的杂种优势效应,很大程度上取决于其双亲是否具有优良的综合农艺性状。良好的综合农艺性状通常包括但不限于:较为理想的株叶形态结构、适宜的生育期、较高的产量潜力、合理的穗粒结构、较强的抗逆性和适应性等。在第三代杂交水稻的技术体系中遗传工程核雄性不育系(即普通核不育系)与其杂交父本在选育过程中能够结合任何优良基因而不受遗传背景的影响;通过各种优良农艺性状重组,可以将各种优良性状聚合在一起;在杂交制种产量方面,可以接近常规水稻品种的产量水平,其种子价格比较低;优良性状重组加上自由配组可以使其稻米品质得到大幅度改善,并且其多样性可以满足不同消费人群的需要;通过引入各种抗性基因,可以实现多种抗性或者同类抗性基因的聚合,由此将病虫害造成的损失降低到最低水平;在普通核不育系繁殖中,其自交结实率比较高,繁殖产量很稳定(可接近常规水稻品种的产量水平)。在杂交水稻育种中,亲本是否具有理想株型直接关系到其杂种第一代群体在单位面积和单位时间内是否能高效地利用光能和获得尽可能多的干物质,这是杂交水稻表现高产的物质基础,即最大限度地促使杂交水稻在其生长发育过程中充分协调"源""流""库"三者之间的有机关系,由此可望达到在最大程度上获得最高的经济产量。因此,具有良好的综合农艺性状是水稻优良普通核不育系必须具备的特性。

(3)水稻优良普通核不育系必须具有良好的杂交制种和亲本繁殖特性。第三代杂交水稻的杂交制种和亲本繁殖是其应用技术体系中的重要环节,其产量高低和种子质量直接关系到第三代杂交水稻的应用前景。在第一代和第二代杂交水稻的技术体系中,每年都需要设置专门的杂交制种区和雄性不育系繁殖区。而在第三代杂交水稻技术体系中,利用普通核不育系进行杂种第一代种子配制和亲本繁殖时,每年也需要设立两个隔离区域:普通核不育系杂交制种繁殖区与亲本繁殖区。因此,无论是杂交制种区还是亲本繁殖区,水稻优良普通核不育系都必须具备良好的制种繁殖特性,包括稳定的雄性不育特性、优良的开花习性和异交特性、高产的群体结构和丰产性、较强的抗逆性和适应性等,以确保实现尽可能高的杂交制种产量和亲本繁殖产量,从而有效降低种子生产成本。

二、水稻优良普通核不育系必须具备良好的配合力

水稻遗传工程核雄性不育系及其繁殖系的选育方法。

(1)单交选育法。根据需要改良的目标性状,利用已经培育的水稻遗传工程核不育繁殖系为杂交母本,选择优良的杂交父本进行杂交,在其后代群体内筛选优良个体。由于遗传工程核雄性不育系的育性基因、红色荧光基因和花粉致死基因在成熟花粉粒中并未表达,因此在改良过程中,这类遗传工程核雄性不育繁殖系通常不能作为杂交父本,只能作为杂交母本来进行配组。按照这样的杂交配组方式,杂种 F_1 稻穗表现为一半种子为有色,另一半种子为无色。在杂种 F_2 播种之前,先去除无色种子而播种有色种子。杂种 F_2 群体内的红色种子均表现雄性可育,但其植株上仍然会分离出一半有色种子和一半无色种子。在杂种 F_2 代群体中选择符合目标性状的单株,通过自交形成种植 F_3 群体,其中 1/4 的 F_2 单株后代群体表现为一半植株可育而另一半植株雄性不育。可育植株均表现一半种子有色,而雄性不育植株均不含有转基因成分。在 F_2 群体中,大约 1/2 的单株在遗传上表现为杂合体,其后代群体中约有 1/4 为雄性不育株,其中的优秀单株应予以保留。在 F_4 代群体中持续进行鉴定筛选,淘汰那些后代中未出现雄性不育株的 1/4 单株。同时,在 F_3 代中对形态性状、品质性状、适应性、异交结实习性等进行评估与选择。在 F_4 代进行性状鉴定,其雄性不育株测配优良父本。在 F_5 继续对综合农艺性状进行鉴定筛选。根据 F_4 测交组合的表现特点,筛选配合力好的株系。在 F_6 开始进行杂交制种的应用研究,在 F_7 以后继续纯化和筛选优良株系,利用雄性不育系进行杂交制种并开展品比试验和区试试验。除了需要用于测交之外,各杂种后代种子可以通过荧光色选机去除非荧光显色的种子,提高选育效率和目标植株鉴定的准确性。

(2)复交转育法。所谓复交转育就是利用3个或3个以上的杂交亲本进行杂交转育,由此培育出新的遗传工程核雄性不育系及其繁殖系。复交转育的目的在于综合多个杂交亲本的优良性状。在技术操作上,复交转育又有两种基本方式,即两次或两次以上的单交转育和三交转育。

1)两次或两次以上的单交转育。在实际应用中,这种转育方法就是在第一次单交转育的后代群体内筛选出优良雄性不育单株的繁殖系与另一杂交亲本杂交(即再进行第二次单交转育),其育种程序实际上是由两次或两次以上的单交转育程序构成。对于由此获得的杂交后代,其处理技术可以参照单交选育方法。经过两次或两次以上的单交转育之后有望将多个杂交亲本的优良基因聚合在新的遗传工程核雄性不育系中,由此达到对其进行遗传改良的目标。

2)三交转育。三交转育的具体应用中,首先将遗传工程核不育的繁殖系与第一个杂交亲本进行杂交,然后以产生的 F_1 作为杂交母本,与第二个杂交亲本进行杂交,进行杂交或性状转育。三交转育的育种速度比两次单交转育要快一些。直接三交选育的技术依据就是雄性不育特性受一对隐性基因控制,在三交 F_2 代群体内红色荧光种子中出现雄性不育株的频率为 $1/8$。

(3)遗传工程核雄性不育系的回交转育法。在改良母本性状的育种工作中,育种家通常采用回交转育法。回交转育遗传工程核雄性不育系及其繁殖系,是指通过回交方式,将遗传工程核雄性不育系的雄性不育基因和连锁三基因同时转移到一个优良的轮回亲本中,以期获得综合农艺性状更佳的遗传工程核雄性不育系及其繁殖系。回交转育法的目的是育成除雄性不育特性之外,其他主要农艺性状与轮回亲本主要农艺性状很相似的新型雄性不育系。在此遗传改良过程中,轮回亲本一般是综合性状优良和配合力好的亲本材料。在技术操作上,回交转育又有两种基本形式,即隔代回交法和直接回交法。

隔代回交法的显著特征在于,需在回交后代群体中发现具有红色荧光种子且后代中存在雄性不育植株的情况下才进行回交。通常的操作是在育性分离世代中,挑选性状与轮回亲本相近的遗传工程核雄性不育繁殖系单株,与轮回亲本进行回交。隔代回交适合用于改良轮回亲本的性状,在自交的分离群体和回交的分离进行优良单株的筛选。

直接回交法是指利用遗传工程核雄性不育繁殖系与轮回亲本进行杂交,然后直接将产生的杂种 F_1 与轮回亲本进行回交,无须等待育性分离世代再进行回交操作。采用直接回交法的优点在于能够加快性状转育的速度。然而,直接回交法的应用并非毫无限制,当轮回亲本的某些性状也需要改良时,直接回交法可能较难达到育种目标。相反,如果轮回亲本的综合农艺性状较为优良,则采用直接回交法往往能更容易取得显著的育种效果。

水稻遗传工程核雄性不育系的雄性不育基因遗传规律较为简单,可以随机选取红色荧光种子植株进行连续回交。但须确保每个回交世代均有足够数量的红色荧光种子植株,通常要求在连续回交3次后的B_3F_2群体中,雄性不育株比例保持在1.5%左右,同时要求B_3F_2群体的株叶形态、生育期保持基本整齐,且性状与轮回亲本基本一致。试验结果表明,采用连续回交是定向转育遗传工程核雄性不育系及其繁殖系的快速而有效的方法。

(4)优良普通隐性核不育材料的定向遗传转化。通过杂交、回交和基因敲除等手段获得普通隐性核雄性不育的目标雄性不育植株之后,利用育性基因、致死基因和红色荧光基因三元载体进行遗传转化,可以定向培育遗传工程核雄性不育系及其繁殖系。在实际的操作中包括如下9个技术环节。

1)愈伤组织的接种与诱导:以水稻目标雄性不育植株的幼穗为材料,进行无性系诱导愈伤。当目标雄性不育植株处于幼穗分化期(幼穗长度介于0.5~4.0 cm之间)时,将幼穗取出进行培育,经脱分化处理后诱导形成愈伤组织。

2)愈伤组织的继代培养:从已诱导的愈伤组织中挑选浅黄色、质地致密且相对干燥的个体,将其剥离后适量接种到新鲜的继代培养基中进行培养。每隔约10天进行一次转移培养,并同步更换新鲜的培养基。

3)利用农杆菌侵染愈伤组织:选用携带育性基因、致死基因和红色荧光基因三元载体的农杆菌,对愈伤组织进行农杆菌侵染。从继代培养约1个月的水稻愈伤组织中选取生长旺盛的个体,将其浸入含有农杆菌的培养液中,浸泡30 min即可完成侵染。

4)农杆菌与水稻愈伤组织(即被农杆菌侵染的水稻愈伤组织)共培养:在无菌条件下,将已侵染农杆菌的水稻愈伤组织风干后平铺于放置无菌滤纸的共培养基上,于28 ℃暗室条件下共培养2~3天。之后,使用无菌超纯水清洗愈伤组织,再借助羧苄和头孢清除残留在愈伤组织表面的农杆菌。

5)对愈伤组织进行筛选:将清洗干净的愈伤组织接种到筛选培养基上,在28 ℃暗培养条件下进行预筛选10天,然后将其转移至新的筛选培养基中,进行两次后续筛选,每次筛选持续15天。

6)诱导愈伤组织再分化:将筛选得到的新鲜愈伤组织转移到预分化培养基中,在28 ℃下暗培养两周。随后,将愈伤组织移植到分化培养基中,在28 ℃光室条件下继续培养约20天。

7)诱导愈伤组织生根:当分化培养基中的愈伤组织长出约1 cm绿色小芽时,将其移入无菌生根培养基中,进行生根诱导培养。

8)对再生苗进行炼苗处理:当生根培养基中再生小苗生长至接近接触培养瓶瓶盖

时,若其根系发育完全,表现为不定根浓密且粗壮,此时可将再生苗移栽至硬度适中、水分充足、肥量适度的盆土中进行栽培生长。

9)对再生植株进行转基因植株的检测:采用目的片段检测引物进行 PCR 初步检验,以判断再生水稻植株是否为目标转基因植株。对检测结果正确的 PCR 产物进行测序,进行转基因植株的最终验证,从而筛选出携带目标基因并表现出目标性状的转基因植株。

三、遗传工程核雄性不育系的育性恢复和自交繁殖

通过转基因植株的检测之后,将组织培养过程中获得的遗传工程核雄性不育繁殖系原始植株移栽到转基因试验田中,采用正常的田间栽培管理。对其目标性状表现进行鉴定。如果植株表现为雄性可育且自交结实正常,稻穗上一半种子表现出红色荧光,另外一半不带荧光的种子表现为完全雄性不育,则该植株就是目标遗传工程核雄性不育系及其繁殖系。这里介绍一种高效构建普通核不育系转育载体的方法——重组融合 PCR 法。

载体构建是基因工程和分子生物学研究中常用的基础技术之一,传统的载体构建方法在进行构建多片段拼接的复杂载体时,需要精心选择酶切位点并构建多个中间载体,操作比较麻烦,费时费力。当目的基因中含较多常用酶切位点时,不得不使用价格昂贵且酶切效率低的非常用限制性内切酶来构建载体,导致实验成功率大幅度降低。另外,在进行特殊需求的载体构建时,传统的"酶切—连接"方法还无法实现无缝融合构建。以水稻胚乳特异性荧光表达载体 PGt1－mGFP-pSB130 为例,介绍结合同源重组和融合 PCR 两种方法的重组融合 PCR 构建载体法,该方法可将多个目的基因片段利用单个酶切位点通过一步克隆构建到目的载体上。

1. 目的片段扩增及重组 PCR 结果

利用 p130-649 和 pCambia1302 分别作为 PGt1 和 mGFP-Nos 的模板,利用两个片段的扩增引物对目的片段 PGt1 和 mGFP-Nos 进行扩增,并得到预计大小的 2 个片段,即大小为 1859 bp 和 1037 bp 的片段。将两个目的片段 PGt1 和 mGFP-Nos 的 PCR 扩增回收产物进行融合 PCR 扩增,得到 PGt1-mGFP-Nos 预计大小的片段,为 2896 bp。

2. 融合 PCR 产物与目的片段重组、转化

将融合 PCR 产物 PGt1-mGFP-Nos 和线性化载体 pSB130 进行重组反应,再将重组产物常规转化大肠杆菌(Top10),6800 r/min 离心 1 min,弃 800 μL 上清,用枪头将菌液和剩余上清吸打混匀,全部涂布于含 50 mg/mL 卡那霉素的固体 LB 平板上,37 ℃倒置培养 16 h 后,观察菌落。

3. 重组质粒的验证

转化平板上挑取单菌落在 5 mL 含 50 mg/mL 卡那霉素的 LB 液体培养基的 10 mL 离心管中，37 ℃，200 r/min 培养 16 h。用质粒小提试剂盒提取质粒，Sal Ⅰ 单酶切验证。电泳结果表明菌落质粒能够切出目的条带，片段大小为 2896 bp。并与目的序列通过 NCBI 进行比对，全部序列均与目的序列 100% 相同。

重组融合 PCR 法是一种简便、通用、高效的载体构建方法，此方法较其他载体构建方法有以下 3 点优势。

(1) 酶切位点依赖程度低。此方法只需要存在可以将目的载体线性化的限制性内切酶的酶切位点，其他部分均无须考虑限制性酶切位点，而是依赖于高保真性的 PCR 扩增，特别适用于目的片段中含有较多限制性酶切位点的载体构建。传统构建方法可能因为要避免目的片段中已有限制性酶切位点，而不得不选择多构建中间载体或者选择昂贵但酶切效率低的非常用限制性酶切位点，并构建大量中间载体，经过多次连接、转化，操作麻烦、费时费力，不但大量增加了载体构建的工作量且实验成功得不到保证。重组融合 PCR 法可以将不同来源的几个目的片段仅通过一次重组、转化克隆到目的载体上，大量减少中间载体的构建，提高工作效率和实验成功率。

(2) 可实现定点突变。定点突变技术在基因和蛋白质功能研究、生物工程技术药物的研发以及基因克隆、载体构建等许多领域具有广泛的应用，是分子生物学的一种常规实验技术。但此方法由于产物不纯，未得到普遍推广。

重组融合 PCR 法不需要考虑酶切位点和片段大小，通过一步克隆即可实现线性定点突变。具体方法如下：在突变位点设计两条包含突变碱基的反向互补的 PCR 引物，分别为 F_2 和 R1，在 F_2 的上游设计同向引物 F_1，在 R1 的下游设计同向引物 R2，以引物 F_1 和 R1，F_2 和 R2 分别进行 PCR，获得的 PCR 产物再进行融合重组 PCR，即可获得预期点突变的目的片段。

(3) 便于原核基因多顺反子基因无缝融合。多顺反子中多个基因紧密相连，如果在构建原核基因（或线粒体、叶绿体）表达载体时，采用传统的限制性酶切-连接法，可能由于酶切位点的引入影响多顺反子的转录与翻译，导致转录提前终止、mRNA 编辑异常、蛋白质折叠异常等非预期表达。利用此方法构建原核基因（或线粒体、叶绿体）表达载体时，可以实现多个基因间的无缝融合，形成类似于原核基因多顺反子的基因表达模式，从而保证原核基因表达载体中各基因的功能。

在第三代杂交水稻亲本选育过程中，无论采取何种育种策略，都必然涉及对后代材料的鉴定与筛选工作。遗传工程核不育系及其繁殖系通过杂交回交方式进行育种时，其选育效果不仅与所选杂交亲本及杂交配组方式紧密相关,还很大程度上取决于育种家对杂种后代的处理技术。采取适宜的选育方法是获得性状优良、实用性强的雄性不育系的关键。在筛选到遗传工程核雄性不育的繁殖系植株后,应对其他性状进行细致筛选鉴定,保留优良单株并剔除不良劣株。采取适宜的选育方法是获得性状优良、实用性强的雄性不育系的关键。在筛选到遗传工程核雄性不育的繁殖系植株后,应对其他性状进行细致筛选鉴定,保留优良单株并剔除不良劣株。理论上,许多重要性状的遗传模式相对简单。在数量性状领域,主基因往往发挥显著作用,许多此类性状能较快达到遗传稳定状态。在选择过程中,对主要性状不满意者应尽早淘汰,因为保留每一个不符合要求的材料都将导致在种子准备、种植和繁殖等环节投入额外的时间、精力和资源。通常情况下,F_5 或 F_6 群体中种植的株系,除个别具有特殊性状可用于作为中间材料外,其余应均为无明显性状缺陷、主要农艺性状优良、兼具实用性和良好配合力的新种质材料。对待杂种后代,应将关注焦点放在最具潜力的材料上,有针对性地进行重点选育。

首次选择时,应以分离群体的整体性状表现为参照。例如,在某个 F_2 选择群体中,若整体性状较差且无特别突出的雄性不育株,这类 F_2 群体可考虑提前淘汰,无须进行选择。对于因雄性不育性导致水稻雄性不育系出现开花习性恶化、花期延迟、稻穗颖花开花时间分散、开颖率降低、柱头活力减退等情况的材料,应尽早予以淘汰。雄性不育系抽穗后,需仔细观察其花器性状和开花习性,包括稻穗颖花的开花时间、颖花开花的密集程度、颖花闭颖率、柱头外露率以及开花后的闭合状况等。应选择花器性状优良、开花习性良好、柱头活力强、异交率高的株系,同时淘汰闭颖严重、柱头活力低下、异交结实率低的株系。对所配制的杂种后代进行性状对比鉴定,优先选择性状优良、杂种优势显著、增产潜力大的雄性不育株系及其繁殖系,同时在稳定过程中测定其配合力和杂种优势,淘汰配合力不佳的雄性不育株系及其相应的繁殖株系。

在育种实践中,育种家们认识到分子标记辅助选择技术能够加速遗传工程核雄性不育系的选育进度。普通隐性核雄性不育基因的连锁分子标记可用作雄性不育基因辅助育种的选择标记,而红色荧光则可作为可育基因(红色荧光基因和花粉致死基因)的选择标记。在杂种后代中获得的优良雄性不育繁殖系单株,可以作为重点进行选育,分组群进行筛选。从 F_2 代群体内所选单株可以繁殖大量的杂种后代种子。在 F_3 代种植 3000 株以上的群体,在其中选择优良单株进行分单株收获种子。在 F_4 阶段,对各株系进行种植,每个株系种植 14~20 株,总计约 1000 个株系。在 F_4 阶段,会有少量株系的性状基本趋于稳定。其理论基础在于:水稻拥有 12 对同源染色体,若忽略染色体交换及误差因素,理论上在 F_2 代中染色体完全纯合的植株概率为 1/4096。比较多的植株染色体纯合的对数为 5~7 对。如果在 F_2 代所选到的繁殖系植株为 6 对纯合染色体,则在 F_3 代 12 对染色体完全纯合的概率为 1/64。考虑到交换和随机误差,在实践中具有 1000 株的 F_2 植株群体内,一般会出现 5~10 株染色体高度纯合的单株,它们在 F_3 代即可表现出性状整齐一致的状态。组群筛选法只有在 F_2 单株及 F_3 群体性状突出、符合育种目标时,才能获得比较好的育种有效。对于 F_4 各株系中主要农艺性状虽不稳定但依然优良的单株,也可运用组群筛选法进行选育。进入 F_5 群体阶段时,可适当缩减株系数量,而到了 F_6 群体,株系数量应进一步减少。

单倍体育种涵盖花培育种和孤雌生殖育种,但这类方法无法直接应用于加速 SPT 遗传工程核雄性不育系的选育过程,原因在于遗传工程核雄性不育系的花粉中并不包含育性基因、致死基因和红色荧光基因。只有在其花粉致死基因处于杂合状态的情况下,遗传工程核雄性不育系的繁殖系才有可能产生可育花粉而繁殖种子。

采用性状标记辅助选择法有助于对遗传工程核雄性不育系新种质进行筛选。在水稻抗病育种过程中,常常遇到新培育的水稻品种在种植几年后抗性逐渐丧失的问题。将多个不同的抗性基因聚合在一个水稻品种中被认为是建立持续抗性的重要途径之一。但不同抗病基因对测试小种的表现有时是相同的,用常规的方法难以确定不同抗性基因的存在。建立在基因精确定位基础上的性状标记辅助选择法能突破常规水稻育种的局限性,有助于培育出高产、优质和多抗的水稻新品种。

性状标记辅助选择法是基于与目标性状基因连锁的标记座位上等位基因进行定位,其选择的可靠性主要取决于目标性状基因座位与标记座位之间的重组频率,因此期望这两个座位间的遗传距离尽可能小。同时,若能在目的基因两侧均找到紧密连锁的标记,则将进一步提高选择的可靠性。在标记辅助选择中,必须应用与目的性状基因紧密连锁的标记,因为目的性状基因与标记间的重组率在不同群体中是不同的。确定分子标记的构图群体往往不同于育种群体,因此,性状标记辅助选择法希望使用在育种群体中与目的基因的重组率仍旧是比较低的标记。对 3 个不同 F_2 群体在第 11 号染色体上 10 个区间的重组频率进行比较的试验结果表明,紧密连锁的基因座位之间的重组频率在不同群体间的差异并不大,这说明紧密连锁的基因座位在不同群体中的遗传距离变化比较小。为了确保性状标记辅助选择法的准确性,较为理想的做法是在目标基因两侧找到与其紧密连锁的基因标记,要求这些标记与目标基因的遗传距离小于 5 cm。

性状标记辅助选择法在将作用相似的不同基因聚合到同一品种的过程中大有用武之地。已经知道,抗白叶枯病基因 *Xa21* 和 *Pta48* 连锁并且已经建立了相应的 STS 引物,将带有 *Xa21* 的 *IR24* 近等基因系 *IRBB21* 与不含该基因但含抗虫基因的另一个 *IR24* 近等基因系杂交,对以该 STS 检测得到的 34 株纯合抗性的 F_2 植株,利用白叶枯病常规接种方法检测 F_3 株系以确定 F_2 植株的基因型。结果表明,31 株为纯合抗病植株,仅 3 株为杂合抗病植株,准确率为 91.2%,而已知 pTA248 与 *Xa21* 的距离为 1.2 cm,9% 的误差反映出选择群体和定位群体之间的重组频率的变化状态。在 1 个以抗稻瘟病基因 *pi-z5* 两侧的连锁标记的辅助选择中,纯合抗病 F_2 植株的选择准确率为 100%,这说明利用目的性状基因两侧标记辅助选择可以达到很高的准确率。借助性状标记辅助选择法,国际水稻研究所已成功培育出分别聚合了 3 个抗稻瘟病基因和 3 个抗白叶枯病基因的水稻新种质。

21 世纪初,科研人员开始探索利用普通和雄性不育材料的潜力,并尝试借助现代生物技术构建水稻杂种优势利用的新技术体系。2015 年,李新奇在第三代杂交水稻技术上和杂交新组合的选育上取得了重大突破,创制出第三代杂交水稻不育系及其配制的第三代杂交水稻。通过各种优良农艺性状重组,可以将各种优良性状聚合到杂种第一代中,由此将表现出强大的杂种优势效应,产量潜力较大。

第五章　雄性不育恢复系选育

雄性不育恢复系是一种正常的作物品种，用它的花粉授给不育系后，所产生的杂交种雄性恢复正常，能自交结实，这是它的特殊功能，如果该杂交种有优势，就可用于生产。

水稻恢复系是指在水稻杂种优势利用技术体系中，具有优良农艺性状与配合力，能使杂种第一代雄配子体（或雄配子）育性恢复至正常水平，与特定雄性不育系配组后产生的杂种第一代展现出显著杂种优势效应及生产实用价值的水稻品系。一些正常可育的品种或自交系的花粉授给不育系后，不但结实正常，且具有正常散粉能力。也就是说，它恢复了雄性不育系的雄性繁育能力，因而称之为雄性不育恢复系，简称恢复系。用恢复系作父本，与不育母本杂交，制种区不需去雄，便可得到杂种种子，而且杂种一代能良好地开花散粉、授粉结实。从20世纪70年代初开始主要以研究"野败型"核质互作型雄性不育系为重点，成功地建立"三系"杂交水稻的技术应用体系；从20世纪90年代开始主要以研究光温敏不育系为重点，成功地建立"两系"杂交水稻的技术应用体系并取得了超级杂交水稻育种的巨大成就；目前杂交水稻界正在利用现代生物技术完善第三代杂交水稻的技术体系。无论什么类型的杂交水稻，其恢复系都是重要的组成部分。

第一节　优良恢复系的育种目标

在水稻恢复系选育过程中，育种家设定的主要育种目标包括：遗传基础丰富，综合农艺性状优良，对特定雄性不育系具有良好的恢复力，花粉量充沛，配合力出众（一般配合力与特殊配合力俱佳），以及较强抗逆性和适应性。一个优良的水稻恢复系必须具备以下几个条件。

1. 基因型结合

优秀的水稻恢复系在遗传上应表现为基因型纯合,且表现型整齐一致。通过多代自交和严格筛选,确保基因型达到符合育种要求的纯合度,并能在株系或品系内进行姊妹交或混合授粉后,仍能将优良特性稳定遗传给下一代。

2. 配合力佳

优秀的水稻恢复系应具备良好的一般配合力。一般配合力佳,方有可能构建出具有强优势的杂交组合。从遗传学角度分析,水稻一般配合力主要受加性遗传效应支配,是一种可遗传的特性。一般配合力好则表明恢复系具有比较多的有利基因位点,这是产生强杂交优势效应的遗传基础。当一个恢复系分别与多个雄性不育系配组所产生的杂种第一代均表现出明显的杂种优势效应和生产利用价值时,这个恢复系就是优良的恢复系。

3. 农艺性状优良

优秀的水稻恢复系应具备众多优良农艺性状,其农艺性状在很大程度上直接影响杂交组合的相关性状表现。优良农艺性状是指符合育种目标要求的各种性状,涵盖植株性状(如植株高度、株叶形态、生长势、叶片持绿性等)、产量性状(如稻穗大小、每穗粒数、粒重等)、开花习性、抗逆性及适应性等。作为杂交水稻的亲本,还需考虑影响繁殖制种的相关性状,要求恢复系具有大花粉量、顺畅散粉、雌雄花期协调、结实性良好及高繁殖制种产量。

具备上述优良性状的恢复系具有较大的潜在利用价值,在亲本繁殖和杂交制种过程中易于实现高产,从而有助于降低杂交种子的商品成本。具体来说,优良恢复系的优良农艺性状主要包括以下五方面:①植株外观上,株叶形态优良,植株高度适宜(120~140 cm),分蘖能力强,穗粒结构合理,结实率较高(90%以上),具有良好的丰产性和优质的米质。②恢复力强,所配制的杂种组合(F_1)在不同年份和季节种植时,结实性波动较小(即结实率稳定)。③开花习性良好,开花期间开花时间较长,每天开花时间早且花期集中。此外,优秀的水稻恢复系通常具备花药肥大、花粉量充足的形态特征。④具有广泛的适应性,对光温反应不敏感,同一年份不同种植季节间生育期变化幅度较小。⑤抗逆性强,优秀的水稻恢复系通常具有耐肥抗倒伏、抗病虫害及耐异常不良环境条件的特性。

第二节 优良恢复系的选育方法

一、概述

在20世纪70年代,水稻恢复系的选育主要以不育系为基础通过测交鉴定后确定。稻种资源中,恢复基因的分布与提供雄性不育细胞质材料的原产地存在一定关联,这意味着在雄性不育细胞质供体的近缘品种或材料中往往蕴含着相应的恢复基因。在恢复系的选育中,可以从雄性不育细胞质供体的细胞核提取恢复基因,也可以从雄性不育系的近缘品种中通过测交筛选出恢复基因,还可以将原有恢复系的恢复基因转育到新的优良品种中,进而获得新的恢复系。在雄性不育性与恢复性的基因位点上,两者的对应关系对于育性的表达有明显的影响。不同类型的雄性不育系在不育基因的位点和基因数目上存在着一定的差异,雄性不育是否被恢复取决于恢复系是否在完全相同的基因位点上存在着相等的恢复基因。只有雄性不育基因与恢复基因达到协调状态,其杂种第一代才能表现出正常的育性。育种实践中,恢复系对不育系的恢复能力存在差异,表现为广谱恢复能力和特殊恢复能力。部分恢复系对不同类型的不育系均展现出强恢复力,而另一些恢复系则对不同类型的不育系表现出不同程度的恢复能力(无法恢复、弱恢复或强恢复)。

水稻恢复系的选育方法主要有三种:①通过常规测交法直接筛选恢复系;②通过杂交法(包括单交、复交和多次回交)培育恢复系;③从雄性不育系的杂种后代中筛选出具有雄性不育细胞质的同质恢复系。

与水稻雄性不育系杂交,能使其F_1代雄性器官恢复正常、表现出一定的杂种优势效应并能正常自交结实的水稻品种(系),称为水稻雄性不育恢复系。一个优良的恢复系要求恢复力强、配合力优良、开花习性好、花粉量大、开花集中、分蘖力强、生长势旺盛。在传统育种中,恢复系的选育方法主要有测交筛选法和杂交选育法两种。利用不育系与大量的品种资源测交,从中筛选出有恢复能力的品种或品系。

水稻恢复系选育过程中,始终要依据育种目标,遵循综合农艺性状优良、一般配合力佳及遗传上达到纯合状态三个基本原则进行选择。筛选恢复系的主要任务包括:设定育种目标、获取变异群体、对后代材料进行筛选,并在对综合农艺性状进行精细评价后,作出种质资源的取舍决策。为了加速选育进程,需要异地加代和异季加代(北种南繁,南种北育)、利用温室和人工气候室加代、早期鉴定和测产、后代材料提早升级或越级试验或多项试验并进。

历经几十年的不懈探索,育种家在杂交水稻育种中筛选优良恢复系积累了丰富的经验。在恢复系育种过程中,不仅要求被选对象(恢复系)具备良好的经济性状和综合农艺性状,还必须具备优秀的配合力(配合力在很大程度上决定了杂种第一代杂种优势效应的大小)和强恢复力(恢复力在一定程度上影响着杂种第一代的结实状态与产量潜力)。恢复系的配合力和恢复力的强弱表现,仅凭植株的表现型很难确定,只有通过人工测恢的方法才能确定其是否为符合育种目标。

二、获得恢复系的方法

(一)测交筛选法

根据育种目标,以大量种质资源为依托,广泛测交筛选法是最为简便且见效迅速的水稻恢复系选育方法。在实际应用过程中,育种家利用现有品种或品系对特定的雄性不育系进行测交,通过对其杂种第一代的表现特点从中筛选出具有强恢复力的优良品种(系)。具体的操作方法包括杂交和鉴定这两个技术环节,即首先利用现有强恢复力的优良品种(系)对雄性不育系进行授粉,然后对其杂种第一代的结实率、经济性状、抗逆性等主要性状的初评。随后,对初评入选的品种(系)再次进行杂交和鉴定,由此进一步验证初次测交入选的品种(系)试验价值。根据复测的试验结果,对不符合育种目标的品种(系)予以淘汰,而入选的少量优良株系就是该雄性不育系的恢复系。当在小面积试验田中鉴定出优良的恢复系之后,还需要通过在不同的生态条件下进行大田制种和生产鉴定,由此确定其实际应用价值。在第一代杂交水稻育种的早期,主要通过广泛测交的方法筛选恢复系。

(二)一次杂交法

根据育种目标、恢复系特点及生产需求,育种家通过一次杂交操作将恢复系遗传基础中的恢复因子引入新的品种(系),然后从其后代分离群体中采用系普法选育新的恢复系。系普法就是在现有品种的群体内,根据育种目标,选择有利的变异植株,将其培育鉴定成具有良好农艺性状新的品种。在一次杂交中,育种家最常用的方式是通过恢复系与恢复系之间杂交后产生变异群体,在有些情况下也可以采用保持系与恢复系杂交或雄性不育系与恢复系杂交等方式产生变异群体。一次杂交法的实质就是将2个具有各自不同优良性状的品种(系)进行杂交,促使其后代群体内产生出优良性状互补和恢复基因累加的新个体,或者将恢复基因转移到优良的品种(系)中,以便培育出综合性状更加优良的新的恢复系。

(三)多次杂交法

当育种家通过测交法或一次杂交法选育的新恢复系无法满足育种目标时,通常需要采用多次杂交法。在恢复系的选育过程中采用多次杂交法就是以多个优良的恢复系或品种(系)为种质资源,通过多次单交或复交的方式将多个品种或品系的优良基因导入到新的后代品系中,进而有可能选育出综合性状更加优良的新的恢复系。在实际育种中,育种家通常会将3个及3个以上亲本的优良性状与恢复基因综合在一起,由此筛选出优良的恢复系。在通过籼粳杂交方式选育恢复系的育种实践中,育种家通常要利用多个具有不同有利性状的籼稻亲本与粳稻亲本进行多次杂交和筛选,这是杂交水稻育种中选育强优恢复系的重要途径。在选育强优恢复系时,可以选择偏籼型或偏粳型,以培育成籼型或粳型强优恢复系。在20世纪80年代中后期培育成功的第二批杂交水稻组合使水稻产量跃上了新的台阶,这主要受益于一批新的恢复系的培育成功(如明恢63和测64等),这些恢复系主要通过多次杂交方式选育而成。

20世纪80年代末,通过聚合法(即利用多个杂交亲本逐次杂交与选育)成功将籼粳广亲和性基因和"野败型"雄性不育恢复基因整合,选育出了适用于"三系法"、"两系法"、品种间及亚种间杂种优势利用的通用恢复系,即籼型通用恢复系1936和粳型通用恢复系1248。

(四)生物技术法

自20世纪70年代以来,随着遗传学研究成果的持续积累,生物技术在生物体遗传改良领域的应用范围日益拓宽。现代水稻遗传改良的研究成果表明,水稻育种主要包括4个重要的技术环节,即创造遗传性变异、筛选出优良的变异个体、促使优良的变异个体在比较短的时间内达到遗传上的纯合体和扩大新品系的快速繁殖以满足生产需求。在水稻恢复系选育过程中,创造遗传性变异及筛选优良变异个体是至关重要的技术,其成效与育种家的整体素质和技术水平紧密相连。在运用现代生物技术创建遗传性变异群体的研究中,常用方法包括生物学方法(如转基因、无性系诱导和花药培养等)、物理学方法(如离子束生物技术、辐射诱变育种和航天育种等)以及化学方法(如使用化学诱变剂引发水稻种质资源遗传变异)。在早籼型水稻恢复系选育中,育种家通过诱变法选育的恢复系,如 IR36 辐、华联 2 号、华联 5 在近年来对多倍体水稻的研究中,一些多倍体水稻群体内存在着 0.1% 左右的回复突变体(即由四倍体突变为二倍体),由此建立了以多倍体水稻为基础通过花药培养或筛选自然突变体,进而培育恢复系的育种新方法。

三、筛选恢复系的程序

在筛选水稻恢复系工作中,涉及育种方案的制定、亲本材料的选配、杂交组合的处理和初选以及多点鉴定等。育种者的工作主要集中在如下 3 个方面。

(一)种质资源圃或原始材料圃

从各处搜集来的原始材料,按类型归类种植,每份材料种几十株。在整个生育期间对所有原始材料进行全面系统的观察记载,包括形态特征、株高、生育期、抗性等,并根据育种目标选出若干材料进行重点研究,以备选作杂交亲本。有些材料需要在诱发条件下鉴定其抗性,分析其品质。在育种工作中,应不断引入新的种质资源以便充实原始材料圃,丰富育种材料的基因库。原始材料圃应该保持其遗传上的纯合性和农艺性状的典型性,严防机械混杂和生物学混杂。

从原始材料圃中选出的或在育种工作中长期积累形成的、合乎育种目标要求的、有可能作为亲本利用的试验材料均种植在亲本材料圃内,按照亲本材料的主要性状特点(丰产、早熟、抗病和品质等)归类种植。对于农艺性状优良的亲本或骨干亲本可以多种植一些,以便配制各种杂交组合。过早或过晚的亲本可分期播种或采用温室等措施调节生育进程,促使花期相遇。亲本圃采用点播方式,行距可稍宽,使植株生长健壮,这样既便于杂交操作,又可以多配制杂交组合和多收杂交种子。

(二)恢复系选种圃

种植杂种植株及其分离世代材料的区域称为选种圃,有时也将种植杂种 F_1 和杂种 F_2 的区域称为杂种圃。

(1)杂种第一代(F_1)播种时应按照杂交组合编号顺序进行稀疏点播,每个杂交组合的种子种植成独立小区,其中单交组合要求种植 10~20 株,复交组合需种植 100~200 株,并在杂交组合小区附近种植亲本,便于比较鉴别真伪杂种。

(2)杂种第二代(F_2)是性状分离最为丰富的世代,个体间特征特性差异显著,存在多种变异类型,是挑选优良单株至关重要的阶段。因此,按杂交组合种植的 F_2 群体规模不宜过小(通常应超过 2000 株),以增加发现优良变异单株的概率。对 F_2 群体内的选择,首先是确定好的杂交组合,然后在好的杂交组合内选优良单株。

选种圃通常不设置重复,种植行长和行距应根据不同水稻材料的类型进行调整。每隔一定距离(通常每间隔10行或20行)种植1行至2行优良恢复系作为对照,作为选择的参照标准。也可以加设主要目标性状突出的其他品种作为选择该性状的对照。在抗病材料筛选过程中,还需增设感病对照品种,以评估全田的发病状况。在整个生长期间,应依据对照材料的表现,目测鉴定杂种材料的主要性状,以便选株选系。对性状表现比较整齐一致的株系,除目测鉴定其主要性状之外,还要实收实测,并与对照材料进行综合性状的比较鉴定。最后,根据田间目测、比较鉴定和室内考种结果,淘汰比较差的株系,选留优良株系升入鉴定圃,进行高一级的鉴定试验。

(三)测交鉴定圃

当新的恢复系遗传基础达到纯合状态且主要农艺性状呈现整齐一致性时,以雄性不育系为母本进行测交。在测交鉴定圃中,主要对杂种第一代的综合农艺性状、杂种优势效应及实用价值进行鉴定与评价。随后,育种工作将进入生产制种试验阶段,以进一步验证新恢复系应用价值。

育种家在运用现代生物技术和先进育种技术获得遗传性变异群体后,亟需确定如何科学地处理后代群体。当前育种工作中,育种家通常采用的方法包括系谱法、混合法、单粒传法和回交法等。

四、杂交选育的后代处理技术

(一)系谱法

系谱法是指在具有优良突变性状的群体中开始选择优良个体,随后在下一世代优选出个体形成株系;在株系内部继续筛选优良个体,如此循环进行,直至被选择后代的基因型达到纯合状态,群体的主要农艺性状趋于一致且符合预设育种目标。在此过程中被选择的各个株系或优良个体的来源、最终被选择的单株或株系所经历的选择代数以及所采用的选择强度均有完整记录。在采用系谱法筛选后代材料时,易于度量的性状通常受到重视。性状遗传变异问题是这一筛选方法面临的主要争议点之一。在晚期的后代群体中,可供选择的数量性状会逐渐减少。在系谱法选择的最后几个世代中,育种者的核心工作是促进遗传性状纯化及种子繁殖。系谱法的缺点在于劳动强度过高。在早期世代鉴定阶段,提高育种工作效率至关重要。为了实现高效育种,育种者必须善于早期识别优势杂合群体并及时剔除劣势群体。随后,将筛选工作的选择精力主要集中于优势群体中。这种方法被认为有助于提升筛选效率。对杂合群体的准确评估是成功应用该方法的关键。育种者通常认为,从劣势群体中分离出的后代对育种选择意义有限,因为即便仅从优势群体分离后代中进行选择,仍有足够的选择空间,不会影响对目标性状的保留。

(二) 混合法

在性状发生分离的早期世代选出优良单株后将其混合在一起,由此形成下一个世代。当主要农艺性状趋于稳定时才进行单株选择,进而建立株系。采用这种筛选方法比较简单且比较省费用,并且在早期几个世代代中,比系谱法需要更少的工作量;在比较早的世代中所需要作的记录将比用系谱法时少很多。

(三) 单粒传法

在杂种的分离世代(F_2代和M_2代)开始从每一植株中收获一粒种子,将群体内的单粒种子混合在一起组成下一个世代的群体,依此进行多个世代的筛选,最后在群体内主要农艺性状趋于稳定时进行重点筛选,进而形成株系和品系。育种家采用单粒传法筛选恢复系的目的就是防止低遗传力的变异性状在比较早期的世代发生遗失。

(四) 回交法

回交法是一种旨在改良基因型的育种方法,其本质是通过多次轮回亲本或非轮回亲本的杂交与选择,将某一特定基因导入具有其他优良基因的品种中。在恢复系选育中,若一个亲本品种虽具有高产特性,但生产上所需某种特殊性状(如抗病基因)尚未得到改良(该性状常存在于另一亲本中)。每次回交操作完成后,育种者会在后代群体中筛选携带待引入基因的杂种植株,再利用轮回亲本进行新一轮回交,这样有望在后续后代群体中更便捷地识别出携带目标性状的优良单株。当所要增加的性状易于遗传且呈显性,在杂种植株中容易被识别时,采用回交法进行筛选比较容易。如果所需要的目标基因与一些无用的基因紧密连锁而表现出连锁遗传时,这有可能因无用的基因一同被转移而导致后代个体产量潜力降低。回交法的优点在于不必要进行广泛的鉴定,在水稻恢复系选育中有一定的实用性。分子标记辅助的回交法现在已经被利用在优良基因渗入的育种程序中。

(五) 群体选择法

群体选择法主要基于杂种后代的表型进行鉴定与选择。在杂种早期世代群体中筛选出优良植株种子，混合后繁殖下代，以供后续鉴定与选择。通过实施正群体选择或负群体选择，可以实现对整个群体的育种目标进行改良。在恢复系的选育中，群体选择法被利用的比较少，但在对特殊生态区域恢复系的改良中，该方法是一种有效的筛选方法，特别是对于高遗传力性状的筛选上特别有效。群体选择法的局限在于无法确定所选植株为杂合体还是纯合体。杂合体植株在下代中会继续表现出性状分离，导致育种者需要反复进行表型筛选。另外，环境条件对植株生长发育的影响（包括生殖发育、表现型和主要农艺性状的特性等）对筛选效果有一定的影响。在后代群体内表现型占优势的植株是否其基因型也同样占优势的技术性问题并不是很清楚，环境的强烈不同是否将导致选择效率低也是值得探讨的技术性问题。

单株法是在杂种早期分离世代中从群体内挑选优良单株，所选植株的种子不会简单混合收集，而是分开保存，用于下代重新鉴定其性状表现，旨在探究所选植株的育种价值。利用此种方法培育的恢复系将比由群体选择法培育的恢复系在主要农艺性状的一致性表现上会更好。随着人类社会的不断进步和发展，人们的需求和生产模式的改良为水稻遗传改良提出了新的目标。稻属植物育种目标将侧重于抗逆性和稳产性（尤其是抗病虫性至关重要）。在恢复系育种中，窄谱抗逆性有望向广谱抗逆性发展，单一病虫害抗性育种将转向多抗性育种，同时，"垂直"抗性与"水平"抗性将有机结合，以增强育成恢复系的持久抗性。由于营养需要的不断提高和农产品市场竞争的日益激化，对恢复系品质进行有效改良显得尤其重要。同时，通过现代生物技术改良株型、提升群体光能利用率以及优化恢复系成熟期，将有助于提高复种指数和单位面积产量。关于选育优良恢复系的育种途径与方法，始终存在常规选育与非常规选育的区别。以常规选育为主，结合多种育种方法，综合应用新型生物技术，有望持续提升选育水稻恢复系的技术水平。例如，单倍体技术与诱发变异相结合，可提升隐性突变体出现的频率；组织培养与远缘杂交、多倍体育种的联合应用，有助于快速筛选出有价值的新种质；染色体工程将成为常规育种中引入外源基因的通用手段；质核置换同样能产生有益的遗传变异等。除此之外，利用专性无融合生殖系种质资源等固定杂种优势的研究，也在不断地探索之中。自从20世纪70年代以来，电子计算机的应用已经使水稻育种工作效率大为提高。随着细胞生物学和分子遗传学的迅速发展，细胞融合、分子探针和单基因克隆等新技术的成功应用将为水稻遗传改良带来强有力的技术手段。所有这一切都可能促使水稻育种技术在不久的将来产生新的变化。

（六）轮回选择技术

K. 海斯和 R.J. 加柏在20世纪初期首次将轮回选择技术应用于玉米遗传改良，以改良玉米新品种。E.M.依斯特和D.F.琼斯于1920年对轮回选择技术的实用性进行了明确评价。M.T.詹金斯在1940年详细阐述了轮回选择技术的具体内容与方法。直至1945年,F.H.赫尔正式提出了"轮回选择"这一概念。随后,经过不断完善,轮回选择技术逐步成为异花授粉作物遗传改良中的主要技术。当前,轮回选择技术在诸如大豆、高粱、牧草等自花授粉作物的遗传改良中也发挥着重要作用。

作物育种家如何有效利用人工轮回选择技术对作物群体进行改良这一技术问题,一直备受关注。在具体操作中,人工轮回选择技术的应用因作物交配系统的特异性及需改良目标性状的不同而存在显著差异。通常而言,人工轮回选择主要包括如下技术环节:

(1)建立1个或2个以上具有宽广遗传基础的原始筛选群体,这种群体可以是自然授粉的品种、综合性状优良的种质资源、双交种或单交种后代,也可以采用自交系或自花授粉作物品种或品系经过杂交所配制成的分离群体。用于人工轮回选择的基础材料的综合性状优劣,对筛选准确性、育种效率及遗传改良所需时间有显著影响,选用综合性状优良的基础材料能提升人工轮回选择的改良效果。

(2)多次轮回筛选。原始群体建立之后,需要进行多次循环轮回选择。在每一次轮回筛选中主要包括2个步骤:①从原始群体中选择若干具有所需有利性状的最好单株作为杂交材料。②在当选单株之间随机地进行所有可能的两两交配,或在隔离条件下任其自由授粉。然后,将所获得的杂交种子等量混合后种植成下一个群体。每通过一个轮回的筛选之后,当选群体的优良性状值的平均数就向前推进一步,群体水平的改良效果也相应提高一步。

人工轮回选择的方法在对自花授粉作物进行遗传改良时显得更加有效,对目标性状的筛选效果更明显。在人工轮回选择过程中,具体操作方法大致可归纳为两类:简单轮回筛选和配合力轮回筛选。在简单轮回筛选中,育种家主要关注筛选具有较大遗传力的目标性状。通过目测方法或简单测试方法区分目标性状时,可以根据植株的表现状态直接进行选择(也称之为表现型轮回筛选)。如果目测不易区分目标性状时,则需要根据初步选择的结果,将候选单株留在下一个世代再根据其表现特征决定取舍(也称之为基因型轮回筛选)。在配合力轮回筛选中,育种家需要改良的目标性状是配合力,对于玉米这类异花授粉作物的遗传改良特别适用。首先利用候选单株与测验种进行测交,同时自交留种。然后,根据测交组合在下一个世代的性状表现决定候选单株的取舍。在具体的操作过程中,测验种的选用因需要改进的目标性状的配合力不同而存在着一定的差异。一般配合力的轮回筛选应该以遗传基础广泛的种质材料为测验种;特殊配合力轮选应该以优良自交系为测验种。当育种家需同时改良两个群体性状的一般配合力和特殊配合力时,应将两个群体的植株作为对方群体的测验种进行杂交配组。在作物性状的配合力轮回筛选中,育种家需要自交和测交同时进行,选株和杂交隔代进行,并需要另外设置测定测交组合产量表现的试验圃。

研究显示,人工轮回选择的技术特点在于作物群体处于开放状态,形成一个动态变化的基因库,可在遗传改良过程中随时引入新种质或基因,不断丰富改良群体的遗传基础,推动有利基因在群体内频率持续上升,最终筛选出优良品系、自交系或新品种。利用轮回选择方法进行作物群体遗传改良在现代作物育种中已经获得很大成功并产生了巨大的社会效益和经济效益。

五、选育优良恢复系的基本技术环节

水稻育种经验表明,对种质资源的选择进度的快慢和选择效果的好坏在很大程度上取决于其遗传变异的幅度、变异性状的遗传力和选择强度(或选择压力),即取决于遗传变异的量和质。因此,在注意发现与利用现有变异的同时,要千方百计创造所需要的新的遗传变异。水稻种质资源的搜集和研究是发现和创造遗传变异的基础,人工杂交则是创造新遗传变异的最有效的技术手段。在人工杂交中,亲本材料通常分为两类:一类是适应本地自然环境与生产条件的优良品种(系),另一类是具有某些优点但不太适应本地区生态条件的外来种质资源。采用前者收效快但育种效果不够明显,长时间使用将因遗传基础日趋贫乏而出现遗传脆弱性。采用后者有遗传重组潜力,但可能带来一些不良性状。故须重视亲本材料的研究、储备和加工,以便各种有利性状都能被有计划地纳入育种方案,做到亲本贮备常用常新。异交作物的轮回选择和群体改良即为达到这一目的。

对于水稻遗传变异的创造,可采取以下方法。

(1)利用雄性不育进行综合杂交,即大量收集有价值的原始水稻材料,取样混合作为一方,以多个栽培品种的雄性核不育系混合群体为另一方,采用间行种植方式,通过天然和人工辅助杂交,构建遗传基础广泛且复杂的原始杂种群体。经过多年的天然杂交、自然选择和人工杂交、人工选择,不断促使优良基因的多次重组,以便供不同地区和不同目标的育种方案随时从中获取新的种质资源。

(2)通过人工杀雄,进行群体改良。基本方法同上。经杀雄剂杀雄的混合群体,任其随机交配并辅以人工授粉2~3年,然后进行选择,组成新的群体。如此周而复始,直至达到改良目的。

(3)双列杂交选择交配。选择一些各具特点的优良亲本进行双列杂交,为第1轮亲本;下年在杂种一代间有针对性地进行第2次双列杂交,为第2轮亲本;第4年在第2轮亲本经混合选择的杂种二代中,选择优良单株互相交配,即第1次选择交配,组成第3轮亲本,第5年又在第3轮亲本的杂种一代植株间进行第2次选择交配,组成第4轮亲本,如此类推。对每一轮亲本的杂种一代都进行混合选择以繁殖杂种二代,随后按常规程序继续选育。这样可把亲本创新与丰富常规育种的遗传基础结合起来。

(4) 杂种二代株间交配。在杂种二代群体内或群体间进行人工随机交配、定向交配或歧化(相反类型)交配,打破不良基因连锁,促进有利基因重组,扩大遗传变异幅度,通过选择达到新的基因连锁平衡。此法简单易行,但也要经过几轮交配才能收到效果。

获得遗传性变异群体后,对变异材料的选择与固定至关重要。育种家在积累足够丰富的遗传变异种质资源后,可根据改良恢复系的具体育种目标对其进行筛选,促使综合农艺性状趋于稳定。为此需要着重解决如下3个技术性问题。

(1) 正确的选择方法。首先要有明确的目标性状并分清目标性状主次。然而,水稻性状的表现程度和在育种上的价值并非呈现出直线关系。在选择时,对简单遗传的性状如株高、开花期和抗病性等可以进行表型选择;对复杂遗传的性状如产量、品质和适应性等则要辅以对后代性状的测定结果。

(2) 适当的鉴定技术。为了减少表现型选择可能产生的失误,早期的育种材料可以适当多选。一般按几个直观性状进行平行选择,辅以模糊的指数选择,即参照不同性状的相对重要性及其遗传力灵活掌握。后期的育种材料相对少选,要进行比较仔细的综合评价,但也不排斥在早期世代进行必要的理化筛选。在进行几个性状的平行选择时,要处理好性状之间的相互关系。对呈现出负相关关系的性状,如早熟与产量、产量与品质、产量性状与抗病性等,要权衡利害得失加以协调。关于种质资源的群体大小与选择效果的关系,在假定不同性状的选择强度相同时,选择强度一般是先松后紧。在选配杂交组合时,杂交亲本性状互补的数目不宜太多。在对杂交后代进行筛选时需要采用适当的鉴定技术。早期世代材料多,一般要逐株观察,靠目测鉴定,也可以利用仪器进行精量和微量的理化测定,但要迅速简便,经济可靠。育种后期供试材料逐渐减少,性状差距相应缩小。为了对重要目标性状进行严密筛选,优中选优,需要有又快又准的鉴定技术,并力求标准化、数量化。

(3) 适宜的筛选条件。在水稻恢复系的选育过程中,采用适宜的筛选条件有助于提高筛选效果。如筛选水稻的抗病性,一般须在人工诱发病害的条件下或在病害常发区进行,而且要掌握好发病程度,作到恰如其分。考察产量性状和适应性,要注意掌握试验地与大田生产在肥、水和栽培管理水平方面的代表性等。由于水稻育种的时间周期长,加强加代工作和多点鉴定,以空间换取时间也很重要。

当杂交后代遗传基础趋于稳定后，育种工作将进入对数量较多的优良材料进行决选的阶段。为在短期内筛选出极少数可供利用的新品系，首要任务是对材料的历史情况和主要优缺点有清晰了解，预估其在不同生态条件下的可能反应或表现。然后，通过合理的田间试验设计和管理措施，使试验误差降低到最低程度，并用适宜的鉴定技术予以正确评价。最后，依照水稻优良恢复系的育种目标，通过测交配组及对杂交组合综合评估，来确定后代品系的价值。

第六章　优良杂交组合选育

玉米杂种优势的利用历史最悠久,在全球范围内,其在农业生产上的普及推广取得了成效。自美国学者肖尔和伊斯特于1908年研究了玉米自交衰退与杂交优势的遗传现象以来,揭示了生物杂种优势的本质,为近代玉米杂交育种方法奠定了基础。美国在20世纪30年代开始应用玉米双交种,使得玉米生产水平和种植格局发生了巨大变化。美国推广应用玉米杂交种是玉米单位面积产量大幅度提高的重要原因之一,其增产潜力高达40%~50%。我国杂交玉米的研究时间比较晚。建立杂种优势群与种质创新相结合是我国杂交玉米研究的主要成功经验。1973年我国三系法杂交水稻研究取得成功,随即开展了其他几大主要粮食作物的优良杂交组合育种研究。

第一节　优良杂交组合的育种策略

一、不断改良提升双亲性状和亲本自身产量潜力

在作物遗传改良中主要包括4大重要的技术环节,有效利用现代科学技术促使作物种质资源的遗传基础发生根本性的遗传变异;在变异群体内筛选出优良的个体(或优良的突变体);想方设法促使优良突变体的基因型尽快趋于稳定;优良新品系的快速繁殖(即扩大群体)。

对作物种质资源的鉴定和筛选对于遗传改良的成效起着关键性作用,其中轮回选择技术在异花授粉作物品种改良和杂种优势利用中有着重要的作用。在作物遗传改良中常用的轮回选择技术通常又称为重复选择技术,其实质就是在作物群体改良中提高育种效果的混合选择方法。在具体的实施过程中,从原始的作物种质群体中选优良单株进行自交和测交。根据测交结果,选出配合力好或表现型优良的单株将其混合种植,让群

体内的各个单株相互交配，由此形成第一轮选择的改良群体。随后，在第一轮改良群体内继续选择优良单株后将其混合，由此形成第二轮选择的改良群体。通过多轮的选择和重组，可以提高群体中的有利基因频率和优良基因型比例，进而增加群体中的优良性状平均值并保持其一定的遗传变异度。

像玉米这类异花授粉作物通过轮回选择可以育成开放授粉群体类型的品种和选育优良自交系的基础群体；自花授粉作物利用雄性不育系结合轮回选择建拓基因库，从任何一轮改良群体中都有可能选到优良基因型，进而育成新品种。在林木选择育种中多采用简单轮回选择，即从原始群体开始选择亲本，然后通过杂交产生新的子代群体，再从子代群体中又选择下一轮（世代）的杂交亲本。经过如此连续的轮回选择，有望筛选出基因型优良的后代个体。

人工轮回选择技术在作物遗传改良中主要适用于对作物数量性状进行有效的改进。从作物遗传理论上来看，作物育种目标通常会涉及很多性状或基因，在这种情况下只有无限大的作物群体则有可能在一个世代中就可以筛选到具有所有期望性状的基因型。然而，在实际操作中，由于群体数量的有限性，育种家只能通过对后代群体进行逐代选择，进而不断累积有利基因（或有利性状）和淘汰不利基因（或不利性状），由此达到对作物群体进行有效改良。与作物育种中的混合选择法相比较，轮回选择可以避免群体内携带过多不利基因的缺点，也可以减少因连续自交和基因型纯化过快而导致有利基因丢失的缺陷。

以小麦为例，通常而言，小麦人工轮回选择主要包括如下技术环节。

1. 建立初始群体

收集具有丰富遗传多样性和目标性状潜力的小麦种质资源，如地方品种、野生近缘种、已知优良品种的杂交后代等。

组成一个初始的轮回选择群体，确保群体内包含足够的遗传变异，为后续选择提供丰富的遗传基础。

2. 第一轮选择

（1）田间种植与表型评估：将初始群体在多个环境下种植，进行田间观察和记录，评估各植株在目标性状上的表现，如产量、抗病性、抗逆性、生育期、株型、穗部性状、籽粒品质等。

（2）选择优良单株：根据表型数据，按照预定的标准和指标，选择出在目标性状上表现优异的单株或株系。这些单株应具备良好的综合性状和适应性，并且在多环境下均表现出稳定的优良性能。

3. 杂交与重组

（1）单株间的杂交：将第一轮选择出的优良单株进行两两杂交或部分单株与优势亲本杂交，以实现遗传重组，产生新的杂交种子。

（2）混合种植：将杂交产生的种子混合均匀，播种成一个新的群体，称为"轮回选择群体"或"下一代群体"。混合种植有助于保持群体内部的遗传多样性，为下一轮选择提供丰富的遗传背景。

4. 第二轮及后续选择

（1）多代轮回：重复步骤2和步骤3的过程，即在田间种植、表型评估的基础上，选择出新一轮的优良单株，再次进行杂交和混合种植，形成新的轮回选择群体。

（2）累积改良：每经过一轮选择，目标性状的平均表现水平会在群体中得到提升，遗传改良效果逐渐累积。通常需要进行3~6轮甚至更多轮的轮回选择，直至达到预期的改良目标。

5. 中间试验与品种审定

（1）品系选拔：当轮回选择达到一定代数，且群体整体性状显著改善时，从群体中选拔出综合性状优异、稳定性好的株系，作为候选品系。

（2）品比试验：对候选品系进行品系比较试验（或称品比试验），在同一试验条件下与对照品种和其他候选品系进行对比，评估其在目标性状、产量、适应性等方面的综合表现。

（3）区域试验与审定：经过品比试验验证的优秀品系，进一步参加国家或地区组织的区域试验，通过多点、多年、多环境的验证，考察其稳定性和适应范围。通过区域试验的品系可申请品种审定，经审定委员会审定合格后，授予品种权，成为正式推广的新品种。

6. 分子标记辅助选择

（1）标记开发与检测：针对目标性状，开发或利用已知的与之紧密连锁的分子标记。

（2）早期选择：在田间选择之前或与田间选择同步，利用分子标记对轮回选择群体进行早期筛选，快速剔除不含目标基因的个体，或优先保留携带有利基因的个体。

（3）加速育种进程：分子标记辅助选择可以减少田间试验的工作量，缩短育种周期，提高育种效率。

通过以上步骤，小麦轮回选择法能够系统地改良小麦群体的遗传结构，定向提升目标性状的表现，最终培育出符合育种目标的新品种。

二、不断扩大父母本遗传差异

杂种优势利用的亲本选配是杂交育种的关键环节,其目的是通过科学合理的亲本组合,最大限度地发挥杂种优势,培育出性状优良、适应性强、经济效益高的杂交后代。以下是杂种优势利用的亲本选配原则。

1. 目标性状互补

亲本应具有互补的目标性状,如一个亲本在某个性状上表现优秀,而另一个亲本在另一性状上突出。这样,杂交后代有可能表现出超越双亲的杂种优势。

2. 遗传差异显著

亲本间的遗传差异越大,杂交后代的遗传重组机会越多,越有可能产生具有杂种优势的个体。可通过选用不同生态类型、地理来源、遗传背景或亲缘关系较远的亲本来增大遗传差异。

3. 一般配合力与特殊配合力兼顾

一般配合力(GCA):反映亲本作为杂交组合一方时,对杂种后代某一性状平均表现的影响。应选择 GCA 值高的亲本,保证其遗传贡献对杂种优势的普遍提升。

特殊配合力(SCA):反映特定亲本组合间杂种后代的超亲表型。应通过配对试验,筛选出具有显著正向 SCA 的亲本组合,实现特定性状的突破性改良。

4. 抗逆性与适应性良好

亲本应具备较强的抗病、抗虫、抗逆(如耐旱、耐寒、耐盐碱等)能力和广泛的适应性。杂交后代继承这些特性,能在多种环境下稳定发挥杂种优势。

5. 繁殖制种性能优良

亲本应具有良好的繁殖力、自交亲和性(自交系)或配合力(杂交种),便于杂交种子的大规模生产。对于胞质雄性不育系,还需考虑保持系和恢复系的配套性及稳定性。由此要求两亲本的开花期尽可能相近,并以丰产性比较好的品种或品系为杂交母本,花粉量大的品种或品系为杂交父本。

6. 品质性状突出

对于粮食作物和经济作物,亲本应具有优良的品质性状,如高蛋白、优质淀粉、适宜的面筋特性、良好的口感风味等。杂交后代应能继承并整合这些品质特性,满足市场需求。

7. 运用现代育种技术

利用分子标记、基因组选择、基因编辑等现代育种技术,对亲本进行精准鉴定和选择,提高选配的科学性和效率。

杂种优势利用的亲本选配需遵循目标性状互补、遗传差异显著、配合力优、抗逆性强、适应性好、繁殖力佳、品质优良以及符合法规要求等原则,同时结合现代育种技术,科学高效地培育出具有显著杂种优势的作物新品种。

在现代作物遗传改良领域,通过远缘杂交方式创造物种间杂种,进而利用其强大的杂种优势效应挖掘作物产量潜力,是育种目标的探索性研究方向。所谓远缘杂交就是指植物分类学上不同物种之间、不同属之间或亲缘关系更远的不同作物类型之间的有性杂交。从前人的研究来看,(水稻×玉米)、(玉米×高粱)、(小麦×玉米)、(玉米×摩擦禾)等杂交配组方式属于属间杂交;而(普通栽培稻×非洲栽培稻)、(普通小麦×硬粒小麦)、(陆地棉×海岛棉)、(甘蓝型油菜×白菜型油菜)、(栽培花生×野生花生)等杂交配组方式则属于物种间杂交。

在作物育种中,远缘杂交有助于打破物种间的遗传生殖隔离,促进物种间遗传物质的交流与基因重组,从而在相对较短时间内创造出人工新物种,并构建作物杂种优势利用的高级技术平台。当前,世界范围内水稻遗传改良主要以普通栽培稻同一基因组(AA)内不同种质资源为基础进行优良基因的重组。除此之外,以普通栽培稻为基础从少数野生稻和禾本科中部分非稻属物种中引进优良的基因资源。尽管如此,利用野生稻以及远缘物种的有利基因促进多种优良基因的聚合,是实现水稻高产、优质和多抗等超高产育种的有效途径之一。稻属植物中有两个栽培物种,分别是普通栽培稻(*Oryza sativa* L.)和非洲栽培稻(*Oryza glaberrima*)。亚种栽培稻包含3个亚种:籼亚种(*indica*)、粳亚种(*japonica*)和爪哇亚种(*javonica*)。籼亚种主要种植于热带和亚热带地区,而粳亚种和爪哇亚种分别种植于温带和热带地区。非洲栽培稻作为亚洲栽培稻的近缘物种,两者之间的杂交,其杂种第一代会表现出强大的物种间杂种优势效应。

三、将杂交作物亲本进行分群

像籼粳亚种间杂交时育种家所面临的技术性难题一样,非洲栽培稻与普通栽培稻进行物种间杂交时,存在杂种不育性问题,由此导致其结实率下降,难以获得杂种的产量优势,限制了远缘杂种优势利用。近年来对控制普通栽培稻与非洲栽培稻杂种不育的S1座位进行了深入研究并克隆了该座位的关键性基因 *OgTPR1*。随后的研究发现,敲除

OgTPR1 基因功能不会明显影响雌雄配子或雌雄配子体的正常发育,但能够特异性消除 S1 座位介导的该杂种间杂种不育现象。通过对物种间杂种不育机理的深入研究,以及通过寻找和利用广亲和性基因、回交替换物种间不育基因位点、基因编辑等技术敲除物种间杂种不育基因等手段,有望在一定程度上解决普通栽培稻与非洲栽培稻杂种不育的技术难题,从而实现对部分物种间杂种优势效应的有效利用。

父母本本身性状表现和遗传距离与 F_1 杂种优势表现存在高度的相关性。杂种优势群是一个遗传多样、含有大量有利基因、配合力高且具备优良种性的育种基础群体。它在自然选择和人工选择的过程中不断进行基因重组,使得有利基因得以持续更新和优化分布。通过有目标的筛选和测试,持续分离和选出具有高配合力的优良自交系。利用遗传差异大的来自两个不同杂种优势群的亲本配制杂交种,能够有效发掘和利用杂种优势,提高作物的产量、品质、抗逆性和适应性。生物杂种优势群理论最初是根据玉米杂交育种的长期实践所得到的经验总结。

尽管尚未见对水稻杂种优势群进行系统性研究的报道,但根据近 30 年杂交水稻育种的研究经验和已发表的关于水稻杂种优势效应的研究成果,可以大致得出以下 3 个初步结论。

(1)在籼型"三系"杂交水稻技术体系中,其雄性不育系(保持系)和恢复系应分别归属于两大杂种优势群,即长江流域早籼生态型和南亚(或东南亚)中晚籼生态型。据此,可认为中国早籼雄性不育系(保持系)与国外恢复系分别属于两个不同的杂种优势群,其优势群间杂交属于强杂种优势利用模式。

(2)在杂交母本群内又主要分为协青早和珍汕 97 两大亚优势群;在杂交父本群内也分为两个主要亚优势群,它们分别衍生于 IR24 和 IR26 的株系/品种或衍生于其他 IRRI 株系的株系/品种,如明恢 63(其恢复基因源自 IR30)及其衍生系。

(3)"两系"杂交水稻的光温敏不育系已经分化为一个独立于"三系"杂交籼稻两大杂种优势群的新杂种优势群,其"两系"杂交父本与"三系"恢复系均同属于一个大的杂种优势群。在第三代杂交水稻组合选育中,杂种优势群和杂种优势模式理论为育种家提供了比较明确的技术思路和杂交配组方向。在"三系"杂交水稻中雄性不育系(保持系)和恢复系分别属于两大杂种优势群,即长江流域的早籼稻生态型和南亚(或东南亚)中籼或晚籼生态型;在"两系"杂交水稻中光温敏不育系为一个独立于"三系"杂交籼稻杂种优势群的新杂种优势群,其"两系"父本与"三系"恢复系同属于一个大的杂种优势群等。因此,在选择杂交亲本进行杂交配组之前,利用分子标记技术以遗传距离为技术指标对亲本进行群组划分,尽可能选择位于两个来源于不同杂种优势群组,且具有比较远的遗传距离的两个亲本进行杂交配组。

关于优良杂交水稻组合的选配原则,主要考虑如下3个方面的问题:①杂交亲本本身的综合性状是否优良。杂交亲本(特别是杂交父本)应当是生产上直接应用的高产品种,综合农艺性状比较优良。②杂交亲本在遗传上是否为血统纯正的品种(品系)。杂交亲本在遗传上的纯合程度与其杂种第一代群体表现杂种优势效应的大小有着明显的正相关关系。生产实践表明,杂交亲本的纯度关系到杂交水稻的生产价值和实用价值。无论是杂交父本还是杂交母本,在一定范围内,亲本在遗传上越纯,则经济效应越明显,杂种第一代能表现出比较强的杂种优势效应,由此产生的杂种群体在田间表现为整齐一致,产量潜力比较大。③杂交亲本之间在遗传上是否存在着一定的遗传差异。杂交亲本之间的遗传差异越大,血缘关系越远,其杂交后代所表现的杂种优势效应越强。在选择和确定杂交组合时,应当选择那些遗传性和经济类型差异比较大、原产地距离比较远的的品种为杂交亲本,由此配制的杂交组合有可能表现出明显的杂种优势效应。杂交水稻育种的经验表明,由遗传差异大、地理距离远和生态类型不同的杂交亲本所配制的杂交组合通常会表现出比较强的杂种优势效应。将杂交作物亲本进行分群,划分杂种优势群的常用方法有系谱分析法。美国根据长期的育种经验和系谱来源把玉米带种质分成Reid和Lancaster两个杂种优势群,在此基础上构建了第一个杂种优势模式。以后选育出的新自交系都根据系谱来源划入Reid群或非Reid群,从而提高了杂交种选育和种质改良的效率与目的性。我国根据系谱分析法将玉米种质划分为国内系和国外系。

1. 数量遗传学方法

根据种质杂交后代的杂种优势表现和变异程度可以进行杂种优势群划分。杂交种的表现可以分解为亲本的一般配合力和特殊配合力;亲本自交系间的特殊配合力有一定规律可循,可以作为类群划分的依据。通过双列杂交方法可以分析自交系间的特殊配合力而用于类群划分,并且非常有效,其可靠性取决于参试自交系的数量与遗传基础的广泛性。通过双列杂交分析将15个骨干自交系划分为5个杂种优势群。然而对于大量自交系的分析,巨大的工作量使其在实际操作中缺少可行性。NC-II设计降低了种质分析所需的工作量,但它必须先通过已有的杂种优势群筛选出一套标准测验种。对于一定数量的种质资源,并已经建立了一定的杂种优势群或标准测验种,NC-II设计将非常适合划分种质类群。如根据2个马齿型和2个硬粒型测验种对92个CIMMYT热带玉米自交系进行了有效的类群划分。

2. 分子标记方法

通过对分子标记确定的遗传距离进行主成分分析(PCoA)或聚类分析(CA),可以明显地将供试种质划分为不同的类群。其中主成分分析适用于大量自交系的划分,而聚类分析能够可靠地揭示自交系间的紧密关系。由于二者的互补性,同时采用两种分析可以从分子标记数据中提取最大限度的信息量。利用 RFLP 标记,将美国的 148 个自交系划分为 LSC 和 BSSS 两大群,11 个亚群;将欧洲和北美的 116 个自交系划分为马齿和硬粒两大群,12 个亚群。利用 RFLP 和 SSR 标记将我国 29 个玉米自交系划分为 5 个类群。利用分子标记划分玉米杂种优势群可行有效,结果与系谱分析基本一致。通过一定数量的分子标记(多于 100 个),辅以杂种优势群来源清晰的种质作为参照,可以将来源不清的种质划分到相应的杂种优势群。此外,通过分子标记还可以对群体进行遗传多样性评价,确定杂种优势群归属,监控其遗传多样性变化,有效地提高了它们在育种实践中的进一步利用。总之,通过分子标记揭示育种材料或种质资源间的遗传关系,能够准确地将研究材料划分到现有的杂种优势群,甚至还可以系统地鉴别出新的杂种优势群,为育种家正确选择多样性的杂交亲本,系统导入新种质,建立和改良育种群体提供了必要的信息。

应用分子标记可以经济快速地将大量供试材料划分到相应的杂种优势群,这是传统的系谱分析和数量遗传学方法无法比拟的。然而,杂种优势群划分面对的是复杂的产量性状,完全依靠分子标记技术而抛弃对育种材料的田间组配与评价显然不恰当。就目前来看,利用分子标记确切划分玉米种质杂种优势群及构建杂种优势模式,还需要与数量遗传分析以及育种家的实践经验相结合。

四、克服父母本遗传差异大导致的杂交不亲和

物种是生物分类学的基本单位,它是指实际的或潜在的能够相互交配并能产生杂种后代的自然群体。在同一物种内的个体享有共同的基因库,杂种后代表现出可育性,由此组成具有特定遗传基础的生物群落。物种间在有性杂交时表现出明显的生殖隔离特性。所谓生殖隔离就是指物种间个体不能进行有性杂交或杂种后代不能正常地繁育下一世代的个体。生殖隔离包括受精前生殖隔离(机械隔离和配子或配子体隔离)和受精后生殖隔离(杂种不能成活、杂种不育和杂种的生活力衰败)。受精前生殖隔离通常也称之为杂交不亲和性。

物种间杂交不亲和性是指来自两个物种的可育材料在授粉后,由于花粉粒在异源柱头上不能正常萌发或花粉管发育行为异常或雌雄配子之间不相容而导致不能正常形成合子(或幼胚)的生殖发育现象。物种间杂交不亲和性可以划分为孢子体不亲和性、配子体不亲和性、配子不亲和性。物种间杂交不亲和的表达部位主要有柱头不亲和、花柱不

亲和、胚囊不亲和,其作用方式包括主动识别和被动拒绝。关于物种间杂交不亲和性表现的遗传机理,分别提出了3个假说,即受自交不亲和性基因座控制假说、由育性基因S与其他基因相互作用而导致不亲和的控制假说、由独立的主基因或基因体系而导致不亲和的控制假说。但仍然还有一些技术性问题值得进一步探索和研究。

稻属植物具有雌雄同花类花器官结构的特征。雄配子体位于花药内,花粉粒就是雄配子体,具有三核型花粉粒的形态特征。雄配子体作为载体,通过特定途径将雄配子输送到并释放至胚囊中,以实现双受精过程。成熟花粉粒的壁包括外壁和内壁,在其外壁上通常具有特殊的雕纹,这种雕纹在分类学上具有一定的意义。花粉粒的内壁由果胶质和纤维素组成,其中含有特定的蛋白质和各种水解酶。内壁蛋白是由单倍性雄配子体所合成的,其中包含决定着配子体不亲和性的识别蛋白。在花粉粒内包含有1个营养细胞和2个生殖核(即2个精子)。生殖细胞和营养细胞都是单倍体,但营养细胞比较大,而生殖细胞比较小并呈纺锤形。花粉粒内部的营养细胞核和生殖细胞核(即精子)都具有主动移动的能力。

在稻属植物的生殖发育过程中,雄配子或雄配子体的发育动态一直受到高度关注,其基本的发育环节包括7个方面:①孢原母细胞的启动;②粉花母细胞的发育;③减数分裂(包括同源染色体的分离和染色单体的分离);④小孢子单核中央期;⑤小孢子单核靠边期;⑥双核期花粉;⑦三核期花粉或花粉粒充实期。

近代遗传学的研究表明,在生物体的细胞内细胞核均含有其生命代谢的全部遗传信息,细胞的分化和发育是生物个体发育的基础,其实质就是特定基因或基因群在特定时间和特定空间差异性表达的结果。在杂交水稻育种中,优良恢复系的选育与种质资源的遗传上的亲和性存在着密切的关系。

在普通栽培稻物种内,不同品种或生态型之间通过有性杂交之后所获得的杂种后代在育性上的表达状态学者们最早将其称之为亲缘性。自从日本学者矶永吉(1928年)发现籼亚种与粳亚种杂交,其杂种后代群体均表现出不育现象(雄性不育或雌性不育或雄性雌性均不育)之后,不同水稻品种之间通过杂交所获得的杂种后代的育性表现便被作为划分品种类属(其中包括区分籼亚种、粳亚种和爪哇亚种)基本技术指标。然而,随着近代水稻遗传改良水平的不断提高,地理环境和气候条件的变化,水稻种质资源中不同生态类型的亲和性也随之发生了相应的变化。

水稻是一种在遗传上表现育性多型性的植物,在形态特征、生理特性、育性亲和性等方面表现得特别明显,这与水稻进化程度的差异、分布范围的广泛、生态类型的多样性和遗传改良的进度存在着密切的相关关系。在选育优良恢复系的育种环节中必须要在基因水平、细胞水平和个体水平重视水稻种质资源之间的育性亲和性。

关于在基因水平水稻种质资源之间的育性亲和性问题,自 20 世纪 80 年代末以来一直引起水稻育种家的关注。日本学者池桥宏所提出的水稻广亲和性概念就是指某种带有亲和性基因的水稻品种或品系分别与其他籼稻品种(品系)和粳稻品种(品系)杂交之后,其杂种第一代群体表现出育性正常的遗传现象。具有这种遗传特性的水稻品种(品系)称之为广亲和品种。

池桥宏利用不同的籼粳水稻品种为杂交亲本,通过交叉配组的三交试验研究了水稻广亲和性的遗传基础。水稻第 I 连锁群的 3 个基因位点,即色素原基因 C、糯性基因 wx 和育性基因 S_5 表现出紧密的基因连锁关系。在此育性基因 S_5 上所存在的 3 个复等位基因 S_i、S_j 和 S_n 分别存在于籼稻品种(S_i)、粳稻品种(S_j)、广亲和水稻品种(S_n)。基于遗传学研究,不同基因型与育性表达的关系有以下几种:籼稻品种间杂交后代(S_iS_i)表现为可育;籼稻品种间杂交后代(S_jS_j)表现为可育;广亲和水稻品种间杂交后代(S_nS_n)表现为可育;广亲和水稻品种与籼稻品种间杂交后代(S_iS_n)表现为可育;广亲和水稻品种与粳稻品种间杂交后代(S_jS_n)表现为可育;籼稻品种与粳稻品种间杂交后代(S_iS_j)表现为半不育。

按照池桥宏的观点,水稻亚种间广亲和性的表达只取决于在 S_5 基因位点上复等位基因之间的相互作用,而完全否定了在其他基因位点上的育性基因的作用效应,这显然有一定的局限性。籼粳杂交育种的试验结果表明,水稻广亲和性是 1 个比较复杂的育性现象,在遗传上涉及的基因效应并非仅仅局限在水稻第 I 连锁群内育性基因 S_5 上的复等位基因所导致的基因效应,应该还涉及其他未知基因或遗传系统的调控效应。利用籼粳广亲和性基因并不能从根本上解决亚种间杂种第一代的育性问题,原始籼粳杂交种第一代在生物学产量上所表现出的强大的杂种优势效应还难以直接利用。利用爪哇型广亲和性品种为亲本的 F_1 代研究(籼×WCV、粳×WCV)、F_2 代[籼×WCV F_2、粳×WCV F_2 及粳×(籼×WCV)可育株 F_2]、三交杂种[(籼×WCV)×粳、(粳×WCV)×籼]的育性表现及杂种优势表现,结果发现广亲和性爪哇品种与籼、粳稻杂交的同样具有亚种间杂交优势,并且结实率能够达到正常水平。同时发现紫色释尖可以作为以 C pslol7 为亲本的三交杂种高结实株的标志性状,与池桥宏对广亲和性品种 Ketan Nangka 和 Calotoc 的研究相吻合。同时,在 Cpslol7 与籼粳稻的杂种 F_2 和三交杂种可育株 F_2 中,也是紫色释尖植株较无色释尖植株结实好,共同证实了 Kitamura 关于广亲和性有一对显性的广亲和性基因作用的假说。研究中的三交杂种各级结实率植株频率大体呈双峰分布,以及广亲和性品种与一般品种的复合杂交后代品系仍具广亲和性,也说明这种主基因的重要作用。在试验中也观察到带有广亲和性基因的杂种植株受到其他基因的作用可改变育性,有的表现正常结实,有的则表现半不育,难以完全用交换理论来解释。相关研究表明,由于遗传背景的不同,拥有广亲和性基因的植株育性差异大,广亲和性的表现有微效基因参与作用。试验中,培矮 64 与籼稻杂种 F_1 结实正常,与两个对籼稻有较高稻亲和力的粳稻品种 Lito 和 H50 杂交,F_1 结实率高于 80%,与日本优、罗马稻、Giza 这些对籼稻亲和力低的粳稻杂交,F_1 为半不育。粳稻恢复系轮回 422 与粳稻品种 512 杂交,F_1 结实率高于 80%,与 5 个籼稻配组的杂种结实,结实率都在 75% 以上。配合力分析表明,籼粳交结实率以受微效基因的累加作用为主,亲本的一般配合力差异大。籼爪交中,那些与粳稻杂交,杂交 F_1 结实率的一般配合力较高的籼稻品种为亲本的组合,杂种结实较好,广亲和性品种培矮 64 与结实率一般配合力较低的粳稻杂交,多表现半不育。MR365 比菲改 B 结实率的一般配合力高,而 MR365 所配三交组合较菲改 B 所配三交组合结实好。籼粳交中结实率一般配合力较高的亲本可能存在对广亲和性作用较强的微效基因,带有广亲和性基因和作用较强的微效基因的籼粳交组合可能达到正常结实水平。我国是普通栽培稻的起源中心之一,栽培水稻的历史悠久,水稻的种质资源丰富。水稻品种或品系亲和性的变异与其在长期进化过程中特定的分化程度密切相关,进而与普通栽培稻的起源和演化存在着密切的关系。研究不同水稻生态型品种或品系的亲和性实际上与研究它们的亲缘关系完全一致。在杂交水稻育种中,通过有效利用水稻种质资源中的广亲和性有助于在一定程度上消除水稻不同亚种间杂种后代的育性障碍,促进不同稻种群之间有利基因的交换和重组,在更高的技术层次上进一步挖掘稻属植物的杂种优势效应。

在玉米中,已有一些广亲和基因被鉴定和研究,如 $Ga1-S$、$Prs1$、$ZmMs23$ 等。这些基因通过调控花粉与柱头的识别、花粉管生长、雌蕊成熟等多个环节,影响杂交亲和性。有助于打破种内或种间杂交不亲和的障碍,扩大遗传资源的利用范围,促进遗传多样性在种群间的交流。小麦广亲和基因的研究相对较少,但仍有一些相关基因被报道。例如,某些 $HKT1$ 基因的启动子区域可能与小麦的广亲和性有关,它们可能通过调控钾离子运输影响花粉管生长和受精过程。小麦中也可能存在类似的调控杂种育性的主效基因,有待进一步鉴定和研究。

五、消除优良父母本之间的配组不自由

我国水稻杂种优势的利用研究长达六十多年,在此过程中已经从最初的利用核质互作型雄性不育系为基础配制杂交组合,再进入到以利用光温敏不育系为基础建立两系法水稻杂种优势利用的技术程序。在 20 世纪 90 年代之前我国所研究和利用核质互作型雄

性不育系的杂交水稻为第一代杂交水稻,20世纪90年代之后所研究和利用的光温敏不育系为基础的杂交水稻为第二代杂交水稻。当前,李新奇等培育的"三优1号"等以普通核不育系为母本的杂交水稻属于第三代杂交水稻。第三代杂交水稻的技术特点就是以生物工程技术为主导,挖掘水稻普通核不育系的潜在价值,由此配制具有更大产量潜力和更少制种风险的新型杂交水稻。深入研究第三代杂交水稻的技术程序将为稻属植物遗传改良寻找到新的研究平台和发展方向。

在作物杂种优势利用的方法上力求由复杂的方法逐步向简单的方法转变,即由"三系法"向"两系法"逐步推进,最后进入"一系法"。在杂交水稻育种中,第一代杂交水稻在方法上采用"三系法",第二代杂交水稻和第三代杂交水稻在方法上采用"两系法"。在杂种优势利用上普通核不育性具有明显的优越性:①雄性不育性仅由一对隐性基因控制,任何正常的水稻品系或品种作为受体都能够转育成为新的雄性不育系,其雄性不育性的表达不受遗传背景限制,光温等生态条件对其雄性不育性的表达也没有调控作用。②在杂交配组中任何正常的水稻品系或品种都能够作为普通核不育系的恢复系,这有助于扩大优良恢复系的筛选范围,进一步挖掘优良种质资源的潜在价值。③普通核雄性不育水稻不会像野败型雄性不育水稻那样在水稻杂种优势利用中存在着潜在风险(即没有雄性不育细胞质单一性和负优势效应的潜在的技术性风险。④普通核雄性不育水稻在杂交制种过程中其雄性不育性稳定,不会像光温敏核雄性不育水稻那样在雄性不育系繁殖、杂交制种和水稻杂种优势利用中存在着因光温等生态因素发生异常波动所导致的潜在的技术性风险。借助于现代生物技术,不但可以保持自然界所存在的普通核雄性不育水稻的雄性不育性,而且还促进水稻杂种优势的利用水平提升到新的技术平台,由此开创利用水稻杂种优势效应进一步挖掘其产量潜力的新局面。

第二节　优良杂交组合的选育方法

一、理想株型育种

在水稻遗传改良领域,面临两大技术挑战:①如何在促进稻属植物物种进化的同时提升其增产潜力;②如何通过有效技术手段固化稻属植物的杂种优势。

普通栽培稻为喜光喜温作物,其产量潜力与光温生态条件紧密相关。有效利用杂种优势效应挖掘水稻产量潜力的关键就是通过遗传基础的优化组合建立优良的外观群体结构和最大限度地提高内部的生理机能,即优良的株叶形态与杂种优势效应的有机结合。

优良的水稻植株形态是超高产的外观基础,直接关系到在单位时间内和单位面积上水稻获得的光能数量和光能利用率。在超高产杂交水稻育种中,袁隆平一直主张利用双亲优良性状的互补作用,在形态上作更加完善的重组和改良。理想株型能够使杂交水稻在生长发育过程中不断适应环境条件,协调"源""流""库"三者之间的有机关系,最大程度地提高光能利用效率,从而实现超高产目标。我国稻作区域辽阔,生态条件表现出明显的多样性,从水稻矮化育种以来,育种家们在不同的生态区域开展相应的理想株型育种并不断使之趋于完善。

关于超高产水稻的形态结构模式,自 20 世纪 60 年代以来,一直是科研人员持续探讨和研究的主题。Donald 于 1968 年首次提出了水稻理想株型的概念,认为理想的株型是挖掘水稻产量潜力的基础。随后,国内外学者就这一研究主题展开了广泛的探讨。黄耀祥于 1983 年提出了半矮秆丛生快长超高产株型模式。杨守仁在 1984 年主张通过培育理想株型与巨型稻来挖掘水稻产量潜力。周开达于 1995 年倡导培育重穗型杂交水稻。袁隆平于 1997 年提出,库大源足是杂交水稻实现超高产形态结构的关键特征特性。

"两系法"杂交水稻的超高产形态特点至少涉及 6 个方面:①"两系法"杂交水稻的植株高度应该为 100 cm 左右,秆长为 70 cm 左右,穗长为 25 cm 左右。②"两系法"杂交水稻植株的上部 3 片叶的形态特点应该是长、直、窄、凹和厚。"长"就是指植株的叶片呈修长状态,剑叶长为 50 cm 左右,高出稻穗的穗尖 20 cm 以上,倒 2 叶比剑叶长 20% 以上并高过穗尖,倒 3 叶的叶尖达到稻穗中部。"直"是指叶片呈挺直状态,剑叶、倒 2 叶和倒 3 叶的角度分别为 5°、10° 和 20° 左右,并且叶片的直立状态要久经不斜,一直到成熟为止。"窄、凹"是指叶片向内微卷而呈现出比较窄的状态,但叶片展开时其宽度大约为 2 cm。"厚"是指叶片比较厚,这有助于叶片直立。③"两系法"杂交水稻植株的形态特点是株型适度紧凑,分蘖力中等,灌浆后稻穗呈下垂状态,穗尖离地面 60 cm 左右,稻田中的冠层只见挺立的稻叶而不见稻穗,即"叶下禾"或"叶里藏金"稻。④"两系法"杂交水稻的穗重和穗数特点是单穗重 5 g 左右,每公顷稻穗数为 270 万左右。⑤"两系法"杂交水稻的叶面积指数和叶粒比的特点是,以植株上部 3 叶为基础计算,叶面积指数为 6.5 左右,叶面积与粒重之比为 100:2.3,即每生产 2.3 g 稻谷,植株上部 3 叶的叶面积要达到 100 cm^2。⑥"两系法"杂交水稻的收获指数要达到 0.55 以上。

杂交亲本材料及其杂交组合的形态改良。在理论上,水稻单位面积的稻谷产量=单位面积的生物学产量×收获指数。历经数十年遗传改良,水稻矮秆优良品种的收获指数已较高(>0.5),因此,通过进一步提高收获指数来挖掘其产量潜力的成功可能性较小,而提升超级杂交水稻的产量潜力则主要依赖于进一步提高其生物学产量。从形态学来看,适当提高超级杂交水稻新组合植株的高度并增加植株茎秆的粗壮度有助于进一步提高其产量潜力。

黄耀祥在"半矮秆""丛生早长"育种的基础上,从生态育种视角提出了华南稻作区超级水稻"矮秆丛生早长型"育种模式。在华南地区气候条件下,早稻和晚稻在每一生育季节内其生育期比较短,植株的生长速度(特别是前期生长速度)要快,以尽可能利用生育前期的温光条件,这对于获得高产非常重要。根据此特性所设计的早晚兼用型超级稻的株型模式:植株高为 105~115 cm,每穴 9~18 个有效穗,每穗实粒数为 150~250 粒,根系活力强,生育期 115~140 天,收获指数为 0.60,产量潜力为 13~15 t/hm^2。按照此育种模式所选育的代表性水稻品种有桂朝 2 号和特三矮 2 号等超高产常规早晚稻品种。

杨守仁关注粳稻穗型对水稻群体结构及受光状况的影响,提出了北方粳稻区超级稻"直立大穗型"育种模式,认为直立穗型的创制将是水稻理想株型的重大突破。在此基础上,陈温福对粳稻超高产株型进行了量化设计,具体参数如下:植株高度 105 cm,直立大穗型,分蘖力中等偏强,每穴拥有 15~18 个有效穗,每穗实粒数为 150~200 粒,具备高生物学产量、强综合抗性,生育期 155~160 天,收获指数 0.55~0.60,产量潜力达 12~15 t/hm^2。按照此育种模式所选育的代表性水稻品种有沈农 265 和辽粳 263 等超高产常规粳稻品种。

针对长江中下游地区的生态特点,袁隆平明确提出构建具有"高冠层、矮穗层、中大穗、高度抗倒"特征的超高产杂交水稻组合的理想株型模式,旨在将高生物学产量、高收获指数、高度抗倒的"三高"性状有机整合,以充分高效利用光能,最大限度挖掘产量潜力。"高冠层"是指植株上部三片叶片具备长、直、窄、凹、厚等特点,叶面积指数大,光合能力强,有利于"源"的充足供应。"矮穗层"是指植株高度约为 100 cm,稻穗形态下垂,穗顶距离地面仅 60~70 cm,这样的结构使重心降低,增强了抗倒伏能力,实现了"流"的畅通。"中大穗"是指单穗重 5~6 g,每亩有效穗 18 万~20 万个,每穗实粒数约 200 粒,确保了"库"的容量充足。高经济系数就是指立足于依赖提高生物学产量达到进一步提高稻谷产量的目的,要求经济系数 >0.55。日产量高就是指熟期适宜,日产量为 6.67 kg/亩左右。

关于水稻杂种优势效应的技术探索,在双亲遗传基础较为协调且杂种育性展现出一定亲和性的前提下,杂交亲本之间的遗传差异大小(即遗传距离)与杂种第一代所展现的杂种优势效应大小密切相关。依据杂交亲本之间的血缘关系(即遗传多样性),可在普通栽培稻范围内划分出多个杂种优势群。由不同杂种优势群之间的种质资源进行杂交配组,则其杂种第一代往往会表现出比较强的杂种优势,而由同一杂种优势群内的种质资源进行杂交配组,则其杂种第一代所表现出的杂种优势比较弱或不明显或出现负向杂种优势效应。

根据杂交水稻育种的特点和发展趋势,袁隆平明确提出"形态改良与杂种优势利用相结合"的杂交水稻超高产育种的技术路线。研究显示,生物体遗传多样性是产生杂种优势效应的遗传基础,选取遗传距离较远的双亲进行杂交配组,更有可能最大限度地利用双亲间的杂种优势效应。对于普通栽培稻内不同亲本杂交后其杂种第一代的表现趋势(即水稻杂种优势效应),袁隆平将其总结为籼粳交>籼爪交>粳爪交>籼籼交>粳粳交,并提出杂种优势利用水平由低到高的3个发展阶段的技术思路,即由利用品种间杂种优势发展到利用亚种间杂种优势,再到利用稻属内物种间远缘杂种优势。在涉及的杂交组合类型中,粳粳交和籼籼交属于品种间(或生态型间)杂种优势利用,是水稻杂种优势利用的第一阶段,也是当前水稻杂种优势利用的主要形式;籼粳交和籼爪交属于亚种间杂种优势利用,为杂种优势利用的第二阶段,但存在亚种间遗传不亲和性问题,表现为亚种间杂种结实率低且不稳定、籽粒充实度低等技术难题。

水稻的理想株型是在特定生态条件和稻作环境下,通过最大程度协调"源""流""库"三者关系,以实现最大经济产量的一种理想株叶形态。超级杂交水稻的育种历程与经验揭示,超级杂交水稻理想株型并非固定不变,而是在不同生态条件下存在各自适应当地稻作环境的理想株型模式。

二、杂交亲本的配合力测定及育种

(一)杂交亲本的遗传距离

双亲之间的遗传距离与其杂交后代(杂种第一代)表现的杂种优势效应强弱存在一定的相关性。双亲之间的遗传距离就是指亲本之间在遗传基础上差异程度或差异大小。遗传距离是衡量水稻品种(或品系)间多个性状综合遗传差异大小的技术指标。育种目标所要求的性状不止一个,为了能够更全面地反映亲本品种(或品系)之间的遗传差异,需要对多个性状进行综合考查,从而引申出遗传距离的概念。前人曾研究性状选择与亲本选择对遗传距离与产量杂种优势效应、杂种产量关系的影响:①当考虑的性状数目较少时,遗传距离与产量杂种优势效应、杂种产量的关系因性状差异而异;当考虑的性状数目较多时,遗传距离与产量杂种优势效应、杂种产量的关系呈现抛物线状,受单一性状影响较小。②当所选用亲本材料的遗传差异比较大时,遗传距离与产量杂种优势效应的关系为抛物线状态;当所选用亲本材料的遗传差异比较小时,遗传距离与产量杂种优势的关系为直线关系或不相关关系。

在采用粳稻资源分类方法,测定数量性状的遗传距离,探讨数量性状遗传距离与杂种优势效应的关系时,对 30 份粳稻资源材料的 12 个数量性状进行了主成分分析和聚类分析,并使用作图法研究了数量性状遗传距离与杂种优势指数之间的关系。将 30 份粳稻资源的 12 个数量性状归纳为 5 个主成分因子,其累积贡献率为 86.84%。在评价粳稻种质资源时,首先应考虑每穗总粒数和每穗实粒数等穗粒因子,其次为群体具备一定的高峰苗数,最后应该协调植株的生育期、秧苗素质及株型等因子。30 份粳稻资源被归为 5 组,地理远近和亲缘关系与遗传距离并不存在必然的联系。遗传距离与杂种优势的关系比较复杂,并非遗传距离越大杂种优势效应越明显。在进行粳稻资源评价时,不能以地理或亲缘关系作为唯一标准;在亲本选配时,应选择遗传距离中等偏大的材料。在杂交水稻亲本选择中,种质资源材料之间的遗传距离是值得参考的一个重要指标,但不是一个唯一的技术指标。

(二)杂交亲本的配合力

玉米品种间杂交种通常能实现对对照品种 10%~20% 的增产效果。

亲本选配原则。根据性状传递规律和育种的实践经验,亲本选择应掌握如下几个原则。

(1)应具高产、优质的遗传基础,适应性强,优良性状符合当地生产的需求。尽可能选用优良性状多、不良性状少、性状互补的亲本品种杂交。

(2)亲本在亲缘关系和地理距离上均应具有远缘性,且配合力良好。往往以当地优良品种与外国(外地)引进的好品种杂交,获得优良组合的可能性较大。

(3)为便于繁殖制种,选用抽雄(或抽丝)期相近的亲本品种杂交。

然而,在作物育种中,双亲配合力的高低与杂种性状优劣紧密相关,是选配杂交亲本的重要依据之一。作物育种实践证明,外观长势好和产量潜力大的亲本进行杂交配组,其杂种第一代的产量并不一定表现出强大的杂种优势效应。只有配合力好的杂交亲本,才能配出高产的杂交组合。在选育杂交亲本时,除外观性状优良外,还要测定其配合力,选用配合力好的亲本杂交,可望获得强优势杂交组合。

在作物育种中配合力的概念首先由 Sprague 和 Tatum(1942 年)提出,其试验依据主要来自玉米遗传改良中筛选优良自交系的研究。作物亲本的配合力包括一般配合力和特殊配合力。在玉米杂种优势利用中杂交亲本的配合力已经成为筛选优良杂交亲本或优良种质资源的重要的技术依据。

根据现有的研究,作物某品种或自交系与其他多个品种或自交系杂交,其杂种 F_1 性状的平均表现称之为该品种或自交系的一般配合力。在实际应用中,一般配合力通常用某一性状或多个性状在杂种 F_1 性状表现的平均值来衡量。遗传学家研究认为,一般配合力是遗传上加性作用的具体表现。作物性状的遗传力比较大则比较容易通过异源基因间的交流和重组实现一般配合力的累加效应。具有一般配合力比较大的种质材料或杂交亲本通过杂交之后往往容易获得优良的杂交后代。特殊配合力是指 2 个亲本的杂交组合有别于杂交双亲一般配合力的特异性表现。学者们通常认为,特殊配合力由基因的显性作用和上位性作用所决定,前者表现为由等位基因间相互作用所导致的生物学效应,后者表现为由非等位基因间相互作用所导致的生物学效应,这两种生物学效应统称为基因互作效应。在通常情况下,具有比较大的特殊配合力的杂交组合,其杂交双亲一般具有比较远的遗传距离(即生态差异比较大或亲缘的比较远)。

在育种实践中发现,作物的不同杂交组合或某一性状的特殊配合力在大小和方向上存在着一定的差异,由此导致不同杂交组合在遗传上存在着一定的区别(即利用价值明显不同)。作物性状的特殊配合力在特定性状表现上还包含着基因与环境因素的相互作用所导致的生物学效应,因而其表现容易受到环境因素的影响而发生波动。

作物的一般配合力与特殊配合力之间存在辩证的生物学关系,既相互独立又相互依存,二者共同存在于同一杂交种中并各自发挥遗传效应。一般配合力大的杂交亲本并非与所有杂交亲本的配合力或所有性状的配合力都高,具有比较大的一般配合力的杂交亲本同样存在着一定的特异性,即某些性状在不同杂交组合中其各自的特殊配合力往往还存在着一定的差异,这也是具有良好一般配合力杂交亲本有可能选育出不同品种或杂交组合的遗传学基础。作物育种中,育种家高度重视发现和选育具有较大一般配合力的杂交亲本或种质资源,同时在实际育种工作中也应关注对有利性状的特殊配合力的关注。育种家在筛选优良杂交亲本时需要对种质资源的一般配合力进行选择和淘汰,随后再测定相关杂交组合的特殊配合力。因而,在测定杂交双亲一般配合力的基础上再选配其特殊配合力大的杂交组合,这已经成为作物杂种优势利用的重要技术原则和技术诀窍。

在作物遗传改良中,如何有效测定作物种质资源的配合力和筛选出具有良好配合力的杂交亲本是重要的技术环节。杂交亲本的配合力最终表现在特定基因和特定性状在杂种后代的传递能力(即特定性状的表达强度或表达的可能性)。在作物育种实践中,杂交亲本配合力的测定通常要按照正规的试验设计和统计分析方法进行,其中最常见的方法就是采用双列杂交设计及其统计分析方法。在具体的试验中可以通过杂种 F_1 的表现型估算其性状的一般配合力。由于杂种 F_1 和杂种 F_2 的性状表现存在着比较大的相关性,其杂种 F_2 的性状表现可以作为杂交亲本配合力的一个参考指标。然而,在作物杂交育种中仅仅看杂种 F_1 代的性状表现还是难以确定杂交亲本的配合力,因为有的作物杂交组合在杂种 F_1 代群体并不会表现出明显的杂种优势效应,甚至在有些杂交组合中表现出劣势效应或负向杂种优势效应,但在杂种 F_2 以后,随着世代的推进和性状的分离重组,某些单株的表现却突出,在这样的分离群体内同样可以选育出优良的个体或新品种(其亲本配合力仍然很优良)。从另一个方面来看,有的作物杂交组合的杂种 F_1 表现出比较强的杂种优势效应,但其分离后代的表现很一般,最终很难筛选到优良的新种质或很难育成优良的新品种,这类杂交组合的配合力状态更多地表现出杂交亲本的特殊配合力的特征。育种家发现,一个杂交亲本的配合力需要进行严格的试验测定或在长期的育种实践中发现和认知。在作物常规育种中,杂种 F_2、杂种 F_3 和杂种 F_4 等世代的性状表现都是育种家发现和筛选优良杂交组合的重点世代,直接关系到能否筛选出优良的新种质和培育出优良的新品种。前人从大量的双列杂交试验结果所获得的启示是,不能仅仅根据杂种 F_1 代群体内单株的产量表现和特殊配合力效应值的大小作为推断杂交组合优劣的技术依据,杂交组合的优劣要看其分离世代的性状表现,尤其是杂种 F_2 代群体的性状平均数和方差大小是重要的技术指标。

(三)配合力概念的应用

在作物遗传改良中,杂交亲本配合力的遗传机制及核心杂交亲本的改造是育种家极为关注的问题。在作物育种的实践中发现,具有优良一般配合力的种质资源或杂交亲本并不多,但其一般配合力的遗传力很强,通过有目的和有计划的杂交改良,将一些配合力好的杂交亲本的优良性状通过有性杂交的方式融合在一起,进而将众多的有利基因转移和聚合到具有优良配合力的杂交亲本或种质资源中,由此可望形成特有的核心杂交亲本或核心种质资源,这是作物遗传改良中非常重要的技术环节。

多数作物育种家基于上述技术分析认为,核心杂交亲本不一定是个别具体的品种或种质材料,也不应视为固定不变的品种或种质,而应视作一个具有优良配合力的作物系统或群体。在玉米遗传改良中,依据杂交亲本的不同来源和配合力差异,育种家通常将玉米杂交亲本划分为改良 Reid 群、P 群、四平头群、旅大红骨群和兰卡斯特群等五个杂种优势群。不同杂种优势群构成了玉米杂交组合中多样化的杂种优势模式,对玉米杂交种的选配及性状改良具有普遍的指导意义和学术价值。

在"两系法"杂交水稻的优良杂交亲本的选育中育种家发现,优良光温敏不育系"培矮64s"是具有良好配合力的"两系法"杂交籼稻的核心杂交亲本,其筛选过程是具有良好配合力的优良亲本不断改良的成功范例。育种家以具有广亲和特性的爪哇型粳稻"培迪"为杂交母本,以矮黄米(籼型)为杂交父本进行杂交配组,由此选育出具有广亲和特性的种质材料"培矮"。随后,"培矮"再与"三系法"杂交水稻中的优良恢复系"测64"杂交,进而选育成具有广亲和性的籼型种质材料"培矮64"。在进一步的选育过程中,以光温敏不育系"农垦58s"为雄性不育基因的供体与"培矮64"杂交,从其杂种后代群体内选育出具有部分粳稻血缘同时具有广亲和性的籼型两用核雄性不育系"培矮64s"。"培矮64s"被认为具有比较低的雄性不育起点温度,带有粳稻细胞质和籼稻细胞核,具有广亲和特性的优良杂交母本。

杂交亲本的配合力理论在水稻遗传改良中受到了育种家的高度关注。在籼型杂交水稻中育种家将杂交亲本的配合力作为杂交配组和新组合筛选的重要的技术指标。对国内外已经选育成功的优良籼稻品种亲本的遗传分析结果表明,选育优良水稻品种的成功率与主体杂交亲本的关系密切。在一系列优良水稻品种的遗传基础中,通常带有"主体亲源"的遗传基础或优良基因。在国际水稻研究所选育的优良水稻品种(即IR一列的水稻品种)均带有来自中国的水稻品种"Cina"的部分遗传物质。中国"三系"杂交籼稻的育种成就主要受益于华南早籼品种和东南亚中籼品种所具有的突出的一般配合力。杂交双亲的一般配合力在强优势杂交组合中发挥着重要的作用,而特殊配合力则对杂种优势效应起到锦上添花的效果。

作物配合力的高低是选配杂交亲本的重要考量因素之一。作物遗传改良的实践证明,外观长势好、产量高的杂交亲本,其杂种的产量不一定有比较高的水平,只有配合力好的杂交亲本,才能配出高产的杂种第一代。在筛选杂交亲本时,除了注重杂交亲本具有比较好的外观性状之外,还要测定其配合力。选用配合力好的杂交亲本进行杂交配组,可以获得既丰产且综合农艺性状又好的杂种第一代。

水稻品种(品系)的配合力是指一个品种(品系)与其他品种(品系)杂交后,其杂种第一代的产量表现或潜力。其中,表现产量较高或产量潜力较大的被称作高配合力,反之则为低配合力。水稻品种(品系)的配合力可分为一般配合力和特殊配合力两种类型。在杂交水稻选育过程中,一般配合力是指某一被测亲本品种(品系)在与其他品种(品系)组配所产生的一系列杂交组合中,其杂种第一代的产量潜力(或其他数量性状表现型)的平均表现。一般配合力主要是由遗传上基因的加性效应所引起的,在表现型上的特点是基因的作用表现为累加效应(能够稳定遗传),即通常所说的水涨船高。

特殊配合力主要来自基因的非加性效应,主要包括显性效应、超显性效应和上位性效应等遗传效应。双亲的隐性不利基因效应被显性有利基因效应所掩盖(显性效应),或来源于双亲基因型的异质结合而引起等位基因间的互作(超显性效应),由此促使杂种 F_1 表现出超亲优势效应。

在第三代杂交水稻育种中,测定配合力的主要方法包括共同测验种法、双列杂交法(或互交法)和多系测交法。在采用共同测验种法测定配合力时通常选用 1~3 份材料作为共同测验种,分别与被测系(品种)杂交。在采用双列杂交或互交法时各被测系互为测验种,两两相互杂交。在采用多系测交法时,选用几个已知配合力的优良系或骨干系作为测验种,与一系列被测系进行测交,配成若干个单交组合。第二年按顺序排列,进行产量比较试验,取得各个杂交组合的平均产量,由此可以计算出一般配合力和特殊配合力。

在第三代杂交水稻育种中,选育优良普通核不育系时必须对其配合力进行严谨鉴定。选用具有高配合力的普通核不育系为杂交母本才有可能配制出表现杂种优势效应明显且产量潜力大的杂交组合。

在作物育种中,作物配合力是指一个自交系(品种)与另一些自交系(品种)杂交后,杂种一代的产量表现。表现为高产的为高配合力,表现低产的则为低配合力。配合力可分为两种,即一般配合力和特殊配合力。一般配合力(GCA)是指某一被测杂交亲本(自交系或品种)在与其他杂交亲本(自交系或品种)组配的一系列杂交组合中,其杂种第一代的产量(或其他数量性状)的平均表现。特殊配合力是指两个特定的杂交亲本所组配的杂种第一代的产量水平。在测定配合力时,与被测系(品种)进行杂交的品种、自交系、雄性不育系、恢复系和杂交种等统称为测验种,这种杂交称为测验交(或测交),产生的杂种第一代被称为测交种。在作物育种实践中,育种者在鉴定恢复系配合力时,通常根据试验材料特点和育种目标,采用共同测验种法、双列杂交法(或互交法)和多系测交法等三种测定方法。

水稻恢复系的一般配合力主要由基因的加性效应所引起,在表现型上的特点是基因的作用表现为累加效应(即能够稳定遗传的效应),即通常所说的水涨船高。在"三系"杂交水稻育种中,雄性不育系如荃9311A 和 II-32A;在"两系"杂交水稻育种中,光温敏不育系如广占63s、P88s、C815s 和隆科638s。这些不育系对应的优良恢复系,如明恢63、9311、R1128、明恢86、乐恢188 等杂交父本,均表现出良好的一般配合力。

试验表明,基于杂种优势群和杂种优势利用模式进行杂交亲本选配,有助于提升选育效果。水稻杂种优势利用是杂交水稻育种获得成功的基础,而其遗传基础是对遗传多样性的利用。杂交育种的经验表明,强优势杂交组合中的杂交亲本往往来自不同的杂种优势群。杂种优势群是由一批具有不同或相同来源的水稻种质组成的,这些种质与其他杂种优势群的种质杂交时表现出相似的配合力,其杂种后代通常展现出较强的杂种优势效应。相比之下,同一杂种优势群内部种质杂交,其杂种后代的杂种优势相对较弱。杂种优势群模式特指一对特定的杂种优势群,这两群种质间杂交产生的杂种后代具有较强的杂种优势效应。杂种优势群理论最早由玉米育种家基于长期的玉米杂交育种经验提炼而成,该理论仍在持续完善和发展。虽然其遗传基础仍未被阐明,但其指导意义和理论价值毋庸置疑。

在杂交水稻育种的技术程序中包括杂交亲本选配、杂交配组、配合力鉴定和制种技术研究等技术环节。在确定优良杂交亲本之后,接着就需要进行杂交组合测配。在现有的水稻育种技术体系中,单个优良水稻品种的选育属于低概率事件。在实际育种中,育种家为了能够选育要培育出更优秀的杂交水稻组合,理想的配制方式是选用多个具有高配合力、强优势效应和理想株型的雄性不育系作为杂交母本,分别与多个综合性状优良的强优势父本进行不完全双列杂交式的规模化测配,即采用杂交母本与杂交父本的不完全双列杂交测配模式。在获取产量测试结果的同时,可计算测配亲本的一般配合力和各杂交组合的特殊配合力,这不仅有助于对优良杂交组合的亲本进行配合力评估,还可结合双亲全基因组(基因型)研究结果(如重测序等)及杂种F_1表现型分析数据,有望构建超级杂交水稻的杂种优势预测模型,实现对超级杂交水稻杂种优势效应的预测及精准的分子设计育种。

三、亚种间优良杂交组合选配

不断挖掘产量潜力有两条途径,即建立合理个体或群体的形态结构和有效利用强大的杂种优势效应。在形态改良的研究中,主要关注的技术措施是如何通过优良种质资源的利用达到有效提高作物单位面积的叶面积指数、单位面积的生物学产量和单位面积的有效穗数。利用现代技术不断挖掘杂种优势效应的实质就是增强杂种第一代在生理生化上代谢活性和特定生态条件下的抗逆性、提高单位时间的光合效率和干物质积累量,进而达到增产增收的目的。

(一)选育强优势杂交组合的关键技术

主要包括4个方面:①杂交母本和杂交父本之间的生态差异大、亲缘关系远和遗传距离比较大则有利于配制出强优势杂交组合。品种间杂种优势效应是最基本的优势效应,这种优势效应比部分亚种间杂种优势效应要弱一些;典型的亚种间杂种优势效应比部分亚种间杂种优势效应更强;物种间杂种优势效应最强,利用物种间杂种优势效应的技术层次最高。②杂交母本与杂交父本间主要农艺性状的优良程度及其性状间能否有效互补,对杂种第一代是否能表现出强大的杂种优势效应起着决定性作用。育种家期望利用优良杂交亲本,期待亲本具备尽可能多的优良性状和尽可能少的不良性状,但即使是相对优良的杂交亲本,也可能存在某些性状上的不足或缺陷。因此,通过杂交双亲之间主要农艺性状的互补则更容易配制出优良的杂交组合。③杂交亲本的配合力与其杂种第一代的杂种优势效应存在着明显的相关性。选用配合力好的杂交亲本进行杂交配组则有利于筛选出强优势杂交组合。育种家发现,一些主要农艺性状优良的杂交亲本未必具有良好的配合力,利用这样的杂交亲本进行杂交配组则很难筛选到强优势杂交组合。从遗传学的角度来看,杂交亲本的一般配合力是否好,杂种第一代基因型中的加性效应是否强大,而其特殊配合力好则表明其杂种第一代基因型中的非加性效应(即显性效应和上位性效应)强大。杂交亲本的一般配合力和特殊配合力均好则有利于筛选到强优势杂交组合。④杂种第一代的核质关系对于其杂种优势效应的表现起着一定的作用,科学的核质组配是选育强优势杂交组合的关键性技术之一。从生物物种的进化历程来看,农作物物种在其长期的演化过程中均是从低级物种逐渐地向高级物种演化,其中包括细胞质遗传体系的演化和细胞核遗传体系的演化。在20世纪80年代我国学者对水稻核质杂种的研究表明,在杂交配组时如果以进化程度比较高的种质资源为细胞质供体,而以进化程度比较低的种质资源为细胞核供体,则核质杂种将会表现出一定的核质杂种优势效应。在进行作物杂交配组时选用进化程度比较高的种质资源为杂交母本,而选用进化程度比较低的种质资源为杂交父本,则更容易筛选到强优势杂交组合。

(二)关于杂交配组技术

其设计必须以作物的生殖发育类型和杂种优势利用方式为基础。杂交配组的关键技术至少要考虑3个方面的问题:①必须考虑利用作物杂种优势效应的类型,即杂交配组的育种目的因利用作物杂种优势效应的类型不同而异,是利用品种间杂种优势效应或部分亚种间杂种优势效应或典型亚种间杂种优势效应,还是利用作物高级别的杂种优势效应(即物种间杂种优势效应)。②利用作物杂种优势效应的方法,即育种家是采用"三系法""两系法""一系法"。第一代杂交水稻主要采用"三系法"建立相应的技术体系;第二代杂交水稻主要采用"两系法"建立相应的技术体系;第三代杂交水稻采用"三系法"或"两系法"建立相应的技术体系;关于"一系法"的研究尚处于技术不成熟的探索性研究阶段。③通过形态改良与杂种优势效应最大化相结合获得强优势杂交组合是杂交配组技术的关键目标。在实际操作中,一方面要考虑如何通过优良杂交亲本的配组而获得形态结构优良的个体单株和合理的群体结构,另一方面要考虑如何通过遗传基础的优化而不断提高杂种一代的代谢机能和杂种优势效应。

(三)杂交亲本的选择

选择杂交亲本的基本原则主要涉及3个方面,即理想株型的亲本选择、具有一定遗传距离的双亲选择、高配合力和强优势双亲的选择。

籼粳亚种间亲缘关系较远,籼粳杂交种通常展现出较强的杂种优势效应,如植株高大、茎秆粗壮抗倒伏、根系发达、穗大粒多、发芽势与分蘖势强、再生与抗逆性尤为突出等。然而,由于籼亚种和粳亚种之间存在着遗传上的生殖隔离,致使籼粳杂交种受精结实不正常(一般结实率仅30%左右),也存在生育期超亲晚熟、籽粒充实度差、植株偏高等问题。利用两系法进行部分亚种间杂种优势利用选配超级杂交稻时,双亲的一方应具有一定程度的粳稻血缘和广亲和特性。在典型籼粳间杂种优势利用瓶颈问题未被解决前,最大程度利用生态型间和部分亚种间杂种优势仍是超级杂交稻的选育方向之一。来源于籼×粳后代的不育系与同样来源于不同籼×粳后代的恢复系杂交,可以解决籼粳亚种杂种优势利用存在的问题,并保持典型籼×粳的杂种优势,是第三代杂交水稻成功的技术关键。杂种一代相当于典型籼粳杂交,值得育种界重视。父母本之间可能的亲缘重复能够利用分子标记辅助选择进行消除。

(四)关于借助分子生物学技术

超级杂交水稻育种的进一步发展在很大程度上需要借助于现代生物技术的最新研究成果。主要从如下3个方面展开研究和探索:①从野生稻种质资源中挖掘有力的基因资源,进而创造出超级杂交稻新种质。在稻属植物的23个物种中有21个野生稻物种,其中包含有增强稻属植物生长发育潜力和抗逆性的优良基因。利用现代分子生物学技术对这些基因进行定位、克隆和转育,有望创造出新的水稻新种质。基于现有的研究,已经在普通野生稻(*O. rufipogon*)自然群体内鉴别出2个与增产有关的优势基因位点(QTL基因位点)。②通过转化稗草遗传物质,开发水稻新种质资源。稗草具有穗大粒多、生长发育快、抗逆性强等优点。据报道,利用分子育种技术已经将稗草的遗传物质转入到水稻中,进而培育出具有穗大粒多的水稻新种质和杂交水稻新组合。③以玉米为基因供体创造C_4型水稻新种质。从光合作用的类型来看,C_4型植物比C_3型植物在理论上具有更强的光合效率。已经成功地对与C_4型光合作用密切相关的基因进行了有效的定位和克隆,将其转入水稻的遗传组成中,以便创造出具有C_4型植物光合特性的水稻新种质。

四、第三代杂交水稻选育

全球每年种植水稻的面积达到 1.5 亿 hm^2 左右。中国的杂交稻水平在世界遥遥领先,在美国、印度、越南、印度尼西亚、巴基斯坦等国家年推广种植面积约 520 万 hm^2。现有杂交水稻组合普遍存在适应性不强、易感病虫害等问题。例如,有的品种不耐热带病虫害或米质不佳;有的品种受生态条件制约,适用范围有限;还有的品种不符合当地人的口味偏好。热带地区品种常见细胞质微效恢复基因,导致选育的细胞质核雄性不育系败育不彻底。光温敏不育系因受高温影响繁殖与加代困难,选育难度大,造成亲本性状不理想、配组受限及杂种优势效应减弱。由于第三代杂交水稻技术的优越性,上述障碍能够得到克服。第三代杂交水稻研究是继第一、二代之后的又一重大技术突破。采用普通核不育系为遗传工具构建的第三代杂交水稻不仅对我国粮食安全具有重大战略意义,也将引发全球水稻生产的根本性变革。随着第三代杂交水稻育种技术的持续改进,将研发出适应不同生态条件和稻作区的多种杂交新组合,从而推动第三代杂交水稻生产应用面积的大幅扩展。

构建第三代杂交水稻技术体系亟须增加种质资源,并从细胞学、形态学和生产实用性角度对其特性进行深入探究,创制高效实用的新型隐性核雄性不育水稻新种质;挖掘新的水稻隐性核不育基因;研究第三代杂交水稻其亲本材料的生殖发育特性;研究普通核雄性不育水稻的育性稳定性、雌雄配子的发育特征、雄性不育性的表达机理及其实用价值;研究第三代杂交水稻的繁殖制种技术等将有助于阐明第三代杂交水稻及其亲本的重要生物学特征特性,将为在更高层次上利用稻属植物强大的杂种优势效应和开创水稻遗传改良新局面提供重要的理论依据。

第三代杂交水稻技术体系的建立和种质创新以及杂交新组合在生产上大面积推广应用,将开创稻属植物杂种优势利用的新局面,有效提升水稻生产的技术升级。以便将更多的优良基因聚合在优良的新品系内,进而培育出适合不同生态条件、高配合力,高异交性、高抗性和优质的第三代杂交水稻新组合。

第三代杂交水稻在分子、细胞、个体和群体层面的遗传特点及其规律。在分子水平,需研究新型普通核不育系连锁表达的三类元件(育性恢复基因、花粉致死基因和报告基因)的遗传稳定性、适时表达,以及 100% 非转基因普通核不育系的安全繁殖和第三代杂交水稻产生强大杂种优势效应的分子机制。在细胞水平,需研究第三代杂交水稻雌雄配子(或雌雄配子体)的发育机理、关键酶系统的代谢机理以及高光效机理。在个体水平,需研究第三代杂交水稻在不同生态条件下营养生长与生殖生长的发育特点及其规律、产量构成因素的特点及其规律、光合产物的产生、运输及物质积累的特点及其规律。在群体水平，需研究第三代杂交水稻在不同生态条件下杂种优势效应的表现特点及其规律、产量潜力及经济效益。今后将在如下几个方面取得突破性进展。

(1) 第三代杂交水稻育种的技术体系越来越完善。在更高级的技术层次上充分挖掘水稻杂种优势效应。随着现代生物技术的不断发展和创造水稻新种质的方法不断改进，由此进一步提升其技术层次。

(2) 在第三代杂交水稻育种的种质创新中将取得新的研究成果。尽管第三代杂交水稻育种的技术框架已经形成，杂交新组合的测配技术、杂交制种技术和杂交亲本的繁殖技术已经趋于程序化并表现出明显的生产实用价值，但在其种质创新研究中的技术性探索仍然值得高度关注。稻属植物的区域分布广阔，其生态环境多种多样，特定生态条件下的耕作制度表现出一定的社会特殊性和生态区域特殊性。随着第三代杂交水稻种质创新研究的不断深入，将会筛选出越来越多的具有不同应用价值的水稻新种质，由此满足不同育种目标和不同稻作区域的需求，进而培育出多种多样的第三代杂交水稻新组合。

(3) 第三代杂交水稻育种的基础理论研究体系将持续完善。作为一种利用水稻杂种优势效应的新技术体系，亟待对其关键理论问题进行深入探究。在基础理论研究中涉及第三代杂交水稻组合及其杂交亲本的遗传特性及其表达规律、生殖发育特性(其中包括幼穗分化、雌雄配子或雌雄配子体的发育特征、双受精作用、幼胚形成、胚乳发育等)、异交结实特性和自交结实特性、杂交亲本的繁殖特点、杂交制种特点、主要农艺性状的表现特征、抗逆性、适应性和生理生化代谢特点等。

(4) 第三代杂交水稻的杂交制种与杂交亲本繁殖将更具区域特性和科学性。我国地域广阔，稻作区类型与生态区域多样，为第三代杂交水稻的杂交制种与亲本繁殖提供了多样化的生态区域选择，同时也为筛选出最适合的生态区域提供了可能。生物体的正常生长发育与其所处环境条件密切相关，其产量潜力的发挥亦与特定环境条件紧密关联。随着水稻种质资源的持续创新，杂交新组合的不断涌现，杂交制种技术与杂交亲本繁殖技术的持续完善，第三代杂交水稻的杂交制种与亲本繁殖将更加凸显区域特性和科学性。

(5) 第三代杂交水稻重点培育的第三代杂交水稻新组合包括高光效杂交水稻、耐盐碱杂交水稻、抗除草剂杂交水稻、强再生性杂交水稻。在深入探究作物杂种优势利用的过程中，需关注的三大基因资源包括优良的新型普通核雄性不育恢复基因、花粉粒败育基因和报告基因。其技术体系的理论基础在于:利用 SPT 技术深度挖掘新型普通核雄性不育新种质的潜在价值,进而高效实现普通核不育系的繁殖与杂交制种。持续筛选优良的新型普通核雄性不育恢复基因、花粉粒败育基因和报告基因,构建新型普通核不育系和普通核不育繁殖系,将有助于持续优化作物杂种优势利用技术体系。

五、超级杂交小麦组合选育

在小麦杂种优势利用中,主要采用4种技术体系,即利用核质互作型雄性不育系为基础的"三系法"、利用生态型核雄性不育系(或光温敏不育系)为基础的"两系法"、利用普通核不育系为基础的"两系法"和以小麦高产常规品种为杂交亲本的"化学杀雄法"。

(1)选择耐肥抗倒的株型,提高杂交小麦光合作用效率,培育中大穗,紧凑、高度耐肥抗倒的株型,通过增施氮肥,提高叶绿素含量,增加光合作用的制造工厂(叶绿体),以利用光能,达到有效增源的效果;进一步提升杂交小麦生长势,以结实率高、充实性好的材料为基石,培育结实充实、品质优良的亲本,构建库大源足、穗重高、抗逆性强的地区生态适应型超级杂交小麦"畅流"组合,旨在解决杂交小麦杂种优势问题。

(2)亚种间杂种优势利用。采取冬小麦/春小麦或春小麦/冬小麦的方式,利用强大的亚种间杂种优势,提高现有杂种优势水平,增强杂交小麦生长势,构建大库。通过前期建立的高效杂交大群体测优试验和杂种优势群研究,筛选具有特异高配合力的优良亲本,选育对锈病、白粉病高抗甚至免疫的超级杂交小麦组合,筛选杂种优势特强的目标杂交小麦超级组合。

(3)采用光敏不育系与温敏不育系杂交,将光敏不育基因和温敏不育基因重组在一起,选育只有在长日(13 h 以上)和育性转换温度较高(16 ℃以上)的条件下才恢复可育的具有双重保险机制的重组型光温敏不育系,不育性稳定的时空范围广,在许多地区的春季自然条件下能够保持不育性的完全稳定,保证两系法杂交小麦制种安全。同时将优良株型,显性矮秆,高配合力,开花习性好,异交结实率高,品质优良,千粒重大等优良性状结合在一起。

(4)借助生物技术手段,如花药培养及小孢子培养技术、分子标记技术、转基因技术,结合常规育种办法,把远缘有利基因如高光效基因、高产基因、生长基因、抗早衰基因、抗性基因等,转移到杂交小麦恢复系亲本中,创新和选育优异恢复系,选育超级杂交小麦。

(5)研究超级杂交小麦强化栽培技术,开展超级杂交小麦的产量形成的生理研究,通过稀植,重肥,发挥小麦个体的潜能,促小麦根系发达,扩大其伸展空间,使个体形成最佳受光姿态,建立合理的冠层结构;扩库增源畅流。减少个体间的恶性竞争,发挥个体的潜能,提高超级杂交小麦结实率与充实度,实现超高产和省种的目的。解决杂交小麦用种量和超级杂交小麦杂种优势的环境表达问题。

(6)依据人工气候生长箱试验和多生态区试验,研究不育系繁殖和制种的生态适应性,建立小麦光温敏不育系的光温敏模型,研究一套完善的以种植密度、肥水管理、播种时期、辅助授粉、父母本行比及化学调控等技术为核心内容的综合配套技术,研究光温敏不育系繁育过程中低恢复度、育性漂移、混杂等问题,建立两用核不育系核心种子生产的技术程序。

六、超级杂交玉米选育

要充分挖掘和利用玉米杂种优势,关键在于科学合理的亲本选配。做到亲本自身性状优越与遗传差异最大化。

(一)亲本自身性状优越:奠定杂种优势的基础

亲本自身性状的优越性是杂交后代能否展现杂种优势的基石。理想的亲本应具备以下特质。

(1)目标性状突出。亲本应在其目标性状上表现出明显的优势,如高产、优质、抗病、抗逆等。这些优势性状是选配亲本时首要考虑的因素,确保杂交后代能够继承并整合双亲的优良性状。

(2)综合性状均衡。除了目标性状外,亲本还应具有良好的综合性状,如良好的株型、适宜的生育期、强健的生长势等。这些性状有助于杂交后代在复杂环境中保持稳定且高效的生产性能。

(3)适应性强。亲本应具有广泛的地理适应性和环境适应性,能够在不同的土壤类型、气候条件、病虫害压力下保持良好的生长和产量表现。这有助于杂交品种在全国乃至全球范围内推广应用。

(4)繁殖制种性能优良。对于自交系亲本,应具有良好的自交亲和性、稳定的遗传表现和高效的繁殖能力;对于杂交种亲本,应具有良好的配合力和制种纯度。这些特性确保了杂交种子的大规模生产和供应。

(二)双亲遗传差异大:激活杂种优势的引擎

双亲遗传差异大是激发杂种优势潜能、实现杂交后代超亲表型的关键。遗传差异主要体现在以下几个方面。

(1)基因型差异。亲本应来自不同的遗传背景,具有丰富的基因型多样性。基因型差异越大,杂交后代基因重组的机会越多,产生新基因型的可能性越高,从而有可能展现出超亲的杂种优势。

(2)遗传距离远。亲本间的遗传距离应尽可能远,如选用不同生态类型、地理来源、遗传群或亲缘关系较远的亲本进行杂交。遗传距离远的亲本杂交,其后代往往具有更高的遗传变异度和更强的杂种优势。

(3)基因型与环境互作效应显著。亲本应具有明显的基因型×环境互作效应,即在不同环境下表现出不同的性状反应。这样的亲本杂交,其后代可能在多种环境下都能发挥杂种优势,增强品种的适应性。

(三)亲本自身性状优越与遗传差异大相结合:最大化杂种优势

亲本自身性状优越与遗传差异大并非孤立存在,而是相互依存、相辅相成的。理想的亲本选配应兼顾两者,以实现杂种优势的最大化。

(1)目标性状互补与差异重组。选择在目标性状上互补且遗传差异大的亲本,使杂交后代既能集成双亲的优点,又能通过基因重组产生新的优良性状组合,实现杂种优势的双重提升。

(2)一般配合力与特殊配合力协同。选择一般配合力高、特殊配合力显著的亲本组合,确保杂交后代在普遍性状上表现出稳定的杂种优势,同时在特定性状上有突破性改良。

(3)遗传多样性与适应性拓展。通过遗传差异大的亲本杂交,增加杂交后代的遗传多样性,拓宽其适应范围,使杂交品种能在更广泛的地理和生态环境中发挥杂种优势。

杂种优势利用亲本选配中,亲本自身性状的优越性和双亲遗传差异的大小是决定杂交后代能否展现显著杂种优势的两大关键因素。育种工作者应精心挑选自身性状优越且遗传差异大的亲本进行杂交,以此为基础,结合现代育种技术,科学高效地培育出具有显著杂种优势的杂交玉米新品种。

七、杂种优势育种中的近似单交法

各主要农作物的杂种优势普遍具有比最佳常规品种高出20%以上的增产潜力。现有农作物杂种优势利用方式存在诸多局限,导致实用优良组合选育困难,阻碍了杂种优势潜力的充分释放。小麦、棉花、大麦、大豆等主要作物在杂种优势利用方面仍存在较大空白。

植物进化过程中由于生殖隔离等原因,种间、亚种间,甚至品种间杂交等都能产生细胞核质互作雄性不育。所以在自然界中核质互作雄性不育类型丰富。一般来说,质的提供亲本和核的提供亲本遗传距离大的不育细胞质,易找到完全不育保持系,但一般难以恢复,配组欠自由。有很多不育细胞质由于难找到完全恢复系,不能配出结实正常组合,没能得到利用。例如,普通小麦 T 型胞质互作不育系虽败育彻底,易于选育,影响雄性不育性的基因包括主效基因和次要恢复基因,恢复系中主效基因与次要恢复基因协同作用能使细胞质雄性不育系恢复为可育状态。

(一)近似单交法育种程序

利用水稻核质互作型雄性不育系的次要恢复基因进行杂交改良的近似单交法包括以下步骤:①选取核质互作型雄性不育系 A、保持系 B 和恢复系 R;②制备保持系 B 的具有次要恢复基因的近等基因系 B′;③A 与 B′杂交,并鉴定出完全雄性不育的 A/B′ F_1;④以完全雄性不育的 A/B′ F_1 为母本,与恢复系 R 杂交制种,生成 A/B′//R F_1 杂交作物种子。

进一步,还可利用两个具有次要恢复基因的近等基因系 B′ 和 B″,利用程序如下:①选取核质互作型雄性不育系 A、保持系 B 和恢复系 R;②制备保持系 B 的具有次要恢复基因的近等基因系 B′;③制备 B′ 的近等基因系 B″,其中,B′和 B″具有不同的次要恢复基因,主要差别在于次要恢复基因在染色体上的位置不同;④A 与 B′杂交,然后 A/B′ 再与 B″杂交,并鉴定出完全雄性不育的 A/B′//B″ F_1;⑤以完全雄性不育的 A/B′//B″ F_1 为母本,与恢复系 R 杂交制种,产生 A/B′//B″///R F_1 杂交作物种子。

许多次要恢复基因表现为隐性;次要恢复基因纯合状态下能显著提高花粉可育率;降低不育系 A 的败育程度可增强其异交能力。将这些隐性次要恢复基因转入保持系 B 中,培育成含有次要恢复基因的保持系近等基因系 B′,使 A/B′(A 与 B′杂交后代)成为杂交制种的母本,并可用与 B′的次要恢复基因不同的近等基因系 B″与 A/B′杂交,获得 A/B′//B″种子作为杂交制种用的母本,与优良恢复系 R 配组为强优势组合供生产应用。

这些组合不会削弱 A/B//R 的杂种优势,能保持 A/B//R F_1 群体的农艺性状,并实现异交习性的显著改善和可恢复性的提高。

B′、B″与 B 基本相似,互为近等基因系。B′、B″与 B 的主要差异在于次要恢复基因所在染色体位置的不同。B′、B″与 B 之间的差异通常不会影响 A 与 A/B′或 A 与 A/B′//B″的相似性,也不会导致 A/R 与 A/B′//R 或 A/R 与 A/B′//B″之间出现杂种优势的显著差异。

可通过回交或转基因方法将隐性次要恢复基因转入保持系 B,培育成含有次要恢复基因的保持系近等基因系,用作 B′或 B″。强恢复系中同时含有主效恢复基因和次要恢复基因。利用不育系 A 与强恢复系杂交,并用不育系 A 进行多次回交,各世代选择高度可育的回交后代单株,这些高度可育的回交后代单株除带有主效恢复基因外,还有次要恢复基因,其他遗传成分与不育系 A 基本相同。遗传稳定后,选留与保持系相似的具有不表现为显性的次要恢复基因的后代株系。具体筛选方法可以是用这些后代株系作为父本以及轮回亲本,与不育系 A 测交并回交,进行鉴定。这些后代株系当选:与不育系 A 的测交 F_1 表现完全雄性不育,异交习性好,可恢复性好,并且与不育系 A 的回交 F_1 表现育性分离(证明父本含有次要恢复基因)。确定最优的株系之一为 B′。

用另外一个具有不表现为显性的次要恢复基因的保持系的近等基因系为父本,与 A/B′ F_1 杂交,鉴定出雄性不育、不导致自交结实、异交习性好和可恢复性好的复交 F_1 的作为 A/B′//B″ 使用,该父本作为 B″ 使用。

该方法所用的不育系 A 通常具有彻底败育特性,可为粳型野败水稻细胞质不育系、T 型小麦细胞质不育系、野败型籼型水稻细胞质不育系等多种作物细胞质雄性不育系。

该方法应用的次要恢复基因是在杂合状态下导致雄性可育的作用没有或很小,能够降低不育系败育程度,产生微量可育花粉,但不表现出导致不育系产生自交结实的作用,而在纯合条件下,其作用则能够导致不育系雄性可育程度大幅度提高,多表现为隐性或不完全隐性。

在杂合状态下,该方法中次要恢复基因可允许的导致花粉可育程度高低由不同不育系的遗传背景决定,仅要求不自交结实。某些不育母本花粉可育度达 5% 也能够表现为完全不自交结实。

该方法中 A/B 不育性稳定,A/B//B′ 不育性整齐一致,无自交结实现象,B′ 和 B″ 中的次要恢复基因位于不同位点,A/B′//B″ 同样不表现出自交结实。

该方法中 B′ 和 B″ 仅含有恢复系中的次要恢复基因,和极少量来自恢复系的染色体,一般不影响 A 与 A//B′ 或 A 与 A/B′//B″ 之间的相似性,不影响和 A/R 与 A//B′//R 或 A/R 与 A/B′//B″ 的杂种优势。

该方法可借助分子标记鉴定出次要恢复基因,识别恢复系或部分恢复系中位于作物不同染色体上的隐性或不完全隐性的次要恢复基因。利用与其紧密连锁的分子标记进行辅助选择,将部分次要恢复基因回交转入保持系中,育成保持系 B′;另外将其他位点的次要恢复基因也转入保持系中,育成保持系 B″。

该方法对一亩 A/B 不育系繁殖实行严密控制,供 A/B′//R 1 万亩制种,A/B′//B″//R 制种 100 万亩使用。实现对保持系 B 保密,从而实现对不育系的控制。

(二)近似单交法的优点

1. 新不育细胞质的创建和利用方面

通过种间、亚种间或品种间的杂交,由于细胞质与细胞核的互作效应,可以创造出新的雄性不育细胞质资源。现实中,一些不育细胞质资源在已知作物品种中难以找到完全恢复系,因而未被有效利用,但这些资源往往具有彻底败育、不育性稳定及良好配合力的特点。通过引入 B′和 B″,可在不育系母本中引入次要恢复基因,与恢复系杂交后,这些次要恢复基因在杂种中纯合,从而提升杂种的可育度至接近正常可育水平。这样,所谓不能恢复的不育细胞质源也可能得以利用。

2. 提高杂种 F_1 的可育度

完全恢复系通常包含多个次要恢复基因,其中一些与 B′和 B″中的同类基因处于等位状态。在杂交组合 F_1 中,这些等位基因纯合,有助于提高杂种的育性。在 A/B//B′组合中,B′和 B″携带的次要恢复基因由于不等位,故在该杂交后代中不会发生纯合。这些不等位的次要恢复基因能在不育系群体中相对均匀分布,与恢复系杂交配组后,不仅大幅提高杂交种的整体可育度,还能缩小单株间可育度的差异。多数杂交水稻组合并未达到完全可育状态,其育性通常低于常规品种,且结实受环境影响显著。运用此方法制备的不育系与恢复系杂交,可提升杂交组合的育性水平,增强其在各类环境条件下的结实稳定性。T 型细胞质雄性不育在杂交小麦生产中是一种较理想的不育类型,但其恢复源稀缺,且完全恢复通常需要较多的恢复基因参与。由于恢复基因在纯合与杂合状态下表现各异,使得优良恢复系的选育面临较大挑战。在 T 型细胞质雄性不育母本中引入杂合状态的次要恢复基因,不会导致母本败育不彻底。当与恢复系进行杂交制种时,这些次要恢复基因能够在杂种中纯合,进而提升育性,有效解决 T 型细胞质雄性不育系恢复难题,推动杂交小麦研究取得突破。

3. 提高不育系选育的效率

理想的不育系应具备优异的不育性、配合力、开花习性、株叶形态、抗性及米质等特征。理论上,唯有将一个稳定的品系的细胞核完全移植到不育细胞质中,方能确切评估该品系是否适合作为保持系及其开花习性是否优良。因此,在实际育种过程中,对于杂交后代单株的不育保持能力和开花习性往往难以预先判断,这可能导致最终选育的不育系存在败育不够彻底或开花习性不佳的问题。优良细胞质雄性不育系的选育难度大,效率较低。可供生产应用的优良不育系仍较少;特别是优质不育系太少。不育系间遗传差异小、类型相似。当前的优良杂交水稻组合在产量、适应性、抗病虫性、稻米品质等方面尚无法全面满足各地对水稻在这些特性上的多样化需求。高产优质的杂交粳稻组合及适用于长江流域双季早稻种植的早中熟组合相对匮乏。采用此方法,对不育系的可恢复性和异交习性要求可适当放宽,因为通过 B′和 B″的应用,可以有效解决原本此类特性较差的不育系的问题,从而使得众多具有优秀配合力和农艺性状的不育系得以利用。

4. 提高不育系异交能力

雄性不育往往导致不育系开花习性恶化,表现为花期延迟、不开颖现象增多、开花时间分散、花期不集中以及柱头活力减弱。败育程度较轻的不育系受影响较小,通常表现出开花较早、花期集中、开颖良好的特点。B′和 B″所携带的次要恢复基因在改良不育系开花习性方面具有显著效果,通过筛选,可获得开花习性极为出色的 A/B′ 和 A/B′//B″ 组合,从而实现开花习性与不育性之间的良好协调。该方法仅要求不育母本不自交结实,实践表明,5% 左右的花粉可育度也可能不导致自交结实,开花习性则能够得到显著提高。例如,绝大部分粳稻对野败是保持的。但一般野败粳稻不育系开花习性太差,不具实用性。利用该方法能够解决这一问题。通过 B′和 B″的使用,降低不育母本的败育程度,能够改善野败粳稻不育系开花习性。

5. 实现对亲本不育系的严密控制

核质互作雄性不育系繁殖(A×B)时,由于面积大,容易流失保持系,对育种单位的研究成果难以保护,采用该方法,A/B/B′///B″ 作为不育系繁殖,面积 1 万亩,可供 100 亩杂交种子制种,可供 1 亿亩大田种植。而需要 A×B 繁殖仅一亩,需要 A/B//B′ 仅繁殖 100 亩。能够很好地将 B 和 B′保密。采用 A/B//B′ 方式,也仅需要 A×B 繁殖 100 亩。B 也能够很好地保密。B′和 B″流失对不育系的保密影响不大。

6. 提高杂种优势水平

父母本亲缘关系越远,杂种优势越强。但是一般与恢复系亲缘关系太远的不育系难恢复,开花习性差。通过 B′和 B″的使用,能够协调不育系不育稳定性、开花习性、与可恢复性的关系。所以与恢复系亲缘关系远的不育母本能够得到利用。这样能够扩大父母本亲缘关系,提高杂种优势水平。如野败粳稻不育系的利用,可以将籼型品种间杂交稻优势提高到籼粳亚种间水平。

改变由于不育系遗传单一,生产上缺乏高产优质的杂交粳稻组合和适合长江流域作双季早稻的早中熟组合,杂交中晚稻产量则呈现徘徊局面。利用该方法有利于培育强优势杂交小麦组合和其他强优势杂交作物,促进作物杂种优势利用在世界范围内的迅速发展。

(三)小麦 T753369A/T753369B′//T753369B″///T 恢 7269-10 组合的制备

不育系 A:T753369A,小麦 T 型核质互作型雄性不育系 T753369A 是一个小麦 T 型核质互作型雄性不育系,性状优良、配合力好,但是与恢复系 T 恢 7269-10 杂交,所配杂种结实不正常。与 T 恢 7269-10 的杂种 F_1 结实率仅达 73.9%。

保持系 B:T753369B,其细胞核与不育系 A(T753369A)相同。

恢复系 R:T 恢 7269-10。

次要恢复基因提供亲本:恢 16。

小麦 T 型细胞质不育系 T753369A/恢 16

↓

T753369A/F_1

↓

BC_1F_1

↓

T753369A/BC_1F_2 的完全可育株

↓

BC_2F_1

↓

T753369A/BC_2F_2 的完全可育株

↓

BC_3F_1

↓

T753369A/BC_3F_2 的完全可育株

↓

BC_4F_1

↓

T753369A/BC_4F_2 的完全可育株

↓

BC_5F_1

↓

T753369B/BC_5F_2 的完全可育株

↓

BC_6F_1

↓

BC_6F_2 完全可育

↓

BC_6F_2 可育,在 BC_6F_2 中选择性状与 T753369B 完全相似的可育株,这些单株中,有较大部分含有主效恢复基因和次要恢复基因。

在 BC_6F_3 中,主效恢复基因和次要恢复基因继续纯合,选择性状整齐的株系与不育系 A(T753369A)进行测交。

BC_6F_4 中选择使测交 F_1 保持完全不育(即 BC_6F_3 不含有主效恢复基因),开花习性优良的 BC_6F_4 单株。同时继续用该单株回交此测交 F_1,以及用测交 F_1 与恢复系杂交。如果上述回交 F_1 不育性发生分离,说明 BC_6F_4 含有次要恢复基因;如果与恢复系杂交的 F_1 完全可育以及可育性稳定,说明次要恢复基因的存在提高了杂种育性;当选作为这两个 F_1 的杂交亲本的 BC_6F_4,选择其 BC_6F_5 单株,作为 T753369B′,采用上述相同方法获得与 B′性状相似的株系,与不育系 A(T753369A)与 B′(T753369B′)的杂交后代杂交。选择能使杂种 F_1 保持完全不育且开花习性优良的 B′相似株系作为 B″。则 T753369A/T753369B′//T753369B″F_1 在自然条件下表现雄性不育,与恢复系 T 恢 7269-10 杂交,杂种 F_1 结实率正常,达到 90.4%,产量较 T753369A/T 恢 7269-10 F_1 提高了 12.1%。而 T753369A/T 恢 7269-10 F_1 的自交结实率仅为 73.9%。

(四)963A 粳稻野败细胞质雄性不育系开花习性和可恢复性的改良试验

963A 是一个粳稻野败细胞质雄性不育系开花习性差,闭颖率达 69%,开花迟,花时分散,不能够用于商业制种。与广亲和恢复系 R312 杂交,F_1 结实率仅为 76%。

963A/R312

↓

963A/F_1

↓

BC_1F_1

↓

963A/BC_1F_2 的完全可育株

↓

BC_2F_1

↓

963A/BC_2F_2 的完全可育株

↓

BC_3F_1

↓

963A/BC_3F_2 的完全可育株

↓

BC_4F_1

↓

963A/BC_4F_2 的完全可育株

↓

BC_5F_1

↓

963A/BC_5F_2 的完全可育株

↓

BC_6F_1

↓

963B/BC_6F_2 的完全可育株

↓

BC_7F_2 可育,在 BC_7F_2 中选择性状与963B完全相似的可育株,这些单株中,有较大部分含有主效恢复基因和次要恢复基因。

BC_7F_3 主效恢复基因和次要恢复基因能够继续纯合,选择性状整齐的株系与963A测交。

BC_7F_4 中选择使测交 F_1 保持完全不育(即 BC_7F_3 不含有主效恢复基因),开花习性变优的 BC_7F_4 单株。同时继续用该单株回交此测交 F_1,以及用测交 F_1 与恢复系杂交。

如果上述回交 F_1 不育性发生分离,说明 BC_7F_4 含有次要恢复基因;如果与恢复系杂交的 F_1 完全可育以及可育性稳定,说明次要恢复基因的存在可能提高了杂种育性;当选作为这两个 F_1 的杂交亲本的 BC_7F_4,选择其 BC_7F_5 单株,作为963B′。

利用上述同样方法获得B′相似株系,与963A/963B′杂交,选择使杂种 F_1 保持完全不育,开花习性优良的B′相似株系作为B″。则963A/963 B′//B″在自然条件下都表现完全不育,开花习性改善,闭颖率仅17%,开花与恢复系基本同步,与恢复系 R11 的异交率达到53%,杂种 F_1 结实正常,达到结实率92%。

(五) 利用分子标记辅助选择技术,选育籼稻野败细胞质雄性不育系 1023A 的近等基因系 B′和 B″

Pf1、Pf2、Pf3、Pf4、Pf5、Pf6 是通过 B456 鉴定出的 6 个次要恢复基因,表现为隐性或不完全隐性,分别位于水稻第 2、5、6、8、10、12 条染色体上,与 SSR 分子标记 RM211、BM55、RM275、BM189、RM244、RM270 紧密连锁。通过籼稻野败细胞质雄性不育保持系 1023B 与 B456 进行杂交和回交,在其后代中,利用 RM211、BM55、RM275 分子标记辅助选择,将 Pf1、Pf2、Pf3 次要恢复基因导入到 1023B 中,具体流程如下:

1023B/B456

↓

1023B/F_1

↓

1023B/BC_1F_1,(利用 RM211、BM55、RM275 分子标记鉴定,选择具有次要恢复基因 Pf1、Pf2、Pf3 的单株作父本)

↓

1023B/BC_2F_1(利用 RM211、BM55、RM275 分子标记鉴定,选择具有次要恢复基因 Pf1、Pf2、Pf3 的单株作父本)

↓

1023B/BC_3F_1(利用 RM211、BM55、RM275 分子标记鉴定,选择具有次要恢复基因 Pf1、Pf2、Pf3 的单株作父本)

↓

1023B/BC_4F_1(利用 RM211、BM55、RM275 分子标记鉴定,选择具有次要恢复基因 Pf1、Pf2、Pf3 的单株作父本)

↓

1023B/BC_5F_1(利用 RM211、BM55、RM275 分子标记鉴定,选择具有次要恢复基因 Pf1、Pf2、Pf3 的单株作父本)

↓

1023B/BC_6F_1(利用 RM211、BM55、RM275 分子标记鉴定,选择具有次要恢复基因 Pf1、Pf2、Pf3 的单株作父本)

↓

利用 RM211、BM55、RM275 分子标记鉴定,选择携带 Pf1、Pf2、Pf3 次要恢复基因的 BC_7F_1 单株。在 BC_7F_2 中,利用 RM211、BM55、RM275 分子标记鉴定,选取纯合携带 Pf1、Pf2、Pf3 次要恢复基因且性状与 1023B 完全相似的单株。将 BC_7F_3 株系与 1023A 进行测交,保留父本。在 BC_7F_4 中,选择保留能使杂种 F_1 保持完全不育且开花习性优良的 BC_7F_4 单株。同时,用该单株回交杂种 F_1,并进行杂种 F_1 与恢复系的测交。当回交 F_1 出现不育性分离时,选择导致杂交 F_1 完全不育的父本 BC_7F_4 单株,作为1023B′。

遵循上述相同步骤,利用 BM189、RM244、RM270 分子标记,将 Pf4、Pf5、Pf6 次要恢复基因导入 1023B 中,从而培育出 1023B″。

获得 1023A/1023B′//B″ 种子,在自然条件下都表现不育,其异交能力和可恢复性均高于 1023A。

八、杂交作物育种的胚乳直感分选法

遗传上的花粉直感,又称当代显性,是指作物有性杂交的当代植株所结种子或果实(包括种皮、胚乳、果皮等)呈现出花粉供体(杂交父本)性状的现象。其中,胚乳展现出杂交父本性状,如种子颜色或饱满度,被称为胚乳直感或种子直感;种皮或果皮表现出杂交父本性状,则被称为果实直感。例如,玉米黄色胚乳为显性性状,以黄玉米的花粉对白玉米进行授粉,在杂交母本植株上就能结出黄色胚乳的籽粒,当代就显示出杂交父本的显性性状,在这种情况下可以将其作为鉴定真假杂种的最直观方法。

在该方法中需要采用色选机。色选机可以根据物体光学特性的差异性,利用光电技术将颗粒物体中的异色颗粒自动分拣出来,除去带有黑点或有颜色的颗粒。采用超高速传感器电子眼,可以识别小至 $0.08\ mm^2$ 的微小异色区域,使用方便且操作简单。色选机被广泛应用于大米等粮食作物的精选过程中。

(一)技术程序

育种方法主要包括以下步骤:

(1)通过杂交、回交、复交、细胞生物学或分子生物学手段,获得具有花粉直感分选性状的恢复系。花粉直感性状包括颜色和气味等。

(2)将步骤(1)获得的恢复系与光温敏不育系进行配组,选育具有强优势的、农艺性状优良的杂交组合。不育系的相关性状与步骤(1)中父本在花粉直感相关性状上有所差异,使得不育系自交种子与父本杂交产生的杂交种子能够通过分选机械进行区分。

(3)将步骤(2)选配的杂交组合进行杂交种子生产。

(4)当育性转换敏感期遇上灾害性天气,导致不育系部分育性恢复,产生可育花粉,自交结实时,仍然对制种田进行人工辅助授粉和常规制种田间管理;收取不育系穗上所产生的自交种和与父本产生的杂交种子。

(5)通过分选机械将所得种子分为具有直感分选性状的杂交种和无直感分选性状的自交种,最终得到符合生产应用标准的杂交种子。

运用该育种技术,即使在"两系法"杂交制种过程中,光温敏不育系的部分颖花发生育性转换,仍能获得高纯度且符合市场标准的两系杂交种子。由于降低了杂交制种风险,对光温敏不育系雄性不育临界温度的要求得以放宽,从而扩大了杂交制种基地和光温敏不育系的选择范围,可选择最适宜的基地和不育系进行杂交制种。

农业生产本身具有风险性,育种工作不应增加额外风险,而应尽可能将风险降至最低。对于光温敏核不育系的育种工作而言,这一点尤为重要。制种期间遭遇孕穗季节的降温,可能会对两系法杂交种子生产造成重大损失,因为气温变化往往是全国性的,这意味着制种失败的影响范围可能是全国性的。不育起点温度较高的光温敏不育系由于较易转化为可育状态,故便于选育和加代,且受高温影响较小,制种产量较高。然而,不育起点温度的提高意味着风险增大。

采用该技术,即使在两系制种过程中不育系部分颖花发生育性转换,也能获得高纯度且符合市场标准的两系杂交种子。由于降低了制种风险,对不育系不育临界温度的要求得以放宽,从而扩大了制种基地和不育系的选择范围,可选择最适宜的基地和不育系进行制种。此外,以往因制种风险过高而无法利用光温敏不育系进行生产的作物,现在可以通过该技术路径利用杂种优势,进而拓宽两系作物的应用领域。

(二)杂交小麦应用示例

(1)选择具有胚乳直感特性的蓝粒小麦 D87065 为恢复系。

(2)利用小麦光温敏不育系 ES-10 与蓝粒小麦 D87065 进行配组,获得具有强杂种优势和优良农艺性状的杂交组合 ES-10/D87065。

(3)对杂交组合 ES-10/D87065 进行制种。

(4)在 ES-10 的育性转换敏感期遭遇连续 3 天平均气温为 13 ℃的天气,高于不育系育性转换临界温度,导致部分颖花发生自交结实。尽管如此,仍对制种田进行人工辅助授粉和常规制种田间管理。

(5)混收步骤(4)产生的不育系 ES-10 自交种和杂交组合 ES-10/D87065 产生的杂

交种子。

将步骤(5)中获得的混收种子通过6SX2-126LED彩色CCD色选机对ES-10自交种和杂交组合ES-10/D87065杂交种子进行分选,第一次分选获得纯度为95.2%的杂交种,将95.2%的杂交种通过2次分选,获得纯度为99.6%的杂交种子,纯度高于国家杂交小麦种子生产纯度标准。

(三)杂交玉米应用示例

(1)选择具有胚乳直感特性的黄粒玉米品种107作为恢复系。

(2)以玉米光温敏不育系琼6Qms为母本,白玉109玉米为父本进行杂交。以杂交后代为母本,白玉109为轮回亲本,进行两次回交。在回交后代中筛选出性状类似白玉109的优良株系,最终获得具有光温敏核不育特性、优良农艺性状的白粒Q109s。

(3)利用步骤(2)中选育出的Q109s与步骤(1)中具有胚乳直感特性的黄粒玉米恢复系107进行配组,得到具有杂种优势和优良农艺性状的杂交组合Q109s/107。

(4)对杂交组合Q109s/107进行制种。

(5)在Q109s育性转换敏感期遭遇连续4天阴雨天气,日平均气温低于28 ℃,导致不育系Q109s出现部分自交结实现象。对此,对制种田进行了人工辅助授粉和常规制种田间管理。混收了不育系Q109s的自交种和Q109s/107杂交种子。

将步骤(5)中混收的种子通过LED彩色CCD色选机对Q109s自交种和Q109s/107杂交种子进行分选。初次分选得到纯度为94.3%的杂交种,再对这些94.3%纯度的杂交种进行二次分选,最终获得纯度为98.9%的杂交种子,其纯度超过了国家规定的杂交玉米种子生产纯度标准。

第三节 优良杂交组合介绍

一、第三代杂交水稻"三优1号"

李新奇于2015年成功创制了符合水稻雄性不育系标准的第三代杂交水稻不育系Gt1s、繁殖系Gt1S及其对应的第三代杂交水稻。第三代杂交水稻是继第一、二代之后的重大技术变革,其采用非转基因的不育系与非转基因父本进行杂交制种,本身为非转基因产品。

"三优1号"是首个第三代杂交水稻强优组合,由普通核不育系G3s与父本R17-1配制而成。2019年,"三优1号"作为单季晚稻在衡南县云集镇进行栽培,经湖南省农学会组织现场验收,亩产达1046.3 kg。2020年,作为双季晚稻种植时,平均亩产为911.7 kg。结合同年7月早稻验收测产数据,早晚双季稻全年平均亩产高达1530.76 kg。两年内,"三优1号"不仅实现了产量的重大突破,而且表现出米质优、耐不良环境的特点。"三优1号"具有松紧适中、类似超级稻的高冠层、矮穗层的理想株型;其上部功能叶片具有长、直、窄、凹、厚的特征特性。表现为穗大粒多、茎秆粗壮、后期落色良好、米质优良。农业农村部武汉检测中心的3次检测结果均证实"三优1号"不含任何转基因成分。

G3s不育株率与不育度均为100%,表现为典型的完全雄性不育。其不育性稳定,在任何环境条件下均表现为完全雄性不育。株型适中,茎秆较粗;分蘖力较强,单株成穗13个左右;剑叶直立,叶色浓绿;穗长21 cm左右,平均每穗颖花数253个。盛花时10:30~11:00,午前花率95%;不喷"九二〇"情况下,包颈轻,包颈粒率15.6%;柱头外露率55%。水稻生长季节均可繁殖G3s。其繁殖系自交后,每个稻穗结出一半红色种子和一半无色种子。无色种子为不育度和不育株率均为100%的G3s不育系,适用于杂交水稻制种;红色种子为可育种子,用于不育系繁殖,其下一代稻穗会继续产生各占一半的红色和无色种子。G3s配合力好,拥有部分籼稻和粳稻血缘,杂交组合表现强的杂种优势。所配杂种株型优良,分蘖力强,成穗数多,同时表现穗大粒多,茎干粗壮,耐肥抗倒,后期叶青籽黄,不早衰,后3叶功能旺盛,籽粒充实饱满。"三优1号"具有如下3个显著特点。

(1)"三优1号"的生殖发育和籽粒灌浆期均比较长,生育后期茎叶生活力强,有助于形成大穗和籽粒饱满,突破现有产量潜力。"三优1号"从播种到抽穗在长沙作连作晚稻种植约为80天,其中幼穗分化至抽穗约有40天。

(2)"三优1号"抽穗后从开花结实至成熟需60天,比同类品种多15~20天。生育后期,其茎叶仍保持较强生命力,从而延长了水稻生长期,增加了光合生产时间,显著提升了产量潜力,同时有利于优质稻米的形成。

(3)第三代杂交水稻组合相较于第一代或第二代杂交水稻组合,展现出更为显著的杂种优势效应,有助于广大稻农实现增产增收,进而保障粮食安全。

农业农村部种业管理部门指出,第三代杂交水稻研究成果是继第一、二代后取得的又一重大技术突破,要配套做好品种试验审定、技术合作开发、产业化布局等相关工作,加快成果推广应用,引领未来杂交水稻种业创新发展。随着"三优1号"的试种示范面积的不断扩大和第三代杂交水稻育种技术不断完善,水稻杂种优势利用将提升到新的技术平台,尽快为国家粮食增产作出大的贡献。

二、第三代杂交水稻"三优9号"

"三优9号"杂交海水稻在低盐度海水灌溉条件下,表现生长发育良好,具有大面积生产应用潜力。2021年湖南省农学会组织现场测产验收,"三优9号"本田生长期采用盐浓度为0.6%的盐水灌溉,表现出株叶形态优良、结实性好、籽粒充实饱满和生长后期不早衰等特点。测定田间水层盐浓度最小值为0.68%,最大值为1.21%,平均值为0.90%。现场考种结果表明,"三优9号"结实率为91.2%;机收平均亩产为329 kg。"三优9号"杂交海水稻能够抵耐海水倒灌,在海水倒灌5天后仍然长势良好。

"三优9号"的选育过程如下:

母本"海s"选育过程:2015年秋季在海南将核不育繁殖系Gt1S与高产优质品系C286杂交;从后代中选取株型优良,穗大饱满株系,命名为海S,海S自交结实分选出不育系海s。表现为雄性不育性稳定、株叶形态优良、分蘖正常和茎秆粗壮。

父本"RF9"选育过程:广亲和品系HA18与优质株系HB22杂交;F_1与广亲和品系HA18回交,得到BC_1F_1,再连续自交三代,从中选取综合性状优良且稳定遗传的株系。表现为穗大粒多,籽粒充实饱满,后期落色好。

"三优9号"做一季晚稻栽培,全生育期123天。该杂交种株型优良,分蘖力强,成穗数多,同时表现穗大粒多,茎秆粗壮,耐肥抗倒,后期叶青籽黄,不早衰,后3叶功能旺盛,籽粒充实饱满。主要农艺性状:株高122 cm,每亩有效穗数15.63万,平均每穗粒数298.9,千粒重24.9 g,结实率90.5%。米质主要指标:糙米率77.3%,整精米率69.6%,垩白粒率10.3%,透明度1级。主要优点:穗大粒多,耐肥抗倒,不早衰。

第七章 雄性不育系的繁殖制种

在作物杂种优势利用体系中,构建配套的杂交种子生产技术至关重要。该技术涵盖两个关键环节:杂交亲本种子的繁殖和大量杂种一代种子的杂交制种。构建科学合理、高效的杂交亲本繁殖技术和大量杂种一代种子的杂交制种技术,有助于确保每年有充足的杂交亲本种子用于杂交制种,以及有足够数量的杂种 F_1 商品种子供应生产需求。基于实际应用需求,在选择杂交亲本时应关注以下 3 点:亲本来源的可获得性、后代繁殖系数的高低,是否具备简便可行的杂交制种方法,以及是否具备完善的种子生产体系和良好的耕作管理制度。

雄性不育导致不育系开花习性变差,花时推迟,开颖率降低、花时分散,柱头活力下降。

雄性不育系一般败育程度越高,开花习性越差。败育程度较低的不育系开花习性受影响较小,一般开花较早,花时集中,开颖好。所以协调不育稳定性、异交习性是安全、高产、高效繁殖制种的一个关键。

第一节 核质互作型雄性不育系的繁殖制种

一、核质互作型雄性不育系繁殖

不育系的繁殖就是以不育系作母本,以保持系作父本,按照一定的行比相间种植,使不育系接受保持系的花粉,受精结实,生产出下一代不育系种子。不育系通常具有较强的分蘖力和旺盛的长势,相比之下,保持系的分蘖力和优势相对较弱。因此,在不育系繁种田中,应特别关注保持系的培育管理。由于不育系与保持系属于姊妹系,两者植株高度差异较小,通常保持系仅比不育系高出 5~10 cm。此外,保持系的播始历期(从播种到始穗的时间)比不育系短3~4天,营养体较小,单株花粉量也较少。即播始历期要比不育系短3~4天,营养体较小,单株花粉量也较少。要提高不育系的繁种产量,应抓好以下几项技术措施。

(1)适时播种,确保安全授粉。不育系开花的最适穗部温度为28~32 ℃,田间的相对湿度75%~85%,要求天气晴朗,以保证安全授粉。长江流域地区的抽穗开花期应避开6月中旬的"梅雨"季节和7月20日以后的高温时段,适宜抽穗扬花的时期为7月上旬。针对不同类型的不育系,可根据其生育期长短调整播种期,确保安全齐穗。

(2)精心安排父母本播差期。鉴于父本保持系的播始历期(从播种到始穗的时间)比母本不育系短,应在不育系长至一叶一心时播种保持系,即保持系比不育系推迟3~4天播种。若安排两期父本播种,第二期保持系应比第一期再推迟3~4天播种。

对抽穗相对分散的不育系如珍汕97A,第一期父本与母本的播差期可适当拉大些,对抽穗期较集中的如协青早A,则可适当缩小些。

(3)培育带蘖壮秧。培育壮秧的关键措施包括稀播匀播、增施磷肥。对于不育系,每亩播种量约为15 kg,而保持系则适当减少播种量。在秧田管理阶段,务必及时追肥以促进分蘖。

(4)优化行比,构建高产群体结构。在适宜的行比设定下,母本应确保足够的基本苗,以秧田分蘖为主,合理控制最高苗数,提高成穗率,旨在实现穗多粒多。父本则应兼顾插秧与发苗,本田期以促进生长为主,要求较高的最高苗数,确保最高苗与基本苗之比大于1,此举有助于延长抽穗开花历期,确保花粉供应持久且充足。

(5)采取综合措施提升异交结实率,具体操作可参考杂交稻制种中提高异交结实率的方法。

(6)为确保种子纯度与质量,需严格执行防杂保纯措施。在严格隔离的条件下,重点做好去杂去劣工作。去杂应关注以下3个关键时期:首先,在分蘖期至抽穗期,对株高、株型、茎秆颜色存在差异的杂株进行严格剔除,尤其在分蘖盛期杂株特征最为明显,便于识别。其次,不育系抽穗期间,需多次剔除混入的保持系和恢复株。通常在不育系繁种田中,保持系会先于不育系抽穗。当不育系开始抽穗时,应对每株进行逐一检查。保持系特征为不包穗、花药膨松且开裂,开花后当天下午最易辨别。去杂操作宜在下午进行。最后,收割时,应先收割保持系,收割完毕后,及时、彻底清理掉混杂在不育系中的保持系稻穗。

此外,在收割、晾晒、储藏过程中,务必严防种子混杂,确保单收、单打、单藏,严格执行各项操作手续,以保持不育系的纯度。

二、核质互作型水稻雄性不育系的制种

杂交水稻的制种,是以雄性不育系作母本,雄性不育恢复系作父本,父母本按照一定的行比相间种植,花期相遇,母本接受父本的花粉而受精结实,生产杂交种子,是一个异交结实的过程,因而杂交稻制种又称为水稻的异交栽培。整个制种过程中,技术要求高,操作严谨,各项技术措施旨在提升母本的异交结实率。制种产量的高低与种子质量的好坏,直接影响到杂交水稻的生产与推广。

杂交水稻制种涉及的基本技术环节包括:制种生态条件(基地与季节)的选择、花期相遇技术(涵盖播种期、播差期与理想花期的规划、花期预测与调整)、父母本群体的构建与管理、"九二〇"喷施技术与异交态势的优化、人工辅助授粉及特殊病虫害防治等。

1. 制种生态条件的选择

具备制种生态优势的条件主要包括:①要求扬花授粉期,田间具备适宜的温度与湿度条件,如开花期日均温度在26~28 ℃之间,日最高温度不超过35 ℃,日最低温度不低于21 ℃,昼夜温差大于10 ℃,田间湿度保持在70%~90%,避免干热风天气,授粉期间最大风速不超过4 m/s,保证充足的光照,且连续阴雨天气不超过3天的年份较少;②具备良好的稻作生产条件及有利于制种组合生长发育的稻作生态环境。

(1)制种基地的选择。制种基地应兼顾良好的稻作自然条件与确保种子纯度所需的隔离条件。

(2)制种季节的选择与安全抽穗扬花期、成熟收割期。长江流域稻作区杂交水稻制种可分为3种类型:春制抽穗扬花期在6月中旬至7月中旬,细分有早春制与迟春制;夏制抽穗扬花期在7月下旬至8月中旬,分为早夏制与迟夏制;秋制抽穗扬花期在8月下旬至9月下旬,分为早秋制与迟秋制。此外,海南冬制在国内杂交制种中占据重要地位,其抽穗扬花期为3月下旬至4月中旬。

(3)制种隔离。水稻花粉粒小且轻,易于随风飘散,传播距离远,强风条件下可传播几十米乃至上百米。

1)空间隔离。通过空间距离来实现隔离,通常利用山丘、河川、建筑物等自然屏障或种植非水稻作物作为隔离带。

2)时间隔离。在隔离区内种植非制种父本水稻品种,其始穗期应早于或迟于制种母本始穗期至少20天。

3)父本隔离。在隔离区种植与制种相同的父本品种,要求父本种子纯度在99.5%

以上。

2. 父母本花期相遇技术

（1）花期理想相遇。通常指"母本头花不空，父本尾花不丢，父母本盛花期恰好相逢"，关键在于母本盛花期与父本盛花期能完全重合。

（2）花期相遇。以理想花期相遇的父母本相对始穗期为参照，花期相遇是指父本或母本的始穗期比理想花期早或迟 2~3 天范围内，此时父母本的盛花期可实现大部分相遇。

（3）花期基本相遇。以理想花期相遇的父母本相对始穗期为依据，花期基本相遇是指父本或母本的始穗期比理想花期早或迟 3~5 天，此时父母本的盛花期仅能实现部分相遇。

（4）花期不遇。当父本或母本的始穗期比理想花期早或迟 6 天以上时，父母本的盛花期几乎无法相遇，仅可能存在父本或母本尾花与母本或父本头花的短暂相遇，甚至完全无法相遇。在这种花期不遇的情况下，制种产量极低，甚至可能导致制种失败。

确保父母本花期相遇是杂交水稻制种的核心技术，主要包括 3 个方面：①合理安排安全抽穗扬花的播种期及确定父母本理想的播差期，这是确保花期相遇的基础；②实施规范化的标准化制种栽培管理技术，为花期相遇提供保障；③进行花期的预测与调节，作为辅助措施。

3. 父母本的播种期与播差期

（1）父本播种期的确定。对于父本生育期较长、需先播种或父母本生育期相近可同期播种的杂交组合制种，父本播种期的确定主要基于两方面因素：①安全抽穗扬花期的始穗期要求，父本播种期应与之相符；②父本自身的播始历期。

（2）父本播种期演变。20 世纪 70 年代中期，杂交水稻制种主要采用三期父本；至 70 年代后期，开始采用二期父本制种；到了 80 年代初期，开始采用一期父本进行制种，不断提高父本花粉利用效率。

（3）播差期的确定。由于杂交水稻制种中父母本生育期（播始历期）存在差异，通常大部分组合的父母本无法同时播种。两亲本播种时间的差异即为播差期。播差期的确定需依据两个亲本的生育期、生育特性（如感光性、感温性、营养生长性）以及理想花期相遇的始穗期标准。不同组合因亲本差异，播差期会有所不同；即使是同一组合在不同季节或地域进行制种，播差期也会有所变化。确定一个组合适宜的播差期，首先需要对组合亲本进行多年分期播种试验，详尽掌握其生育期和生育特性变化规律。在此基础上，可采用时差法(又称生育期法)、叶(龄)差法、(积)温差法等方法计算并确定播差期。

4. 花期预测

花期预测的方法比较多,不同的生育阶段可采用相应的方法。常用的方法有幼穗剥检法、叶龄余数法、对应叶龄法、双零叶法与葫芦叶预测法、积温推算法、播始期推算法等。

幼穗剥检法是根据幼穗发育的八个阶段的外部形态,直接观察父母本幼穗发育进程,以此来预测父母本花期能否相遇。具体操作如下:以主茎苗作为剥检对象,从每穴中选取叶片最长的植株作为主要茎穗。无论单本还是多本栽插,每穴仅选取一根主茎苗。同一田块内取样数量应根据田间苗穗生长发育的整齐程度确定,通常剥检10~20个幼穗。确定父母本群体幼穗分化阶段时,以50%~60%植株达到某一特定分化时期为准。

父母本花期不遇主要表现为两种情况:①父本早于母本始穗,即父早母迟;②父本晚于母本始穗,即父迟母早。判断父母本花期相差程度,应以父母本理想花期相遇的始穗期标准为依据。当父母本始穗期与该标准相差3天以上时,应进行花期调节。

花期调节的效果体现在两个方面:①促进生长发育,促使植物提早抽穗并缩短开花历期;②延缓生长发育,推迟抽穗并延长开花历期。对于花期偏早的亲本,应采取延缓生长发育的调节措施;而对于花期偏迟的亲本,则应采取促进生长发育的调节措施。

5. 花期调节技术

(1)农艺措施调节法

1)密度(基本苗)调节。通常可通过密度调节使花期变化3~4天。生育期较长的亲本分蘖能力强,采用密度调节的效果较为显著;反之,生育期较短的亲本分蘖能力弱,采用该方法调节效果较小。使用密度调节法时,要在保证母本高产苗穗结构和父本充足花粉量的前提下进行。母本过稀栽植常导致穗数不足,且抽穗分散,开花不集中。父本适当稀植高肥,可延迟延长花期。父本密植或多本插植导致花期短,父母本花期不能全遇。

2)秧龄调节。秧龄对始穗期影响显著。例如,IR26品种的秧龄为25天时,其始穗期比秧龄为40天的早约7天;秧龄为30天时,比秧龄为40天的早约6天。当秧龄超过40天时,可能出现抽穗不整齐的现象。珍汕97A品种中,秧龄为13天的比秧龄为28天的始穗期早约4天;秧龄为18天的比秧龄为28天的始穗期仅早约1天。超过35天秧龄出现早穗,抽穗不整齐。对秧苗素质中等或较差的秧苗,调节作用大,对秧苗素质好的秧苗其调节效果小。

3)中耕调节。进行中耕并配合施用适量氮素肥料,能够显著推迟台穗期并延长开花历期。对苗数多、早发的田块儿效果小，特别是对禾苗势旺的田块中耕施肥效果不好，所以使用此法须看苗而定。在没能达到预期苗数，田间禾苗未封行前采用此法效果好，对禾苗长势好的田块不宜采用。

4）肥水调节。对于发育较快的亲本，每公顷可适量偏施 75~150 kg 尿素。但对母本偏施尿素时应谨慎，需根据苗情具体情况决定。施用后配合中耕，可延缓生长发育，实现花期调节约 5 天。对发育慢的亲本每公顷可用磷酸二氢钾 1.5 kg 兑水 750 kg，连喷两次，一般能调节花期 2~3 天。在幼穗发育后期如发现花期不遇，可利用大多数恢复系对水分反应敏感、大多数不育系对水分反应较迟钝的特性，通过调控田间水分，实现花期调节。如果父本早母本迟，可以排水晒田，控父促母；母本早父本迟，则可灌深水，促父控母，通过对水的控制，可调节花期 3~4 天。

（2）激素调节法。喷施"九二〇"，通常能使亲本提早抽穗 2~3 天。具体操作：在抽穗前两天或见穗期，每亩使用 1~2 g"九二〇"，并添加磷酸二氢钾 0.1~0.15 kg，对抽穗偏迟的亲本进行叶面喷雾。对于抽穗相差超过 4 天的情况，可对幼穗发育较快的亲本在幼穗分蘖第三期前喷施多效唑，每亩用 0.1~0.15 kg 多效唑兑水 50 kg 进行叶面喷雾。喷过多效唑的亲本，在喷"九二〇"时每亩应增加"九二〇"用量 2~3 g。此外，施用其他复合型激素类调节如"调花宝""花信灵""调花灵"等，能提早 1~2 天见穗，且抽穗整齐，促进水稻花器的发育，使开花集中，花时提早，提高父本花粉和母本柱头生活力。

（3）拔苞拔穗法。若花期测定发现父母本始穗期相差 5~10 天，可在早亲本的幼穗分化七期或见穗期，采取拔除苞穗的方式，促使早抽穗亲本的迟发分蘖成穗，从而达到推迟花期的目的。拔苞（穗）应及时，并结合施用氮素肥料，以便使稻株的营养供应尽早地转移到迟发分蘖穗上，从而保证更多的迟发分蘖成穗。被拔除的稻苞（穗）通常是比迟亲本始穗期早 5 天以上的稻苞（穗），主要涉及主茎穗和第一次分蘖穗。若采取拔苞拔穗措施，应在幼穗分化前期加强施肥，以促进更多迟发分蘖的形成。

（4）机械损伤调节法。对发育偏快的亲本可采用割叶、提蔸、伤根等措施，一般可调节花期 3~5 天。采用这种方法，要结合施肥才能恢复生长，而且只限于重调时使用，除非不得已，一般不要采用。

（5）外露柱头法。利用母本不育系柱头外露率高、接受花粉时间长的特点来调节花期。关键在于采取各种可行的栽培管理措施提高母本柱头外露率，并确保柱头在 4~5 天内保持活力以进行授粉结实，这相当于间接推迟了母本 3~4 天的花期。这也是高产制种所提倡的技术措施。

6. 母本高产群体的构成与管理

杂交水稻制种在父母本群体构成关系上,确定母本群体占大多数的主导地位与保证一定父本数量需要具有同等的重要性,不能只顾一方。

在栽培原则上,应优先确保父本处于最佳生长状态,遵循"父欺母"而非"母欺父"的原则。通过采用特殊栽培措施,如偏施球肥、开沟栽培等方法,加强对父本的管理,以保证充足的父本花粉供应(即确保母本具有较高的异交结实率)。在此基础上,尽量减少父本的占地面积,扩大母本的占地面积,实现母本占地比率与母本异交结实率的协调增长,从而提高制种产量。

大田培管技术。由于制种异交结实对父本和母本的抽穗开花的要求不同,一般要求父本有较长的抽穗开花历期,又能保证有充足的花粉量,对母本则要求相对较短的抽穗开花期,穗粒数多,因而栽插时对父母本的要求就不同。母本要求密植,一般栽插密度为13.3 cm×(13.3～16.7) cm,每穴栽2～3本,穴栽基本苗6～9个;对父本则要求稀植,穴插双本。即母本成穗靠插不靠发,父本则插发并举。所以,一般早熟组合制种要求母本亩插基本苗10万～12万,父本2万～3万;中、迟熟组合制种要求母本亩插基本苗12万～16万,父本4万～6万。

7. "九二〇"喷施技术与异交态势的改良

制种母本不育系抽穗时穗颈节不能正常伸长,导致卡颈稻穗不能全部抽出,一般有1/3～1/4的稻穗包在稻苞内,严重影响母本的开花授粉结实。在抽穗期喷施"九二〇",就可以促进穗颈节伸长,解除卡颈,达到穗粒正常全外露,大大地提高母本的异交能力。所以,"九二〇"的施用已成为杂交水稻制种技术中最关键的技术。施用效果的好坏直接决定着制种产量的高低。

合理使用"九二〇",以促使穗层高于叶层,使得穗层疏松,通风透光性好,湿度降低,不利于稻粒黑粉病的发生。此外,对于喷施"九二〇"后剑叶仍不平展、挺直或叶片过长的不育系母本制种田块以及制种母本冠层叶片较长的田块,应采取适当割叶措施,以提升穗层高度,这不仅有利于花粉传播,提高母本异交结实率,还能减轻稻粒黑粉病的发病程度。

实施保健栽培,着重控制冠层叶片长度。在母本生长的中后期,应科学管理肥水,及时进行晒田,以控制母本冠层叶片生长,增强田间通风透光性,抑制病菌在田间的滋生。

8. 人工授粉的方法

主要有4种人工辅助授粉方法:①绳索拉粉法;②单长竿赶粉法;③双短竿推粉法;

④飞机辅助授粉。

水稻不仅是一个花期短的作物,而且其一天内开花时间也比较短,一天内一般只有 1.5~2 h 的开花时间,且中午前后。每天的人工授粉次数一般为 2~3 次。

9. 特殊病虫害的防治技术

杂交水稻制种在父母本生育过程中所发生的病虫害,与一般同季节水稻栽培所发生的病虫害基本上一致,但是杂交水稻制种异地异季栽培和高肥条件下栽培更容易发生病虫害。主要的虫害有稻蓟马、稻秆潜叶蝇、二化螟、三化螟、卷叶螟、稻苞虫、稻飞虱、叶蝉、蚜虫等,主要的病害有纹枯病、稻瘟病、白叶枯病等,细菌性条斑病(简称细条病)是国内水稻种子的检疫性病害,在杂交水稻制种上是不允许发生的。

除上述列举的水稻病虫害外,杂交水稻制种母本不育系还有一种特殊病害——稻粒黑粉病。稻粒黑粉病会导致颖花受精后的灌浆过程无法正常充实为稻米,使米粒变为全黑色粉末。病粒外观表现为颖壳呈现青黄色,饱满,剥开颖壳可见种皮内充满黑色粉末状病菌孢子。在杂交水稻制种母本中,无论哪种不育系作为母本制种,均有发生稻粒黑粉病的风险,且发病率较高,已发展成为杂交水稻系列制种生产中的主要病害。病粒率通常在 5%~10% 之间,严重时可达 30%~50%。不仅导致制种产量损失,一般损失率为 10%~20%,严重时可达 50%,而且收割后病粒与健康种子混杂,难以剔除,进而影响种子质量。对稻粒黑粉病的防治已成为杂交稻种子的生产中必不可少的一个技术环节。

制种生产实践表明,稻粒黑粉病发病程度受环境气候条件影响很大,改善环境气候条件特别是母本不育系穗层的小气候条件,可以大大降低病害的发生程度。所以对稻粒黑粉病的防治,应采取农业措施与药剂防治兼顾的综合防治技术。

10. 栽培技术措施防治

在大面积制种中,稻粒黑粉病的发病程度不仅年际间、地点间变化很大,而且同一地点的不同田块差异也很大,常表现出轻病年有较重发病的田块,说明栽培条件与发病程度有很大关系。

应合理安排播种期,选择利于开花授粉的天气。花期天气晴朗、降雨少或无雨时,稻粒黑粉病发生程度轻,可能无须进行药剂防治。若花期雨水较多、晴天较少,病情往往会加重,且此时药剂防治效果不佳。

在制种过程中,对母本种子进行 8%~10% 盐水选种后,还需进一步进行药剂灭菌消毒。常用的浸种消毒药剂包括 20% 粉锈宁乳油稀释至 500~1000 倍液、50% 多菌灵可湿性粉剂稀释至 500 倍液、20% 强氯精可湿性粉剂稀释至 500 倍液。

一般在抽穗开花期喷施防治稻粒黑粉病的药剂1~2次,遇阴雨天气时应增加1次用药。防治药剂有三唑酮(粉锈宁)、灭黑灵、灭黑一号、克黑净、灭病威(多菌灵)等。

三、核质互作型小麦雄性不育系的制种

产量高、纯度好的杂交种子生产,是当前杂种小麦生产应用的关键。父本花粉量决定杂交种子的产量,没有花粉就没有种子。获得高产的杂交种子条件:①制种地必须开阔、多风、无雨;②父本必须花药外露、花粉量大;③母本必须颖壳张开、柱头外露。

上述三个条件缺一不可,否则就难以获得高产的杂交种子。生产杂交种子的区域与使用杂交种的区域可能相隔几千公里,其间种子的运输成本可通过提高结实率所增加的收益来抵消。例如,在内布拉斯加州有数千公顷连片的制种田,父母本种植比例为1:2,播幅范围为15~30 m,并采用康拜因进行收获。澳大利亚采取将不育系和恢复系种子以9:1或8:2的比例混合播种、混合收获的方式,可实现高产杂交种子的生产。此方法要求父母本株高及形态特征相似,且开花期无显著差异,理想状态下父本应比母本晚开花2~3天。杂种小麦种子生产尚未形成规模化,主要受限于制种地面积偏小、隔离设施对风力的阻挡等因素,导致制种产量较低。亟需研发适合我国国情的杂种小麦种子生产模式。

四、水稻核质互作型不完全雄性不育系的繁殖和杂交制种方法

水稻核质互作型不完全雄性不育系具有一个育性转换临界温度。当敏感期外界温度低于该临界值时,雄性不育系表现为完全不育;而当敏感期外界温度高于该临界值时,雄性不育性会转变为部分可育或完全可育。不同水稻核质互作型雄性不育系的花粉粒败育程度和雄性不育稳定性存在着一定的差异。即使具有同一雄性不育细胞质的水稻核质互作型雄性不育系之间,其花粉粒的败育程度和雄性不育的稳定性也同样存在着一定的差异。"珍汕97A"等水稻雄性不育系在实际利用中表现为花粉粒败育程度比较彻底,雄性不育性比较稳定,在自然的高温条件下通常难以发生育性转换(即保持稳定的雄性不育特性)。然而,有些水稻核质互作型雄性不育系(湘香2A、优1A、Ⅱ-32A、协青早A和川香29A等)在自然高温条件下通常导致其发生自交结实。杂交水稻生产实践显示,这类水稻雄性不育系在孕穗期遭遇日平均温度高于39 ℃的高温时,通常会出现雄性不育性育性波动导致自交结实,从而降低了杂交制种所得杂交种子的纯度,对生产造成重大损失。尽管如此,这类水稻雄性不育系通常具备优良的开花习性和较好的可恢

复性。

多数红莲型或BT型水稻雄性不育系在生殖发育过程中,雄配子或雄配子体败育不彻底,其雄性不育性在发育敏感期对高温敏感,易导致自交结实。此外,许多携带雄性不育细胞质的水稻雄性不育种质资源由于难以找到能完全保持雄性不育特性的保持系,导致这些雄性不育系大多表现出雄性败育不彻底或雄性不育性不稳定,从而未能得到生产应用。

在杂交水稻育种实践中,多数已育成的水稻核质互作型雄性不育系含有微效恢复基因,这使得其在育性敏感期遭遇高温时易出现育性部分恢复及自交结实现象。

在育种实践中,通过分期播种雄性不育系,使其在不同时间抽穗,观察各时期育性敏感期在不同外界温度条件下展现出的育性特征,从而可确定雄性不育系育性转换的临界温度。另一种方法是在育性敏感期将雄性不育系置于人工气候室,通过施加不同温度处理,以获取雄性不育系育性转换的临界温度。不同水稻核质互作型雄性不育系的育性转换临界温度和程度存在差异。雄性不育性稳定的不育系,其育性转换临界温度较高;而雄性不育性易波动的不育系,其育性转换临界温度则较低。

如果能够妥善解决水稻核质互作型不完全雄性不育系的雄性不育性的不稳定问题,则能够大幅度提高水稻雄性不育系的利用范围,提高杂交水稻的杂种优势利用水平、抗性水平和稻米品质。李新奇发明了一种可以控制水稻核质互作型不完全雄性不育系的雄性不育性,进而可以解决雄性不育性不稳定的技术问题,有效确保其安全繁殖和安全杂交制种的新方法。

(一)操作技术

选取父本和母本进行播种,其中以不完全核质互作型雄性不育系作为母本。在母本幼穗处于育性转换敏感期,外界气温又高于不育系育性转换的临界温度时,进行冷水灌溉,以使幼穗处于低于育性转换的临界温度的条件下,保持完全不育,以使幼穗处于18~26 ℃的温度范围内。

在幼穗育性敏感期结束时停止冷水灌溉,使父本和母本杂交,生长并收获。例如,香2A、粤泰A、Ⅱ-32A等不完全核质互作型雄性不育系均可采用此方法进行制种。

根据水稻核质互作型雄性不育系育性转换温度敏感部位位于稻株基部的原理,本方法在不完全核质互作型雄性不育系育性敏感期,通过持续灌注恒定低温的冷水,以维持一定时间,确保不育系在育性敏感期内保持完全不育。同时,结合配套的栽培技术措施,旨在提高不育系杂交制种的产量和种子纯度。冷水串灌应在幼穗发育进入育性敏感期

(通常为第3期)后开始,田间串灌水温应维持在不育系不育临界温度之下(推荐18~26 ℃),根据实际需求和天气状况确定串灌天数(一般为1~15天),确保幼穗在整个敏感期内处于低温(低于临界温度)环境中。当外界气温已低于不育系不育临界温度时,可暂停冷水灌溉。

采用配套的栽培管理技术措施主要包括以下几个方面:

(1)制种安排在冷水串灌方便的水田进行。

(2)适时播种。对于此类核质互作型不育系,其育性变化敏感期通常在幼穗发育第3~6期。在安排播种期时,应尽量使育性敏感期处于较低温气候条件下,同时确保抽穗扬花期气温在22 ℃以上。

(3)要求父母本群体早发、快速生长且生长整齐,尤其强调加强父本的栽培管理。通过培育壮秧、形成壮苗多蘖,并运用肥水调控手段促进本田早发分蘖、快速生长及株间生长整齐,以减少冷水串灌对父母本生长的影响,同时有助于缩短冷水串灌天数。

(4)预测幼穗发育进程,按时进行冷水串灌。一旦发现幼穗发育进入第3期且外界气温超过不育系育性转换临界温度,应开始以18~25 ℃的恒定冷水进行串灌。要求水流均匀,流量大,确保全田水温基本均衡,不受过高气温干扰。出水口水温应保持在26 ℃以下,进水口水温应不低于18 ℃,下限水温不宜偏离18 ℃过多,以防止低温对幼穗造成伤害或阻碍其正常发育。经过数日的低温冷水串灌,当所有幼穗均进入第7期时,应停止串灌。水深至少需足够淹没全部幼穗。若日平均气温降至不育系育性转换温度以下,可暂停冷水串灌。

(5)补充营养,以促进幼穗生长发育。冷水灌溉后,若生长发育减缓或出现叶片变黄现象,应及时施用富含多种营养元素的复合肥料。在抽穗期应施用"九二〇"。

(6)及时进行除杂工作。对于可能未受到低温影响、在抽穗开花时仍保持可育状态的个别稻穗,应迅速去除。同时,尽早清除其他各类杂株。

(7)适时进行收获,以保证种子质量。通常在母本齐穗后20~25天,应抓住晴好天气进行收割。注意防止不育系中生长迟缓的小苗、后发或再生小蘖在高温条件下正常灌浆结实,造成自身混杂。

不完全植物核质互作型雄性不育系存在不育性不稳定问题,高温条件下易发生自交结实。在制种季节中,高温天气较为常见,易引发自花授粉结实,导致杂交种子纯度降低,甚至造成大面积制种失败,严重制约了杂交稻的健康快速发展。因此,提高不育系不育稳定性是杂交稻发展中的关键问题。

采用冷水串灌制种技术能够有效解决不完全植物核质互作型雄性不育系的不育性

稳定性问题,实现对这类不育系不育性的有效控制。该方法风险较小,能确保制种产量的稳定性和可靠性,是一种较为理想的解决方案。

通过冷水串灌,育性转换温度在 25 ℃ 以下的水稻不完全植物核质互作型雄性不育系也能得到利用。育种实践中,水稻不完全植物核质互作型雄性不育系的不育临界温度能够高达 27 ℃ 以上,所以水稻不完全植物核质互作型雄性不育系的选育将变得效率高。容易获得性状优良、配合力好、异交率高的各类型不育系,容易获得各类型强优势杂交水稻组合。

利用本方法能够较容易地解决杂交粳稻和杂交早稻问题。它的广泛应用,可能使作物杂种优势利用更加普及,在今后粮食安全保障的建立中发挥重大作用。

(二)籼稻红莲型粤泰 A 的繁殖

(1)确定制种基地。选择位于大中型水库下游,具备灌水便利、阳光充足、病虫害少、土壤肥沃、交通便捷条件的大面积连片水田作为制种基地。要求该基地能够确保冷水供应,且制种田周边 100 m 范围内除父本外无其他水稻品种。

(2)选择适宜的抽穗扬花期。理想的气象条件:日平均气温 24～30 ℃,花时气温 28～32 ℃,相对湿度 70%～90%,无连续 3 天以上的降雨,风力不大或仅有微风。以 6 月 28 日至 7 月 5 日这一时段最为理想。

(3)培育适龄多蘖壮秧。播种前将种子晾晒 1～2 天。进行种子筛选,去除其中夹杂的发芽谷粒、泥块、病粒等杂质。浸种时,先用盐水进行选种,接着用 50% 多菌灵 500 倍液进行种子消毒,随后用清水洗净药液,进行浸种催芽。对父母本种子的催芽要求做到"快、匀、壮"。精心挑选秧田,施足底肥,进行稀播匀播,并覆盖地膜。在秧苗长至二叶一心时施足分蘖肥,移栽前 5～7 天施用送嫁肥。

(4)培育适龄多蘖壮秧。播种前将种子晾晒 1～2 天,进行种子筛选,去除其中夹杂的发芽谷粒、泥块、病粒等杂质。实行合理密植,确保基本苗数充足。父母本行比设定为 2∶12,其中父本株距控制在 13～20 cm,行距为 33～40 cm;母本株距为 10～13 cm,行距为 13～17 cm。父母本均以每穴插两粒谷苗为宜。

(5)加强田间管理,搭好丰产苗架,强化父本栽培。适氮、高磷、钾栽培,氮、磷、钾的比例约为 1∶1∶1.5。移栽后 4～6 天,每公顷追施尿素 200 kg,促进早发稳长,达到穗大粒多、总颖花多和花粉量大的目的。父本在分蘖末期幼穗分化前,视苗情偏施一次球肥。水浆管理上总的要求是薄水插秧,活蔸后露田,浅水勤灌,干湿交替,以促进低、中位节分蘖。可结合中耕除草,看苗看地看天气,适时适度排水露田,以增强土壤中的氧气,促发新根,促进禾苗稳健生长。同时要搞好病虫的预测预报,及早防治。注意防治稻飞虱、螟虫、纹枯、白叶枯、稻瘟病等。

(6)监测幼穗发育进程,及时进行冷水串灌。当观测到幼穗发育进入第3期,且日平均气温高于25 ℃时,开始进行19~24 ℃恒定冷水串灌。要求水流均匀,流量大,确保低温水层至少能淹没幼穗,全田水温保持均衡,不受过高气温干扰。出水口水温应低于25 ℃,进水口水温应高于18 ℃,下限水温不应偏离18 ℃过多,以避免低温对幼穗造成伤害或影响其正常发育。经过数日低温冷水串灌,待所有幼穗均进入第7期时,停止串灌。当日平均气温达到27 ℃时,不育系能保持完全不育状态;若日平均气温低于25 ℃,则可停止串灌冷水。

(7)补充营养,促进幼穗生长发育。冷水灌溉后,若发现生长发育放缓或出现叶片变黄现象,应及时追施富含多种营养元素的复合肥料。

(8)采用综合措施,提高母本异交结实率。科学使用"九二〇"。使母本穗茎伸长,增大母本剑叶与主茎角度,解除母本"包颈",提高穗粒外露率,增大颖花开颖角度,延长闭颖时间,提高母本柱头外露率。在母本抽穗5%~10%时,每公顷用"九二〇"30 g同时喷父母本;母本抽穗20%~30%时,每公顷用"九二〇"120 g喷母本;母本抽穗50%时,每公顷用"九二〇"75 g同时喷父母本。采用竹竿人工辅助赶粉。

(9)严格去杂。在种子成熟期,由于个别稻穗可能未感受到低温可能自交结实,在抽穗开花时,及时去除。在不育系的整个生育阶段,要反复多次将混入不育系中的保持系、恢复系和异株彻底、干净地拔除,同时也要做好保持系的除杂保纯工作。

(10)病虫防治、水肥管理等,可参照相关水稻栽培管理办法。

(11)适时收获。经过冷水串灌处理,粤泰A表现完全雄性不育,花药不开裂,不自交结实,不育系种子纯度达到99.9%,同时繁殖产量高。

(三)BT型杂交粳稻组合秋光A/轮回422制种

母本:秋光A,核质互作型不完全雄性不育系秋光A育性转换的临界温度为日平均气温27 ℃。

父本:轮回422,粳稻恢复系。

(1)确定制种基地。选择中型水库下灌水方便、阳光充足、病虫害少、土壤肥沃、交通便利的大面积成片水田,要求能够保证冷水供应,制种田周围100 m以内,除父本外,没有其他水稻品种。

(2)选择适宜的抽穗扬花期。理想的气象条件:日平均气温24~30 ℃,花时气温

28~32 ℃,相对湿度 70%~90%,无连续 3 天以上降雨,风力不大或有微风。以 8 月 10 日至 8 月 20 日这一时段最为理想。

(3)通过叶龄差期推算法、时差推算法和温差推算法,算准父母本播种差期。秋光 A 在 8 月 10 日至 8 月 20 日抽穗,一般比轮回 422 迟播 30~32 天,在 6 月 18 日左右播秋光 A,5 月 12 日左右播轮回 422。

(4)培育适龄多蘖壮秧。播种前将种子晾晒 1~2 天,进行种子筛选,去除其中夹杂的发芽谷粒、泥块、病粒等杂质。浸种时先用盐水选种,然后用清水洗净后再进行浸种催芽。父母本的催芽要求做到"快、匀、壮"。选好秧田,下足底肥,稀播匀播。二叶一心重施分蘖肥,移栽前 5~7 天施送嫁肥。在一叶一心至二叶一心每公顷喷施万分之二点五的多效唑溶液 750 kg,促进分蘖。

(5)合理密植,插足基本苗。父母本行比 2∶12,父本的株距 17~20 cm,行距 33~40 cm;母本的株距 10~13 cm,行距 13~17 cm。父母本均以插两粒谷苗为宜。

(6)加强田间管理,搭好丰产苗架,强化父本栽培。适氮、高磷、钾栽培,氮、磷、钾的比例约为 1∶1∶1.5。对父本实行偏肥管理,父本移栽后 4~6 天,每公顷施尿素 45~60 kg,母本移栽后 4~6 天,每公顷追施尿素 180 kg,促进早发稳长,达到穗大粒多、总颖花多和花粉量大的目的。水浆管理上总的要求是薄水插秧,活蔸后露田,浅水勤灌,干湿交替,以促进低、中位节分蘖。可结合中耕除草,看苗看地看天气,适时适度排水露田,以增强土壤中的氧气,促发新根,促进禾苗稳健生长。同时要搞好病虫的预测预报,及早防治。注意防治稻飞虱、螟虫、纹枯、白叶枯、稻瘟病等。

(7)预测幼穗发育进度,准时进行冷水串灌。当检查到 50% 幼穗发育进入第 4 期,日平均气温高于 26 ℃ 时,开始串灌 18~22 ℃ 的恒定冷水。要求水流均匀,流量大,低温水水层至少淹没幼穗,确保全田水温大致均衡,不受过高气温干扰。出水口水温在 24 ℃ 以下,进水口水温在 18 ℃ 以上,下限水温不能低于 16 ℃,以免低温伤害幼穗或终止幼穗发育。如果当日某个时段气温低至 26 ℃ 以下,可停止冷水串灌。如果日平均气温低至 26 ℃ 以下,当天可不串灌冷水。经过数日低温冷水串灌,当 90% 幼穗发育进入第 7 期时,停止串灌。

(8)补充营养,促进幼穗生长发育。冷水灌溉后,若发现生长发育放缓或出现叶片变黄现象,应及时追施富含多种营养元素的复合肥料。

(9)采用综合措施,提高母本异交结实率。科学使用"九二〇"。使母本穗茎伸长,增大母本剑叶与主茎角度,解除母本"包颈",提高穗粒外露率,增大颖花开颖角度,延长闭颖时间,提高母本柱头外露率。在母本抽穗 5%~10% 时,每公顷用"九二〇"30 g 同时喷父母本；母本抽穗20%~30%时，每公顷用"九二〇"120 g喷母本；母本抽穗50%时，每公顷用"九二〇"75 g同时喷父母本。采用竹竿人工辅助赶粉。及时割去杂株和自交结实单株。

（10）加强后期病虫防治、水肥管理等。可按照相关杂交水稻制种的管理办法进行。

（11）适时收获，确保种子质量。制种结果表明，经过冷水串灌处理，秋光A表现完全雄性不育，花粉败育度达到99.8%，不自交结实，杂交种子纯度达到99%，每公顷制种产量达到1600 kg。而未经处理的对照秋光A自交结实为5.2%。

第二节 光温敏不育系的繁殖制种

一、光温敏不育系繁殖

在"两系法"杂交作物的技术中，光温敏不育系的繁殖比较简单，只要选择好适合的生态条件和始穗期（或始穗季节），辅之优良的栽培管理措施，则可望获得比较高的亲本繁殖产量。不育起点温度低的光温敏不育系在敏感期需要低于起点温度的气温条件，才能繁殖。孕穗至抽穗时段既要保证安全齐穗，又要保证气温在起点温度以下。水稻光温敏不育系利用其在短日照或低温条件下，自交结实这一特性来繁殖种子。繁殖办法主要有3种：①利用海南冬季短日低温；②利用冷水灌溉；③利用中低纬度中高海拔地区的低温（或短日）来繁殖光温敏不育系。繁殖时，光温敏不育系对光照长短和温度高低的要求是不一样的，以敏感期外界温度的高低对光温敏不育系的育性表达影响最大，由于年际之间同一时期外界温度变化大，易出现不育系繁殖产量低的情况。不育起点温度低的光温敏不育系一般很难达到高的自交结实率，进一步提高光温敏不育系繁殖产量显得很有必要。不育起点温度在23.5 ℃以下的不育系在长沙表现不育性稳定，冷水灌溉繁殖效果很差。海南南部冬季虽可有繁殖条件，但时间短，不稳定，年际间差别大。1992年，李新奇、张仲书等将几个不育起点温度低的光温敏不育系在海拔1500 m的滇西南临沧地区进行繁殖可行性试验。结果表明，海拔1500 m以上的地区能够解决低温敏不育系的繁殖问题，繁殖折合亩产250 kg以上，自交结实可稳定在60%以上。临沧2月下旬即可播种水稻，6月下旬至9月上旬水稻都能正常抽穗扬花。但其月平均气温、旬平均气温均不超过22 ℃，且夜间气温低。在临沧海拔1800 m的地区，水稻生长季节也很长，日平均温度一般不超过21 ℃，这些地区也种植较多的籼稻，结实率在一般年份都是正常的，不管气温怎样低,只要能种植籼稻,就能生产不育起点温度低的两系不育系种子。该技术已在生产上广泛应用,起到了很好的效果。

光温敏不育系提纯方法和生产程序如下:

单株选择→低温或长日低温处理→再生留种(核心种子)→原原种→原种→制种

这种方式不仅能保证光温敏核不育系的不育起点温度始终保持在同一个水平上,而且简便易行,生产核心种子的工作量很小。

具体措施包括:

(1)培育适龄健壮的秧苗。在亲本繁殖时,父母本的秧龄均很短(20~25天),培育适龄的多蘖壮秧更为重要。首先要选好留足秧田(秧田与大田的比例为1∶3)。其次是秧田要施足底肥,早施追肥。秧田底肥每亩施腐熟的农家肥15000~22500 kg,碳酸氢铵和过磷酸钙各600 kg。利用复合肥150 kg和氯化钾225 kg作叶面肥。在3叶期每公顷追施促蘖复合肥150 kg。在移栽前5~7天每公顷施送嫁尿素75 kg。要注意的是,要稀播匀播,父母本每公顷秧田的播种量严格控制在195 kg以内,采取分厢过秤播种,播后塌谷入泥,加盖渣肥、草木灰或细牛粪。父本最好采用两段育秧,促使其早分蘖、多分蘖。要求母本秧龄25天左右,6~7叶,带分蘖3个以上。第一期父本秧龄为23天左右,有5.5片叶,带分蘖2.5个以上;第二期父本秧龄为20天,有5片叶,带分蘖2.0个以上。

(2)建立合理的高产群体,增加有效穗数。在水稻产量构成因素中包括单位面积有效穗数、每穗实粒数和粒重。在雄性不育系繁殖中影响其繁殖产量高低的因素很多,有效穗数不足是影响其产量的主要因素之一。在栽培条件大体相同的情况下,苗多穗多的繁殖田容易获得高产。在实际生产中增加单位面积基本苗的主要措施就是适当扩大行比,构成合理密植的父母本群体结构。在春季繁殖时父母本的行比以2∶10比较适合;母本的株行距为10 cm×13.3 cm,每穴插植双粒稻苗,每公顷基本苗插足240万苗,使母本每公顷的有效穗达到300万~330万;父本的株行距为13.3 cm×26.7 cm,与两边母本的间距为20 cm,父本每穴插2~3粒稻苗,每公顷基本苗插足90万苗,使父本每公顷的有效穗达到135万左右。

(3)合理施肥,协调父母本平衡生长。普通核不育系的需肥量比较大,必须利用充足的肥料促进其早生快发。在施肥原则上,以底肥(农家肥)为主,氮肥、磷肥、钾肥合理搭配。在施肥方法上,底肥占80%,追肥占20%。父本插秧后5~7天,每公顷施用尿素60 kg加过磷酸钙90 kg和氯化钾60 kg,再拌600 kg细土做成球肥塞蔸。母本在施足底肥情况下,一般不再追肥,晒田复水后视秧苗的长势而定,对落黄重和长势弱的母本,每公顷施尿素45~75 kg,氯化钾75~105 kg,做到稳长不徒长,叶青秆壮不早衰。在水分管理上,前期浅水勤灌,湿润管理,促进其快速分蘖;中期苗够晒田;幼穗分化4期至抽穗扬花期,田间保持4 cm水层;后期间断灌溉,以便保持根系活力,严防根系早衰。

(4)亲本种子在入库前做好隔离工作同样很重要。只有做好种子的隔离工作,防止混杂,才能确保所制亲本种子的纯度。在分类单收、单晒和单独存放的基础上,不同亲本品种在运输、存放、翻晒及收获使用的工具必须清理干净,严格隔离,防止人为或机械混杂。

(5)亲本种子在入库前必须进行室内检验。亲本种子在入库前除了要做好种子清选和干燥等加工工作以外,还要对入库的亲本种子进行抽样检验,在种子水分、净度和发芽率三项指标全部合格后才能入库。每批种子都要写好标签,标明亲本名称、种子品质状况。

(6)存放亲本种子的储种仓库要合格。亲本种子要用符合标准的常温库存或低温低湿冷库储存。亲本种子入库存前要对仓库进行清仓消毒。种子入库时要合理堆码,科学调控温湿度,入库存后要定期抽检,做到安全储藏。

二、人工辅助赶粉在水稻光温敏不育系繁殖中的作用

有些表现"终身不育"的光温敏不育系,在最适繁殖条件下,自交结实也只能达到5%左右,在制种季节安全可靠,利用不育起点温度在20 ℃以下的光温敏不育系,在南方春季制种,一般不会出现育性波动,而且制种产量高。但是,其繁殖问题需要解决。人工辅助赶粉对"终身不育"光温敏不育系的有效繁殖具有一定促进作用。若能将其自交结实率提升至10%以上,将在生产实践中具有实用价值。

使用竹竿以摇动与敲击相结合的方式进行赶粉。操作时,手持竹竿末端,轻轻摇晃不育系穗群,并敲击其基部,以促使花粉散出。每天早晨9点前首先进行一次赶露水操作,以促使母本提前开花。从上午10点至12点进行赶粉作业,每天进行2~3次。使用竹竿以摇动与敲击相结合的方式进行赶粉。经人工辅助赶粉处理后,光温敏不育系的自交结实率和单株产量相较于对照组有了显著提升,多数情况下增幅达到一倍以上。繁殖过程中,光温敏不育系所产花粉得到了更充分的利用。

田间观察显示,在光温敏不育系抽穗扬花期间,对照组并未表现出完全可育状态,开花散粉过程较为困难,花药孔裂现象普遍。进行人工辅助赶粉后,可见花粉雾形成,花药开裂与散粉状况得到明显改善。繁殖后随机抽取各30株不育起点温度低的温敏不育系测64s、广培s,在敏感期长日低温处理12天,抽穗后,没有发现任何自交结实,花粉败育度均为100%,说明没有产生不育起点温度高的单株。对于不育起点温度较低的实用光

温敏不育系,在繁殖过程中往往难以达到正常结实,此时人工辅助赶粉显得尤为重要。在自然条件下,由于气温变化,光温敏不育系各颖花间的可育程度存在较大差异。人工辅助赶粉有助于促进花药开裂,有利于已开花颖花顺利完成授精结实。过去在采用冷水灌溉进行光温敏不育系繁殖时,通常结实状况并不理想。通过做好人工辅助赶粉工作,有望提升其产量潜力。

在光温敏不育系繁殖过程中,凡与该不育系特征特性不符的植株均应全部剔除。进入花期后,在赶粉之前应彻底清理田间杂株,确保不育系纯度。使用竹竿进行赶粉时,建议在移栽时每隔3~4 m预留一条稍宽的走道,赶粉时只需轻轻震动稻株即可。此外,也可采用拉绳的方法进行赶粉。

在测64s和广培s的繁殖后代中,没有发现不育起点温度高的不育株。在生产实践中,作为光温敏不育系繁殖用种,应选用从核心种子中分离出的原原种。原原种通常不易发生不育起点温度的漂变现象。高不育起点温度光温敏不育系与低不育起点温度光温敏不育系杂交一代表现出较低的不育起点温度。因此,人工辅助赶粉仍能确保繁殖后代保持较低的不育起点温度。不育起点温度较高的光温敏不育系容易导致制种过程中母本发生自花授粉结实,从而降低杂交种子纯度。

三、光温敏不育系制种

两系杂交水稻制种是指利用光温敏两用核不育系作为母本进行异交结实种子生产的操作。作为制种母本的两用核不育系,其异交性能与三系制种中使用的不育系母本基本相同。基于此,两系法制种与三系法制种在原理上完全相同,技术层面也基本一致。然而,两者之间仍存在差异。主要区别在于两用核不育系母本在生长发育至第二次枝梗分化至花粉母细胞减数分裂期需满足特定的不育转换条件,这在一定程度上限制了开花期的选择,导致可选季节较短,技术措施需做出相应调整,增加了技术复杂性,提高了制种难度。针对这些差异,在制种技术实施过程中,除遵循三系制种技术原理外,还需着重关注以下几个技术环节。

(一)生态环境要满足两系杂交水稻制种的要求

两系不育系的不育性既受细胞核不育基因的控制,又受环境条件影响,不育性只有在一定温光条件下才能表达。因此,在选择制种生态条件时,既要确定一个最适宜的扬花授粉期,又要选定一个安全的育性转换期。前者是实现两系制种高产稳产的基础,后者则是决定两系制种成功与否的关键因素。根据常年气象资料和现有制种母本的生育

特性,一般在7月下旬至9月上旬有一个稳定不育期,长江流域各省宜安排抽穗扬花期在8月上旬至中旬,具体要求如下:

1. 安全的育性转换期

安全的育性转换期应包括两个方面:①在育性转换敏感期,日平均温度必须高于25 ℃,日平均气温不小于20 ℃,光照长度必须长于14 h,从而保证母本的育性安全为不育;②制种基地的选择应符合阳光充足、排灌便利、土壤质量优良且无冷浸水现象的标准。

2. 安全的扬花授粉期

安全的扬花授粉期应包括3个方面的条件:①扬花授粉期应多为晴朗天气,开花时段无3天以上的连续阴雨洗花;②日平均气温26~32 ℃,无连续3天以上高于36 ℃或低于24 ℃;③相对湿度80%~90%,无3天以上高于95%或低于75%。

3. 播种期与始穗期的确定

播种期与始穗期的设定应遵循上述两个"安全期",在明确这两个"安全期"后,再根据父母本的生育期长度逆推出父母本的播种期。即在安排播种期和始穗期时,既要确保顺利度过扬花授粉期,又要确保安全度过育性转换敏感期,以实现制种的高产优质目标。

(二)严格选择制种基地

在选择制种区域(基地)时,除了要考虑制补区域的环境条件外,还应考虑它的地理位置,这里的环境条件与三系制种区域相似,是保证杂种种子纯度的关键之一。制种区应确保母本始穗后,除父本外周围不存在其他水稻品种的花粉传递给母本,即仅允许父本花粉参与授粉。区域地理位置主要涉及其纬度和海拔。通常情况下,同一季节中,温敏型两用核不育系不宜在高纬度地区进行制种。由于高海拔地区温度变化剧烈、昼夜温差大,不利于不育系育性稳定性,故光敏型两用核不育系不宜在低纬度地区进行制种。无论是温敏型还是光敏型的两用核不育系,都不应选择在山区存在冷水田的地区进行制种,否则种子质量难以得到保障。在日均温、日最高温和日最低温这三个因素中,日最低温与育性表达的相关系数最大,其次为日均温。山区地带气候条件复杂多变,除阴雨、大风外,还常伴有雾气、大露水等现象。即使白天天气条件良好,由于较大的昼夜温差也会对不育系的育性表达产生影响。此外,高湿气候容易诱发严重病虫害。因此,在选择制种区域(基地)时,应对上述各项因素给予特别关注。

积极与气象部门合作,制定出符合当地特色的两系制种区域与计划,做到"三防""四佳"。

"三防"为：一防敏感期低温，制种基地抽穗前 10～20 天历年日平均气温不低于 24 ℃，最低温度不能低于 20 ℃；二防敏感期冷灌，制种基地抽穗前 10～20 天不能有 20 ℃左右灌溉；三防花期高温，制种基地花期日平均气温不得高于 35 ℃，最高温度不能高于 38 ℃。

"四佳"为：①最佳地区，两系制种区域在丘陵山区、低丘平原和滨湖，丘陵山区优于平原；②最佳海拔，海拔为 250～350 m 的区域为两系杂交稻制种的适宜区域（山区例外）；③最佳季节，7 月下旬至 8 月下旬可安排抽穗扬花期；④最佳时段，既能保证稳定通过育性转换敏感期，又能保证正常地抽穗扬花。

（三）两用核不育系不育性转换的观察

在选定区域（基地）的基础上，首先要观察母本在该地区（基地）的特定育性转换规律。不同的母本对光温的敏感性不同，育性转换的临界值不同，稳定不育期起止时间也不同。即使是同一母本，在不同的光温生态区域育性转换期也不相同。观察母本育性转换规律的常用方法是分期播种，之后通过观察自交结实率和进行花粉镜检。无论是新选育的两用核不育系，还是新引进的两用核不育系，其在当地应用前，都必须进行分期播种试验，并结合当地光照、温度、雨量、风力等因素，总结出该不育系在当地的最佳制种安全期。

分期播种的具体操作如下：从早稻播种期开始，每隔 7～10 天播一批种子（约 100 株），进行分批移栽。待第一批开始抽穗后，分批进行花粉镜检、套袋，统计花粉的育性状况，并调查不育株及自交不结实率。考虑到年际间光温条件可能存在变化，分期播种通常需持续两年。根据两年的试验结果，选出不育系育性最稳定的时段，对应的播种期及抽穗期可作为制种的参考依据。最终选择并确定育性转换特征明显、自交不育株率达到 100%、不育度高于 99.5%、稳定不育期不少于 30 天的两用核不育系作为当地两系制种的母本。这是确保两系制种成功并保证 F_1 种子纯度的前提条件。

（四）采用定向栽培技术

在构建两系制种群体结构时，不仅要如同二系制种那样关注父母本穗粒结构的相互协调以实现高产，还要确保母本群体内部育性转换的一致性，以防止母本发生自交结实现象。母本群体发育不同步会导致育性转换敏感期延长，降低群体转化为不育状态的安全系数。另外，根据观察，迟发的高位分蘖穗常常会出现育性恢复现象。因此，采取定向栽培方式,通过培育分蘖壮秧、确保插足基本苗、一次性施足肥料等措施,以形成穗层整齐的群体,对实现两系制种的优质高产至关重要。

1. 母本靠插不靠发

这是因为:①要建立母本的高产苗穗结构,必须插足基本苗;②靠插不靠发,才能使母本群体穗层整齐,便于喷施"九二〇",利于扬花授粉,植株间平衡结实;③靠插不靠发,才能使母体群体生长发育同步一致,做到育性转换同步,避免少数个体出现自交结实,影响种子纯度。

2. 特别注意防治稻粒黑粉病和稻曲病

稻粒黑粉病和稻曲病对两用核不育系危害极大,尤其在抽穗开花至成熟期,遇上降雨,更有利于稻粒黑粉病和稻曲病的发生与流行。两用核不育系的柱头外露率较高,虽是理想的异交特性,但也为稻粒黑粉病和稻曲病病菌的侵染提供了有利条件。例如,培矮64s不育系的柱头外露率高达78.7%,其中双边外露率为43.4%,比单边外露率35.3%高出9个百分点。加之其内源物质有利于黑粉病菌的生存与繁殖,使得稻粒黑粉病感染尤为严重,一般发病率可高达40%~50%。粳型光敏核不育系,如7001s、N5088s以及与其配组的父本秀水04、R187等品种,均对稻曲病较为敏感。因此,如何有效防治稻粒黑粉病和稻曲病,同样是确保制种高产优质的重要技术环节之一。

(五)水稻光温敏雄性不育系的冷水灌溉制种方法

雄性不育导致不育系开花习性变差,花时推迟,许多不开颖、时间分散,花时不集中,柱头活力下降。败育程度越高,开花习性越差,制种产量低。相比之下,败育不彻底的不育系开花习性受此影响较小,通常表现为开花较早、花时集中、开颖良好。在实际生产中,那些表现出败育不彻底、自身能产生可育花粉的雄性不育系通常具有良好的开花习性。在两系法杂交水稻育种实践中,异交能力及其稳定性是衡量高温不育或长日高温不育型光温敏不育系是否具有实用价值的另一重要指标。由于高温不育或长日高温不育型光温敏不育系的不育性受温度影响,其敏感期外界气温条件的高低会导致败育程度不同,进而使开花习性呈现出差异,直接关乎不育系的异交率高低。气温过高会加剧不育系的败育程度,导致开花习性恶化,表现为花时延迟、大量不开颖、花时分散、花时不集中、柱头活力下降及异交能力减弱。

由于高温不育或长日高温不育型光温敏不育系在制种季节可能遭遇低温,导致不育系恢复可育或部分可育,从而引发制种失败。因此,在制种实践中,通常将这些不育系的幼穗分化发育和抽穗开花安排在高温季节进行。然而,高温会加重不育系的败育程度,降低开花习性,从而导致制种产量低下。例如,广泛使用的培矮64s不育系虽然制种成本较高,但其制种产量却较低且不稳定,有时甚至不足以收回制种成本。此外,其对"九二〇"的使用量通常需从正常的每亩20 g左右提高至每亩80 g左右。在高温不育或长日高温不育型光温敏不育系的制种过程中,既要确保育性敏感期处于高温环境下以实现完全雄性不育,又要尽可能避免高温对开花习性的负面影响,以达成高产目标。在高温不育或长日高温不育型光温敏不育系在制种纯度高、异交习性良好、制种产量高的理想状态下,表现为不育系拥有极少量可育花粉但无自交结实现象,即不育系育性敏感期的外界温度相当于其不育起点温度时,可达到这种状态。在高温不育或长日高温不育型光温敏不育系在制种纯度高、异交习性良好、制种产量由于年际间某时段气温变化大且难以控制,易导致不育系自交结实的风险,难以妥善解决制种安全性与高产之间的矛盾。

1. 操作技术

具体来说,该方法基于水稻高温不育或长日高温不育型光温敏不育系育性敏感部位位于稻株基部的原理,在高温不育或长日高温不育型光温敏不育系敏感期,通过向稻田灌注温度较为恒定的冷水并维持一定时间,旨在使高温或长日高温不育型光温敏不育系在保持完全雄性不育的同时,减轻高温对其开花习性的不良影响,从而优化或最佳化开花习性。通过人为干预,可显著提升高温不育或长日高温不育型光温敏不育系的制种生产效率,同时配合采用配套的栽培技术措施以提高不育系杂交制种的产量和种子纯度。在幼穗发育的育性表达敏感期(通常为丁颖法第4~6期)进行冷水串灌,确保田间串灌水温始终保持在不育系不育临界温度以下,根据实际需求和天气状况确定冷水串灌天数(一般为1~10天)。在田间幼穗处于低温条件下且外界气温低于临界可育温度时,不进行冷水串灌。同时,采用配套的栽培管理技术措施进行不育系杂交制种。

研究表明,该技术能够有效解决高温雄性不育或长日高温雄性不育类型的光温敏不育系作为杂交母本进行杂交制种时,由于雄配子或雄配子体败育程度过高导致的异交习性不良和杂交结实率低的问题,从而显著提高"两系法"杂交水稻的杂交制种产量,并有效降低杂交种子的生产成本。此外,该技术在生产上的应用还有助于进一步拓宽水稻杂种优势的利用范围,有利于培育和推广现有生产中急需的强优势杂交早稻组合和杂交粳稻组合,从而提升水稻杂交优势利用的技术水平。

高温雄性不育或长日高温雄性不育类型的水稻光温敏雄性不育系作为杂交母本进行杂交制种时,可以按照以下主要步骤进行具体操作:①选取优良的杂交母本和相应的杂交父本安排适宜的播种期播种,其中以高温雄性不育或长日高温雄性不育类型的光温敏不育系作为杂交母本;②在杂交母本的幼穗处于育性转换敏感期中,在高温天气进行不同方式的冷水灌溉,由此将其稻穗部位的温度有效降低至 16~27 ℃;③在杂交父本和杂交母本的抽穗期促使其进行杂交;④通过有效的田间管理措施确保杂交母本和杂交父本正常生长发育,以便获得高产杂交制种的效果。

在该技术的生产实践中,采取配套的技术处理措施和栽培管理技术措施有助于确保核雄性不育系在杂交制种中雄性不育性的稳定性和提高杂交种子纯度以及获得比较高的杂交制种产量。在生产上进行杂交制种主要采用以下技术措施。

(1)选择合适的杂交制种区域。根据杂交组合的特点和杂交父母本的开花习性选择隔离条件比较好的生态区域(具有冷水串灌的条件)。根据历年的天气状况,在杂交父母本处于幼穗分化至抽穗时段平均气温比较高且年际之间很稳定,异常低温出现的概率比较小的地区则是比较好的生态条件。

(2)杂交父母本的适时播种。根据这类水稻光温敏不育系的特性,其育性变化的敏感期在幼穗发育的第 3 期至第 6 期(丁颖分类法)。在安排杂交父母本的播种期时,将其育性敏感期安排在比较高温的气候条件下,以此防止自然界的低温引起杂交母本发生异常的育性转换或育性波动而导致杂交制种失败。根据高产杂交制种的经验,在抽穗扬花期的气温要求在 22 ℃ 以上(如果低于该气温则有可能会产生一定的制种风险)。所采用的杂交母本种子要用原种或原原种,利用这样的杂交母本则有利于其雄性不育的起点温度在单株之间能够保持相对一致,进而避免雄性不育的起点温度在单株之间因差异太大而导致在冷水处理后有部分雄性不育起点温度比较高的杂交母本植株有可能转换为雄性可育或雄性部分可育。

(3)采用有效的栽培技术措施,促进杂交父母本群体早发快长,确保植株群体生长整齐,并强化杂交父本的栽培。在前期培育壮秧,形成壮苗多蘖,通过肥水调控措施促进本田早发分蘖,促快速生长,确保单株之间均匀生长和群体形态整齐,以便减少冷水串灌时对杂交父母本生长的影响。在田间条件下,当群体生长发育整齐时有助于集中进行冷水灌溉处理。

(4)根据杂交母本的生殖发育特性有效预测其幼穗发育进度,以便安全而准确地进行冷水串灌。在生产实际中要依杂交母本的育性转换特性和杂交制种地区的生态环境条件,及时而有效地对杂交母本进行特定的冷水灌溉处理,由此确保杂交母本雄性不育的稳定性并有效改善核雄性不育系的异交结实特性。具体地,根据整个杂交母本在育性敏感期时段的气温表现和天气预报,通过水温高低和冷水串灌时间长短及其间断串灌等条件对其进行调控,获得在杂交制种环境条件下安全可靠的杂交制种并提高杂交制种产量。

2. 光温敏不育系测64s与父本9311杂交制种

母本：测64s，为高温不育型光温敏不育系，其不育起点温度约为23 ℃。

父本：选用常用的父本品种9311。

(1) 确定制种基地。选择位于长沙大中型水库下游、具备良好灌水条件、呈狭长形、阳光充足、病虫害较少、土壤肥沃、交通便利的大面积连片水田作为制种基地，要求基地能确保冷水供应，且制种田周边100 m范围内除父本外无其他水稻品种。

(2) 选择适宜的抽穗扬花期。理想的气象条件：日平均气温24～30 ℃，花时气温28～32 ℃，相对湿度70%～90%，白天无连续三天以上降雨，风力不大或有微风。以8月10日至8月20日这一时段最为理想。

(3) 运用叶龄差期推算法、时差推算法和温差推算法，精确计算父母本的播种差期。通常情况下，父本9311比测64s早播12～15天，即在5月7日左右播种9311，测64s则在5月20日左右播种。

(4) 培育适龄多蘖壮秧。播种前将种子晾晒1～2天。进行种子筛选，去除其中夹杂的发芽谷粒、泥块、病粒等杂质。浸种时先用盐水选种，然后用清水洗净后再进行浸种催芽。父母本的催芽要求做到"快、匀、壮"。选好秧田，下足底肥，稀播匀播，地膜覆盖。生长至二叶一心时重施分蘖肥，移栽前5～7天施送嫁肥。

(5) 实行合理密植，确保基本苗数充足。父母本行比设定为2∶16，其中父本株距控制在13～20 cm，行距为33～40 cm；母本株距为13～17 cm，行距为17 cm。父母本均以每穴插两粒谷苗为宜。

(6) 加强田间管理，搭好丰产苗架，强化父本栽培。适氮、高磷、钾栽培，氮、磷、钾的比例约为1∶1∶1.5。对父本实行偏肥管理，父本移栽后4～6天，每公顷施尿素45～60 kg，母本移栽后4～6天，每公顷追施尿素150 kg，促进早发稳长，达到穗大粒多、总颖花多和花粉量大的目的。父本在分蘖末期幼穗分化前，视苗情偏施一次球肥。水浆管理上总的要求是薄水插秧，活蔸后露田，浅水勤灌，干湿交替，以促进低、中位节分蘖。可结合中耕除草，看苗看地看天气，适时适度排水露田，以增强土壤中的氧气，促发新根，促进禾苗稳健生长。同时要搞好病虫的预测预报，及早防治。注意防治稻飞虱、螟虫、纹枯、白叶枯、稻瘟病等。

(7) 预测幼穗发育进度，利用高于测64s不育起点温度的冷水进行串灌。首先以25 ℃的冷水进行小面积冷水串灌处理试验，设置不同串灌冷水时长的处理方案。在符合要求的气候条件下，连续进行3次串灌（每天1次），间隔3天后再重复处理3次。在每次冷水串灌 4 h、6 h、8 h、10 h、12 h、14 h 的 6 种处理结果中,测 64s 均保持完全不育状态。每次于上午 10 点至下午 6 点进行冷水串灌,测 64s 仍保持完全不育,并且其异交习性得到显著改善。因此,选择每次串灌 8 h 作为测 64s/9311 冷水串灌制种的处理时长。

(8)在约 80% 的不育系母本幼穗进入第 4 期后,于上午 10 点至下午 6 点开始串灌 25~25.5 ℃的冷水,连续进行 3 次串灌(每天 1 次),间隔 3 天后再重复处理 3 次。在处理期间以及处理开始前和结束后各 2 天,日平均气温均应高于不育起点温度 2 ℃ 以上,其中处理日的日平均气温应高于 27 ℃。要求冷水均匀流动,流量大,确保低温水层至少淹没幼穗。要确保全田水温大致均衡,出水口的水温应控制在 27 ℃ 以下。

(9)补充营养,促进幼穗生长发育。冷水灌溉后,可能存在营养流失、生长发育放缓、叶片变黄等情况,应及时追施富含多种营养元素的复合肥料。

(10)采用综合措施,提高母本异交结实率。科学使用"九二〇"。使母本穗茎伸长,增大母本剑叶与主茎角度,解除母本"包颈",提高穗粒外露率,增大颖花开颖角度,延长闭颖时间,提高母本柱头外露率。在母本抽穗 5%~10% ,每公顷用"九二〇"30 g 同时喷父母本;母本抽穗 20%~30% 时,每公顷用"九二〇"120 g 喷母本;母本抽穗 50% 时,每公顷用"九二〇"75 g 同时喷父母本。采用竹竿人工辅助赶粉。

(11)及时割去杂株。个别稻穗可能未感受到低温,在抽穗开花时,及时去除。同时在整个生育阶段,要反复多次将混入的杂株彻底、干净地拔除。

(12)病虫防治、水肥管理等,可参照"三系"杂交水稻制种的管理办法,但特别要注意防治稻粒黑粉病。

(13)适时收获,确保种子质量。在母本齐穗 25 天左右,抢晴收割。

(14)制种效果:经过冷水串灌处理,测 64s 仍然表现完全雄性不育,无自交结实,杂交种子纯度达到 99.2%,制种产量比未经冷水串灌处理的对照高 66.3%。

(六)水稻反向温敏雄性不育系的冷水灌溉制种方法

在幼穗分化发育的育性敏感期内,当气温低于不育临界温度时,低温不育或短日低温不育类型光温敏不育系保持完全雄性不育状态,可以安全进行制种;而当气温超过临界温度时,这类不育系的育性会出现波动,直至完全恢复可育性,从而导致制种失败。基于低温不育或短日低温不育类型光温敏不育系育性转换温度敏感部位位于稻株基部的原理,发明了一种在育性敏感期通过串灌水温恒定的冷水,持续一段时间以保持低温不育或短日低温不育类型光温敏不育系完全不育的制种方法,并辅以配套的栽培技术措施,旨在提高不育系杂交制种的产量和种子纯度。在幼穗发育的育性敏感期开始(通常为丁颖法第4期),当外界气温高于不育系育性转换临界温度时,启动冷水串灌。田间串灌水温应保持在不育系育性转换临界温度以下,推荐维持在18~26℃区间。根据实际需求和天气状况,确定冷水串灌天数,一般在1~20天之间,确保田间幼穗在整个敏感期内始终处于低温(即育性转换临界温度以下)环境中。若外界气温已低于育性转换临界温度,可暂停冷水串灌。当所有幼穗完成育性敏感期(即发育进入第7期后),停止冷水串灌,并采用配套的栽培管理技术措施进行不育系杂交制种。

1. 主要步骤

主要包括以下步骤:

(1)选取父本和母本进行播种,其中以低温不育或短日低温不育光温敏不育系作为母本。

(2)母本幼穗育性转换敏感期,当外界气温高于母本的育性转换的临界温度时,进行冷水灌溉,降低穗部温度,以使母本幼穗处于低于育性转换的临界温度的条件下;母本穗部温度在16℃以上。

(3)使父本和母本杂交。

(4)生长并收获。

2. 具体措施

具体措施如下:

(1)在安排制种地时,育性敏感期处在较低温的气候条件下更容易达到处理效果,华南地区早春季,海南南部冬季,中、高海拔地区制种较好,其他冷水串灌方便的地区也可进行。

(2)适时播种:这类光温敏不育系育性变化敏感期通常出现在幼穗发育第3~6期(丁颖法),在安排播种期时,尽量使育性敏感期处于较温和的气候条件下,同时要求抽穗扬花期气温在22℃以上。在安排播种期时,一般把育性敏感期安排在较温和的气候条件下,抽穗扬花的气温则要求在22℃以上。

(3)要求父母本群体早发、快速生长且生长整齐,尤其强调加强父本的栽培管理。通过培育壮秧、形成壮苗多蘖,并运用肥水调控手段促进本田早发分蘖、快速生长及株间生长整齐,以减少冷水串灌对父母本生长的影响,同时有助于缩短冷水串灌天数。

(4)预测幼穗发育进度,适时进行冷水串灌。当观察到幼穗发育进入第3期且外界日平均气温高于不育系育性转换临界温度时,开始串灌温度恒定在18~26℃之间的冷水。要求水流均匀、流量大,确保全田水温大致均衡,不受过高气温干扰。出水口水温一般应低于26 ℃,进水口水温一般高于18 ℃,下限水温不宜偏离18 ℃过远,以避免低温对幼穗造成伤害或导致幼穗发育停滞。待所有幼穗进入第7期后,停止冷水串灌。水深应足以完全淹没幼穗。若气温降至不育系育性转换临界温度以下,可暂停冷水串灌。若某日平均气温低于不育系育性转换临界温度,当日可不进行冷水串灌。

(5)补充营养,促进幼穗生长发育。冷水灌溉后,若发现生长发育放缓或出现叶片变黄现象,应及时追施富含多种营养元素的复合肥料。抽穗时打好赤霉素适当重施,不但能够促进创造制种高异交率,而且能够使个别后期未感受到低温的稻穗在施用赤霉素后,禾苗徒长,不能够抽穗出鞘,以利去杂。

(6)及时除杂,个别稻穗可能未感受到低温,在抽穗开花时,如果可育,要及时去除。生物学混杂等其他混杂也要尽早去除。

(7)适时进行收获,以保证种子质量。通常在母本齐穗后20～25天,应抓住晴好天气进行收割。注意防止不育系中生长迟缓的小苗、后发或再生小蘖在高温条件下正常灌浆结实,造成自身混杂。

在自然条件下,一般只有育性转换临界温度达30 ℃以上的低温不育或短日低温不育类型水稻光温敏不育系制种才能比较安全,但是目前几乎没有这种优良的不育系,它的选育难度很大。采用该技术,通过冷水串灌制种技术,育性转换临界温度26 ℃及其以上的低温不育或短日低温不育类型水稻光温敏不育系均能利用。育种实践中,大多数低温不育或短日低温不育类型水稻光温敏不育系的育性转换临界温度能够高达27 ℃以上,通过该技术,低温不育或短日低温不育类型水稻光温敏不育系的选育变得效率高。容易获得性状优良、配合力好、异交率高的各类型低温不育或短日低温不育类型水稻光温敏不育系,容易获得各类型强优势杂交水稻组合。

第三节　普通核不育系的繁殖制种

一、繁殖第三代杂交水稻不育系的方法

在第三代杂交水稻技术中,普通核雄性不育繁殖系表现为植株上所结种子在表现型上具有可区分性。

通过生物基因工程技术培育的普通核不育系繁殖系,遗传组成中包含了转基因成分。为解决因环境因素导致个别繁殖系种子红色荧光蛋白表达量偏低,从而在色选普通

核不育系种子过程中可能低概率混入转基因繁殖系种子的技术难题,获取高纯度水稻普通核不育系种子有两种生产模式。

一种方式是普通核雄性不育繁殖系通过自交方式繁殖种子,之后经色选环节筛选出普通核不育系种子。普通核雄性不育繁殖系植株通过自交,其所产生的种子中普通核不育系种子与相应的繁殖系种子各占约一半。该生产方式在前期种植栽培阶段操作简便,只需按照常规水稻种植方法种植并收获繁殖系。从繁殖系植株上收获的种子需经过严格的色选过程,以区分无荧光的普通核不育系种子和具有红色荧光的繁殖系种子。实际操作中,由于当前色选技术和色选设备精度存在一定局限性,可能存在色选过程中普通核不育系种子混入少量含转基因成分繁殖系种子的情况。为此,有必要对本生产方式中的色选环节展开深入研究,旨在提高色选的精确度(达到100%非转基因)和色选效率,这在第三代杂交水稻产业化进程中是一项关键的技术环节。

另一种方式是以普通核不育系作为杂交母本,以相应的繁殖系作为杂交父本,通过杂交制种途径繁殖普通核不育系。参照水稻核质互作型雄性不育系的繁殖方式,将普通核不育系与相应的繁殖系按行相间种植。抽穗期进行人工辅助授粉,授粉后移除普通核雄性不育繁殖系植株,仅保留并收获普通核不育系植株上结出的种子。理论上讲,普通核不育系植株上结出的种子原则上不应含有任何转基因成分。尽管这种方式相比第一种省去了种子色选环节,但前期的栽培种植和人工辅助授粉无疑增加了生产难度。具体包括研究普通核不育系与相应繁殖系田间相间种植的最佳距离和比例,以及人工机或无人机辅助授粉的可行性及具体操作标准等问题,这些都是第三代杂交水稻产业化过程中需要重点关注的技术细节。以水稻核质互作型雄性不育系和水稻光温敏不育系作为参照,对水稻普通核不育系的产量性状、开花习性及异交结实特性进行深入调查和系统研究,这将有助于揭示水稻普通核不育系在开花习性和异交结实性状上的特点和优劣势。在此基础上,可针对性地提出并优化第三代杂交水稻强优势杂交组合的各项关键指标,如亲本插播期、播种密度、插秧行比行向、合理密植、田间管理、花期预测与调节、赤霉素合理使用、辅助授粉、除杂等,为实现第三代杂交水稻的机械化高效制种提供科学依据。

普通核雄性不育繁殖系植株上结出的种子包括无色种子(占比50%)和有色种子(占比50%),收获后需要进行分选处理。当前的分选方法主要依据光谱学原理,采用专门的分选机进行操作,旨在有效分离无色种子与有色种子。

其中关键工作在于通过色选将收获的种子区分为无荧光显色的普通核不育系种子和呈现红色荧光显色的繁殖系种子。由于当前色选装置的精确度有限,色选过程中仍有可能导致部分普通核不育系种子中混入含有转基因成分的繁殖系种子。因此,对本生产方式中自交种子的成熟度及色选环节应给予高度重视,积极寻求提升自交种子色选精确度(达到100%非转基因)和处理效率的解决方案。

为了确保水稻普通核不育系种子的纯度,提出了一种提高水稻普通核不育系种子纯度的方法,主要包括以下试验步骤:

(1)选用具有荧光基因与可育基因连锁的普通核不育系母本繁殖系。通常选择Gt1s作为不育基因供体,其不育系一般具有Gt1S花时早性状,能够在上午11点左右开花,比一般水稻品种开花早30~60 min。将Gt1s的早开花习性转移到不同遗传背景的不育系中,能够协调父母本开花时间相遇,提高制种产量,解决了因不育系发育生理受到影响导致的开花延迟及与父本开花不同步的问题。

(2)根据生态条件选择繁殖基地,确保繁殖阶段不发生病虫危害,且阳光充足,温度适宜,抽穗时段28~35 ℃并避免成熟期的强降雨;以促使稻穗上的自交种子充分成熟且健康,使无色种子与有色荧光种子的界限明显。采取单本栽植和严格除杂管理,在成熟期利用荧光探测仪于夜间搜索并去除不发荧光的植株,确保保留下来繁殖系植株纯度,完全成熟后收获自交种子;荧光检测仪在夜间具有高分辨率和高检测效率,可避免收获后再筛选导致的低效率和高成本问题,彻底去除非繁殖系杂株,保证生产的大田用不育系种子不混杂其他可育种子。

(3)对收获的种子及时晾晒烘干,进行精选,以去除杂质、瘪谷和霉变种子,然后将精选后的种子存放在通风、干燥的仓库中,降低水分含量,防止霉变,避免潮湿和虫害。

(4)荧光初步分选。针对收获的自交种子,使用荧光色选机对繁殖系种子和不育系种子进行初步分选,将荧光种子与无色种子分离;在进行复选之前一小时左右,在荧光筛选之前对自交种子进行喷水或泡水处理,使其保持一定湿度以增强荧光显色效果;吸水后的荧光蛋白能够透过谷壳显示荧光颜色,与无壳的有色荧光种子颜色更加接近,从而有助于区分有色荧光种子与无色种子。利用荧光色选机进行复选时,直至得到纯度99%以上的不育系种子。对种子进行非转基因分子检测,如果种子纯度达到100%,则省略步骤(5)和步骤(6)。

(5)种子进一步精筛。对初步分选后的无色种子进行干燥和脱壳处理,并利用荧光色选机进行复选,去除残余荧光种子、发育不良或病虫侵蚀的种子以及其他杂质,对肉眼可见的荧光种子进行人工清除;最终实现荧光种子和非荧光种子的完全分离,纯度达到100%。然后经过干燥和高温杀菌处理后,按照标准抽样检测种子的纯度和质量,确定无色种子中不含有色荧光种子。保存在低温环境下。

(6)添加人造种壳。在去壳种子上包裹含有营养物质、杀菌成分和保护功能的人造种壳,有效提高种子的发芽率、出苗率和成秧率,同时在播种育苗期间防止病虫害侵害,进一步提升种子生产和使用的可靠性。

在种子表面包裹一层人造种壳,包括以下组分:①基质材料,选用海藻酸钠(Sodium Alginate)、淀粉、纤维素、聚乙烯醇(PVA)、聚乳酸(PLA)、明胶等,用于形成人造种皮的基础结构;②功能性成分,选用杀虫剂、杀菌剂、生长调节剂、肥料、微量元素等,用于提供额外的保护和促进生长;③黏合剂,选用阿拉伯胶、聚乙烯醇、羧甲基纤维素(CMC)等,用于增强种皮的附着力和稳定性;④填充剂,选用滑石粉、硅藻土等,用于调节种皮的物理性质。

1)利用海藻酸钠制作人造种壳。利用海藻酸钠制作人造种壳的作用机制:海藻酸钠与钙离子(Ca^{2+})接触时会迅速形成凝胶,这是由于海藻酸钠分子中的羧基($—COO^-$)与钙离子之间发生了交联反应。当海藻酸钠溶液与钙离子溶液接触时,钙离子会进入海藻酸钠分子之间的空隙。钙离子与海藻酸钠分子中的羧基($—COO^-$)结合,形成桥接结构,从而将多个海藻酸钠分子连接在一起。当足够的钙离子与海藻酸钠分子中的羧基结合时,就会形成三维网络结构,从而使溶液迅速凝固成凝胶。利用海藻酸钠、纤维素衍生物、淀粉、胶原蛋白等天然聚合物和聚乙烯醇、聚乳酸等合成聚合物;并在其中加入硅藻土、纳米二氧化硅、纳米黏土等材料,改善阻隔性和机械强度。加入肥料、农药、生长调节剂、种衣剂等,在繁殖系糙米外形成一个保护层,提高普通不育系生长效果。

2)利用聚乙烯醇制作种壳。利用聚乙烯醇制作种壳的程序如下:

①基质溶液制备。将50 g淀粉和50 g聚乙烯醇溶解在500 mL水中,加热至80 ℃并搅拌至完全溶解,形成均匀的基质溶液。

②功能性成分混合。将5 g纳米TiO_2、2.5 g噻虫嗪、0.5 g多菌灵、0.1 mg 6-卞氨基嘌呤混合均匀,加入基质溶液中。

③黏合剂添加。将5 g阿拉伯胶加入基质溶液中,搅拌均匀,确保黏合剂充分溶解。添加填充剂滑石粉,搅拌均匀,确保所有成分混合均匀。

④涂覆操作。将水稻无壳种子去除杂质和尘土。用干燥设备干燥。将干燥后的水稻无壳种子放入种子包衣机中。启动包衣机,将配好的包衣液均匀喷洒在种子表面。包衣机内的搅拌装置会不断翻动种子,确保包衣液均匀分布。涂覆时间为10~15 min,确保每个种子都充分接触包衣液。

⑤干燥固化。在包衣完成后,继续运行包衣机,利用热风或其他干燥方法将种子表面的包衣液初步干燥,初步干燥时间为10~15 min。将初步干燥后的种子转移到干燥设备中,进行彻底干燥,干燥温度为30~40 ℃,干燥时间为2~4 h,确保包衣完全固化。

⑥包装和储存。将包衣后的水稻无壳种子按规格进行包装,确保包装材料密封良好,防止外界污染。标注种子的品种、包衣成分、生产日期等信息。将包装好的水稻无壳种子存放在阴凉、干燥、通风的地方,避免高温和潮湿环境。储存温度为5~10 ℃,相对湿度为50%~60%。

二、第三代杂交水稻母本繁殖的栽培技术

1. 构建第三代杂交水稻亲本核心种子的提纯复壮技术

对生物体性状遗传与变异特性的研究已有数百年历史,学术界普遍认为生物体性状遗传具有相对性,而变异则是绝对的。在水稻遗传改良与生产实践中,任何优良水稻品种在推广使用过程中都需要进行提纯复壮,以确保其种性的遗传稳定性和潜在产量得以保持。我国常规水稻良种繁育程序与方法已完善,第一代、第二代杂交水稻亲本提纯复壮技术也已较为完备。然而,针对第三代杂交水稻亲本核心种子的提纯复壮技术(即核心种子→原原种→原种的技术路径)尚未成形,有待进一步研究与完善。

2. 构建第三代杂交水稻杂交母本繁殖的栽培技术

普通核不育系的繁殖技术与杂交制种技术在本质上相似,父母本均按一定比例(通常为1∶10左右)相间种植,母本依赖父本提供的花粉粒进行受精结实。其技术差异在于普通核不育系与普通核雄性不育繁殖系属于姊妹系,两者在植株高度、生育期和主要农艺性状方面较为相似;而在杂交制种中,杂交父本(即恢复系)相对于普通核不育系具有植株更高大、分蘖力更强、成穗率更高、穗子更大、花粉量更充足和生育期更长等特性。为了实现较高的繁殖产量,杂交母本的栽插穴数应较多,而杂交父本的栽插穴数应较少。除此之外,其他技术措施大体相似,基本可以通用。

3. 在普通核不育系的繁殖过程中在技术上应采取的措施

适时播种,确保安全开花期。在"三系法"杂交水稻技术中,核质互作型雄性不育系的母本繁殖与杂交制种相似,其母本开花最适宜的稻穗部温度为28~32 ℃,田间相对湿度为75%~85%,要求天气晴朗,无连续3天以上的降雨。根据上述基本要求,选择适宜的生态区域、最佳的抽穗扬花期和最合适的播种季节,对母本繁殖能否实现高产至关重要。若选择春季繁殖,应注意避免幼穗分化期遭遇低温和抽穗扬花期遇到霉雨或高温等不良天气。生产实践表明,长江中游或下游地区(如湖南、湖北、安徽和浙江等地),春季繁殖更为适宜。此时秧苗生长期间气温逐渐升高,日照时长由短变长,营养生长期较长,有利于分蘖旺盛,便于构建繁殖丰产所需的壮苗群体,有助于实现穗大粒多、高产。在安

排抽穗扬花期时,要避开每年6月中旬的"梅雨"季节和7月下旬"火南风"的高温季节,抽穗扬花宜安排在6月下旬至7月上旬为好。根据不同类型普通核不育系生育期的长短,调节播种期,使其安全齐穗。如果采用秋季繁殖时,要避开每年9月中旬或下旬的低温,抢在"寒露风"来之前齐穗,把抽穗扬花期安排在8月底或9月初的晴朗天气。一般而言,普通核不育系的春繁比较有利,而秋繁仅在需要加速种子繁殖和解决其缺种时采用。

以普通核不育系作为杂交母本,以相应的繁殖系作为杂交父本,二者成行相间种植,并通过人工辅助授粉方式繁殖普通核不育系。授粉后移除繁殖系植株,仅保留并收获普通核不育系植株上结出的种子。普通核不育系植株上所结种子的遗传物质与母本不育系相同。以水稻核质互作雄性不育系和光温敏不育系为对照,对普通核不育系的产量性状、开花习性及异交结实特性进行详细调查和系统研究,旨在优化第三代杂交水稻不育系与繁殖系在播差期、播种育秧、行比行向、合理密植、田间管理、花期预测与调节、赤霉素合理使用、辅助授粉及除杂等方面的指标,为第三代杂交水稻不育系繁殖提供科学指导。

三优系列第三代杂交水稻不育系开花时间早于籼稻品种,基本无包茎现象,成功解决了以往母本开花滞后于父本,导致父本花粉大量浪费、制种过程中需大量施用"九二〇"的问题。第三代杂交水稻制种在基地选择及抽穗扬花时期选择上具有更大的灵活性,其余方面与三系法总体相似。制种过程中涉及的基本技术环节,如杂交制种生态条件(基地与季节)的选择、杂交父母本花期协调技术(包括播种期、播差期与理想花期的安排、花期预测与调节)、杂交父母本高产群体的构建与管理、"九二〇"喷施技术与异交特性改良、人工辅助授粉及特殊病虫害防治等,均有待进一步深入研究与优化。

三、普通核不育系的制种

在作物杂种优势利用的技术流程中,杂交制种是重要的环节。杂交水稻制种是指以雄性不育系作为杂交母本,雄性不育恢复系作为杂交父本,按照特定的行比间隔种植。当父母本花期相遇时,杂交母本接受杂交父本的花粉粒进行受精结实,从而产生杂交种子。这是一个典型的异交结实过程,因此,杂交水稻制种也被称作水稻的异交栽培。整个杂交制种生产过程中,技术要求高,操作严谨,各项技术措施的核心目标是提升杂交母本的异交结实率。生产实践证明,制种产量的高低以及种子质量的优劣,对杂交水稻的生产和推广发展有着直接影响。研究并优化第三代杂交水稻强优势组合在亲本播插期、播种密度、插秧行比行向、合理密植、田间管理、花期预测与调节、赤霉素合理使用、辅助授粉、除杂等方面的指标,是实现第三代杂交水稻机械化高效制种面临的技术问题。

杂交水稻种子的生产是保障杂交水稻大面积推广应用及粮食安全的基础。当前,杂交水稻种子生产面临两个亟待解决的技术性问题:①杂交水稻制种过程中的安全风险问题;②高产稳产技术问题。随着超级杂交水稻的成功选育及其推广面积的迅速扩大,杂交水稻制种安全问题日益凸显,对粮食安全构成更大威胁。2009年江淮地区因异常低温引发的两系杂交水稻大面积制种失败事件,便是深刻的教训。通过严格划定杂交水稻制种基地的安全区划,有助于降低杂交制种风险,对杂交水稻制种基地的安全布局与种子安全生产具有重要指导作用。随着经济发展和城镇化进程加快,农村劳动力外流比例增大,杂交水稻制种面临劳动力短缺问题日益严重,劳动力成本上升导致种子生产成本和价格攀升,影响了农民扩大种植杂交水稻的积极性。杂交水稻机械化制种能够在整个制种过程中实施机械化作业,减少对劳动力的需求,降低成本,提升制种效益,有助于实现杂交水稻制种的规模化,这对推动杂交水稻在发达国家的广泛应用具有重要的现实意义。

杂交水稻生产实践显示,利用水稻雄性不育系制备第一代杂种种子,每年通常需要设立两个隔离区:一个为雄性不育系繁殖区,另一个为杂交制种区。在雄性不育系繁殖区内种植普通核雄性不育繁殖系,目的在于扩大普通核不育系种子的繁殖规模,为杂交制种区提供制种所需的母本,并作为普通核不育系的保种繁殖区。此处收获的种子除大部分用于下一年杂交制种区外,少量种子留作下一年普通核不育系繁殖使用。在杂交制种区内种植普通核不育系(母本)和恢复系(父本)。从普通核不育系植株上收获的种子中,50%为杂种第一代种子,50%为新的普通核不育系种子。从父本植株上收获的种子仍为父本系种子,可用于下一年杂交制种区内父本行的播种,因此制种区也起到了父本系的繁殖保存功能。特别注意的是,普通核不育系繁殖区的隔离距离应该按照繁殖水稻超级原种或水稻原种的隔离距离进行规划,杂交制种区应该按照繁殖水稻一级良种的距离进行规划。普通核雄性不育繁殖区和杂交制种区均需注重去杂去劣工作,特别是对父本系的去杂去劣,应在生长期至少进行2~3次。为提升种子产量,应确保父母本花期同步,可根据其生育期差异调整播种期和移栽期;在制种期间遭遇不良环境条件时,可采取人工辅助授粉方式提高异交率,从而提升杂交种产量。

从现有的研究来看,第三代杂交水稻制种的关键性技术主要涉及如下7个方面。

1. 第三代杂交水稻安全而高产制种基地的精确区划及配套建设

科学规划第三代杂交水稻制种生产基地,有利于实现规模化、集约化和专业化生产,从而提升杂交制种技术水平;有利于整合资源,组建专业化生产公司;有利于吸引种子加工企业集中投资建设。依据各地稻作区高精度基础地理信息资料及各省市县长达30~50年的气象资料,按照杂交水稻制种过程中雄性不育系育性敏感期、抽穗扬花期及成熟收割期对气象条件的具体需求,运用地理信息系统(GIS)软件进行数据处理与综合分析,确定杂交水稻安全制种区域(即最小气候风险区)和适宜制种区域(安全高产区),以及特定雄性不育系在最小气候风险下的最佳播种期。这些成果将为杂交水稻制种基地的安全合理布局提供科学指导,即根据雄性不育系生长发育特性,绘制出不同稻作区主要杂交水稻制种基地安全区划图,筛选出最适合杂交水稻制种的区域和时段,有力保障杂交水稻制种的安全与高产。

2. 第三代杂交水稻高产优质高效的制种技术

自从20世纪70年代中期杂交水稻育种取得突破性成果以来,研究杂交水稻高产优质高效制种技术一直是关注的重要研究内容。围绕这一研究主题,主要在如下3个方面进行深入探索。

(1)杂交水稻高产制种技术研究。研制雄性不育系敏感期育性特点、异交习性和利用冷水调节其育性表达等新的制种技术,建立简明而通俗易懂、便于为农户掌握的技术操作流程,由此使杂交制种产量达到200 kg/亩以上,杂交种子的纯度达到国家一级标准。

(2)杂交水稻高效制种模式研究。针对制种基地的生态条件和耕作制度特性,研究并构建与杂交制种相适应的高效制种模式,旨在实现全年高产增收。

(3)构建主要杂交水稻种子纯度DNA指纹图谱快速检测技术。建立和完善能够快速、准确鉴别杂交水稻种子真伪及纯度的SSR分子标记检测技术,以有效保护杂交水稻组合的知识产权和广大农民的利益。

在杂交制种过程中,由于异交结实对杂交父本和母本抽穗开花的要求存在差异,通常要求杂交父本具备较长的抽穗开花期且花粉粒数量充足;而对于杂交母本,则要求抽穗开花期相对较短,穗粒数较多。因此,栽插时对杂交父母本的要求有所不同。杂交母本需密植,一般栽插密度为13.3 cm × 13.3 cm 至16.7 cm × 16.7 cm,每穴栽植2~3株,穴栽基本苗6~9株;而杂交父本要求稀植,每穴插双株。杂交母本主要依靠插秧形成有效穗,杂交父本则需兼顾插秧与分蘖。通常情况下,杂交早熟组合制种时,要求每亩插杂交母本基本苗2万株,杂交父本0.4万~0.6万株;在中迟熟杂交组合制种时,每亩插杂交母本基本苗1万~2万株,杂交父本0.3万~0.5万株。

3. 第三代杂交水稻制种的花期调节技术

在杂交水稻制种过程中,杂交父母本的开花时间是否相遇在很大程度上决定着异交结实率和杂交制种产量的高低。鉴定和调节杂交父母本的花期是杂交水稻制种过程中的重要技术措施，主要涉及父母本的三大生长发育时期。

在秧苗期和分蘖期的调节主要基于父母本的"对应叶龄数"。通过叶龄观察，如发现某一亲本的"对应叶龄数"明显超过另一亲本，就需要采取相应措施进行初步调节。

(1)培育壮秧。适宜的肥水管理以确保杂交父母本秧苗健壮，这是实现杂交制种花期相遇和高产的基础。杂交水稻制种要求杂交父母本保持"一等苗对一等苗"，避免出现父苗过壮而母苗偏弱或反之的情况。秧苗素质优良，抗逆性强，移栽后能正常生长发育，有助于实现花期相遇。

(2)秧龄调节法。雄性不育系和恢复系秧龄的长度直接影响移栽后秧苗的生长发育，秧龄长短决定了播始历期的长短。秧龄超过一定期限可能导致抽穗期推迟。据此，应在适宜秧龄范围内做出适当调整：若杂交父本发育速度早于杂交母本，可提前杂交母本的栽插期，缩短其秧龄；反之，若杂交母本发育速度快于杂交父本，可延后其栽插期，延长其秧龄，以达到平衡父母本生育期的目标。

(3)栽培技术调节。一方面，可通过调整移栽时间来调控杂交父母本的发育速率。若杂交母本早于杂交父本，可选择在上午移栽，并保持田间有落水层，以适度增加植株压力，从而延缓杂交母本发育速度。如果杂交母本迟于杂交父本，则杂交母本可安排在晴天下午4时以后或阴天移栽，田间保持5 cm左右的深水层，以减少高温秧苗造成伤害，由此以保证杂交母本正常发育。另一方面，可以采用移栽方法来调节。如果杂交母本早于杂交父本，杂交母本拔秧后洗泥移栽，减慢成活的速度，推迟杂交母本的发育速度。

还可根据中耕伤根原理，对生长较快的杂交亲本进行深中耕，对发育较慢的亲本实施浅中耕，以此来协调双亲的发育速率。

(4)幼穗分化期调节。在幼穗分化期的调节依据是幼穗发育进程。根据水稻发育生理学，杂交父母本在幼穗分化阶段有两个对生育期影响显著的敏感期。

一是幼穗分化至第4期（即雌雄蕊形成期）之前，此时稻株已进入生殖生长阶段，对外界环境条件（如温度、水分、肥料和激素等）反应敏感，这些因素会导致幼穗发育明显推迟或加速。

二是幼穗发育至第7期（即花粉粒内容物充实期），此时因大量花粉粒需大量碳水化合物充实，若采取割叶等措施，会明显推迟抽穗期。因此，在水稻生长进入幼穗分化后，应抓住这两个关键时期及时进行调整。

1)在幼穗分化第四期之前的调节措施

①水分调节。利用杂交亲本对水分敏感度的差异进行水促干控。若杂交父本早于

杂交母本,可在第1期至第3期进行控水晒田,以控制杂交父本发育;反之,若杂交母本早于杂交父本,应在同样时期灌水以促进父本生长发育。采用水促干控的技术措施通常可以推迟或提早2~3天。

②肥料调节。偏施氮肥可推迟始穗,而偏施磷钾肥料则有助于提早抽穗。在制种实践中,若杂交父本早于杂交母本,可对每亩杂交父本偏施氮肥5~8 kg;或对每亩杂交母本偏施钾肥8~10 kg,也可连续2~3次喷施磷酸二氢钾(150~200 g对水50 kg),一般能使抽穗期推迟或提早2~3天。

③多效唑调节。对生长偏快的杂交亲本,幼穗分化第4期前,每亩用200~300 mg/kg的多效唑水溶液60 kg喷雾,可延迟其生育(推迟抽穗2~3天)。

2)在幼穗分化后期调节

①利用赤霉素调节。在杂交水稻制种中,通过使用赤霉素不仅能达到解决杂交母本包颈现象,促进抽穗完全,提高柱头外露率,有利于杂交母本颖花接受异源花粉粒,提高异交结实率和制种产量,还能加快幼穗分化的进程,进而调节始花期。在一般情况下,杂交父本始花期偏迟,可在杂交父本幼穗分化进入第7期之后,每亩用赤霉素1 g对水喷施父本;若杂交母本偏迟,可在母本幼穗分化第7期后,每亩用赤霉素1.5 g对水喷施杂交母本,由此可提早2~3天开花。若杂交父母本花期相距比较大,杂交父本早杂交母本4天以上的,须提前处理杂交母本,每亩用赤霉素1 g于杂交母本幼穗分化第8期喷施第1次,而杂交父本不喷施;在杂交母本抽穗10%时,当天重喷(每亩用6 g左右喷施);第3次用4~5 g,杂交父母本同时喷施,由此可以确保杂交父母本花期相遇。

②割叶调节。割叶可以减少穗层障碍,改善田间通风透光条件,提高温度,降低湿度,并在一定程度上推迟花期。割叶主要用于控制杂交父本,因为杂交父本的花粉粒充实期需要大量的碳水化合物,对割叶反应敏感,如果杂交父本偏早,可在幼穗分化后期轻割叶进行调整。除此之外,还可以利用调花宝对杂交亲本的花期进行调节。一般在幼穗分化后期,每亩用3~5 g对水50 kg,针对偏迟的杂交亲本进行喷雾。总之,在杂交亲本的花期调节上易早调稳调;技术上要以促为主,促控结合,要早促稳促,控要控得准;要以肥水调节为主,其他调节方法为辅。

4.杂交水稻制种的机械化利用技术

采用机械化进行杂交制种,既是一种节省劳动力的生产方式,也是提升生产效率的重要途径。现已形成以利用直升机旋翼风力辅助授粉为特点的大面积直播制种模式。

(1)研究方向

利用机械化进行第三代杂交水稻制种的研究,主要在以下3个方向。

1)直播机械化制种技术研究。采用机械化直播种子,按照两厢母本搭配一厢父本的比例布局;在扬花期利用轻型飞机辅助授粉;同时开展与其配套的栽培管理措施研究。

2)在已成功培育出生育期相近、种子颖壳颜色差异显著的杂交稻父母本及优势明显的杂交组合基础上,采用"混植色选"机械化制种技术。具体做法:运用现代生物技术,将具有遗传性相同但生育期不同(即同型异熟或同型多系)、颖壳颜色与常规品种显著区别、无包颈性状等特点的材料聚合,从而培育出适于机械化制种的新型普通核不育系,进一步培育出适应机械化杂交制种的杂交稻组合。利用具有同型异熟、颖壳为褐色(紫黑色)且不包颈的普通核不育系,与谷壳颜色正常的恢复系配制出基本无播差期的杂交水稻新组合。此外,"混植色选"机械化杂交制种配套技术研究也取得初步成效,涵盖了杂交制种中父母本用种比例、耕作方式、不施用"九二〇"、不进行人工赶粉但仍能实现高产的制种技术、收割机械化以及色选机的研发与改进等多个方面。

3)杂交水稻机械化授粉制种实用新技术研究。在"三系"杂交水稻亲本中,雄性不育系及其保持系的遗传性状基本一致,父母本种子颜色和形状相似,不适宜采用混播色选制种。对于"三系"雄性不育系繁殖或父母本差异较大的杂交水稻制种,可采取父母本分区种植(分别种植在不同地块)、机械采粉、花粉储藏、机械化授粉等配套技术来实现机械化杂交制种。

(2)技术路径

关于杂交水稻制种中利用机械化的研究主要涉及两种技术路径:父母本种子混合播种与机械化授粉。关于父母本种子混合播种的技术思路有3种具体的操作方式。

1)采用雌性不育系作为杂交父本,父本不能直接产生种子,因而不用进行对制种亲本进行后期处理。

2)选择对化学药物敏感型株系作父本。现在有报道表明,选育出对化学药物"苯达松"敏感的品系作为杂交父本,在制种后期(授粉后)利用"苯达松"将杂交父本杀死,由此使得制种田中只有杂交母本。

3)机械分离。利用稻穗籽粒上杂交种子与父本自交结实产生的种子存在某些物理区别(如大小、颜色、有无刚毛等),通过机械分离,将杂交种和自交种分开,由此获得纯的F_1杂交种。除此之外,有些学者提出,利用水稻的植株高度进行机械分离的想法,即利用高秆品系作为杂交父本,在成功授粉后利用机器将高于杂交母本的杂交父本进行机械切割,以此达到除去杂交父本的目的。

目前面临的挑战主要在于如何高效采集大量高活力花粉粒以及花粉粒的妥善保存。杂交水稻制种中最核心的技术在于确保父母本花期相遇,若花期相遇情况不佳,可能导致大面积制种减产乃至绝收。在传统的杂交制种操作中,通常依据杂交父本与母本的生育期和生态适应性进行分期播种,这是确保父母本花期相遇的主要手段(通常父本需播两次,通过花期预测及肥水管理、拔苞等技术调整花期)。而在机械化混播条件下,此类花期调节难度较大。要培育出播始历期完全一致且其他性状优异的强优势杂交亲本组合实属不易,加之不同的环境条件和天气状况会对杂交父本与母本的生长发育产生差异化影响,因此,必须研发适用于混播制种的新技术,以确保制种安全性。

在已成功培育出生育期接近、种子大小差异显著、包颈现象极少的第三代杂交稻父母本及优势明显的杂交组合的基础上,进行了混播机械化制种试验。将母本和父本种子按一定比例混合播种、栽植,授粉结实后混合收割。利用母本与父本间粒重、粒形及籽粒颜色的差异,采用高精度色选机对具有颜色、粒型、粒重差异标记的种子进行分选试验,以揭示分选技术参数与种子区分度之间的关系,并据此优化参数,形成一套适用于杂交水稻混播制种的精确分选技术参数。父本品系"巨大粒"的长度为 26 mm,宽度为 12 mm,其长度和宽度均超过母本的 3 倍。通过机械分离或成像色选分离技术,可以轻松将杂交种与父本分离,从而得到纯杂交种。然而,由于杂交水稻父母本遗传差异大,对不同环境的响应各异,混播制种对杂交亲本特性、制种田地及其管理要求较高,目前不能实现抽穗扬花期理想的父母本比例及均匀分布。

5. 利用飞机辅助授粉以促进第三代杂交水稻异交结实的技术

根据水稻的生物学特性,减数分裂期和抽穗扬花期遭遇异常天气时常导致花药不开裂或散粉不畅,仅开花而不受精,严重降低制种产量。第三代杂交水稻制种过程中也常因异常天气导致减产问题。

在第三代杂交水稻制种过程中,若花粉粒发育时期和抽穗扬花期遭遇异常天气导致开花散粉不佳,可选择适宜时机,利用中小型飞行器作为辅助授粉设备,通过飞行器飞行产生的强大风力进行辅助授粉。飞行器产生的风能覆盖受影响的制种区域,有效解决因花粉发育及抽穗扬花期异常天气导致的开花受精效率低下、影响制种产量的技术难题。

6. 利用化学药物保障第三代杂交水稻种子质量

穗萌(稻穗未收割前稻谷已萌发新芽)是杂交水稻制种及粮食生产中普遍存在的一个重要技术问题。穗萌现象显著降低了稻谷籽粒的营养价值,种子生命力明显减弱,对播种品质和作物产量造成严重影响。在杂交水稻生产和制种过程中,有些杂交亲本材料的穗萌严重(在穗上种子的发芽率高达60%以上),进而丧失了种子的生产价值和商品价值。杂交水稻生产中使用的某些杂交组合,由于在选育过程中,长期受到定向选择和快速加代繁殖的影响,促使其休眠特性不断减弱,甚至部分杂交组合完全丧失休眠特性,导致稻穗在遭遇阴雨天气时极易发生穗萌现象。在杂交水稻种子生产中,为解决雄性不育系包颈问题而大量施用赤霉素(GA),此举可能增加了亲本材料穗萌的发生概率。杂交水稻制种实践显示,易发生穗萌现象的雄性不育系包括Ⅱ-32A、珍汕97A、冈46A、金23A、博A、新香A、V20A和协青早A等,而光温敏不育系培矮64s则具有浅休眠特性。

对于杂交制种田中出现的穗萌现象,需要采用合理的栽培管理技术,减少"九二〇"用量,并尝试使用特定药剂来解决穗萌问题。广泛应用的多种控制稻穗发芽的化学药剂主要包括多效唑、外源ABA和穗萌抑制剂等。采用混合型抑穗萌剂能有效抑制杂交制种田中的穗萌现象。在亲本材料种子进入腊熟中期至黄熟初期,选择晴朗或非雨天进行喷施;喷施前,每升混合型抑穗萌剂中加入2~6滴表面活性剂(如吐温80),充分摇匀;每亩水稻杂种制种田喷施混合型抑穗萌剂20~30 L,确保将其均匀喷洒于亲本材料的稻穗层。

7. 第三代杂交水稻制种程序

杂交水稻种子作为杂交水稻生产中最基础且最关键的生产资料,其品质优劣直接关乎大田产量高低及稻米品质优劣。随着第三代杂交水稻配套技术的成功研发与应用体系初步建立,对其中杂交制种基本程序进行深入研究显得尤为迫切。从现有的研究来看,第三代杂交水稻制种的基本程序主要包括如下4个基本环节。

(1)制定切合实际的杂交制种规划。在杂交水稻实用技术中,第一代和第二代杂交水稻已展现出巨大的社会效益与经济效益。第三代杂交水稻则是在克服前两代技术局限的基础上,构建起更高级别的研究体系。无论何种杂交水稻技术,其杂交制种的核心实质均为将原本具有自花授粉特性的水稻转化为异花授粉特性水稻,即利用特定雄性不育系为基础进行杂交种子生产。

在第三代杂交水稻制种的基本程序中首先要制定切合实际的杂交制种规划,其中包括杂交制种的组合及其亲本的生物学特征特性、杂交制种的生态条件和季节、杂交制种的高产技术措施、杂交制种的农田面积和用工数量、杂交制种的综合经济预算(投入成本和产出效益)、在杂交制种中采用新的技术措施及其效果预测。

关于杂交制种组合及其亲本的生物学特性,应依据育种专家的选育进展及对新杂交组合的研究成果进行确定。第三代杂交水稻的一大特点是利用现代生物技术,以普通核不育系为基础,其技术与第一代或第二代杂交水稻存在根本性差异。第三代杂交水稻育种技术性强,对水稻育种者来说,掌握其关键技术颇具挑战。从当前育种进展来看,第三代杂交水稻育种仍处于初级阶段,优秀杂交组合数量有限,对现有组合特征特性的深入研究仍有待加强。

对于杂交制种所需的生态条件与季节,应根据各稻作区特点及所掌握的杂交组合类型进行确定。我国稻作区的分布区域辽阔。根据自然条件和水稻生产现状将我国的稻作区划分为6大类型,即华东、华中单季、双季稻作带;华南双季稻作带;华北单季稻作带;东北早熟稻作带;西北干燥区稻作带;西南高原稻作带。在确定第三代杂交水稻组合的制种区时,应充分考虑各稻作区的生态特性和季节特点,以及杂交组合自身特性,以作出合理选择。

对于杂交制种的高产技术措施,应借鉴第一代和第二代杂交水稻的制种经验,并结合第三代杂交水稻组合特性,制订符合生产实际的制种方案。第一代杂交水稻制种历经40余年,第二代杂交水稻制种也有20多年历史,其间积累了丰富的高产制种经验。通过对过往经验的总结提炼,有助于构建第三代杂交水稻杂交制种的高产高效技术。

对于杂交制种所需的农田面积、用工数量及综合经济预算,应根据国家战略发展现状、科研进展、育种成果、社会需求、生产需求及繁殖单位经济实力等因素综合确定。鉴于现代科学技术,尤其是现代生物技术的快速发展,将有力推动杂交水稻育种技术持续改进,进一步完善水稻杂交制种技术。在杂交制种中应用新技术及其效果预测技术,必将开启第三代杂交水稻杂交制种的新篇章。

(2)采取有效技术措施,确保杂交制种实现高产稳产。应依据第三代杂交水稻的技术特点及杂交组合特性进行制种安排,并采用科学的栽培技术,如选择合适的隔离方式、父母本行比、抽穗扬花期,以及人工辅助授粉、高效肥水管理、病虫害防治等,以确保杂交制种达到高产、稳产与高效目标。

(3)在第三代杂交水稻制种过程中,确保杂交父母本花期相遇及提高异交结实率是关键技术。对杂交父母本进行花期调节的作用主要表现在两个方面:①促进其生长发育,提早抽穗和缩短开花历期;②延缓其生长发育,推迟抽穗和延长开花历期。对于花期早的杂交亲本,应采取延缓作用的调节措施;对于花期迟的杂交亲本,则应采取促进作用的调节措施。

(4)遵循杂交制种技术规程,确保杂交种子安全收获与妥善储存。在制种前期和中期,应严格执行除杂保纯工作。制种后期,除继续严把除杂保纯关外,杂交种子的安全收获至关重要,务必防止机械混杂与生物学混杂。在制种田成熟期,夜间使用荧光探测仪去除发荧光的单株。制种田可能存在发荧光的繁殖系种子,需完全清除。荧光蛋白在强自然光下显示不明显且分辨率低,在夜间暗处分荧光种子和普通种子,能够确保大田杂交种子不混杂繁殖系种子。荧光探测仪检测效率高,一个技术员一天能够检测100亩以上制种田。

父母本植株上的种子应单独收割、晾晒和储存。杂交种子收获后,应在具备良好条件的种子仓库内进行科学储存与保管。

总结杂交制种经验,持续改进与优化制种技术,以期不断提升杂交制种产量并降低杂交种子生产成本。每个杂交制种季节结束后,应细致总结第三代杂交水稻不同组合在制种过程中的具体表现及所涉及的技术经验。依据杂交制种产量及经济效益情况,对制种过程中各项技术安排、技术措施及生态条件进行综合评估,总结杂交制种经验,对制种技术进行评价、改进与优化,以持续完善第三代杂交水稻杂交制种技术,最终实现更高的杂交制种产量与经济效益。

第四节 水稻雄性不育系的种性退化及其提纯复壮

水稻品种的遗传稳定性是相对的。为保持水稻品种的优良特性,必须构建一套较为完善的良种提纯复壮技术。水稻品种的混杂退化是指在生产栽培过程中,品种纯度降低,种性发生不符合生产要求的变异,导致其失去原有形态特征、抗逆性明显下降、适应性减弱、产量降低和品质劣化等。在杂交水稻生产实践中,水稻雄性不育系混杂退化的主要根源是缺乏完善的良种繁育体系。无论第一代、第二代还是第三代杂交水稻,随着生产应用时间的延长,其亲本种性退化现象始终备受关注。

一、混杂退化的原因

根据现有研究成果,水稻雄性不育系混杂退化的原因主要有5个方面:①机械混杂;②生物学混杂;③残存异质基因的分离重组;④水稻雄性不育系遗传性变化与自然突变;⑤原种繁殖时不当的选择与留种。

机械混杂是指在水稻雄性不育系繁育过程中,由于工作人员在种植、收获、运输、脱粒、晒干、储存等环节未能严格按照水稻雄性不育系良种繁育技术规程操作,导致操作不严谨,使繁育的雄性不育系种子中混入了异类品种或异种种子。此外,采用不合理的轮作方式或非正常田间管理措施,如前季作物或杂草种子自然脱落,或施用了混有其他作物种子或杂草种子且未经充分腐熟的厩肥和堆肥,也可能导致机械混杂。水稻雄性不育系的机械混杂可分为两种类型:①混入其他水稻品种或品系(即品种间混杂);②混入其他作物种子或杂草种子(即物种间混杂)。特别需要注意的是,如不对水稻雄性不育系的机械混杂采取措施及时清除,可能会进一步引发更严重的生物学混杂。

生物学混杂是指在水稻雄性不育系繁育过程中,由于隔离条件不严格导致天然杂交发生,从而使水稻雄性不育系纯度或典型性降低,进而引发其产量和品质下降。生物学混杂可细分为品种间混杂和物种间混杂,前者指发生于不同水稻品种之间的杂交,后者指发生于水稻与其他作物或杂草之间的杂交。无论品种间混杂还是物种间混杂,都将导致水稻雄性不育系的遗传性和特征特性发生显著变化,从而影响其生产价值和实用价值。

残存异质基因的分离重组是指在选育水稻雄性不育系过程中,由于种质资源的遗传特性,导致新选育的水稻雄性不育系在遗传上未能达到完全纯合状态,其遗传组成中可能存在残存异质基因或微效异质基因,或诱发特定基因突变,从而导致该不育系失去实用价值。

水稻雄性不育系自身遗传性变化与自然突变是指在经过一段时间的应用后,由于其遗传可塑性或自然发生的基因突变,导致种性与遗传特性发生变化,进而降低其使用价值。对于新选育的水稻雄性不育系,其最初表现为纯系群体。然而,经过若干年的杂交制种和自身繁殖后,难以保证其始终保持完全纯系状态。在同一水稻雄性不育系群体内,各个单株在遗传或表现型上通常存在一定程度的差异;同一单株的不同分蘖或不同稻穗间亦可能出现差异。因此,遵循规范的技术流程,持续对水稻雄性不育系进行提纯复壮,有利于保持其遗传稳定性和实用价值。

在水稻雄性不育系原种繁殖过程中,采用不当的选择留种方法会影响其遗传稳定性。由于选育者对特定不育系特征特性认识不足,导致在亲本繁殖过程中未对特征特性进行严格鉴定与选择,造成种性逐渐退化,最终丧失生产价值与实用价值。

二、提纯复壮,防杂保纯

水稻雄性不育系的防杂保纯及防止种性退化是涉及亲本繁育多个技术环节的复杂问题。基于水稻雄性不育系发生遗传性退化的主要原因,在技术上需要特别重视如下4项措施。

(1)建立严格的亲本种子繁殖的技术规则,防止人为的机械混杂。在水稻雄性不育系繁殖过程中,应合理规划亲本繁殖田的轮作方式与耕作方式;确保亲本种子接收与发放手续完备;在播种前,留种、浸种、拌种等操作应遵循规范流程;在亲本种子收获、脱粒、运输、晒干及储藏等环节,严格防止人为造成的混杂。

(2)采用与实际情况相符的隔离措施,严格防范生物学混杂。亲本种子繁殖时常用的隔离方法包括空间隔离、时间隔离、障碍物隔离和高秆作物隔离等。

(3)严格执行去杂去劣。在亲本繁殖田中发现杂株与劣株时,应果断清除。去杂主要是剔除非杂交亲本的植株、稻穗和稻谷;而去劣则是指移除已感染病虫害或生长状况不良的植株、稻穗和稻谷。

(4)依据杂交亲本的遗传特性,对典型单株进行严格筛选,并利用亲本原原种定期更新雄性不育系。在生产实践中,每隔约3年对母本繁殖区的雄性不育系进行更新,是防止杂交亲本混杂退化、长期保持其纯度与遗传性的重要举措。

杂交水稻生产实践显示,一个优良的雄性不育系在长期生产应用后,仅依靠常规的防杂保纯措施可能无法确保其遗传稳定性和种纯度,其仍有可能逐渐变杂变劣,丧失原有的典型性。因此,为长期保持优良雄性不育系的遗传稳定性和纯度,应根据其种性特点,积极采取技术措施筛选优良单株并进行提纯复壮,即从雄性不育系及其保持群体中选出典型且优质的单株,以繁育出高纯度的杂交亲本种子。通过积极的技术手段培育出优质的杂交亲本原种,并用其定期更新杂交制种中的亲本,有助于保障亲本种性和纯度,从而确保杂交制种种子质量。雄性不育系原种是指具有选育成功的雄性不育系特征特性的原始种子,或是由生产原种单位生产出的具有原始雄性不育系特征特性的种子。在杂交水稻制种过程中,对原种的纯度、典型性、生活力和丰产性等均有严格要求。通常情况下,经严格选优提纯所得的原种,其遗传稳定性和种纯度均可保持不变。杂交水稻亲本的原种标准主要包括如下3个方面。

(1)水稻雄性不育系的种性要保持典型一致,在群体内植株之间主要农艺性状没有分离现象,群体达到高纯度状态。水稻雄性不育系的雄性不育度和不育株率均要达到100%。

(2)水稻雄性不育系的原种保持原始亲本的株叶形态、生长势、配合力、抗逆性、适应性和生产力,即其潜在利用价值保持不变。

(3)水稻雄性不育系的原种要有良好的种子质量,成熟充分落色好,种子充实饱满,发芽率高,群体内没有杂草种子或霉烂种子,不带有检疫的病虫害。

在水稻雄性不育系的原种生产过程中,单株筛选是主要手段,防杂去劣是保证,纯度高质量好是其原种生产的主要目的。其原种繁殖的基本程序包括选择优良单株或单穗、株(穗)行比较鉴定、株(穗)行比较试验和混系繁殖。

在稻属植物杂种优势利用过程中,杂交制种和亲本繁殖是极为关键的技术环节和生产环节。对于一个新培育成功的光温敏不育系而言,是否能在生产上得到大面积应用,一要看在杂交制种时它是否具有非常稳定的雄性不育性(即不会因为自然温度条件的异常变化而出现雄配子或雄配子体的育性波动,更不会出现自交结实现象)。二要看在种子繁种时,其雄配子或雄配子体的育性能否恢复正常(即表现出比较高的自交结实率)。三要建立严格的亲本种子收获和分选的技术。在第三代杂交水稻的技术中,亲本种子的繁殖就是采用最新的先进技术繁育原种,确保其遗传特性(种性)和实用价值,延长其使用年限,按照种子生产技术规程,迅速生产市场需要和质量合格的生产性用种。在亲本繁殖田中包含有两种亲本,即普通核不育系与普通核不育系繁殖系。在亲本材料成熟时,要分别收获亲本材料,即先收获普通核不育系(母本)植株上的稻穗,再收获普通核不育系繁殖系(父本)植株上的稻穗。亲本材料收获后要分别标记清楚并在不同的区域将种子晒干。

第八章 配套栽培技术及示范推广

从 20 世纪末全球三大粮食作物的播种面积来看,普通小麦播种面积最大(2.14 亿 hm^2),水稻次之(1.54 亿 hm^2),玉米居第三位(1.40 亿 hm^2)。作物栽培史是一部良态、良田、良种、良法"四良"配套的发展历史。早期作物栽培包括灌溉系统、简单的农具制作、土地整理等,伴随着整个农业技术的进步而逐步发展。多种类的粮食作物(如大豆、玉米等)、油料作物(如芝麻、油菜等)、蔬菜、水果等得到栽培,并在不同地理区域内形成了各自的特色作物,由此带来灌溉技术、犁耕技术、选种育种、轮作休耕、绿肥种植等农业技术的进一步完善,提高了农业生产效率。近年来中国农村劳动力转移和老龄化,促使作物种植方式由传统手插秧向机械化、省工节本种植方式转变,要求作物品种与先进的现代种植方式配套。

针对作物技术转型,种植方式变化,结合中国不同区域的生态条件和生产条件,在不同种植区布局作物品种的适应种植方式。推进作物生产机械化,提高劳动效率和节约生产成本是今后作物生产的发展方向。创建良态、良田、良种、良法的栽培措施主要依从于这一发展趋势。

第一节 良态、良田、良种、良法

工业革命带来的机械化设备与化肥、农药等的应用,极大地提高了农业生产效率,使得大规模、单一作物的现代农业模式成为可能。遗传学原理应用于作物改良,培育出高产、抗病、适应性强的新品种。现代生物技术,如基因工程,进一步推动了作物品种的革新。面对环境压力与资源限制,有机农业、生态农业、精准农业等可持续农业理念和技术得到发展,强调在保障产量的同时保护生态环境,实现农业生产的长期可持续性。作物栽培的历史是一部人类与自然互动、科技与社会发展交织的漫长历程,从早期的野生植物驯化,历经古代农业的成熟,中世纪至近代的农业转型,直至现代高科技农业的兴起,不断推动着人类文明的进步。

一、良态

良态有两个含义:一是当地的地理气候环境条件特点;二是生态条件保护的好坏。生态条件对栽培作物的影响极其深远,它们决定了作物能否成功种植、生长发育是否良好以及最终产量和品质的高低。

(一)气候因素

1. 温度

温度直接影响作物的生长发育周期、光合作用效率、种子萌发、花期调控、授粉受精、果实成熟和休眠等过程。不同作物对温度的要求各异,过高或过低的温度可能导致作物生长停滞、生育期缩短或延长、授粉不良、病虫害加剧等问题。例如,喜温作物如棉花、玉米等需充足的热量才能完成生长周期,而冷凉气候作物如马铃薯、小麦则能在较低温度下正常生长。

2. 光照

光照强度、光照时长和光质对作物光合作用、形态建成、色素合成、光周期感应等有重要影响。光照不足可能导致作物光合效率下降、植株矮小、产量降低,而过强的光照可能会引发光抑制甚至灼伤。作物对光照需求存在差异,如短日照作物(如水稻)需要特定的光照时长才能诱导开花,而长日照作物(如小麦)则需要较长的光照时长。

3. 降水与水分

水分是作物生长发育的基本要素,影响营养吸收、蒸腾作用、气体交换和生理代谢。降雨量、降水分布、蒸发量等直接影响农田灌溉需求和作物水分状态。水分不足会导致作物缺水、生长受限、产量下降,而过多的水分则可能引发涝害,导致根系窒息、病害发生和养分流失。

近年来气象保障技术业务服务系统的研制值得引起关注。研制和开发基于互联网物联网技术的超级杂交水稻关键性气象保障技术的开放式业务服务系统,具有基本气象数据管理、田间试验数据分析、高产栽培指标体系、精细化高产栽培区划、灾害监测预警评估和气象综合保障技术等功能。实现基本业务数据资料的运行与自动实时更新,有机地集成文字、表格、图像、影像等多媒体信息,实现超级杂交稻生产的气象服务产品的包装加工处理、实时分发,实现超级杂交水稻关键气象保障技术的服务系统在南方稻作区的共享。

(二)生态条件

1. 土壤条件

(1)土壤质地。土壤质地(如砂土、壤土、黏土)影响土壤的保水保肥能力、通气状况和根系生长。适宜的土壤质地有助于作物根系发育,提高水分和养分吸收效率。

(2)土壤肥力。氮、磷、钾等主要营养元素以及微量元素的含量直接影响作物生长发育和产量。缺乏某种营养元素可能导致作物营养失调、生长受阻、产量降低,而过量则可能导致环境污染和资源浪费。

(3)土壤酸碱度。不同作物对土壤酸碱度有特定的适应范围,超出此范围可能导致养分有效性降低、重金属毒害、病害加剧等问题。例如,水稻、柑橘等偏好微酸性土壤,而甜菜、花生等则更适应中性或微碱性土壤。

2. 地形地貌

(1)海拔高度。海拔变化影响气温、光照、降水等气候条件,从而影响作物的种植类型和种植制度。高海拔地区气温较低,适合种植耐寒作物,而低海拔地区则适合种植喜温作物。

(2)坡度与坡向。坡度影响土壤侵蚀、水分分布和光照条件。陡坡易发生水土流失,影响土壤肥力和作物生长,而缓坡则有利于保水保肥。坡向影响光照时间和强度,南坡光照充足,北坡相对较阴,对作物种类和种植布局有重要影响。

3. 生物因素

(1)病虫害。作物生长过程中会受到各种病原菌、害虫的威胁,严重影响产量和品质。生态条件如温度、湿度、植被多样性等会影响病虫害的发生与发展。

(2)竞争与共生关系。作物与杂草、伴生作物、有益微生物等存在竞争与共生关系。合理的作物布局和种植模式可以利用这些关系,如通过种植覆盖作物减少杂草、引入天敌控制害虫、利用固氮菌提高土壤氮素供应等。

4. 人为因素

(1)农业技术。灌溉技术、施肥策略、耕作方式、作物品种选择等农业管理措施可以调控和优化生态条件,减轻不利因素影响,提高作物生产力。

(2)政策与市场。农业政策、市场价格、市场需求等社会经济因素通过影响农户的种植决策和投入水平,间接影响作物的栽培条件和产量品质。

总之,生态条件对栽培作物的影响是多方面、多层次的,涵盖气候、土壤、地形、生物及人为因素。理想的栽培条件应是这些因素的综合优化,以实现作物的高效、健康、可持续生产。在实际农业生产中,通过科学的作物管理、品种选育、土壤改良、节水灌溉等手段,可以有效应对和调整不利生态条件,提升作物产量和品质。

二、良田

优良的土壤条件、完善的基础设施以及适宜的生态环境为农作物的优质高产提供了坚实基础。

1. 优良土壤质量

(1)肥沃土壤。良田通常富含有机质、氮磷钾等主要营养元素以及微量元素,能够满足作物全生育期的营养需求,促进作物健康生长,提高产量和品质。

(2)良好的土壤结构。良田土壤质地适中,拥有良好的团粒结构,既能保持适宜的水分和空气比例,利于根系生长和养分吸收,又能防止土壤板结和水土流失。

(3)适宜的酸碱度。良田土壤 pH 值接近作物最适生长范围,有利于养分的有效释放和作物对养分的吸收利用,减少因酸碱失衡导致的生理障碍。

2. 完善的农田基础设施

(1)灌溉系统。良田通常配备有高效的灌溉设施,如灌溉渠、滴灌、喷灌等,能根据作物需水规律适时适量供水,保证作物在干旱季节或关键生育期不受缺水影响,提高水分利用效率。

(2)排水设施。良好的排水系统可以快速排出多余水分,避免土壤渍水导致的根系缺氧、病害滋生和养分淋失,特别是在雨季或低洼地块,保证作物免受涝害。

(3)道路网络。良田周边通常有便捷的田间道路,便于农业机械进出、物资运输和田间管理,提高劳动效率,降低生产成本。

三、良种

良种在作物栽培中起到核心和关键作用。具体表现在以下方面:提高产量潜力,改善作物品质,增强抗逆性和加工适应性,适应种植区域扩展,促进农业技术集成,降低生产成本,提高资源利用效率等。它是现代农业发展的基石,农业的芯片。

四、良法

理想株型与杂交优势结合可以进一步提高品种的产量潜力。在总结长期高产品种选育和栽培研究的基础上,育种家总结出不同生态区的理想株型,并采用理想株型与杂交优势结合,育成高产新品种。农艺学家研究品种对环境的适应性,采用肥水等调控方式建立合理的群体和理想株型,并实现高产。

施肥是作物增产的最重要措施,作物驯化以来,作物栽培技术的发展一直由肥料施用所牵引,过去是农家肥,现在是工业氮肥。而且现在整个作物生产都是围绕着肥料特别是在氮肥来进行的。在育种领域非常明显,玉米的矮化密植,水稻的稀植都是为了适应氮肥的大量施用,达到"前期早发够穗苗、中期壮秆扩库容、后期保源促充实"的理想高产栽培状态。

栽培技术具体作用表现在以下几个方面。

1. 优化生长环境

(1) 土壤管理。通过深耕、旋耕、间作套种、轮作、覆盖栽培等技术改善土壤结构,提高土壤肥力,维持土壤健康,为作物提供良好的生长基础。

(2) 水分管理。采用节水灌溉技术(如滴灌、喷灌、沟灌等)、雨水收集利用、土壤保水措施等,确保作物在不同生长阶段获得适量水分,提高水分利用效率,防止水分胁迫影响产量和品质。

(3) 养分管理。实施测土配方施肥、有机无机配合施肥、精准施肥等技术,确保作物在各生育期获得均衡营养,减少肥料浪费和环境污染。

2. 调控生长发育

(1) 播种技术。合理确定播种时间、播种深度、播种密度,确保种子顺利萌发,提高出苗率,形成适宜的群体结构,有利于光合作用和通风透光。

(2) 植株管理。通过修剪、整枝、打顶、疏花疏果等技术,调整作物生长势,合理分配养分,促进生殖生长,提高果实品质和产量。

(3) 生长调节剂应用。适时适量使用植物生长调节剂,如赤霉素、乙烯利、矮壮素等,调控作物生长发育进程,如打破休眠、促进开花、抑制徒长、提高坐果率等。

3. 病虫害防控

(1) 病虫害预测预报。利用病虫害监测系统、生物信息学工具等进行病虫害发生趋势预测,及时采取防治措施。

(2)综合防治。贯彻"预防为主,综合防治"的方针,结合生物防治(如天敌、生物农药)、物理防治(如诱捕、覆盖、色板)、化学防治(如低毒高效农药)等多种手段,降低病虫害危害,减少农药残留。

(3)抗性品种利用。种植具有抗病虫害特性的良种,减少病虫害发生和农药使用。适应气候变化。

(4)抗逆栽培。采用耐旱、耐涝、耐盐碱、耐低温、耐高温等抗逆品种,配合相应的栽培措施,增强作物对极端气候事件的抵抗力。

4. 气候智慧农业

利用气象数据、遥感监测、物联网等技术,实时监测农田小气候,精准调控栽培措施,减轻气候变化对作物生长的影响,保障产品质量安全。

5. 绿色生产技术

推广有机农业、生态农业、循环农业等绿色生产模式,减少化肥、农药、激素等化学物质的使用,降低环境污染,提高农产品质量安全。

6. 标准化生产

执行农产品质量标准和生产技术规程,从源头把控产品质量,实现全程可追溯,提升消费者信心。

7. 资源利用效率提升

通过高效栽培技术,提高水、肥、光、热等资源的利用效率,降低生产成本,提高单位面积产量和产值。

8. 产业链延伸

结合市场需求,开发特色品种,采用适销对路的栽培技术,提升农产品附加值,促进农业一二三产业融合发展。

作物栽培需要良态、良田、良种、良法配套,这四个方面各自在不同的层面发挥着不可或缺的作用,相互之间紧密关联、协同作用,以实现作物的优质、高产、高效、可持续生产。只有当这四个方面相互协调、互为支撑,才能充分发挥各自的优势,克服单一要素的局限性,最大程度地挖掘农业生产的潜力,确保农业生产的稳定性和可持续性。因此,作物栽培不仅需要优良的种子、肥沃的土地、科学的种植方法,还需要良好的生态环境和可持续的农业生产模式,四者缺一不可。

下面操作方式可作为良种、良田、良法、良态栽培的基础技术。

(1)优选良种。选用高产、优质、抗逆性强的品种。根据当地的气候、土壤条件和病虫害发生情况,选择经过审定、适应性好、产量潜力高的优良品种,确保作物具有良好的遗传基础。

(2)精细整地与合理轮作

1)精细整地。通过深耕、耙平、起垄等措施改善土壤结构,提高土壤通气性、保水保肥能力和根系生长空间。

2)合理轮作。遵循作物间互惠互利原则,安排合理的作物轮作体系,如禾谷类与豆科作物轮作,既可以防止病虫害积累,又可以利用豆科植物固氮,提高土壤肥力。

(3)精准播种与合理密植

1)精准播种。采用精量播种机,确保播种深度一致、间距适宜,提高出苗率和群体整齐度。

2)合理密植。根据品种特性、土壤肥力和气候条件,确定适宜的种植密度,使个体与群体之间达到最佳平衡,既充分利用光能,又避免过度竞争导致减产。

(4)科学施肥与灌溉

1)测土配方施肥。根据土壤养分检测结果,制定个性化的施肥方案,精准施用氮、磷、钾等大量元素肥料和微量元素肥料,避免过量施肥导致环境污染和资源浪费。

2)节水灌溉。采用滴灌、喷灌、渗灌等节水灌溉技术,按需供水,提高水分利用率,减少水分蒸发和径流损失。

(5)病虫害综合防治

1)预防为主。通过选用抗病品种、合理布局、清洁田园、生物多样性保护等措施,降低病虫害发生概率。

2)生物防治与物理防治。优先使用生物农药、天敌昆虫、性诱剂、色板诱杀等生物和物理防治手段,减少化学农药使用。

3)精准施药。在必要时,按照病虫害发生情况和农药使用规定,精准施用高效、低毒、低残留农药,避免药害和环境污染。

(6)生长调控与适时收获

1)生长调控。根据作物生长发育阶段,适时使用植物生长调节剂,如促生剂、控旺剂、催熟剂等,调控株型,促进养分向经济器官转移,加速成熟。

2)适时收获。准确判断作物成熟度,适时进行机械或人工收获,减少收获损失,确保籽粒或果实品质。

(7)环境友好与可持续发展

1)保护性耕作。推广免耕、少耕、覆盖作物等保护性耕作技术,减少土壤侵蚀,提高土壤有机质含量,维持土壤生物多样性。

2)有机农业与生态农业。倡导有机肥料施用、生物防治、作物多样性种植等有机农业和生态农业措施,减少化学物质投入,保护农田生态系统。

通过上述一系列高产栽培技术的综合运用,可以有效提升作物的产量潜力,同时兼顾资源利用效率、环境保护和农业可持续发展,实现作物生产的高效、优质、环保目标。

第二节　第三代杂交水稻配套高产栽培技术

中国幅员辽阔,水稻种植区域多样,生态条件复杂,各地水稻种植方式各异,产量表现各有特点。中国东北稻区因低温,适宜采用稀植方式,提高地温和水温;四川盆地因高湿和多雾,同样适宜稀植;云贵高原等高海拔稻区因气候干燥、光照较强,适宜采用密植方式;长江中下游稻区因高温多湿、昼夜温差小,宜采用合理密植或适度稀植。

衡量第三代杂交水稻高产群体质量的具体指标包括抽穗期适宜的叶面积指数、伸长节间数与绿色叶片数均衡、总颖花量、粒叶比、有效叶面积率与高效叶面积率、抽穗期单茎茎鞘重量、抽穗至成熟期颖花根活力、分蘖成穗率等。结合水稻叶龄研究成果,构建不同品种类型生育进程的叶龄模式,推动水稻高产栽培研究由定性转向定量,并促进该领域的研究向模式化、指标化和规范化发展。在适当控制水稻群体密度的同时,充分调动个体分蘖能力以确保群体拥有适宜的有效穗数,使群体内个体数量与质量达到高度协调与统一,逐步构建起后期具有高光合生产率和高物质积累能力的高光效群体。在此基础上形成大穗,进而提升结实率、千粒重和经济系数,以实现高产。

一、针对第三代杂交水稻生长特点,实施精准栽培

(一)第三代杂交水稻生长发育特点

鉴于水稻生长发育特性(生长量大、后期叶面积指数大、光合势强、穗大粒多、产量潜力大),提出了以定目标产量、定群体指标、定技术规程为核心的"三定"栽培法,以及"因地定产、依产定苗、测苗定氮"的栽培技术,旨在充分挖掘超级杂交水稻的大穗优势。从而促进了超级杂交水稻栽培技术由定性为主向精确定量的技术跨越,为统筹实现水稻"高产、优质、高效、生态、安全"提供了重要的技术支撑。对于第三代杂交水稻生产,应采取稳定收获指数、提升总物质生产量的高产栽培策略,以达到"前期早发够穗苗、中期壮

秆扩库容、后期保源促充实"的理想高产栽培状态。

第三代杂交稻组合是运用先进生物技术,将理想株型与杂种优势巧妙结合的新型水稻品种。相较于一般杂交水稻,第三代杂交稻组合个体表现出优秀的植株形态、穗大粒多、较长的后期灌浆期、较强的抗逆性以及明显的个体优势,能够在单位时间内产出更多生物量,具备高产稳产的潜力。然而,第三代杂交稻组合高产潜力的充分发挥离不开适宜的生态条件、优良的栽培技术和理想的群体结构的共同支持。探讨如何构建第三代杂交稻组合的理想群体,是其高产栽培研究的重要议题之一。

第三代杂交水稻具有株型优良、分蘖力强、穗大穗多、茎秆粗壮抗倒伏、后期叶色青绿籽粒金黄、不易早衰、籽粒充实饱满等优点,展现出高产、优质、高效的综合优势。第三代杂交水稻的生殖发育期和籽粒灌浆期相对较长,生育后期茎叶保持较强生命力,有利于形成大穗和籽粒饱满,有望突破现有产量极限。

第三代杂交水稻特性:

(1)生育期。在长沙作为连作晚稻种植时,从播种到抽穗约需80天,其中幼穗分化至抽穗阶段为40天。第三代杂交水稻抽穗后开花结实至成熟需60天,比同类品种长15~20天。

(2)穗大。亩产颖花数可达5500万~8000万朵。

(3)耐寒性。籼粳交组合通常抗高温能力较弱,应避免在高温时段抽穗。尽管组合具有较强的耐寒性,但仍需防范后期气温过低导致成熟困难。

(4)需肥量大。第三代杂交水稻施肥特点为持续供肥效果佳,应多次施用但避免过量。施肥水平应比一般高产栽培提高约50%,并提倡早施、少量多次的原则。

(5)抗病性。目前的组合对稻瘟病和白叶枯病抗性一般,须在前期、灌浆期和成熟期分别施用药剂进行预防。第三代品种籽粒密集,抽穗扬花期间务必用药防治稻曲病。

(6)海水稻系列品种的栽培。育苗应在非盐碱地中进行,采用淡水灌溉。移栽时若秧苗受损,为提高成苗率,应使用淡水。带土小苗移栽时可无须额外添加淡水。

水稻高产栽培注重群体与个体、穗数与粒数、粒重等要素的协同优化。杂交水稻应采取稀植壮苗、大穗高产的栽培模式,需适当控制群体密度,提升群体整体质量。因此,在第三代杂交水稻高产栽培中,有必要构建水稻群体质量指标体系,通过分析高产群体的空间结构指标,科学诊断并优化群体结构。结合对中国水稻叶龄模式的研究成果,构建了不同品种类型生育进程的叶龄模式,推动水稻高产栽培研究由定性转向定量,并促进该领域的研究向模式化、指标化和规范化发展。在适当控制水稻群体密度的同时,充分调动个体分蘖能力以确保群体拥有适宜的有效穗数,使群体内个体数量与质量达到高度协调与统一,逐步构建起后期具有高光合生产率和高物质积累能力的高光效群体。在此基础上形成大穗,进而提升结实率、千粒重和经济系数,以实现高产。

(二)第三代杂交水稻大田栽培表现

2017年9月28日,湖南省农学会组织专家对国家杂交水稻工程技术研究中心的第三代杂交水稻育种技术进行了现场评议。2017年9月29日,科技日报头版头条报道了"第三代杂交水稻育种技术通过验收"。该技术在国内首次通过"身份验证",专家认为其推广应用将有力推动水稻杂种优势利用的进一步普及与深化,为全球水稻种植带来新的"福利"。

以Gt1S为母本,通过与不同品种杂交,从后代中选育出G3s、G3s-1、Gt3s等一系列优良普通核不育系,这些不育系均表现为不育株率与不育度均为100%,花粉完全典败,且不育性稳定。其中,Gt3s展现出良好的配合力,株型适中,茎秆粗壮,分蘖力强,单株平均成穗13个左右;剑叶直立,叶色深绿;穗长约21 cm,平均每穗颖花数为253个。盛花期集中在10:30~11:00,午前花率高达95.3%;在未喷施"九二〇"的情况下,包颈现象轻微,包颈粒率为15.6%,柱头外露率约为55%。2018年10月,第三代杂交水稻新的核雄性不育系Gt3s选育与利用项目顺利通过了由湖南省农学会组织的技术评审。评审意见指出,Gt3s配组灵活,兼具部分籼稻与粳稻的遗传背景,所配杂交组合表现出较强的杂种优势。所配杂种株型优良,分蘖力强,成穗数丰富,且具有穗大粒多、茎秆粗壮、耐肥抗倒、后期叶色青绿籽粒金黄(即茎秆与叶片无早衰现象)、后3叶功能旺盛、籽粒充实饱满等特点。所配杂交中稻组合显示出1100 kg/亩的产量潜力,部分杂交组合作为晚稻种植时可达到1000 kg/亩的高产水平。此外,第三代杂交水稻组合的米质优良,米饭口感佳,具有广阔的市场前景。同年,"第三代杂交水稻"荣获湖南省技术发明一等奖。

2019年,第三代杂交水稻在湖南省衡南县、桃源县等4个不同双季晚稻生态区进行高产攻关试验示范,展现出强大的杂种优势。2020年,第三代杂交水稻被纳入湖南省"三一工程",作为双季晚稻开展高产攻关示范。当年衡南攻关示范片在齐穗后的一个月内,日平均气温仅为20.65 ℃,较2019年同期的23.60 ℃降低了2.95 ℃;日照时数仅为43.85 h,较2019年的187.8 h减少了143.9 h。即便在如此极端不利的光温条件下,第三代杂交水稻的平均产量依然高达13.68 t/hm^2,使得双季稻的年产量超过22.50 t/hm^2,这是普通双季稻生态区的重大突破。

第三代杂交水稻作中稻在4~5月播种,一季晚稻在5月20~30日播种,连作晚稻在6月11~18日播种。第三代杂交水稻实际应用于生产的杂种一代并非转基因品种。从第三代杂交水稻的生殖发育特性来看,它具有秧龄弹性大、弱感光而生育期比较稳定、耐肥性强、穗大粒多、生育后期籽粒灌浆时间比较长、杂种优势效应明显和产量潜力大等特性。

第三代杂交水稻组合(G3-1s/亲19)在湖南省湘潭市雨湖区泉塘子乡农业技术推广服务站的生产示范结果表明,该杂交组合表现出5大特点:①表现出典型的丰产性强的理想株型。在营养生长阶段株叶型展开后基本上看不到行间泥水,光合效率高;在孕穗期到齐穗后期株叶型紧凑有利于田间通风透光;在生育后期功能叶表现出长、窄、凹、厚、挺的形态特征;在成熟期落色好,叶青谷黄茎叶不早衰。②在整个生育期均表现出生长势强,分蘖早而快(分蘖能力强),丰产群体构建早,分蘖的成穗率达到75%以上。③抗病虫及抗逆性强。在整个生育期内未发现稻瘟病、白叶枯病和细菌性条斑病,如此浓密的禾苗到成熟都未发现纹枯病及稻飞虱危害;抽穗扬花阶段遇连续高温、秋季干燥气候,室外最高温度曾达42 ℃,结实率仍达88%以上,个别田块的结实率达到95%左右。④茎秆粗壮耐肥抗倒。单穗重达14 g,植株高度达118 cm时整体上未出现倒伏现象。⑤成熟灌浆期时间比较长,灌浆速度比较慢,籽粒充实度好。

2019年10月22日,湖南省农学会组织中国农业科学院、福建省农业科学院、中国水稻研究所、江西农业大学、湖北省农业科学院、湖南农业大学、湖南师范大学、湖南省农业农村厅、湖南省水稻研究所等单位的专家学者,对国家杂交水稻工程技术研究中心在湖南省衡南县云集镇、湘潭市雨湖区及长沙市芙蓉区进行生产示范展示的第三代杂交晚稻系列组合进行了实地考察与测产。根据现场多个田块的测产结果,第三代杂交水稻在晚季种植的平均产量达到1046.3 kg/亩,这是第三代杂交晚稻首次实现亩产超过1000 kg。在湖南省衡南试验基地,第三代杂交水稻组合(G3-1 s/亲19)于6月16日播种,采用常规田间管理措施和正常的肥水管理技术。在整个生育期,该组合的杂种优势效应表现显著,成熟期有效稻穗较多,籽粒饱满,虽稻谷已成熟,但稻叶和茎秆仍保持青绿(即青枝绿叶),生育后期生活力依旧旺盛。在众多水稻专家和学者的见证下,试验基地选取两丘稻田进行机械收割与测产。具体测产结果如下:第1丘实收面积为468.48 m²,实收毛谷882.8 kg;第2丘实收面积711.52 m²,实收毛谷1363.0 kg。按标准含水量13.5%折算,两丘稻田分别折合亩产1034.4 kg和1058.3 kg,平均亩产为1046.3 kg。这批第三代杂交水稻组合从播种到收割历时约125天,与以往高产杂交水稻组合所需的160天甚至180天相比,其生育期显著缩短,日产量较高。在水稻生产中,生育期缩短的最大优势在于减少了农药化肥等投入品的使用,从而节约了资源成本,提升了生产效率。第三代杂交水稻组合在生产试种示范中展现了显著的杂种优势效应,具有极强的生产实用性,明显的潜在价值,未来发展前景广阔,应用潜力巨大。

(三)第三代杂交水稻栽培技术

通常将水稻种子萌发至新种子产生的整个过程称为水稻的一个生育周期(即生育期)。生育期可划分为幼苗期、返青期、分蘖期、幼穗分化期、结实期等阶段。幼苗期包含萌动、发芽、三叶期等阶段。返青期是指移栽后水稻从秧田过渡到本田并成功成活的缓冲阶段。分蘖期包括分蘖始期、分蘖盛期、分蘖末期(即最高分蘖期)以及决定穗数的关键时期——有效分蘖终止期。幼穗分化期涵盖了幼穗分化各阶段、拔节期以及可见剑叶鞘膨鼓的孕穗期。开花结实期则包括抽穗开花期、乳熟期、蜡熟期、黄熟期和完熟期。(最高分蘖期)以及决定穗数的关键时期(即有效分蘖终止期)。幼穗分化期包括幼穗分化各个期、拔节期以及外观看到剑叶鞘膨鼓时的孕穗期。开花结实期包括抽穗开花期、乳熟期、蜡熟期、黄熟期和完熟期。

杂交水稻在不同生育期对环境条件的需求存在差异具体如下:

(1)幼苗期,浸种发芽所需温度方面,籼型杂交水稻组合为12 ℃,粳型杂交水稻组合为10 ℃,适宜温度范围为30~32 ℃,最高温度可接受40~42 ℃。然而,在育秧期间,最低温度不应低于10 ℃,否则可能导致烂种、烂芽和烂秧现象。

(2)出苗和幼苗生长期的最低温度较发芽阶段升高约2 ℃,即籼型杂交水稻组合为14 ℃,粳型杂交水稻组合为12 ℃。当温度高于16 ℃时,两种类型杂交水稻均可顺利出苗。

(3)在分蘖期最适宜气温为30~32 ℃,最适宜水温为32~34 ℃。在低温条件下会导致分蘖延迟,且影响总分蘖的成穗率。在分蘖期需要充足的阳光以提高叶片的光合强度,由此制造更多的有机物,进而促进有效分蘖数的增加。在分蘖期是对水最敏感的时期,浅水最有利于促进分蘖,但稻田过分干旱,持水量在70%以下时则分蘖会停止。

(4)幼穗分化期幼穗分化的适宜温度为26~30 ℃。充足的光照有利于幼穗分化。从幼穗分化到抽穗是水稻需水最多的时期,尤其在花粉母细胞减数分裂期,需水最敏感,在这个时期一定要保持田间持水量在90%以上。

(5)在开花结实期一般气温不低于20~22 ℃。充足的光照可以在一定程度上增加水稻谷粒充实度,提高水稻的产量。

(6)在灌浆期水分需求比较大,仅次于拔节、长穗、分蘖期的水分需求。在这时如果缺水则会影响水稻叶片同化能力和灌浆物质的运输,进而影响灌浆而导致减产。

基于前人水稻高产栽培试验的研究成果及学者提出的水稻栽培理论,第三代杂交水稻高产栽培的关键在于从选种、育秧直至成熟的全过程精细化管理,着力提升各个关键性技术环节的质量,为水稻生长创造最适宜的生产环境。在第三代杂交水稻高产栽培中必须关注如下 5 个技术环节。

(1)确保种子质量。第三代杂交水稻组合的种子质量是确保培育壮苗的基础。以优良的种子(种子的饱满度、发芽率、发芽势、纯度和净度等)为基础才有可能培育出优良的秧苗。

(2)培育壮秧。秧苗培育涉及多个技术环节,包括发芽试验、晒种、浸种、消毒、催芽及育秧等,需逐一精细操作。同时,应精心选择育秧地点和规格,以利于秧苗培育。播种时机应与季节和气候条件相匹配。育秧过程中,应合理控制秧龄,提倡"乳苗移栽"。育秧过程中,优先选择具 3 个及以上分蘖的秧苗进行移栽,此类秧苗发根能力强、返青快、不易出现死叶,且生长势良好,有利于积累营养物质。

(3)合理栽插。栽秧时,应根据水稻品种特性有针对性地选择栽插标准。对于第三代杂交水稻组合,应适当降低田间栽插密度。一般情况下,田间栽植密度宜控制在 1.2 万~1.5 万穴/亩,每穴含 4~6 个茎蘖苗,基本茎蘖苗总数为 8 万~9 万/亩。实际栽培时,可采用宽行窄株栽插法,通常保持行距 24~30 cm,株距 16~21 cm。可根据实际情况适当调整行距与株距,以保证良好的通风透光性,并注意病虫害防治。

(4)水肥与晒田管理。应确保分蘖期浅水勤灌,足苗期排水晒田,幼穗分化期浅水常灌,抽穗扬花期保持水层,灌浆乳熟期实行干湿交替。分蘖期后至幼穗分化期前的排水晒田,促进水稻对养分的吸收,改善根系生长状况,有利于根系深扎。水稻生长过程中难免遭遇高温天气。气温过高易导致水稻结实问题严重,即出现高温热害现象。为有效应对高温热害,需合理灌溉,利用灌溉调节田间气温。合理施肥,遵循分期分批施用原则,前期偏重,后期侧重磷钾肥补充。此外,硅、锌两种微量元素对水稻产量与品质影响较大。稻田底肥以有机肥为主,配合速效化肥。一般施用有机肥 2000~3000 kg/亩,搭配尿素 7~8 kg/亩、过磷酸钙 30~40 kg/亩、氯化钾 8~10 kg/亩或平衡型复合肥 30~40 kg/亩。移栽返青后应及时施用分蘖肥,以促进低节位分蘖生长,增加有效穗。分蘖肥可分两次施用:第一次在稻苗返青后,施用尿素或高氮复合肥 7~8 kg/亩,并配合适量硫酸钙、硫酸锌,以促进分蘖发生与生长;第二次在分蘖盛期施用尿素或高氮复合肥 7~8 kg/亩,确保全田生长整齐,起到保分蘖、促成穗的作用。晒田后应及时施用穗肥以促进幼穗发育,最佳施用时期为稻田封行至拔节前(以幼穗分化 1 期或 2 期为宜),施用氯化钾约 10 kg/亩+尿素 4~5 kg/亩。

稻穗破口前 5~7 天应施用粒肥。若叶穗的绿色过淡则会对后期的灌浆和保持绿叶生活力不利,此时应该施用尿素1.5~2.5 kg/亩,以此避免破口抽穗以后叶片早衰过快。肥料可以选择磷钾源库、尿素、硅肥、硼肥等。

(5)病虫草防控。对于稻田中的病虫害,首要任务是对其有深入的认识,在病虫害发生初期即进行有效治理。秉持预防为主、防治结合的原则。对于草害管理,应重视科学施用除草剂。

二、第三代杂交水稻三优1号连作晚稻高产攻关栽培

(一)攻关目标

高产攻关目标为亩产900~1200 kg。目标产量构成指标设定如下:有效穗16万/亩,平均每穗总粒数380粒,结实率85%,千粒重25 g左右,理论产量1290 kg/亩。

(二)技术措施

1. 培育壮秧

(1)秧田准备。选择背风向阳、排灌方便、土壤耕作层深厚、土质肥沃的田块作秧田。播种前15天翻耕秧田,埋没杂草,以便田间杂草沤制腐烂。播种前2天,每亩秧田施用45%含量的15-15-15配方水稻复合肥25 kg作为底肥,播种前一天进行秧田整理。

(2)浸种催芽。采用"三起三落"法进行浸种催芽,人为营造良好的发芽环境,促使稻谷发芽"快、齐、匀、壮"。当种子发芽率达到80%以上时即可播种。

(3)播种。采用软盘半旱式育秧方法。先在盘孔中撒入半孔干土,然后将催芽好的种子人工点播至软盘中(每孔播2粒谷),再用干土将孔填满。装满土后的软盘直接放置在湿润的秧厢上进行育秧。

(4)秧田管理

1)及时覆盖。播种后要及时覆盖薄膜,以防鸟鼠危害和雨水冲刷。出苗后,气温高的时段要及时揭膜通风,防止秧苗烧伤。

2)水分管理。秧苗1叶1心前保持半沟水,以防止烂秧。2叶时揭开薄膜,此后采用湿润育秧方式。

3)肥料施用。在秧苗2叶1心时,每亩秧田撒施尿素4 kg。

4)病虫防治。秧田主要防治对象为虫害,同时兼顾稻瘟病、稻飞虱等病害。常见虫害包括负泥虫、稻蓟马、稻飞虱等,可选用丙溴磷、吡虫啉、多菌灵等农药进行防治。插秧

前2天喷施一次长效农药,带药移栽,以减少大田前期病虫害。

2. 大田移栽

(1)大田整理。插秧前20天翻耕大田,翻耕深度为25~30 cm,掩埋好杂草和前茬遗留物,以便腐烂分解。移栽整田时,每亩施入50 kg 45%含量的水稻复合肥、50 kg过磷酸钙以及500 kg袋装有机肥。由于采用软盘育秧,大田地面需平整,高低落差不宜过大,确保移栽在泥土沉实后进行。

(2)采用宽行窄株,南北行向,行距为8寸,株距为6寸,每亩大田插1.25万蔸。每蔸插2粒谷,则实际基本苗为2.50万/亩。移栽秧龄为12天左右,叶龄3叶1心。每穴1苗,划行移栽,要做到浅插(1~2 cm),不多蔸,不漏蔸,如有死苗,尽快补全。秧龄15~20天在阴天移栽至大田。

3. 大田管理

(1)施肥。看苗施肥,平衡追肥基肥,整地时每亩施用50~60 kg复合肥(15-15-15),100 kg有机肥。追肥分5次施用。

第一次,移栽后1天,每亩追施尿素2 kg加8 kg 45%的复合肥。

第二次,移栽后7~10天(或第一次追肥后7~10天)看苗情每亩追施尿素15 kg,加10 kg 45%的复合肥,加5 kg氯化钾。

第三次,晒田复水后,每亩追施尿素5 kg,加10 kg 45%的复合肥。

第四次,幼穗分化第2~3期用1 kg尿素,加10 kg复合肥,加5 kg氯化钾追施穗肥。

第五次,分别在始穗期、齐穗期每亩用谷粒饱1包+0.25 kg磷酸二氢钾兑水50 kg,进行叶面喷施,必须做到喷到、喷足、喷好,以降低空壳率,提高结实和粒重。

(2)水分管理。三优1号根系发达,生长势强,为促进前期早发、控制分蘖末期无效分蘖以及后期保持根系活力,水分管理以"增气、养根、保活力"为核心。

1)大田开好围沟,沟深20 cm,宽25 cm。结合大田中耕除草开好十字沟,以便做到全田水分排灌自如,能及时晒田或排灌。

2)移栽后不马上灌水,保持湿润,看天气情况立苗1~2天,促使根系下扎。从活棵到有效分蘖临界期,采用间隙灌溉,每次灌水2~3 cm,并在两次灌水之间短暂落干,进行露田通气,以改善土壤通气状况。

3)当有效茎蘖数达到够苗数的80%时,应开始排水晒田,采取多次轻晒方式,晒至叶色转淡(顶4叶比顶3叶叶色浅)为止。

4)晒田复水后采用湿润灌溉,即每次灌水1~2 cm,待自然落干2~3日后再次灌水

1~2 cm,如此循环。花期以保持湿润为主,后期以偏干为主,以确保根系活力,防止早衰,提高结实率和充实度。总体上要做到干干湿湿,保持清水硬板,通过保持土壤透气性滋养根系,通过健康的根系保护叶片,通过茂盛的叶片增加重量,确保植株活熟到老,以实现高产。

(3)防治病虫草害。以防为主,移栽前大田施好杀螺剂,移栽立苗上水后再追杀一次杀螺药。全生育期注意防治稻瘟病、黑条矮缩病和中后期的稻曲病、纹枯病,其次细菌性基腐病、白叶枯病,把病虫害损失率降到最低。

4. 数据记载

做好苗穗数和叶龄的动态跟踪记载,根据记载数据随时调整水肥管理。

三、第三代杂交水稻三优2号一季稻高产攻关

(一)攻关目标

第三代杂交水稻三优2号目标为亩产1100~1300 kg,理想穗粒结构:有效穗16万~18万/亩,平均每穗总粒数400~500粒,结实率85%以上,千粒重25 g左右。

(二)技术措施

1. 培育壮秧

(1)育秧方式。为了确保培育早发壮秧,发挥品种高产潜力,要求全部采取高肥稀播培育壮秧方式。

(2)种子处理。每亩大田用种子1.0 kg,浸种催芽按常规方式进行,浸种前用清水洗净秕谷和杂质,然后将种子浸泡10~12 h。浸种后的种子沥去多余水分,进行催芽。

(3)播种时间。根据播种期气温和抽穗期气温确定。

(4)秧苗培育。场地可选用晒坪、空地、菜园地等,要求场地平、硬、净,或选用预留秧田。要求泥浆肥、溶、净(无渣草)床泥1 cm厚。每平方米播种1~1.3 kg。做到边铺泥浆边播种边覆盖。出苗期每天浇水3次,齐苗后每天浇水2次,保持苗床湿润。第一叶伸出时揭去粗覆盖物,注意防鼠防雀。

2. 大田移栽

根据天气,尽早移栽。移栽前7天,每亩施用尿素7~7.5 kg作为送嫁肥。移栽前1~2天,施用一次送嫁药,以防治稻蓟马和叶稻瘟。

栽插规格约为 16.7 cm×30.0 cm,每亩插植 1.25 万~1.5 万蔸。确保插足基本苗。

移栽时应注意要均匀、浅插,深度以 2~3 cm 为宜;栽插后 3 天左右应及时进行补苗,确保全苗。

3. 大田施肥

坚持施足基肥、早施追肥、后期看苗巧施穗粒肥以防倒伏的施肥原则。根据产量目标,需肥量为纯氮 12~15 kg,N、P_2O_5、K_2O 比例为 1:0.5:1.2。

(1)施足底肥。底肥占总施肥量的 40% 左右,一般以三元复合肥为主,在移栽翻耕前一次性施入。底肥的作用主要包括:一是促进秧苗快速生长;二是复合肥肥效持久,能满足水稻全生育期营养需求,特别是在中、后期能保持植株稳健生长,避免因脱肥过早导致早衰。

(2)早施、多施分蘖肥。在施足底肥后,宜早追分蘖肥,施肥量占总施肥量的 20% 左右,必须在移栽后 2~3 天内施下,每亩施尿素 5 kg,钾肥 6 kg。移栽后 3~15 天,多次施肥促进分蘖。

(3)巧施用穗肥。穗肥占总施肥量的 30% 左右,当田间调查主茎幼穗分化 2 期后施穗肥。穗肥可为整个幼穗分化期提供充足的养分,促进枝梗和颖花分化,为大穗的形成打下基础;也可给上三片功能叶提供养分,延长叶片功能期,具有养根、保叶、壮秆、防倒伏的作用。

(4)后期补施粒肥。粒肥以叶面肥为主,以促齐穗壮籽,降低空壳率,提高结实和粒重。

4. 大田管水

全生育期以湿润灌溉为主。移栽后,应灌深水护苗减少植伤,返青后灌浅水,每亩苗数达 18 万左右时,排水晒田,多次轻晒至田面不陷脚,叶色落黄即可。孕穗至抽穗期是水稻需水临界期,此时的水分管理应保持浅水层;灌浆成熟期重点是养根保叶,需采用间歇灌溉,干湿交替,保证土壤的透气性。

5. 病虫害防治

秧田期主要防治稻蓟马、福寿螺等,预防南方黑条矮缩病发生;移栽前 1~2 天秧田喷施 1 次长效农药。大田施药严格依照当地植保站发布的病虫防治时间和农药配方及时防控,主要防控稻曲病、二化螟、稻纵卷叶螟、稻飞虱、纹枯病,全程重点防治稻瘟病。

第三节 杂交作物栽培的无人机辅助授粉技术

水稻、小麦和玉米并称世界三大粮食作物,是人类社会安全生存和不断发展的物质基础。农作物在花粉粒形成期及抽穗扬花期遭遇低温阴雨或高温低湿等异常天气时,常出现大量花药不开裂或不能正常散粉的现象,导致结实状况严重恶化,严重影响产量。

李新奇发明了一种利用中型或小型无人机进行人工辅助授粉的技术,旨在解决农作物在花粉粒发育期及抽穗扬花期因遭遇异常天气而导致结实变差的问题。其基本原理:尽管异常低温或高温天气严重阻碍水稻等农作物的花药散粉,但水稻和小麦等作物的柱头活力能在较长时间内保持,开花后未受精的外露柱头在一周内仍具有接纳外来花粉粒并完成受精的能力。当扬花期出现花药开裂散粉不畅、花粉粒育性较低,但天气条件适合花粉萌发受精时,可通过人工辅助授粉强制花粉粒从花药内释放。若后续几天花药开裂散粉恢复正常,花粉粒育性良好,同样可实施人工辅助授粉,促使开花后未受精的外露柱头接纳外来花粉粒并完成受精,从而减少灾害性天气对产量造成的损失。

杂交作物利用杂种优势提升产量的同时,也伴随着亲和性下降的不利影响。相较于常规稻,杂交水稻具备较强的产量优势潜力,但由于其改变了水稻原有的自花授粉习性,转变为异花授粉,因此需要依赖杂交父本(即恢复系)的遗传基础来恢复杂交母本(即雄性不育系)的雄性不育性状。在大规模生产中,杂交水稻自身的授粉结实能力通常逊于常规水稻,且对环境条件的要求通常更高。杂交水稻在抽穗扬花期遭遇低温阴雨或高温低湿时,往往会大量出现花药不开裂或不正常散粉的现象;而在花粉粒形成期遇到异常低温或高温,花粉粒发育往往不良,正常花粉粒比例降低,花药开裂异常,导致受影响颖花无法正常受精结实,从而形成大量未受精的空秕粒。利用无人机飞行过程中产生的强大风力,助力植株中开裂不畅的花药开裂散粉,并促使散出的花粉粒落在已开花但未受精的柱头上,从而实现人工辅助授粉。

利用中型或小型无人机进行人工辅助授粉的减灾方法在实际应用中主要包括以下步骤:在农作物抽穗扬花期,观察开花散粉状况,若在花粉发育期及抽穗扬花期遭遇异常天气,导致开花散粉不佳,应选择中型或小型无人机作为辅助授粉工具,进行低空飞行,利用无人机产生的风力进行农作物辅助授粉。若当天天气条件适宜该作物授粉受精,应立即进行无人机人工辅助授粉;若天气不合适,则应推迟至适宜授粉受精的天气进行,但不得超过未受精颖花开花后 7 天。若当地当时的自然风力足以使花药正常开裂散粉,则可取消人工辅助授粉。人工辅助授粉应在当地农作物开花高峰期进行 1 次或 2 次。

这里以 T 型杂交小麦郑麦 9023A/制恢 19 人工辅助授粉试验为例介绍具体操作技术。T 型杂交小麦郑麦 9023A/制恢 19 本身恢复度欠佳,加上花粉减数分裂期遇上低温阴雨,连续 3 天日平均气温在 12 ℃ 以下,抽穗时出现大量花药不正常开裂散粉现象;表现为花粉发育不良,不孕花粉粒多,花药开裂不畅,花粉可育率在 70% 以下。在观察的当天中午,郑麦 9023A/制恢 19 的颖花开花高峰期,利用无人机作为辅助授粉工具,在郑麦 9023A/制恢 19 穗层上方 1~3 m 高度飞行,进行人工辅助授粉。无人机飞行所产生的风力加上自然风使郑麦 9023A/制恢 19 部分花药开裂散粉,形成花粉雾。通过来回飞行,无人机所产生的风覆盖受灾作物种植区域。杂交小麦郑麦 9023A/制恢 19 灌浆成熟期生长正常,成熟后进行收割。在灾害天气条件下,经人工辅助授粉处理后,使 T 型杂交小麦恢复度达到比较正常水平,结实率为 86.3%,比未处理的对照高 23.5 个百分点。不仅在一定程度上解决了 T 型杂交小麦恢复度欠佳的问题,还降低了杂交小麦在抽穗扬花期由于不良天气给产量带来的严重损失。

第九章　前景展望

谷类作物包括小麦、水稻、玉米、大麦、高粱、黑麦和燕麦等,它们是人类食物消费中最重要的粮食来源。每年粮食产量的稳定或增长在很大程度上取决于现代作物遗传改良技术水平的不断提升以及通过现代有效育种技术不断挖掘或创制新的种质资源。在面临耕地资源和水资源短缺、环境制约日益严峻等不利条件的情况下,保障粮食安全是一项极其艰巨的任务。历史表明,凡在育种科学上有所突破,就给农业生产带来一次飞跃。例如,杂交玉米、杂交水稻、杂交高粱、矮秆水稻和矮秆小麦的育成与应用,均显著提高了这些作物的产量。第一次绿色革命,通过利用矮秆小麦和矮秆水稻,成功缓解了20世纪60年代粮食短缺对人类生存的威胁。亩产500 kg的高产粮田其光能利用率约为1%,但实际上光能利用率的潜力可达到5%。培育新品种以实现高产、优质、抗逆性仍然具有巨大的潜力。

第一节　杂交小麦的发展前景

小麦作为全球最主要粮食作物,是人类生活不可或缺的重要食物来源,全球约35%~40%的人口以小麦为主食。据美国育种家Kronstad(1996年)估算,在最佳条件下,小麦产量可达21000 kg/hm^2。近年来,英国和智利的小麦籽粒产量已达到15000 kg/hm^2。

实现小麦超高产生产必须满足两个基本条件:①拥有具有超高产能力的品种;②具备能够发挥超高产品种产量潜力的栽培措施。因此,必须选育出超高产新品种,并创造出有利于其生长的栽培环境。超级小麦品种应具备矮秆、大穗、大粒、多穗、优质、超高产、抗寒、抗病(如条锈病、白粉病)、落黄好、抗早衰、早熟等多重优异性状。在上述诸多性状中,有些存在负相关关系,例如大穗与大粒、多穗与大穗、大穗与早熟性、矮秆与大粒、超高产与优质等。为了育成优质超高产小麦良种,必须运用各种育种手段克服这些负相关性状,如聚合杂交、杂种优势利用、分子辅助育种技术等。

在小麦高产育种的多种途径中,利用 F_1 代杂种优势被认为是最富有成效的途径之一。杂交小麦具有显著的产量提升潜力、抗逆性优势、广泛的适应性、优良的品质特征、节水节肥效果、显著的经济效益以及强大的科研与技术革新驱动力。杂种优势利用对作物产量的改良具有飞跃式作用,小麦杂种优势利用已成为提高小麦产量、改良品质和抗性的最有效途径之一。鉴于杂交稻推广已使水稻产量迅速突破 7500 kg/hm^2,要改变小麦在水稻、玉米、小麦三大谷物中相对较低的产量现状,实现产量上的新突破,学习借鉴其他作物在利用杂种优势方面的成功经验是最有效的方法之一。过去,用种量较大被认为是制约杂交小麦发展的因素之一。小麦光温敏不育系制种具有开花习性好、制种产量高的特点,制种产量达到 300 kg/亩不难。

第三代杂交小麦打破三系法恢保关系的限制,大大提高配组自由度。其不育性一般仅由一对隐性基因控制,任何品系都能够转育成为不育系,任何品系都能够作为恢复系。其亲本和组合选育需要加强。

不育系选育方面,要选育出品质优良,抗两种或两种以上主要病虫害,株叶型好,异交结实率高,繁殖产量 300 kg/亩以上,配合力强,雄性不育度≥99%、不育株率100%、中矮秆(45~75 cm);开颖角度≥45°、柱头外露率≥80%的优良不育系。恢复系选育上,筛选出综合性状突出、高配合力材料。要花粉量大,花药外露率≥95%,群体条件下花期10天以上;品质优良,高抗锈病和白粉病,中高秆(75~85 cm)、抗倒性强,综合农艺性状优良,自繁产量潜力 500 kg/亩。选配出超级杂交小麦组合,比当地对照品种增产30%,表现株叶型好,库大、源足、流畅,产量潜力 550 kg/亩,品质达到国家二级专用小麦标准,兼抗锈病和白粉病,制种产量 200 kg/亩以上。为了实现第三代杂交小麦技术的突破,需要攻关的技术领域主要包括如下6个方面。

(1)利用现代生物技术充分挖掘小麦的优良种质资源。通过有效利用基因工程技术、细胞工程技术和常规杂交育种技术,进一步聚合小麦杂种优势基因和优良性状基因,由此培育出适合不同生态条件、具有配合力良好、异交结实性高、抗逆性强、适应性广和品质优质的遗传工程核雄性不育系;通过对杂交父母本主要农艺性状的有效改良和扩大杂交父母本的遗传性差异,不断提高第三代杂交小麦组合的杂种优势效应。

(2)深入研究第三代杂交小麦及其杂交亲本的生物学特征特性。以第一代杂交小麦和第二代杂交小麦为对照,阐明第三代杂交小麦及其杂交亲本的生长发育特性、生殖发育特性、主要农艺性状的形态特征、育性的稳定性和遗传规律以及生理生化特点,开展第三代杂交小麦栽培示范推广研究,为第三代杂交小麦推广提供理论基础。

(3)研究普通隐性核雄性不育系颖花的形态特征及其开花习性。为了确保第三代杂交小麦亲本的繁殖产量和杂交制种产量,迫切需要对普通隐性核雄性不育系及其繁殖系颖花的形态特征及其开花习性进行深入研究,其中包括对遗传工程核雄性不育系的开花习性和异交习性等开展系统研究,弄清开花时间及开花集中度、开颖率、柱头活力及外露率等性状的遗传规律及高异交结实规律,为遗传工程核雄性不育系的生产应用提供理论指导。

(4)通过在细胞学水平深入研究荧光蛋白的最佳表达条件及其机理,进一步完善机械化精准色选技术平台。在普通隐性核雄性不育系及其繁殖系的繁殖过程中,需要借助于荧光蛋白表达技术和色选技术明确区分普通隐性核雄性不育系种子(种子为无色)和繁殖系种子(因荧光蛋白显色而使种子为有色种子)。深入研究荧光蛋白的生理生化机理,获得普通隐性核雄性不育系高产繁殖的最佳条件和在不同环境条件下(机械分选条件下)的种子纯度,将有助于确保普通隐性核雄性不育系种子繁殖的质量。通过创制稳定的荧光标记筛选体系,建立遗传工程核雄性不育系大规模种子制备的机械化精准色选技术平台,将有助于第三代杂交小麦在生产上大面积推广应用。

(5)利用现代生物技术对第三代杂交小麦及其亲本的安全性进行科学评估。在建立第三代杂交小麦的技术中借助于SPT技术构建了育性基因、红色荧光蛋白基因和花粉致死基因连锁表达的三元载体,以便普通隐性核雄性不育系种子和繁殖系种子在种皮颜色上产生明显差异,进而有助于利用机械化精准色选机将其区分(图9-1、图9-2、图9-3)。尽管在该技术体系中普通隐性核雄性不育系种子和杂种第一代种子没有转基因成分,但仍然需要对其安全性进行科学评价。因此,深入开展遗传工程核雄性不育系及其繁殖系的安全性评价和研究,建立一套标准的遗传工程核雄性不育系投放生产的安全评价体系,将为遗传工程核雄性不育系的安全生产和安全食用提供理论基础和科学依据。

(6)以小麦隐性核不育基因功能及表达研究为基础,开展小麦隐性核雄性不育突变体育性调控和稳定性研究,获得可用于第三代杂交小麦育种技术的候选基因、调控元件,升级核心调控元件和标签元件,为遗传工程核不育系的升级改造和应用提供技术支撑。

  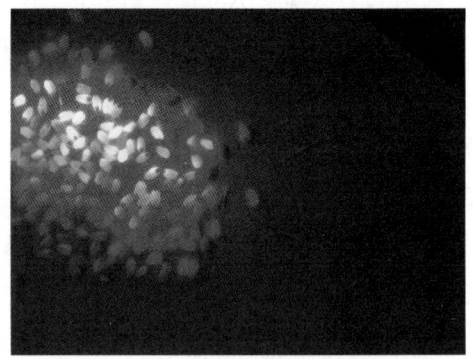

图9-1　绿光下小麦繁殖系　　图9-2　室内光照下小麦繁殖系　　图9-3　红荧光小麦繁殖系种子

第二节　第三代杂交水稻的潜力

第三代杂交水稻凭借其技术优势及杂交组合的先进性,将有力推动其国际化、商业化步伐及生产应用进程的加速。

第三代杂交水稻首个强优势杂交组合"三优1号"与当前大面积推广的杂交晚稻相比,每亩可增产150 kg以上;两者整精米率分别约为71%和55%;"三优1号"稻米的米饭食味口感优良,其售价较湖南一般晚籼米高出约30%。从农户种植第三代杂交水稻到米业开发商销售其稻米,经济效益有望较现有品种提升约1倍(考虑到稻谷增产30%、整精米率增加30%和米价增值30%,即$1.3 \times 1.3 \times 1.3 \approx 2.2$)。

第三代杂交水稻株型优良,分蘖力强,成穗数多,同时表现穗大粒多,茎干粗壮,耐肥抗倒,后期叶青籽黄,不早衰,后3叶功能旺盛,籽粒充实饱满。"三优1号"具有3个显著特点:①"三优1号"的生殖发育和籽粒灌浆期均比较长,生育后期茎叶生活力强,有助于形成大穗和籽粒饱满,突破现有产量潜力。"三优1号"从播种到抽穗在长沙作连作晚稻种植约为80天,其中幼穗分化至抽穗约有40天。②"三优1号"抽穗后从开花结实至成熟需60天,比同类品种多15~20天。生育后期,其茎叶仍保持较强生命力,从而延长了水稻生长期,增加了光合生产时间,显著提升了产量潜力,同时有利于优质稻米的形成。③第三代杂交水稻组合相较于第一代或第二代杂交水稻组合,展现出更为显著的杂种优势效应,有助于广大稻农实现增产增收,进而保障粮食安全。

根据有关专家的研究,当水稻单位面积上的光能利用率分别为0.86、1.52、1.70和

3.38时,其相应的生物学产量(kg/亩)分别为1000、1800、2000和4000;如果假设经济系数为0.5,其相应的单位面积的稻谷产量(kg/亩)分别为500、900、1000和2000。由此推算,我国第五期超级杂交稻组合"超优千号"的光能利用率约为1.70(其产量潜力约为1000 kg/亩);第三代杂交稻先锋杂交组合"三优1号"的光能利用率约为1.87(其产量潜力约为1100 kg/亩)。根据第三代杂交水稻技术的特点,通过持续种质创新,其杂交新组合的光能利用效应有望超过2.00,其产量潜力可达到1500 kg/亩以上。

一、热带杂交水稻

全世界种植水稻的国家有110多个,除中国外,全球每年水稻种植面积有1.1亿hm^2,截至2018年,中国以外的杂交水稻推广面积约为300万hm^2。1992年越南在北部试种中国杂交水稻取得成功后,开始大量引进杂交水稻种植,杂交水稻迅速发展,种植面积从1992年的1.1万hm^2快速上升到2003年的60万hm^2,2008年达到67万hm^2。杂交水稻的增产率达20%以上。2001年,中国与巴基斯坦开展杂交水稻及配套技术示范经济援助项目,在巴基斯坦试验、示范中国的杂交水稻,并获得成功。从中国引进的杂交水稻品种与当地对照品种相比具有显著的增产优势和普遍适应性,一般增产幅度达30%以上,受到当地政府和农民的广泛欢迎。此外,印度尼西亚、斯里兰卡、缅甸、泰国、柬埔寨、老挝等亚洲国家和一些非洲、南美国家引种我国的杂交水稻均获得了成功。据专家预测,随着杂交水稻不断走向世界,2020年中国以外地区的杂交水稻种植面积将达到5000万hm^2。仅此一项,全球每年将增收稻谷7000万~8000万t,可多养活2亿多人,为确保世界粮食安全做出贡献。近年来,越来越多的缺粮国家迫切需要引进中国的杂交水稻技术以解决其粮食自给难题。这给杂交水稻的国际化推广提供了极好的机遇和广阔的市场。杂交水稻研究和生产的国际化趋势越来越明显,这有助于促进不断改进和完善杂交水稻育种的技术体系。

热带地区发展杂交水稻存在一些困难,热带地区很多国家水稻生产力水平不高,比较依赖靠天吃饭,主要在雨季种植水稻,在旱季种植比例小。在基础设施、生产资料投入、种植技术水平、种子产量潜力很多方面需要改进。在冬天旱季这些地方有非常好的种植气候条件,能够获得高产,杂交水稻增产潜力大。雨季由于气候湿热,病虫害多,本身产量不高。目前来看,大幅度增加产量的途径主要是改变耕作制度,作为产业经营,由一年一季,改为一年两季,最好是一年三季。如果一年两季,雨季推迟播种,避开高温高湿的炎热夏季,更容易实现高产,空闲时段可种植或者自然生长绿肥。三季的话,可采取冬季早稻,一季早熟中稻加一季连作晚稻的方式,或者冬季早稻,加一季再生稻和一季连作晚稻的方式。除了中稻的气候不适合第三代杂交水稻外,早稻和晚稻非常适合第三代杂交水稻获得超高产。只要获得了效益,基础设施、生产资料、劳力、种子等投入都会获得大的改变,使热带水稻地区走上集约化经营的道路。

二、杂交粳稻

世界常年粳稻种植面积约为1500万hm^2,粳稻产量为11000万t。中国粳稻种植面积占世界粳稻总面积的56.1%,总产量占世界粳稻总产量的58.5%。相较于常规粳稻,目前生产中广泛应用的大多数杂交粳稻组合综合竞争优势并不显著,将优质、高产、抗逆等性状有效结合的精品杂交粳稻组合较为稀缺。这些杂交粳稻的米质通常比常规粳稻品种稍逊一筹,且产量优势和生产竞争优势不明显。杂交粳稻在制种产量和纯度方面仍存在一些技术性问题亟待解决。

目前生产中应用的杂交粳稻父母本之间遗传差异较小,导致杂种优势效应不够显著。使用的雄性不育系大多属于配子体雄性类不育型,雄性败育不完全,对杂交种种子纯度造成严重影响。此外,粳型雄性不育系的异交结实性能通常低于籼型雄性不育系,导致其制种产量低、种子纯度差、种子生产成本较高,这些问题均制约了杂交粳稻的进一步发展。

通过采用理想株型塑造与杂种优势利用相结合的技术路线等有效途径,成功培育出兼具高产潜力、优良品质与抗逆性的水稻新品种。杂交粳稻在杂种优势利用、品质育种、制种技术研究等领域具有巨大的发展空间和潜力。杂交粳稻具有良好的早发性和繁茂性,易于栽培,籽粒饱满,米质优良,较同类型常规粳稻通常能实现5%~10%的增产效果,同时具有省种省肥、抗逆性强、适应性好的优点。发展杂交粳稻已成为挖掘水稻增产潜力的重要途径之一。目前杂交粳稻的应用面积仅占粳稻种植面积的3%左右。主要原因包括:粳稻品种进化程度较高,品种数量较少,遗传基础较窄,配合力较差,杂种优势不强或不明显,以及在杂交组合选育中受恢保关系影响较大。恢复系系谱狭窄与选育困难是制约"三系法"杂交粳稻发展的重要因素之一。中国"三系法"杂交粳稻以"BT型"和"滇型"雄性不育系为主,但在稻属植物杂种优势利用中出现这种现象的原因众多。这些不育系的恢复系通常需通过"籼粳架桥"杂交方式选育,导致育成的优良恢复材料相对较少。北方杂交粳稻主要依赖于"C系统"恢复系作为主要种质资源。"滇型"杂交粳稻同样受限于优良恢复系的选育。近年来,育种学家借助杂交亲本配合力理论,在杂交粳稻选育中已成功获得一大批具有良好配合力的种质资源,这将有助于改写杂交粳稻育种的格局。

由于第三代杂交水稻现有亲本具备的独特种质特性,为杂交粳稻的发展和应用提供了新的突破口,有助于推动粳稻杂种优势利用实现根本性变革。

第三代杂交水稻具备更强的杂种优势,有助于提高杂交粳稻产量,从而使种植杂交粳稻具有更高的推广价值(图9-4、图9-5)。普通核不育系母本开花早于父本,有助于提高杂交粳稻制种产量。不育系不育性稳定,有利于提高杂交种子纯度,配组更为自由,有助于提升杂交粳稻米质。

图9-4 北京昌平亚种间第三代杂交粳稻

图9-5 辽宁营口第三代杂交粳稻

利用爪哇稻和热带粳稻种质资源,通过亚种间和地理远缘种间杂交、分子标记聚合育种、轮回选择等多种育种途径的结合,旨在创制高光效、优质、多抗、早熟的种质资源材料。利用所创制的种质资源材料,通过生态逆境压力下的筛选,着重改良粳稻的品质、抗病虫性,提升其光合效率、抗低温和抗倒伏能力,以增强优质粳稻的生态适应性。利用分子育种技术深入发掘品质优良的热带粳稻和爪哇稻种质资源,以期开发出具有高光效、优质、多抗特性的新型粳稻种质资源。

通过生物育种、生理育种、生态育种等多学科交叉融合的育种策略,致力于选育兼具早熟、优质、高产、多抗及养分高效利用特性的粳稻新品种。构建粳稻品质优异基因轮回选择库,对优质、高产、多抗等有益基因进行重组与聚合,旨在搭建高效的粳稻品质改良分子设计育种技术平台,以提升优质粳稻育种的效率和水平。将种质资源发掘、保存、创新与新品种定向培育紧密结合,充分发挥北方优质粳稻资源优势,积极开展高光效、优质、高产、多抗粳稻的研发工作,着力解决优质多抗粳稻新品种选育的关键问题,以期推动北方优质粳稻提质增效,打造优质粳稻特色品牌,具有重要的现实意义。

在三系品间优势利用中,存在许多优良的胞质不育系,通过培育广亲和矮秆粳型恢复系,有望与之配组形成强优的籼粳杂交组合。在二系法中,向籼型核不育系导入广亲和基因,可使众多优良的常规粳稻品种转化为恢复系,从而拓宽选配的自由度。罗孝和培育的培迪衍生系已成功实现广亲和基因与籼稻矮生基因、胞质恢复基因、光敏核不育基因的重组,且具备良好的农艺性状和配合力,既可以直接用于选配籼粳杂交组合,也可作为籼粳杂种优势利用的重要桥梁。在改造和利用培迪粳型衍生系的过程中,还应尝试将广亲和基因与早熟基因进行重组,以实现降低株高、缩短生育期、增强分蘖力的育种目标。

三、耐盐碱杂交水稻育种

耐盐碱水稻,俗称"海水稻",一般指能够在沿海滩涂、内陆盐碱地和咸水湖周边含盐量在6‰以内正常生长,产量潜力均达到300 kg/亩以上,具有大面积产业化推广应用前景的水稻。在学术上,耐盐(碱)水稻通常定义为能在含盐量不超过8‰的土壤中正常生长,且产量潜力不低于300 kg/亩,适用于沿海滩涂、内陆盐碱地和咸水湖周边区域产业化推广的水稻品种。全球有约9.5亿hm^2盐碱地等待开发利用,且土地盐碱化的趋势仍在加剧。在东南亚,每年有上百万公顷原本适合种植水稻的土地因盐碱化问题被迫弃耕。我国拥有约1.0亿hm^2盐碱地,其中约有1333万hm^2具备种植耐盐碱水稻的基本条件。因此,运用现代生物技术开展耐盐碱杂交水稻的研究已成为重要研究方向之一。

(一)耐盐碱水稻品种的筛选鉴定

水稻是一种对盐中度敏感的作物。土壤盐化是盐土稻作区水稻生产稳定发展的主要限制因素,选育适合盐土种植的耐盐水稻是有效利用沿海滩涂的重要途径,"简便、实用、准确、规范"的水稻品种(系)耐盐鉴定方法与评定技术有助于耐盐水稻品种的选育。为规范水稻品种(系)耐盐鉴定方法与评定技术,制定一套耐盐性鉴定程序,从而加速水稻耐盐品种选育进程。盆栽试验是一种常用的实验室和温室条件下模拟盐碱环境,对水稻耐盐碱性进行初步筛选和评价的方法。筛选耐盐碱水稻品种的目的是在盐碱地上种植耐盐碱水稻品种获得高产,产生效益。盐碱地水稻生产采用直播难度太大,用种子、杂交种子的强大杂种优势是耐盐碱水稻发展的依靠。但是种子贵,成本高,需要育苗移栽。

特别是盐碱地对发芽和幼苗生长危害极大,不能直播,也不能移栽盐水中,前期保证有一次淡水灌溉。所以对耐盐碱能力的筛选鉴定不需要在苗期开展,可安排在水稻移栽成活之后进行,在鉴定时,则安排在播种后35天开始进行。以下是盆栽试验鉴定耐盐碱水稻的操作程序。

1. 水稻盆栽

购买统一规格塑料桶,一般为15 L左右,取稻田土壤,晒干,充分混合,每个桶装入5 kg土壤,保持松紧适中,表面平整。自来水刚刚浸没土壤面,控制使底土水分呈饱和状态。准备播种,采用随机区组设计,设置3次重复(即3盆)。每15~20个待测品种配备一个对照品种。耐盐对照品种可选用Pokkali、宜矮1号、珍竹42、韭菜青、南京14或香粳1号等。敏盐对照品种可选用南粳34、浙辐802、温矮早、武运粳8号等。

设置对照:以正常土壤作为对照组,旨在对比分析盐碱处理对水稻生长的影响。对比试验:在正常土壤盆中直接种植候选品种,观察其在实际环境下的生长表现,与处理组进行性状对比。

2. 种子的准备

选择待鉴定的水稻品种或品系,要求种子健康、饱满,具有代表性。

(1)取收获30天以后的饱满成熟种子,消毒处理,40 ℃烘干48 h。

(2)浸种催芽。在种子催芽器中设定温度为32 ℃,将种子用25%咪鲜胺2000~3000倍液浸泡消毒20 h,其间翻动1~2次。

(3)取出种子清洗后,更换清水继续催芽。在32 ℃条件下催芽24~36 h,待种子露白后即可播种。

3. 精量播种

播前室温晾芽,以种皮不显湿、不沾手为准;按每盘10粒芽谷播种;晒水给予适宜的萌发生长条件,如保持适宜的温度(通常为25~30 ℃)、湿度(保持土壤湿润但不过湿)和光照(提供充足的散射光)。

4. 苗期管理

定期检查,确保各处理组的萌发和生长条件保持一致,及时浇水、除草,防止其他非盐碱因素影响试验结果。一叶一心期施用1%尿素溶液作为断奶肥,追肥1次;2~3叶期采用相同方法再次追肥。出苗前需注意防治蝼蛄、田鼠、麻雀等害虫;出苗后需重点预防青枯病、立枯病,并防治稻蓟马、稻飞虱等病虫害。

5. 盐碱处理

根据研究目的和盐碱地实际情况,选择合适的盐分类型(如氯化钠、硫酸钠、碳酸氢钠等)和浓度梯度。通常选择轻度(0.6%)、中度(0.8%)和重度(1.0%)盐碱水平作为代表性浓度,以观察水稻对不同盐碱胁迫的响应。将不同盐分水溶液按照预设浓度均匀施加到盆中,确保盐分分布均匀。

6. 性状调查

在成熟期测量包括存活率、分蘖数、株高、穗数、穗粒数、结实率、产量等农艺性状,以及对当地盐碱程度、气候条件、病虫害等的适应性。测定稻米的蛋白质含量、直链淀粉含量、胶稠度、食味值等品质指标,确保耐盐碱品种兼具良好的食用品质。对收集到的数据进行统计分析,比较盐碱处理组与对照组各项指标的差异,并通过方差分析(ANOVA)检验其显著性。据此识别在盐碱条件下仍能保持良好生长、发育和产量的耐盐碱水稻品种。

7. 结果验证与应用

为了确保结果的可靠性,应进行至少两次以上的重复试验。在多个地点、多个生长季进行重复试验。

(二)耐盐碱水稻耐盐机制

在水稻耐盐碱形成机制研究中,已经进行过比较深入的探索。盐碱环境对植物体会产生两种胁迫,即渗透胁迫和离子胁迫。植物若要在盐碱胁迫的环境中正常生长,就必须具有克服这两种胁迫的能力。作物的耐盐碱能力取决于自身的遗传特性及其所在的环境条件。高等植物的耐盐碱性包含聚集盐碱离子和排除盐碱离子两个方面。一般非盐生植物多属于后者,而限制盐碱离子进入地上部是决定其耐盐碱能力强弱的一个重要方面。高浓度的盐碱离子通过根际环境借助根系的吸收、转运蛋白运载和跨膜运输等环节最终影响作物的生长发育过程。已经在如下3个方面达成了共识。

1. 关于无机离子的吸收、运输和调节

与敏盐水稻品种相比,耐盐水稻品种的中柱薄壁细胞对 Na^+ 有相对积累作用,从而控制 Na^+ 向地上部的运转,减少对地上部组织的盐害作用,进而提高自身的耐盐性。对水稻 24 h 短期盐胁迫处理结果表明,水稻木质部内的溶液离子浓度,如 K^+、Ca^{2+}、Mg^{2+} 的浓度显著提高,体内的 Na^+ 转运被抑制,K^+ 数量迅速增加,表现出比较高的离子调节能力。利用不同浓度的氯化钠溶液处理水稻幼苗的研究表明,根干重显著减小,在地上部组织中的钾离子浓度显著降低,在茎秆和根系中的 Na^+/K^+ 下降,由此认为离子选择性吸收是其主要的耐盐机制。在盐胁迫条件下对水稻根茎染色体片段的研究表明,敏盐水稻品种的叶片盐害是盐离子从根部转运到茎部,并在茎部大量积累的 Na^+ 所造成的。

2. 关于渗透调节

渗透胁迫是限制水稻及其他作物产量的主要非生物因素之一,而渗透调节能力则是植物耐盐碱的最基本特征之一。从细胞水平上讲,耐盐碱能力的强弱在很大程度上取决于细胞自身的渗透调节能力。植物受到渗透胁所迫造成的内部不平衡,通常在细胞内积累渗透保护物质,由此降低细胞的渗透势。在盐胁迫条件下水稻幼苗能通过自身细胞的渗透调节作用,如在细胞内合成脯氨酸、可溶性糖、果糖、蔗糖和多胺类物质等具有渗透调节功能和比较强的亲水力的相容性溶质,以保护细胞中蛋白质、蛋白复合物和膜结构免遭降解或破坏,进而使细胞维持正常的生理代谢活动,适应外界渗透胁迫环境,以此缓解盐害,由此可以提高水稻幼苗的耐盐性。

在盐碱胁迫下,在水稻叶片中会累积大量的脯氨酸。脯氨酸积累的多少可以反映水稻幼苗伤害程度。用 100 mmol/L NaCl 溶液处理水稻幼苗 6 天后,发现在植株茎内盐诱导出一些含氮化合物,包括游离氨基酸和胺脲类物质,尤其是脯氨酸含量显著增加,并且游离氨基酸在茎的累积量与 Na^+ 浓度高度正相关。盐碱胁迫下水稻幼苗脯氨酸含量是反映水稻幼苗盐碱胁迫程度的重要指标之一。盐胁迫下各水稻品种内源游离脱落酸含量迅速积累,耐盐性水稻品种所积累的脱落酸含量都比敏感的水稻品种要高,并且耐盐性水稻品种脱落酸(ABA)积累的时间比较长。脯氨酸积累是由渗透压诱导合成的结果,根中脯氨酸累积是水稻品种耐渗透胁迫的生理指标之一。在逆境条件下,植物体内积累脯氨酸具有一定普遍性,脯氨酸可能作为渗透调节物、质膜和酶的保护物质以及自由基消除剂等,它们对植物组织和细胞起着保护作用。

3. 转运蛋白及跨膜运输

高等植物的膜系统上普遍存在 H^+-ATPase、Na^+/H^+ 转运蛋白和水孔蛋白等膜蛋白,这些转运蛋白对细胞内离子分布和细胞水势具有调节和信号传导功能,对细胞与环境物质交换和信息交流起着关键性的介导作用,而且植物体内 Na^+、Cl^-、H^+ 和 K^+ 等离子的跨膜运输也主要由转运蛋白来完成。高等植物在逆境胁迫响应下的渗透调节过程中,膜和液泡上的 H^+-ATPase 具有维持细胞内 Na^+、Cl^- 浓度的功能,水稻 Na^+/H^+ 转运蛋白(OsNHX1)在离子跨膜运输和细胞盐区隔化中起着关键性作用。

(三)耐盐碱基因挖掘与种质创新

为了挖掘水稻耐盐新基因,开展了大规模的水稻耐盐突变体筛选工作。从粳稻品系

77-170 经 EMS 诱变的后代中筛选到多个耐盐突变系(如 M-20 株系),这些突变系在含盐 0.5% 的土壤中仍能正常抽穗结实,而其野生型在此条件下基本无法抽穗结实。通过钴-60 γ 射线诱变水稻品种 Dong jinbyeo,从其后代中筛选出 2 个耐盐株系和 1 个盐敏感株系。这两个耐盐株系在海边盐渍土环境下生长时,与野生型相比,植株高度、稻穗长度、分蘖数、小穗数和产量均有不同程度的提升。从 9000 多个 EMS 诱变的粳稻品种中花 11 号的 M2 株系中筛选出 10 株耐盐突变体株系,其中名为 dst 的株系同时展现出显著增强的耐旱性和耐盐性。通过多轮多代筛选,从约 5000 份经双环氧丁烷、快中子和 γ 射线诱变的籼稻品种 IR64 后代中,鉴定出多个耐盐性发生变化的株系,包括耐盐突变体 167-1-3 和盐敏感突变体 S-730-1。从 EMS 诱变的耐旱品种 Nagina 22 的 M2 株系中鉴定出 3 株耐盐突变体(N22-SPS-5、N22-334-3、N22-293-1),其中 N22-334-3 表现出极强的耐盐性,即使在 250 mmol/L NaCl 胁迫下仍能成功萌发。

将幼苗耐盐突变体基因 *SST* 精确定位到水稻第 6 号染色体 BAC 克隆 B1047G05 上 17 kb 的区域内,该区域内仅有一个预测基因,编码 OsSPL10(Squamosa promoter-binding-like protein 10)蛋白,被认为是 *SST* 的候选基因。与野生型相比,*sst* 突变体中该基因 ORF 的第 232 位碱基发生了缺失,引发了移码突变,导致蛋白翻译提前终止。将控制 *dst* 突变体耐盐性的突变位点定位在水稻第 3 号染色体分子标记 H2423 和 H2437 之间的 14 kb 染色体区间内,成功分离出一个控制水稻耐盐性的新型锌指转录因子 *DST*。*DST* 具有转录激活活性,能直接与活性氧动态平衡相关基因启动子上的 *DBS* 元件结合,调控这些基因的表达,进而影响活性氧的积累,从而间接调节气孔开度,对水稻的耐旱性和耐盐性产生影响。通过盐敏感突变体 *rss1* 和 *rss3* 克隆得到耐盐相关基因 *RSS1* 和 *RSS3*。*RSS1* 参与细胞周期的调控,对于在盐胁迫条件下维持分生细胞活性和活力至关重要;*RSS3* 则调控茉莉酸响应基因的表达,对于盐胁迫环境下保持根细胞以适宜速率伸长具有重要作用。利用新兴的 MutMap 基因定位技术,迅速确定了控制 *hst1* 突变体耐盐性增强的基因位点 *OsRR22*,该基因编码一种 B 型响应调节子蛋白。这些研究通过水稻耐盐/盐敏感突变体成功克隆了多个重要的耐盐基因,证明利用突变体来分离水稻耐盐相关基因是一种有效策略。因此,创制耐盐碱突变体及其特定基因将为耐盐碱水稻育种研究提供宝贵的新种质与基因资源。

(四)耐盐碱强优势水稻新组合培育

杂交水稻生理代谢旺盛,在逆境条件下,杂交水稻更能显示其优势潜力,抗逆能力更强,产量受逆境的影响相对较小。培育耐盐碱杂交水稻强优势杂交组合主要通过 3 种方式:①普通核不育系与耐盐品种配组筛选耐盐高产组合;②将耐盐品种转育为普通核不育系,与高产优良水稻品种配组,筛选耐盐高产杂交水稻;③耐盐普通核不育系与耐盐品种杂交,提高耐盐能力,获得高产杂交组合。

从耐盐碱杂交水稻的育种来看,主要有如下4个研究领域。

(1)耐盐碱海水稻种质资源创制及功能基因鉴定。深入挖掘水稻耐盐碱重要基因资源并开展种质资源创新,其中包括:耐盐碱种质筛选、理化诱变创制、基因编辑改造和利用远缘强耐盐碱基因资源进行基因转育;对所选择的耐盐材料进行耐盐基因定位和分子标记开发,进行全基因组SNP标记背景选择,快速定向改良;对基因作用信号通路网络与蛋白质互作等进行研究,指导育种实践。

(2)耐盐碱水稻优良亲本创制和杂交组合选育,建立第三代杂交水稻技术与常规育种技术相结合的培育海水稻的技术。利用水稻苗期周转箱盐胁迫和大田盐水灌溉全生育期盐胁迫处理,采用遗传工程雄性不育技术等新技术与形态改良、优异性状聚合等常规育种技术相结合,创制耐盐碱且综合性状良好的优良雄性不育系和强优恢复系;以综合性状良好的优良雄性不育系和强优恢复系选配耐盐碱强优组合,针对已经进行精细定位或克隆的水稻耐盐QTL,应用分子标记辅助选择技术,导入单个耐盐基因或聚合多基因;针对已克隆的耐盐基因,利用基因编辑技术进行靶向突变,高效而定向培育耐盐能力增强的海水稻优良杂交亲本;通过杂种优势利用技术,聚合双亲优良性状,结合产量、米质、抗性及生态适应性等指标进行鉴定筛选,培育耐盐碱和强优势的海水稻杂交组合。

(3)耐盐碱水稻生理生态机制及调控技术研究。研究在盐碱胁迫条件下对其生长发育、产量构成和品质形成的作用机制;研究提高耐盐碱水稻成活率及产量潜力的水分管理技术、种植方式、盐碱土壤培肥、高效施肥等调控技术;研究不同类型盐碱土壤快速压盐、调碱和改良土壤理化性质的盐碱土改良技术与产品;集成配套海水稻高产栽培技术。

(4)不同盐碱生态区进行丰产模式构建及生产试种示范。不同盐碱生态区特点:东北苏打盐碱区光照条件好,自然降水量少但水源丰沛,pH值较高,$NaHCO_3$含量高,土壤贫瘠,碱性强;黄河三角洲海陆交替盐碱区季湿热,气温偏高,降水时空分布不均,多集中在夏季,易形成旱、涝灾害,土壤盐渍化严重;华南滨海盐碱区空气湿润,温度适中,易发季节性盐渍化,土壤盐度高,且土壤盐分组成以硫酸盐为主,呈微酸性;针对不同盐碱生态区特点,以选用耐盐碱海水稻杂交新组合为技术核心,配套保护性土壤耕作技术、适宜播插期调节技术、苗期耐盐碱水分调控技术、盐碱地肥料高效利用技术和土壤钝盐栽培技术,集成构建不同丰产栽培技术模式并大面积试种示范。

通过杂种优势利用、现代分子育种技术和第三代杂交水稻技术的集成,在近期将培育出一批耐盐碱的高产杂交海水稻新组合,并配套适宜的耐盐碱丰产栽培技术,创建适合于盐碱地水稻种植的"良种和良法"配套技术,育种家利用已有的耐盐种质通过常规育种的方法,获得了一系列具有耐受不同盐浓度的水稻品种,并在生产上应用(例如辽盐2号、东农363、长白6号、长白7号、窄叶青8号和海稻86等水稻耐盐品种)。2020年,李新奇在新型海水稻的培育研发中取得重大突破,培育的三优系列杂交海水稻在0.6%海水灌溉条件下,生长表现良好,具有大面积应用的潜力。同时培育出在海水倒灌后仍然正常生长的高产品种,在海水倒灌5天后杂交海水稻仍然长势良好,攻克了杂交海水稻抵耐海水倒灌的难关。2021年4月20日,湖南省农学会组织专家,对农业农村部耐盐碱水稻生物学与遗传育种重点实验室实施的"杂交海水稻研究与应用"项目进行现场考察与实地测产。杂交组合及其亲本种植于海南省三亚市崖州区大蛋村。测试组合"三优9号"于2020年12月28日播种,2021年1月17日移栽,2021年4月18日成熟。本田生长期采用浓度0.6%的盐水灌溉。"三优9号"组合表现出株叶形态优良、结实性好、籽粒充实饱满、生长后期不早衰等特点。测产所取11个点的田间水层盐浓度最小值为0.68%,最大值为1.21%,平均值为0.90%。现场考种结实率为91.2%;机收平均亩产为329.0 kg。海水稻杂交组合"三优16号""三优33号"和"三优35号"表现出株形优良、耐肥抗倒、结实性好、穗大粒多、籽粒充实饱满、后期叶青籽黄、不早衰等特点。专家组一致认为,该项目在耐盐水稻新种质创制及其杂交组合选育方面已经取得重大进展,显示了第三代杂交海水稻的优势及潜力。2022年4月25日,在三亚崖城国家耐盐碱水稻技术创新中心试验基地经专家鉴定,"三优15号"本田生长期采用浓度为1.06%的盐水灌溉栽培,表现出株叶形态优良、结实性好、籽粒充实饱满、后期落色好、生育后期不早衰等特点;将其移栽到在盐浓度为2.1%浅海中仍能正常生长结实,表现出极强的耐盐能力,具备真正海水种植的潜力(图9-6)。

图9-6 田间盐浓度1.06%栽培比较试验

(五)华南滨海耐盐碱杂交水稻应用

华南滨海盐碱区空气湿润,温度适中,易发季节性盐渍化,土壤盐度高。华南滨海盐碱地耐盐水稻栽培技术涉及土壤改良、品种选择、水肥管理、盐分调控、病虫害防治等多个环节的综合应用,在国内盐碱地区具有巨大的推广价值。

针对含盐量在0.8%以上的滨海重度盐碱地,通过合理施肥、生理生态调控、植物保护、水分有效管理、有机绿色等技术,达到耐盐水稻收获时表现株叶形态优良、结实性好、籽粒充实饱满、落色好、生育后期不早衰,亩产超过300 kg的目标。

1.土壤改良与调理

华南滨海盐渍化土壤贫瘠是导致水稻种植缺少经济效益的关键原因。滨海盐渍化土壤改良可采取的有效措施如下:修建完善的排灌系统,定期进行淋洗或换水,降低土壤表层盐分浓度;在水稻种植前进行多次灌溉后排水;添加有机物料如稻草、绿肥、堆肥等;使用石膏、磷石膏、糠醛渣等无机改良剂,以中和土壤中的钠离子;通过培育耐盐碱高效纤维素分解菌,改善土壤耐盐碱生物生存环境。

在盐渍化土壤中,微生物活动受限,影响了土壤的生物活性和养分循环。通过转基因和基因编辑技术等,筛选、改造、培育高效耐盐碱纤维素分解菌,提高其生长能力、耐盐能力、纤维素分解能力和其他抗逆能力,制成高效耐盐碱纤维素分解菌菌肥,能够使土壤生物活跃,培肥地力。

纤维素分解菌是一类能够分解纤维素的微生物,主要分布在土壤、堆肥、植物残体和水体等环境中。这些细菌和真菌通过分泌纤维素酶(包括内切葡聚糖酶、外切葡聚糖酶和β-葡萄糖苷酶)将复杂的纤维素分子降解为简单的糖类,这些糖类可以被微生物进一步代谢利用。筛选出自然界中存在的具备特殊性质的纤维素分解菌,而且还能借助先进的生物技术手段对其加以改进,从而创造出更适合特定应用场景需求的新类型微生物。目前已经能够通过基因编辑技术改造纤维素分解菌,提高其纤维素酶的产量和活性。例如,通过对热纤梭菌(*Clostridium thermocellum*)进行基因工程改造,可以显著提高其纤维素分解效率,从而降低生物质转化成本。主要的耐盐碱纤维素分解菌:①细菌类,如盐单胞菌属(*Halomonas*)、盐生菌属(*Halobacterium*)、嗜盐芽孢杆菌属(*Bacillus halodurans*)、嗜盐假单胞菌属(*Pseudomonas halophila*);②真菌类,如嗜盐曲霉属(*Aspergillus terreus*)和嗜盐青霉属(*Penicillium chrysogenum*)。

耐盐碱纤维素分解菌通过积累相容性溶质(如甜菜碱、甘氨酸甜菜碱等)来维持细胞内的渗透平衡;能够在高pH值(如pH 9~11)的环境中生长和代谢,通过调节细胞膜的通透性和细胞内的 pH 缓冲系统来适应高碱环境;分泌多种纤维素酶,包括内切葡聚糖酶(endoglucanase)、外切葡聚糖酶(exoglucanase)和 β-葡萄糖苷酶(β-glucosidase),有效地将纤维素降解为葡萄糖。筛选培育高效耐盐碱纤维素分解菌操作程序如下:

(1)第一步,收集样本

为了找到合适的起始材料,需要从盐湖、海洋沉积物以及其他高盐度区域等环境中采集样本。同时也可以考虑从富含木质纤维素的环境中取样,如腐烂的植物物质或农业废弃物堆肥。

(2)第二步,初步筛选

将采集到的样品带回实验室后,使用含有纤维素作为唯一碳源并添加一定量氯化钠以模拟高盐环境的培养基进行初步筛选。选择那些能够在该条件下生长良好并且显示出明显纤维素水解圈的菌株进一步研究。以下是一些常用的耐盐碱纤维素分解菌培养基成分:①碳源,纤维素(如微晶纤维素、滤纸条、棉绒等);②氮源,酵母提取物、蛋白胨、铵盐(如硫酸铵);③无机盐,磷酸盐(如磷酸氢二钾)、硫酸镁、氯化钠;④微量元素,铁盐(如硫酸亚铁)、锰盐(如硫酸锰)、锌盐(如硫酸锌);⑤缓冲剂,碳酸钠、碳酸氢钠等,用于调节 pH 值;⑥水,去离子水或蒸馏水。

(3)第三步,性能评估

通过测定其在不同盐浓度下的生长速率、产酶量以及底物转化效率等指标来进行比较分析。此外,还应该考察它们对其他不利因素(如 pH 值变化、温度波动)的抵抗力,确保最终得到的是一个综合性能优越的菌株。

(4)第四步,基因组测序与功能注释

一旦确定了表现优异的目标菌株,对其进行全基因组测序。识别出与耐盐性和纤维素降解相关的特定基因序列及其调控机制。

(5)第五步,基因编辑与优化

运用 CRISPR-Cas9 等现代技术对目标菌株进行精准修饰。例如,增强关键代谢路径中限速步骤酶的表达水平;引入来自其他物种的优势基因片段以提高整体性能。

1)强化纤维素酶基因表达

过表达关键酶基因:通过克隆和过表达与纤维素分解密切相关的酶(如内切葡聚糖酶、外切葡聚糖酶和 β-葡萄糖苷酶)的基因,可以显著增加这些酶的产量。

2)启动子优化:使用更强或诱导型启动子来驱动纤维素酶基因的表达,以确保在适当的时间和条件下高效产生所需的酶。

3）改善细胞代谢路径

①代谢工程：调整细胞内的代谢路径，减少副产物的生成，提高底物向目标产物转化的效率。例如，通过敲除竞争性的代谢路径中的关键酶，可以使更多的资源用于纤维素酶的合成。

②辅因子再生：优化辅因子（如 NADH/NADPH）的再生机制，以支持更高效的酶反应。

4）引入异源纤维素降解基因

①跨物种基因转移：将来自其他高效纤维素分解生物（如细菌或其他真菌）的纤维素酶基因导入目标真菌中，扩展其纤维素降解谱系。

②构建人工操作子：创建包含多个纤维素酶基因的操作子，并将其插入到宿主真菌的基因组中，从而实现多酶系统的协调表达。

5）增强对环境胁迫的耐受性

①提高抗逆性：通过基因改造使真菌能够更好地应对不利条件，如高温、低 pH 值或高浓度抑制剂的存在。

②解除反馈抑制：解除某些酶受到产物或其他代谢物的反馈抑制，使得即使在高底物或产物浓度下也能维持高水平的酶活性。

6）促进胞外酶分泌

①信号肽优化：改进负责引导蛋白质分泌到细胞外空间的信号肽序列，以提高纤维素酶的有效分泌量。

②分泌通路优化：增强真菌细胞壁和膜相关结构的功能，以便更有效地运输大量纤维素酶至细胞外部。

7）CRISPR/CaS9 优化里斯木霉纤维素酶生产示例

CRISPR/Cas9 优化里斯木霉（T. reesei）纤维素酶生产展示了如何使用 CRISPR/Cas9 系统来敲除抑制纤维素酶生产的基因（如碳源阻遏因子 cre1），并过表达关键的纤维素酶基因（如 cbh1 和 egl1）。结果表明，经过编辑的菌通过同时编辑多个与纤维素分解相关的基因，可以进一步提高 T. reesei 的纤维素降解性能。不仅可过表达纤维素酶基因，还可调整其他参与代谢路径的关键基因，实现了更全面的性能提升。CRISPR/Cas9 编辑和优化可采用如下程序：

①选择目标基因。cbh1 和 egl1 是 T. reesei 中两个重要的纤维素酶基因。cbh1 编码的外切葡聚糖酶作用于纤维素链的末端，将纤维二糖从链的一端切下；而 egl1 编码的内切葡聚糖酶则随机切割纤维素链内部，产生新的末端供 cbh1 作用。

②构建过表达载体

a. 强启动子:为了增强 *cbh1* 和 *eg11* 的表达,科学家们通常会选择一个强启动子,如 *T. reesei* 自身的 *cbh1* 启动子或 *eg11* 启动子,甚至更强的人工合成启动子。

b. 信号肽优化:确保每个基因前都有适当的信号肽序列,以便编码的蛋白质能够正确地分泌到细胞外环境中。

c. 多拷贝插入:通过将多个 *cbh1* 和 *eg11* 基因拷贝插入到宿主基因组中,可以进一步增加这些基因的表达水平。

③转化和筛选。使用合适的转化方法(如原生质体转化)将构建好的载体导入 *T. reesei* 细胞中。

采用抗生素抗性基因或其他标记基因作为筛选标记,从大量转化子中挑选出成功整合了目标基因的细胞。

④表达验证

a. 定量实时 PCR(qRT-PCR):用于检测 *cbh1* 和 *eg11* mRNA 的相对表达量,确认基因是否被成功过表达。

b. Western blotting 或 ELISA:用于检测目标蛋白质的存在及其表达水平。

c. 酶活性测定:通过测量培养液中的纤维素酶活性,直接评估过表达的效果。

⑤纤维素降解性能测试

a. 底物选择:使用不同类型的纤维素源(如微晶纤维素、滤纸等)作为底物,测试改造后的菌株对底物的降解效率。

b. 降解速率分析:比较野生型和改造型菌株在相同条件下对纤维素的降解速度,以量化改进效果。

(6)第六步,验证改进效果

完成改造后的菌株需再次经历严格的测试流程,确认新特征是否成功建立且稳定遗传。

(7)第七步,规模化应用探索

在小规模实验室条件下取得成功的菌株还需要经过中试发酵罐运行、工业级生产设备调试等更大范围内的考验。

将真菌释放到大田环境中以促进其快速繁殖,首先需要选择合适的营养基质来培养和增强真菌的活力。

1)选择合适的真菌种类

目的性选择:根据预期用途(如病害防治、土壤改良等),选择最适合的真菌种类。例如,木霉菌(*Trichoderma* spp.)常用于生物防治;丛枝菌根真菌(arbuscular mycorrhizal fungi,AMF)则有助于植物生长。

2)确定最佳营养基质

①成分考虑:真菌的营养需求通常包括碳源、氮源以及微量矿物质。常见的碳源有葡萄糖、蔗糖或纤维素;氮源可以是蛋白胨、酵母提取物等。

②基质类型

a. 固体基质:如锯末、稻壳、麦麸、玉米芯等农业废弃物,这些材料不仅提供必要的养分,还为真菌提供了良好的结构支持。

b. 液体基质:对于某些真菌来说,使用液体发酵罐进行大规模生产可能更有效率。液体培养基通常含有易于吸收的有机物质和无机盐类。

3)培养条件优化

①温度控制:大多数真菌在 20～30 ℃之间生长良好,但具体适宜温度取决于所选真菌种类。

②湿度调节:保持适当的湿度对真菌生长至关重要,尤其是在固体基质上培养时,通常需要维持较高的空气相对湿度(85%～95%)。

③pH 值调整:多数真菌偏好微酸性环境(pH 4.5～6.5),但在准备基质时应根据特定真菌的需求进行适当调整。

4)制备接种体

①扩繁过程:从实验室规模开始,逐步扩大培养量,直至达到足够的生物量用于田间应用。

②质量检测:确保接种体中不含杂菌污染,并且具有高效的繁殖能力和目标功能特性。

5)准备大田环境

①土壤预处理:改善土壤质地,增加透气性和保水能力,必要时添加适量有机肥,提高土壤肥力。

②环境监测:了解当地的气候条件,选择最有利于真菌存活的时间点释放。

6)大田应用

①直接播种:将制备好的真菌孢子或菌丝体直接混入土壤中,适用于小型实验区或局部处理。

②与种子混合:将真菌接种体与作物种子混合后一起播种,这样可以在种子萌发初期就建立共生关系。

③喷洒或灌溉:利用灌溉系统或喷雾器将含有真菌的悬浮液均匀地施加到农田表面。

2. 淡水育秧

水稻幼苗期耐盐能力差,杂交种子相对比较昂贵,华南滨海地区淡水相对充足,所以一定要采用育苗移栽的办法栽培耐盐碱水稻,而且不要在盐碱地上育秧,不要采用抛秧技术移栽。育秧方式不限。

3. 选择适应性强的水稻品种

(1)耐盐水稻品种筛选:选用经育种或基因工程改良的耐盐水稻品种,这些品种能够在一定盐分浓度下正常生长发育,如"海水稻"系列品种。它们具有较强的盐分耐受性、吸盐能力、盐分排泄机制及维持离子平衡的能力。利用杂交海水稻生理代谢旺盛,在逆境条件下,杂交水稻更能显示其优势潜力,抗逆能力更强,产量受逆境的影响相对较小。耐盐水稻新品种不仅可减少农药、化肥使用,降低农业污染,而且对盐土的改造有一定的促进作用。

(2)区域适应性测试:针对华南滨海地区的具体气候条件(如高温、高湿、台风等)和土壤类型进行品种适应性试验,确保所选品种不仅耐盐,还能抵抗当地其他环境压力。

4. 科学合理的水管理

(1)淹水管理:利用淡水灌溉形成水层覆盖土壤表面,减少盐分向表层聚集,同时利于盐分向下淋洗。采用浅水灌溉与适时晒田相结合的方式,既能抑制盐分上移,又能防止长期淹水导致还原性物质积累。

(2)盐水灌溉:在水源紧张且土壤盐分分布均匀的情况下,可考虑适量使用低盐度海水灌溉,但需严格监控盐分浓度,避免过高对水稻造成伤害,并配合淡水洗盐。

5. 盐分调控与盐碱分区种植

(1)盐分监测:定期测定土壤盐分含量,根据监测结果调整灌溉、施肥等农艺措施。对于盐分严重地块,可采用局部改良或分区种植,将耐盐性不同的水稻品种种植在相应盐分梯度的地块上,以提高整体产量。

(2)盐碱障碍缓解:在田间设置物理或化学屏障,如使用防盐膜、隔离沟等,阻止盐分向种植区迁移,保护水稻根系免受高盐环境影响。

6. 病虫害防治与科技支持

滩涂盐地水稻种植过程病虫害少,农药化肥使用量少,产品绿色优质,矿物质含量高,营养丰富,符合当下人们对食品健康、绿色的需求,可有效降低由于盐胁迫带来的生产风险。

(1) 针对性防治:关注盐碱环境下特有的病虫害问题,如耐盐病原菌引起的病害、盐碱地特有的昆虫害等,采用生物防治、化学防治或抗性品种相结合的方式进行有效控制。

(2) 精准农业技术应用:利用遥感监测、无人机巡田、物联网等现代信息技术,实时监测土壤盐分、水分状况及作物生长状态,指导精确灌溉、施肥和病虫害防控。

四、优质米强优势杂交水稻新组合培育

在20世纪80年代中期,美国的育种家成功地培育出高蛋白质玉米转基因植株,其玉米种子的蛋白质含量高达40%~45%,可与大豆媲美。同时,还培育出蛋白质含量比普通水稻高出10%,且赖氨酸含量较高的水稻新品系。美国加州一家应用植物公司首次利用基因工程技术构建出一种能产生人体蛋白的水稻新种质,其中稻米含有名为α1-抗胰蛋白酶的人体蛋白,该酶蛋白可用于治疗肝病引起的出血病症。收获的"工程水稻"种子能够发芽并继续繁殖,实现扩大再生产。这种源自"工程水稻"的种子被称为"功能性稻米",作为主食具有独特的保健与食疗价值。日本北兴化学工业公司利用转基因技术培育出新型水稻,其稻米氨基酸含量显著高于传统品种,其中色氨酸含量约相当于原稻种米的90倍,赖氨酸含量较原稻米提高了约30倍。1999年春季,该公司在农场进行了"工程水稻"的栽培试验。日本北海道大学、京都大学也培育出一种名为"大豆米"的新稻种,其蛋白质含量提高超过10%,赖氨酸含量丰富(通常谷物蛋白中这种必需氨基酸含量较低)。这种"工程水稻"稻米具有极高的营养价值和保健功能,如降低人体血液中胆固醇水平。

此外,其所含蛋白质具有水溶性特点,易于加工利用,对人类健康大有裨益。美国研究人员计划利用基因技术在实验室中培育富含β-胡萝卜素和番红素的稻米。台湾研究人员已通过农杆菌介导将外源基因如乙肝病毒蛋白基因及某些酶蛋白基因成功转入水稻中并获得表达,有望通过"工程水稻"生产所需的特定蛋白。最近,日本一家中央研究所的研究人员发现了一种改变水稻基因的方法,使得稻米携带源自大豆的外来铁蛋白基因,从而使得这种"工程水稻"产出富含铁元素的稻米,可为一个成年人提供每日所需铁元素的30%~50%。这是由于改性稻米所含铁蛋白具有较强的铁元素储存能力。瑞士科学家通过将黄水仙植物的基因植入水稻,成功提高了受体大米的营养价值,其中铁含量、维生素A及β-胡萝卜素含量均有所提升,有助于预防千百万人出现贫血和失明。

通过现代生物技术改良的优质稻米不仅能为人体提供必需营养素,其所含的特殊有效成分更对食用者的健康保健起到积极作用。李新奇成功培育出巨大粒和超长粒水稻

品种,其中巨大粒体积已达到小粒玉米和大豆的水平,这类水稻在诸多领域展现出广阔的应用潜力。

我国是世界水稻生产和消费大国,在过去相当长的一段时间内,为解决粮食供给问题,在育种工作中侧重于提高产量,导致对稻米品质研究与优质稻品种选育的重视程度相对滞后于美国、日本、澳大利亚等国家。20世纪80年代中期,由于劣质稻米引发水稻生产与消费之间的矛盾日益凸显,育种专家开始加大对稻米品质研究的力度。近几年来,国内多家水稻育种单位相继育成一批品质符合市场要求的早晚稻优质品种,如早籼优质稻中鉴100、中优早5号、南集3号、中优早81、赣早籼37、绿黄占等,这些早籼优质稻品种品质主要指标:达部颁二级米标准,表现垩白少,垩白米粒10%~20%,整精米率50%以上,米粒细长,直链淀粉含量15%~23%,米饭柔软可口,具有一定的商品开发价值。晚籼优质稻中香1号、湘晚籼10号、湘晚籼11号、赣晚籼19、伍农晚3号等,其品质主要指标达部颁一级米标准,有些品种的品质已接近或达到国际王牌大米泰国香米KDML105的品质水平。

在晚籼优质稻品种选育方面,现有晚籼优质稻品种在碾磨品质(特别是整精米率)及外观品质上与国际名牌大米存在明显差距。国际名牌大米的整精米率通常在65%以上,以美国LEMONT为例,其整精米率高达68%。相比之下,长粒型优质米的整精米率一般低于55%。从外观特征上看,国际名牌大米米粒较大,精米千粒重在17~20 g之间,精米长度超过7.5 mm,长宽比大于3.5。与此相比,优质稻品种的精米千粒重通常为15~18 g,精米长度约为7.0 mm,长宽比约为3.0。此外,优质稻米在蒸煮品质方面与KDML105、BASMAT1370等品种相比存在一定差距,表现为米饭易出现龟裂现象,米饭形态与稻米延伸性较差。

根据优质稻育种的现状,提出了育种对策:①采用籼粳杂交或地理远缘杂交(利用泰国、美国等优质材料为亲本之一)等扩大双亲遗传距离,并构建比较大的育种群体;杂交亲本之一必须是米质特优的品种。②强化对稻米外观品质的早期选择,从杂种F_2代开始即可通过单株选择稻米的长宽比性状,并利用小型糙米机除糙,对整精米率、透明度等进行严格筛选。③加大对高整精米率、少腹白、中等直链淀粉含量(17%~22%)及长胶稠度等性状的选择强度。④针对优质稻育种中"优质不高产""优质不抗病"的技术难题,深入分析产量限制因子(如株叶形态、细茎秆、千粒重偏低、抗病虫能力弱等),在确保优质的基础上,加强抗病虫害及抗倒伏性状的选择,重视株叶形态优化,以进一步提高千粒重,从而提升其产量潜力。

针对稻米的蒸煮品质与食味品质,提出了以下选配原则:稻谷的胚乳是稻米可食用的部分,稻米米质实质上是指稻米胚乳的品质。胚乳在遗传基础上为三倍体($2n = 3x = 36$),由雌蕊产生的2个极核与雄蕊提供的1个精核结合形成,属于三倍体组织。与常规水稻品种相比,杂交水稻由遗传上存在差异的父本和母本配制而成的 F_1 代杂交种。杂种 F_1 植株收获的谷粒为杂种 F_2 代,其中杂合基因在 F_2 代谷粒中会发生三倍体分离。以基因型为 Aa 的植株为例,其自交种子胚乳基因型分离比为 AAA:AAa:Aaa:aaa = 1:1:1:1。若该基因为主效基因,则由其控制的杂种 F_2 谷粒胚乳性状会出现明显分离。直链淀粉含量、胶稠度和糊化温度作为稻米蒸煮和食味品质的关键指标,均遵循胚乳三倍体遗传规律。如果杂交水稻双亲的直链淀粉含量、胶稠度和糊化温度的差异过大,所收获的杂交稻稻米米粒的蒸煮品质性状会出现明显的分离。由于不同蒸煮品质对蒸煮条件要求不一致,不同蒸煮品质的混合稻米严重影响稻米蒸煮后总体食味特性。以稻米直链淀粉含量为例,已经明确水稻蜡质基因(Waxy,Wx)基因是稻米直链淀粉含量的主要控制基因,对稻米蒸煮食味品质起着决定性的作用。Wx 基因具有丰富的变异类型,已经发现至少有6个功能型等位基因,其中 Wxa 主要存在于籼稻品种中,控制高直链淀粉含量的形成。稻米直链淀粉含量一般都在 25% 以上,最高的可以达到 30% 以上,如不育系珍汕 97A、龙特甫 A、天丰 A 及其相应的保持系都是 Wxa 等位基因型,直链淀粉含量均在 25% 以上,属于硬米型。Wxb 主要存在于粳稻品种中,直链淀粉含量一般在 15%~18%,属于黏米型。长江中下游以及北方稻区绝大多数品种都含有该等位基因。如果 Wxa 等位基因型亲本(高直链淀粉含量)与 Wxb 等位基因型亲本(低直链淀粉含量)配组,杂交稻米的平均直链淀粉含量一般表现为中等直链淀粉含量,直链淀粉含量可以达到国际3级优质米,甚至1级优质米标准。然而,由于胚乳基因型存在 WxaWxaWxa:WxaWxaWxb:WxaWxbWxb:WxbWxbWxb = 1:1:1:1 的分离,稻米中 1/4 为 WxaWxaWxa 基因型的高直链淀粉含量稻米(25%~30%),1/4 为 WxbWxbWxb 基因型的低直链淀粉含量稻米(15%~18%),另外 1/2 为杂合基因型(WxaWxaWxb 和 WxaWxbWxb)的中等直链淀粉含量稻米(18%~25%),所收获的杂交稻米实际为混合稻米。混合稻米的平均米质性状指标可能很好,但是实际蒸煮后的食味口感差,市场接受度低。

"三优1号"等三优系列作为第三代杂交水稻的成功育成案例,展示了第三代杂交水稻在解决优质与高产矛盾方面的显著成效。第三代杂交水稻育种具有较高的配组自由度,便于将籼稻与粳稻的优良品质性状有效整合,从而培育出高品质稻谷。相较于普通籼稻,第三代杂交水稻的灌浆成熟期延长了15天,有助于利用适宜优质稻米形成的良好气候条件进行生产。在第三代杂交水稻的组合选配过程中,育种专家应优先选择具有相似蒸煮和食味品质(或等位基因)的遗传工程核雄性不育系与恢复系进行配组,以尽量降低杂交稻米米粒间胚乳基因分离的程度。在香型杂交组合选配时,考虑到水稻香味基因主要受隐性 $Badh2$ 基因调控,建议选择双亲均具有香味的材料进行杂交。若杂交双亲中仅一方具有香味,其杂交后代中仅有 1/4 稻谷米粒将表现出香味。在第三代杂交水稻的组合选配工作中,应重点关注以下选育方向:优良杂交早稻组合、杂交粳稻组合、优质杂交稻组合、抗旱节水型杂交组合、耐热型杂交组合、耐寒型杂交组合、多倍体杂交组合以及宿根再生性杂交组合等。

五、耐储藏杂交水稻新组合的选育

从人类社会的发展历程来看,粮食安全问题历来是人类值得高度关注的非常重要的问题。确保粮食安全,对于社会稳定与发展至关重要。确保粮食安全的根本途径在于立足国内,始终保持粮食基本自给的供应格局。审视作物遗传改良现状,可通过利用生物杂种优势和先进的生物技术构建农作物遗传改良体系,以提升单位面积粮食产量和总产量,从而在一定程度上缓解粮食安全问题。然而,鉴于我国地域广袤、自然灾害频发,粮食总产量在不同年份间波动较大,保障粮食安全还需做好"大年"储备、"小年"调剂的战略性规划与布局。

在探讨粮食安全问题时,既要注重运用现代先进生物技术挖掘作物产量潜力,也要高度重视粮食的储藏问题。根据有关部门统计数据显示,我国每年因稻谷在储藏过程中因陈化变质等原因导致的损失约占稻谷总储存量的 5% 左右,折合数量高达 50 亿 kg 以上。在储藏条件不佳时,不耐储藏的水稻品种易发生变质,导致稻谷霉变并可能产生毒素,严重影响粮食安全性。全国粮食企业及广大农户每年因储藏粮变质导致的商品粮质量下降所造成的经济损失高达数百亿元。在稻谷储藏后的加工过程中,往往需要添加酶类、增香剂和抛光剂等物质以提升稻米的商品性和价值,这一做法也可能引发大米污染问题。种子储藏导致的发芽率下降也会带来巨大的直接经济损失。因而,解决稻谷安全储藏问题是确保粮食安全不可或缺的研究课题。

我国尚无既高产又耐储藏的杂交水稻组合得以广泛推广。开展农艺性状优良、耐储藏、高产杂交水稻组合的研究与选育,是水稻遗传改良工作的重要内容之一。依据现有研究文献与生物技术,选育耐储藏专用型第三代杂交水稻新组合有助于填补该研究领域的空白。

(一)关于水稻稻谷耐储藏特性的相关性状

水稻稻谷耐储藏特性与脂肪氧合酶活力、品种类型、胚乳显微结构、种皮颜色和稻谷粒形、稻谷内源激素和微量元素、稻谷含水量和环境温湿度、O_2/CO_2 和稻谷的收获时间存在着明显的相关关系。

关于稻谷的脂肪氧合酶活力与稻谷耐储藏特性的相关性,普遍认为,水稻等作物的耐储藏性与脂肪氧合酶(lipoxygenase,LOX,即亚油酸-氧氧化还原酶)基因的缺失有密切关系。Suzuki 等(1999年)研究表明,脂肪氧合酶(LOX)对很多植物性产品的风味和香味的形成起着重要的作用。在种子内 LOX 的活力被定位在糠层,而 LOX-3 是其主要的同工酶组分。在 35 ℃条件下储藏时,在普通的未加工的 LOX-3 稻谷中己醛、戊醛和戊醇的含量快速增加,而在缺少 LOX-3 的稻谷中只是缓慢增加。后者仅是前者的 1/5~1/3。在米饭中,这些组分的量,普通 LOX-3 大米明显大于缺少 LOX-3 大米。LOX-3 缺失是由第三染色体上一个基因位点上隐性纯合状态所造成的;在第 1、2、3、4、8、9、11、12 等 8 条染色体上存在着与稻谷耐储藏性相关的 QTL,其贡献率在 30% 以上的 QTL 分别为 qLC9、qSC9-1 和 qCR1-2,其余的 QTL 贡献率相对比较小;稻谷的耐储藏性是一个复杂的数量性状,控制稻谷耐储藏特性的 QTL 存在于稻属植物的很多种质资源中。

在普通栽培稻中,籼稻品种通常表现出优于粳稻品种的耐储藏特性。在相同储藏温度及水分条件下,晚粳稻谷的脂肪酸值较晚籼稻谷更易升高,且前者更易发生霉变。籼稻稻谷相对于粳稻稻谷具有更好的耐储藏性,而黏稻相比糯稻更耐储藏。糯稻品种相较于非糯稻品种更不耐储藏,主要原因在于高支链淀粉含量的水稻种子具有更强的吸水性。然而,关于淀粉构成类型是否直接影响水稻耐储藏性,抑或是通过影响含水量间接作用于水稻耐储性,学术界对此仍存在较大争议。此外,诸如大胚、甜胚乳、籽粒大小等其他特殊性状也对水稻种子储藏性产生影响。以自然储藏 1 年和 2 年后水稻种子发芽率作为考察指标,其耐储藏特性变化趋势如下:普通粳稻品种>糯稻品种>暗胚乳突变体>巨大胚突变体>甜胚乳突变体。

关于稻谷种皮颜色和粒形与耐储藏性的研究显示,经过 6 年储藏后,红米与白米的平均发芽率分别为 90.23% 和 80.36%;细长形、椭圆形和阔卵形稻谷品种的发芽率依次为 84.94%、80.34% 和 61.71%。据此判断,稻谷种子发芽率的变化趋势为:红米>白米;细长形>椭圆形>阔卵形。紫米稻谷被认为具有较好的耐储藏性。

关于稻谷内源激素和微量元素对耐储藏性影响的研究显示,稻谷谷壳中抗氧化物质酚的组成水平与耐储藏性呈现一定的正相关关系。通过添加外源抗氧化物,可以提升水稻种子的耐储藏性。经过稀土元素铈(Ce)处理后,可使未完全衰变的自然或人工老化种子的发芽率、发芽指数与活力指数显著提高,同时伴随呼吸作用增强的现象。Ce 元素能够促进水稻种子萌发期间生长素、赤霉素和细胞分裂素含量的增加,从而有助于提高老化稻种的发芽率。使用适宜浓度的稀土处理,可明显提升水稻种子的生活力,并加速其发芽进程。

关于水稻种子含水量与环境温湿度对稻谷耐储藏性影响的研究表明,超低水分条件下储藏会导致水稻种子生活力显著下降。在室温和低温条件下储藏稻谷时,适度低的含水量有助于较好地维持种子的发芽率和活力,尤其在种子含水量达到最适储藏水平时,低温条件下较室温更利于保持其生活力。温度和种子含水量均为影响种子寿命的关键因素,其中含水量的影响大于温度。低含水量种子对高温具有较强的耐受力,而种子含水量又受到环境相对湿度的影响。通过调控储藏环境的相对湿度,可以有效延长种子寿命。储藏稻谷脂肪酸值、霉变情况及其霉变速度主要受储藏条件中的温度和水分影响,适宜的水稻种子储藏水分应低于15%。

关于 O_2/CO_2 与稻谷耐储藏性关系的研究显示,在稻谷储藏过程中,当 O_2/CO_2 比值降低时,CO_2 会被大米吸收并与蛋白质结合,形成对米粒及其各成分的良好保护层。储藏环境中缺乏 O_2 且 CO_2 被吸收,有助于有效防止稻谷内的半胱氨酸、胱氨酸和蛋氨酸等含硫氨基酸分解,从而减少储藏后米饭香气的流失。CO_2 能够有效抑制稻谷的呼吸作用,防止稻谷脂肪被分解和氧化,稻谷吸附 CO_2 后可使其进入类似冬眠的状态,从而延缓陈化进程。对储藏水稻种子进行 CO_2 处理,有助于保持种子的发芽活性。水稻种子储藏时最不利于其耐储藏的条件包括高温、高水分和极端无氧状态。

除此之外,稻谷的收获时间与稻谷耐储藏性存在着一定的相关性。大多数水稻品种在抽穗开花期后28~35天收获后储藏,则其储藏潜力比较大。

(二)关于耐储藏水稻种质资源的筛选

耐储藏水稻种质资源的筛选方法主要有3种,即直接选择法、淘汰法和综合筛选法。

1. 直接选择法

直接选择法是指以特定的水稻种质资源为对象,根据预设的技术指标进行筛选。对于与遗传组成显著相关或与耐储藏性呈正相关的性状,可将该性状或相关的 DNA 片段作为直接选择的目标,以筛选出理想的育种材料。依据水稻饱和连锁图以及粳稻品种 Asominori (*Oryza sativa* L.) 与籼稻品种 IR24 (*Oryza sativa* L.) 杂交后代重组自交系 (RILs) 的表现,可进行直接筛选。稻谷的 LOX 活力与其第三染色体上的特定基因位点直接相关,可根据基因检测结果进行直接选择。在实际操作中,可采用单克隆抗体技术、胡萝卜素漂白法、植物脂氧化酶同工酶快速检测技术等手段对耐储藏水稻种质资源进行筛选。

水稻品种的类型及品种间差异导致不同水稻品种在储藏性上呈现出显著差异,其根源在于遗传层面的差异。粳稻、爪哇稻及籼稻品种在耐储藏性上的差异主要由以下多种因素造成:在进化过程中所经历的生态环境长期选择、遗传组成的差异、生化产物的差异、组成结构与生理代谢特性的差异,最终反映为储藏性差异。因此,在进行水稻耐储藏性遗传改良时,应关注各类水稻种质资源的遗传差异。可从耐储藏种质中筛选出适合培育耐储藏专用型杂交水稻的杂交亲本,或通过分子生物学方法比较不同种质或品种间的遗传差异以及储藏后基因表达情况,以识别与稻谷储藏性相关的物质、基因或 DNA 片段。在选择材料时,可将相关物质活力、相关基因或 DNA 片段的显隐性关系作为选择标准。

由于水稻种子含水量与环境温湿度存在密切关系,环境温湿度作为一种生态因子,在特定生态条件下具有一定的稳定性。先前研究显示,在干旱季节(11 月至 5 月),从寒冷环境条件下收获的粳稻种子通常具有较长的潜在寿命。通过同工酶检测不同地区稻种,发现与不同酶带群相关的水稻品种在种子寿命上存在差异,其中丘陵地区的水稻品种相较于低洼地品种表现出更长的存活期。

在发掘和筛选水稻耐储藏种质资源的过程中,可对比其生长环境中的温度和湿度,以判断在不同温度和湿度条件下生长的水稻品种或品系在耐储藏性上是否存在显著差异。探究生态环境因子的影响是由对水稻长期自然选择所形成,还是由后天环境因素所致,旨在揭示其中的规律性,以便按照这些规律寻找水稻耐储藏种质资源。在选择储藏用水稻品种时,可考虑进行不同地域品种的交流,按照储粮区的环境温度和湿度选择适宜的品种,甚至逆其原始生长环境条件选择,以期提高储藏效果。

水稻种子的显微结构、稻谷粒形和种皮颜色是水稻基因组表达的具体表征,因此在育种过程中,可将这些性状作为评估待选水稻品系的技术指标。同时,深入研究与这些性状相关的特定基因或 DNA 片段,并运用分子生物学技术对其进行筛选。

在耐储藏第三代杂交水稻新组合选育过程中,可选择在微量物质和内源激素表达适中、微量元素摄取量适宜的品种作为杂交亲本;或对相关基因进行改良,调整其表达量、表达时间,以及修饰代谢产物活力,以培育具有良好耐储藏特性的新型杂交组合。

2. 淘汰法

利用淘汰法筛选耐储藏水稻新种质,即根据耐储藏水稻种质资源的特征特性对试验材料进行淘汰性筛选,以剔除不符合要求的材料,保留具有真实耐储藏性能的种质。对于与遗传组成关系模糊或者对稻谷储藏有不良影响的因素,可以通过加强该因素的选择压力,逐渐淘汰不耐储藏的试验材料,使不耐储藏的影响因子最小化。在种质资源的筛选过程中,设置同等试验条件,可以将稻谷含水量、环境温度和湿度、O_2/CO_2等筛选因素进行耐储藏水稻材料的筛选。

3. 综合筛选法

采用综合筛选法,即依据多方面的技术指标对试验材料进行多层次筛选。鉴于水稻品种的耐储藏性与多个性状紧密相关,欲获得在各相关性状上协调且在储藏性上表现优异的种质资源,可采取直接储藏的方式,筛选出储藏后表现良好的品种或品系。在采用综合筛选法时通常有2种方法:①直接进行常年储藏,以此作为筛选压力,但该方法耗时过长;②采用高温高湿的环境条件作为储藏的环境,加大相同时间内的筛选压力,对储藏后的种质材料进行筛选。

(三)关于耐储藏专用型第三代杂交水稻新组合选育

在第三代杂交水稻新组合的选育中,利用水稻杂种优势效应与稻谷耐储藏性相结合进行新种质创新是重要的研究方向。水稻杂种优势效应的表现涉及多个遗传层次中不同遗传物质间的相互作用。稻谷的储藏性本质上是遗传上多基因相互作用的结果。唯有借助现代生物技术有效聚合足够数量且呈纯合状态的耐储藏性基因,新种质个体才有望展现出稻谷耐储藏特性。在第三代杂交水稻育种工作中,育种者通常需兼顾多个优良农艺性状和品质性状的聚合。为了实现较强杂种优势效应和较高产量潜力,应以杂交亲本的遗传距离作为技术指标,以筛选适宜的杂交父母本资源。通过进行栽培稻亚种间杂交或同一亚种内不同生态型种质资源的互交,有利于获取较为优良的杂交亲本。普通核不育系与相应的恢复系在遗传上存在一定的差异,这种差异程度在很大程度上决定了其杂种一代能否展现出强大的杂种优势效应、产量潜力或实用价值。

若将稻谷耐储藏性纳入育种目标,需考量杂交组合杂种优势效应的表现与其稻谷耐储藏性的协调性。通常情况下,强优势杂交组合往往难以使足够数量的耐储藏性基因位点上的基因达到纯合状态,进而可能导致其呼吸作用较强,易于吸引微生物侵入种子内部,最终难以长久维持稻谷的生活力或生命力。前人研究显示,汕优63稻种在经过10个月的储藏后,其发芽力出现显著下降,平均每个月发芽力降低2.79%。

随着第三代杂交水稻育种技术的进步,在拥有具备优良农艺性状和品质性状的杂交亲本基础上,将稻谷耐储藏性设定为重要选育目标时,便能较易地将杂种优势利用与稻谷耐储藏性相结合。在稻属植物的种质资源内存在着大量的lox-3缺失品系或含有耐储藏基因的种质资源,这有助于育种者尽快培育出强优势耐储藏专用型第三代杂交水稻新组合。

选育具有强优势耐储藏特性的第三代杂交水稻新组合具有重要意义。采用多基因聚合法筛选此类专用型杂交组合,是当前较为实用的育种策略之一。多基因聚合是指通过现代生物技术手段,将散布于不同个体、品种或品系中的多个理想基因或目标基因有效地整合到同一个新的基因组个体中。利用多基因聚合法筛选耐储藏专用型杂交亲本的途径主要包括如下3个方面。

(1)利用现代生物技术寻找与水稻储藏性有关的基因并对其进行深入研究。随后,通过转基因技术或者回交育种方法同时将其逐步转入到优良的种质资源中,由此使其基因组中聚合有足够多的耐储藏性相关基因,并使之达到遗传上的纯合状态。

(2)获取含有足够数量耐储藏性相关基因位点的优良品系,将其作为耐储藏专用型杂交亲本的候选资源。然后,以该特殊品系为遗传背景,将其转化为普通核不育系或恢复系,用作耐储藏专用型杂交水稻的优质杂交亲本。

(3)借助桥梁品系培育远缘杂交亲本新种质。为了增强杂种优势效应,育种者可引入亲缘关系更远的品种或品系作为育种素材。在确保保留原有水稻品种优良特性及耐储藏性的同时,以远缘品种作为其他基因位点的供体,通过多次杂交与回交操作,将能提升杂种优势效应的基因位点引入已有的普通核不育系或恢复系中。接下来,利用分子标记辅助筛选技术,挑选出符合目标性状的植株,进而繁育出优良的杂交亲本。

耐储藏专用型杂交组合的选育有望在近期取得成功,并展现出广阔的应用前景。稻谷的耐储藏特性在杂交水稻生产系统中具有显著的社会价值与经济价值。每年因稻谷陈化变质导致的经济损失颇为严重,这一问题主要源于稻谷或稻种不耐储藏。通过运用现代先进的生物技术与第三代杂交水稻育种技术攻克稻谷或稻种不耐储藏性问题,有望有效缓解因陈化变质导致的相关经济损失。

在现行育种计划中,将耐储藏特性纳入第三代杂交水稻育种的新目标,并与杂种优势效应下的超高产育种目标相结合,有望激发农民种植耐储藏第三代杂交水稻的积极性,从而妥善解决稻田高产与稻谷积压之间的矛盾,对维护粮食安全具有重大意义。耐储藏第三代杂交水稻选育属于粮食储藏领域的上游技术,具备一次性投入、研发成本较低的优势,有助于简化稻谷流通与储藏环节的技术规程,稳定粮用稻谷质量,提升企业储粮积极性,进而分担政府储粮压力。对于储藏后的稻谷,耐储藏第三代杂交水稻能够提高稻米优质产品比例,为企业创造更多利润。另外,相较于稻谷储藏过程中陈化变质等导致的损失,杂交水稻种子长时间储藏所造成的发芽率下降所引发的直接和间接经济损失更为显著。由于杂交水稻种子生产成本高于常规水稻种子,选育耐储藏专用型杂交水稻能使此类稻种在更长的时间内保持活力,从而减少因无法及时播种导致的种子活力下降所造成的损失,有助于降低农民购买杂交水稻种子的成本。耐储藏专用型第三代杂交水稻育种具有极为广阔的前景。

第三节　杂种优势固定

自从20世纪初证实了作物杂种优势效应的客观性及其实用性之后,一直在寻找和探索固定作物杂种优势效应的途径和方法。从目前的研究来看,固定作物杂种优势效应的可能方法主要有如下几种。

一、营养器官繁殖固定法

通过营养器官繁殖就是利用杂种第一代营养器官的一部分进行再生繁殖,如果不发生体细胞突变或芽变,无性繁殖可以使杂种第一代的基因型持续地发生作用,从而保持杂种优势效应。在实际生产中所利用的茎节稻、蘖节稻和宿根稻等都是利用营养器官繁殖来保持杂种优势的基本方法。通过组织培养就是利用杂种第一代的器官、组织以及体细胞或原生质体为培养物,在特定的培养基上进行培养,由此诱导出具有杂种第一代基因型的再生植株,从而保持杂种优势。在理论上,通过组织培养可以固定杂种优势,但在实际操作中由于在再生植株中存在着一定比例的无性系突变体,或者某些水稻基因型通过培养后很难再生成苗或白化苗比例大,因而通过组织培养来固定水稻杂种优势还有许多技术问题有待于解决。宿根繁殖通过种质创新,培育具有宿根越冬特性的新种质,进而培育出具有强大的杂种优势效应和实用价值的杂种第一代,借助于其宿根越冬能力保持其杂种第一代的基因型,进而达到固定杂种优势效应和多代利用的育种。营养器官繁殖固定杂种优势的方式方便进行工厂化生产。

二、人工种子

人工种子是指将植物离体培养产生的体细胞胚或分生组织包埋在富含养分和保护功能的物质中,形成在适宜条件下可萌发成苗的球状结构。其结构类似于天然种子,由胚状体、包埋材料两部分组成,有时还包含农药、生物肥料、有益微生物、植物激素等附加成分,故又称作合成种子或种子类似物。人工种子属于无性繁殖,具有固定杂种优势、保持优良品种、缩短育种年限等优点。与传统的天然育种相比,人工种子生产不受季节限制,且可根据植物品种和环境需求定制包埋介质,增强植物抗逆性和生长能力。然而,人工种子制作成本较高,包埋材料技术尚不成熟,距离大规模制种、田间播种及产业化生产仍有差距。

制作人工种子时,首先将植物细胞在试管中培育成胚状体,然后用富含营养物质和必要成分的凝胶物(如海藻酸钠)包裹胚状体。海藻酸钠是一种广泛应用的人工种子包埋介质,价格低廉、质地柔软且无毒性,可迅速固化成透明胶球,并能添加各种营养物质和生长调节剂。然而,作为包埋材料,海藻酸钠存在营养物质易泄漏、保水性差、胶球易粘连等缺点。在适宜条件下,包埋后的胚状体如同天然种子一样能萌发成幼苗。体细胞胚是制作人工种子的起始材料,可由外植体表皮细胞直接产生,或由愈伤组织表层细胞产生。虽然理论上产生体细胞胚是植物界的普遍现象,但已知能产生体细胞胚的植物种类仅约200种。

人工种皮的内种皮选择应满足以下条件:对繁殖体无毒无害,具备生物相容性,能支持胚的发育;能与外界环境良好交换气体,保持水分、营养物质及保护剂;具备适度机械强度,既能保证人工种子正常萌发,又能在其储藏、运输和播种过程中对胚状体提供有效保护;且应能被生物降解,不对其他植物和环境造成伤害或污染。海藻酸钠因其良好的通透性、生物活性、价格低廉、无毒害等优点,常作为包埋基质中的内种皮材料。然而,海藻酸钠在人工种子制作过程中易出现粘连、失水、吸水回涨性差等问题。

鉴于海藻酸钠的局限性,研发复合包埋基质已成为人工种皮研究的新趋势。通过添加多糖、树胶、高岭土,海藻酸钠的保水性能得到显著提升,对干燥处理的胡萝卜体细胞胚活力恢复具有积极促进作用。薛建平等在海藻酸钠中加入赤霉素、苯甲酸钠、多菌灵、Cl_2O 和壳聚糖,制得的复合人工种皮萌发率高达95%。张明生等以海藻酸钠与2.0%壳聚糖为半复人工种皮基质,4℃下储藏20天后,发芽率和转化率分别达到82.8%和78.6%。

虽然内种皮的研究已取得一定进展,但目前仍局限于无菌条件,且仅使用内种皮的人工种子不利于机械化播种。要实现与自然种子相似的储藏、包装、运输能力,还需研发人工外种皮。外种皮不仅能增强人工种子的保水力、防止营养外泄,还能减轻土壤微生物、温度、pH值等因素对种子萌发和成苗的影响,同时有利于种子的运输、储藏和播种。

总之,尽管人工种子已展示出诸多优点,如固定杂种优势、保持优良品种、缩短育种年限、不受季节限制等,但依然面临制作成本高、包埋基质技术不成熟、大规模生产和田间应用的挑战。未来研究应继续针对不同植物和用途,优化人工胚乳和种皮,以提升萌发率、成苗率、储藏期限及自然环境适应性,推动其商业化进程。

三、无融合结籽

无融合生殖是一种介于有性生殖和无性生殖之间的生殖方式。被子植物的无融合生殖是指在生物体胚珠内，不经过雌雄配子受精过程即可产生种子（即无融合结籽）的生殖方式，其基本形式包括单倍体无融合生殖和二倍体无融合生殖。由于单倍体无融合生殖经历了减数分裂，由此产生的配子在遗传上可能存在异质性，因此无法利用单倍体无融合生殖特性来固定杂种优势。二倍体无融合生殖是指未经历减数分裂，由特化的二倍性细胞直接发育为幼胚的单性生殖现象。由二倍体无融合生殖产生的种胚未经减数分裂和正常受精，遗传上与母体植株完全一致。根据被子植物无融合生殖的发生及发育特点，通常将二倍体无融合生殖分为二倍体孢子生殖（或多倍体孢子生殖）、无孢子生殖和不定胚生殖三种类型。由于二倍体孢子生殖和无孢子生殖需要通过雌配子体（胚囊）形成胚和种子，而不定胚生殖则不形成雌配子体结构，因此将前者称为配子体无融合生殖，后者称为孢子体无融合生殖。

利用具有实用价值的无融合生殖种质可培育出基因型不会分离的杂种第一代。通过无融合生殖途径固定作物杂种优势效应，主要是利用二倍体无融合生殖（包括二倍体孢子生殖、无孢子生殖和不定胚生殖）特性，培育出具有强大杂种优势效应且后代群体相对稳定的无融合生殖作物。无融合生殖法是通过利用二倍体无融合生殖（包括二倍体孢子生殖、无孢子生殖和不定胚生殖），使杂种 F_1 产生的后代与母体 F_1 具有相同的基因型，从而保持杂种 F_1 的杂种优势。

禾本科植物中普遍存在无融合生殖现象。育种过程中，一旦获得一个兼具无融合生殖特性和强大杂种优势的单株，即可通过种子繁殖扩大群体，快速应用于生产，发挥其杂种优势，提高增产潜力。寻找并利用具有实用价值的无融合生殖基因，推动作物无融合生殖育种由理论探索阶段迈向实质性应用阶段，构建实用型"一系法"杂种优势利用技术，即固定作物杂种优势效应的技术体系。当前，创造禾本科无融合生殖的策略是通过基因编辑技术，阻止母细胞减数分裂，形成含二倍体卵细胞的胚囊，确保卵细胞遗传背景与母本完全一致，使二倍体卵细胞无须受精即可启动胚胎发生，产生与母本基因型一致的二倍体胚胎。最近，研究人员利用 CRISPR/Cas9 编辑技术敲除了三个与减数分裂相关的基因，并在卵细胞中异位表达了 BBM1，成功使这些水稻品系能够在不经历减数分裂的情况下，使卵细胞直接发育为胚，完成无融合生殖过程。

四、水稻和玉米的营养无融合生殖

水稻与玉米中已观察到独特的无性生殖现象(图9-7、图9-8)。20多年前,研究者在水稻中发现了一种无性生殖突变体,该突变体在营养生长期表现正常,但抽穗后出现稻穗畸形,表现为颖壳软化、不闭合(长达3.6 cm),且雄蕊完全不育。在特定环境条件下,该突变体能够实现部分自交结实,表现为内外颖间生长出双粒米。抽穗后约15天,双粒米内部可萌发出小苗,部分小苗甚至发育出根系,形成完整的秧苗。这些秧苗移栽至大田后,生长正常,抽穗表现与母体一致。

图9-7 无性生殖水稻长颖1号

图9-8 玉米雄花上的无性生殖苗子

该无性生殖现象由一对完全隐性基因控制,遵循孟德尔遗传规律。科研人员正在系统地研究其形成机制及可能的利用技术。设想通过基因编辑等手段,使源自变异体的小苗在大田种植后恢复正常形态,有望借此实现母体无性繁殖,从而固定杂种优势,突破传统一系法杂交水稻的限制,不仅省去制种步骤,还可避免选育父母本的烦琐工作。

在玉米中也观察到类似的无性生殖现象,表现为雄穗上长出大量小苗,数量可达数百株。尽管对此现象的具体机制尚不明晰,但其独特的无性繁殖能力同样引发了科研人员的兴趣,有望为玉米育种提供新的思路和策略。未来研究将进一步揭示其遗传基础与调控机制,探讨其在农业生产中的潜在应用价值。

五、平衡致死法

利用配子平衡致死的生物技术建立平衡致死的技术。该技术通过在单倍体配子中产生一系列易位突变,将染色体连接成一个复合体。随后,利用易位配子与正常配子结合后产生具有强大杂种优势效应的杂种第一代。杂种第一代产生下一代时,纯合的易位突变配子会发生死亡(即同质个体死亡),仅保留具有生活力的杂合体(即杂种第一代),从而固定其杂种优势。平衡致死法通过特定理化因素处理杂种 F_1 植株,诱发染色体发生特定易位突变,经过筛选后得到纯合体种子不能产生或不具正常生活力的后代(因存在平衡致死效应),而杂合体(与杂种 F_1 具有相同杂合基因型)则保持与 F_1 相同的杂种优势,从而实现杂种优势的固定。

六、利用多倍体

根据新物种形成原理和人工新物种创造方法,通过不同物种间杂交后对杂种第一代进行染色体组加倍,产生异源多倍体并固定物种间的杂种优势效应。双二倍体法是指利用远缘亲本杂交后对杂种 F_1 进行染色体加倍,产生异源四倍体或异源多倍体,从而培育出"永久杂种",保持杂种优势。寻找控制细胞减数分裂期间染色体配对的基因,为作物新物种创制和多倍体新物种研究提供新的研究平台。

染色体组多倍化固定植物杂种优势。品种间杂种优势效应是最基本的优势效应,其次为部分亚种间或典型亚种间杂种优势效应,而物种间杂种优势效应最为显著。普通小麦的进化过程中,由一粒小麦($2n=2x=14$)通过杂交和染色体组多倍化演变为二粒小麦($2n=4x=28$),进而发展为普通小麦($2n=6x=42$),其产量潜力分别约为 100 kg/亩、250 kg/亩和 600 kg/亩。随着低级别物种向高级别物种进化,其产量潜力表现为成倍增加的趋势。需要注意的是,对于特定作物,染色体组多倍化程度与产量潜力的相关关系存在特殊性:在一定范围内呈正相关,超过某一阈值时相关性减弱或呈现负相关。需要注意的是,对于特定作物,染色体组多倍化程度与产量潜力的相关关系存在特殊性:在一定范围内呈正相关,超过某一阈值时相关性减弱或呈现负相关。

通过生物染色体组多倍化途径将有助于促进物种升级和有效挖掘物种间杂种优势效应。多倍体杂交水稻新组合,有助于在更高的技术层次上研究稻属植物的潜在价值,挖掘杂种优势效应和染色体组多倍化效应所导致的双重优势效应,进而提高其产量潜力和建立稻属植物遗传改良的新技术。因此,借助于现代生物技术,通过生物染色体组多倍化途径将有助于促进物种升级和有效挖掘物种间强大的杂种优势效应。在多倍体水平利用杂种优势效应则是立足于利用典型亚种间杂种优势效应和物种间杂种优势效应为主。

在生物学产量和稻谷产量上,同源四倍体籼粳亚种间杂种第一代的优势效应均明显;在小面积试验(每一试验小区为 7.2 m^2,包括 120 株,设 3 次重复)中,同源四倍体籼粳亚种间杂种第一代的产量潜力可以达到 1500 kg/亩以上;同源四倍体籼粳亚种间杂种第一代的籽粒充实度均达到了正常水平,而二倍体籼粳亚种间杂种第一代的籽粒充实度均比较差;同源四倍体原始籼粳亚种间杂种第一代在千粒重和结实率上所表现出的特点是挖掘其产量潜力的性状基础。在二倍体水平籼粳杂种第一代所表现出来的优势效应很难按照现有的技术程序得到应用,而在同源四倍体水平籼粳亚种间杂种第一代所表现出来的强大的杂种优势效应值得进一步研究和挖掘。

七、核质杂种法

核质杂种法是指通过核置换连续回交或生物工程技术,将一种水稻的细胞核导入另一种水稻的细胞质内,形成核质不同源的杂种,以利用和保持异源核质互作产生的杂种优势。

八、细胞培养方式生产杂交作物营养体食品

在实验室环境中利用生物工程技术,以细胞培养的方式生产营养体植物食品,是一种先进的植物细胞培养技术在食品生产领域的应用。这种技术旨在通过在体外培养杂种植物细胞、组织或器官,实现高效、可持续地生产富含营养和风味的植物食品。从目标植物中选取含有适当细胞类型的组织,如叶片、茎尖、根尖、果实皮层等。诱导细胞分化为特定类型的组织,获得具有特定营养特性的营养体,达到预期形态、大小和营养成分标准时,对其进行收获。利用杂交作物细胞进行培养,将杂交优势从田间转移到实验室,为食品生产提供创新、高效、可持续且具有定制化潜力的新技术。这将成为人类未来粮食生产的发展方向。

第四节　人工智能育种

在农业领域,育种专家凭借深厚的学识与丰富的实践经验,年复一年地在田间筛选优质水稻品种,有力推动了粮食生产的发展。然而,面对全球人口增长与资源压力,传统育种模式的效率与精准度已难以满足现代农业的高要求。此时,人工智能育种技术应运而生,以其独特优势,将育种专家的知识与人工智能的自我学习能力紧密融合,开启了杂交作物育种学的新纪元。

一、从艺术到科学的跨越

传统育种被视为一门依赖于专家直觉与经验的艺术,而人工智能育种则力图将这一艺术转化为严谨的科学。通过将育种专家的深厚知识与经验逐步融入人工智能系统,使其在专家筛选优良品种的过程中不断提升自身选种能力。这一过程不仅极大拓宽了筛选范围,从最初的3000～5000个植株跃升至上百万乃至更多,而且显著降低成本,提高获取优良品种的成功率,使杂交作物在全球市场中更具竞争力。

人工智能育种的核心在于将复杂的田间数据转化为可量化的数字模型,实现精准育种、精准选种和精准筛选种子。具体而言,通过定制的电子设备和多光谱相机,实时捕捉作物的物理性状、生长信息、微量元素分布、营养吸收率、活力指数等多种数据,结合植物父本与母本的基因特性,运用特殊算法评估品种质量,并在整个生长周期中持续监测、反馈与优化,不断提升育种评估的准确率与稳定性。此外,无人机、农地机器人及自主研发的数据采集设备亦大大提升了育种检测效率,降低了人工操作的复杂性,为大规模推广奠定了坚实基础。

二、保障粮食安全,引领全球农业变革

人工智能育种技术与第三代杂交作物技术的联袂,为作物育种带来了颠覆性的变革。第三代杂交作物技术利用稳定遗传的隐性核不育特性,通过转入育性恢复基因和色选基因,构建了一种理想的杂种优势利用遗传工具。实现了制种与繁殖的简易化与标准化,既继承了三系法与两系法的优点,又克服了它们各自的不足,成了杂交作物未来发展的主流方向。

在全球范围内,人工智能育种技术尚处初级阶段,在此领域的突破性进展不仅能够有效抵御转基因作物的冲击,保障粮食安全的独立性,打破跨国种业公司对大豆、玉米、小麦等关键作物种子市场的垄断,更能在全球农业版图中占据战略地位。随着国家政策的开放,杂交作物育种与人工智能育种技术即将全面走向市场化竞争,面对广阔的国际市场,我国优势明显,发展前景光明。

人工智能育种的实施流程包括多光谱相机数据采集、三维物理扫描、深度学习评估、育种专家指导的动态调整、田间验证等多个环节,预计历经 $2\sim5$ 个生长季节的训练与优化,成熟的育种算法将投入实际应用,其准确性将持续提升。考虑到我国南北方种植季差异,在海南三亚或海口设立数据采集基地,利用其一年三季的种植条件,可加速技术研发与验证进程。

广义的人工智能育种涵盖基因组选择、大数据分析、人工智能等在杂交作物育种中的应用,展现出精准设计杂交组合、提高选择效率、缩短育种周期的巨大潜力;预示着生物技术、信息技术、大数据等新兴技术在杂交作物育种中的深度融合与创新发展趋势;剖析气候变化、资源短缺、人口增长等全球性问题对杂交作物育种提出的新挑战,以及全球农业格局变迁、国际合作等为杂交作物育种带来的新机遇;探讨了如何强化育种人才队伍构建,推动产学研深度融合,促进国内外科研机构、企业间的广泛合作,共同推动人工智能杂交作物育种事业的持续进步。

主要参考文献

[1] 袁隆平.超级杂交水稻育种栽培学[M].长沙:湖南科学技术出版社,2020.

[2] 李新奇,黄群策,李雅礼,等.第三代杂交水稻[M].郑州:郑州大学出版社,2020.

[3] 李新奇,黄群策.多倍体水稻研究论文集[M].郑州:郑州大学出版社,2020.

[4] 黄群策,李新奇.离子束生物技术与稻属植物遗传改良研究[M].郑州:郑州大学出版社,2015.

[5] 李新奇,黄群策.普通栽培稻遗传改良的前景研究[M].郑州:郑州大学出版社,2020.

[6] 黄群策,李新奇,王书玉.水稻染色体组多倍化及其潜在价值研究[M].郑州:郑州大学出版社,2016.

[7] 李新奇,袁隆平,邓启云,等.在杂交作物分子育种中利用普通核雄性不育的几个可能途径[J].植物学通报,2003,20(5):625-631.

[8] 李新奇,袁隆平,SUSAN MCCOUCH.水稻质核互作雄性不育系的微效恢复基因定位和排除方法研究[J].杂交水稻,2010,25(A1):276-281.

[9] 李新奇,袁隆平.位点特异性重组技术在繁殖普通核雄性不育系中的利用潜力[J].杂交水稻,2004,19(5):59-62.

[10] 李新奇,袁隆平,肖金华,等.质体转化开创作物杂种优势利用新途径[J].分子植物育种,2004,2(6):751-755.

[11] 李新奇,赵昌平,肖金华,等.基因转化创造植物杂种优势利用新方式的途径分析[J].科技导报,2006,24(11):39-44.

[12] 李新奇,赵昌平.一对等位基因互作控制的核雄性不育性[J].分子植物育种,2006,4(2):289-292.

[13] 邝翡婷,袁定阳,李莉,等.一种载体构建的新方法:重组融合PCR法[J].基因组学与应用生物学,2012,31(6):634-639.

[14] 雷永群,宋书锋,李新奇.水稻杂种优势利用技术的发展[J].杂交水稻,2017,32(3):1-4,+9.

[15]李新奇.第三代杂交水稻[J].中国科技成果,2019,20(13):1.

[16]李新奇,黄群策.第3代杂交水稻育种技术策略探讨[J].杂交水稻,2020,35(1):1-5.

[17]李雅礼,黄群策.第三代杂交水稻强优组合"三优1号"[J].中国科技成果,2021(4):68.

[18]李雅礼,李新奇.杂合基因功能的超亲效应[J].杂交水稻,2011,26(5):6-8.

[19]李雅礼,唐华园,李新奇.社会经济活动中杂交优势现象及其原理分析[J].交叉科学快报,2020,4(1):1-6.

[20]李新奇,袁隆平,邓华凤,等.水稻光敏与温敏核不育基因之间互作效应与利用研究[J].科技导报,2009,27(3):74-79.

[21]周在为,李莉,李雅礼,等.细胞工程在水稻雄性不育系育种上的应用[J].杂交水稻,2010,25(4):5-8.

[22]李雅礼,唐华园,李新奇.企业合并产生的杂交优势效应[J].中国科技成果,2019(14):9-10.

[23]李新奇,袁隆平,肖金华,等.植物细胞质雄性不育系育种的反向核置换技术分析[J].植物学通报,2004,39(3):257-262.

[24]李新奇,袁隆平,邓启云.人工辅助赶粉在水稻光温敏核不育系繁殖中的作用[J].种子,2003,22(6):36-37.

[25]李新奇,袁隆平.水稻低温敏两用不育系的选育和利用研究[J].湖南农业科学,1993(1):10-11,+36.

[26]李新奇,廖翠猛,邓小林,等.温敏不育系选育中杂种后代处理技术分析[J].湖南农业科学,1996(4):14-16.

[27]李新奇.水稻单性生殖育种的新技术研究[J].湖南农业科学,1991(4):8-9.

[28]李新奇.四个水稻核不育材料育性转换特征的遗传分析[J].湖南农业科学,1990(1):10-13.

[29]李新奇,廖翠猛,孙梅元.水稻光敏核不育基因和温敏核不育基因的重组效应[J].杂交水稻,1994,9(6):4-7.

[30]李新奇.水稻亚种间杂种优势和广亲和性的初步研究[J].湖南农业科学,1987,3:4-9.

[31]李新奇.利用广亲和基因提高亚种间杂种育性的研究[J].杂交水稻,1988,3:31-33.

[32] 李新奇,罗孝和,邱趾忠.培迪广亲和基因重组效应的研究[J].杂交水稻,1990,5(4):36-38.

[33] 李新奇,廖翠猛,易俊章.两系杂交早稻选育技术初步研究[J].作物研究,1996,2:6-9.

[34] 李新奇,袁隆平,颜应成,等.水稻质核互作雄性不育系选育的反向杂交法研究[J].种子,2004,23(10):3-6,+9.

[35] 孙梅元,李新奇.水稻细胞质雄性不育系选育的反回交法设计[J].作物研究,1995,9(2):12-13.

[36] 李新奇.连续回交在转育两用不育系中的应用[J].杂交水稻,1992,7(1):29-31.

[37] 李新奇,邝翡婷,杨益善,等.利用中小型飞行器进行农作物人工辅助授粉的减灾方法:201210120614.4[P].2012-08-01.

[38] 李新奇,黄群策,邝翡婷,等.一种核质互作雄性不育系的育种方法:201210340314.7[P].2012-12-26.

[39] 李新奇,邝翡婷,袁定阳,等.一种杂交作物的育种方法:201210513350.9[P].2013-03-20.

[40] 李新奇,赵昌平,袁隆平.低温或短日低温不育水稻光温敏雄性不育系的制种方法:200610065945.7[P].2007-10-03.

[41] 李新奇,赵昌平,袁隆平,等.高温或长日高温不育型水稻光温敏雄性不育系的制种方法:200610066893.5[P].2007-10-03.

[42] 李新奇,赵昌平,袁隆平.利用核质互作型雄性不育系的次要恢复基因进行杂交作物育种的方法:200610072717.2[P].2007-10-10.

[43] 陈温福,徐正进,张龙步.水稻超高产育种生理基础[M].沈阳:辽宁科学技术出版社,2003.

[44] 代西梅,黄群策,胡秀明,等.离子注入后同源四倍体多胚苗突变水稻的筛选及其遗传稳定性[J].核农学报,2007,21(1):1-4.

[45] 黄群策.被子植物的无融合生殖[M].福州:福建科学技术出版社,2000.

[46] 黄群策,向茂成,陈启锋.被子植物二倍体孢子生殖在杂种优势固定中的实用价值探讨[J].杂交水稻,2000,15(4):1-3.

[47] 林世成,闵绍揩.中国水稻品种及其系谱[M].上海:上海科学技术出版社,1991.

[48] 刘忠松.现代植物育种学[M].北京:科学出版社,2010.

[49] 刘忠松.植物雄性不育机理的研究及应用[M].北京:中国农业出版社,2001.

[50] 孟令聪,宋广树,吕庆雪,等.花粉致死基因 *ZmAA1* 对玉米遗传转化的研究[J].华北农学报,2016,31(3):101-106.

[51] 孙敬三,朱至清.植物细胞工程实验技术[M].北京:化学工业出版社,2006.

[52] 汪旭东,周开达.被子植物的无融合生殖[M].北京:中国农业出版社,2001.

[53] 徐秋生,阳和华,周坤炉.三系杂交水稻恢复系选育的实践与体会[J].杂交水稻,2004,19(2):21-23.

[54] 邓华凤.中国杂交粳稻[M].北京:中国农业出版社,2008.

[55] 应存山.中国稻种资源[M].北京:中国农业科学技术出版社,1993.

[56] 杨振玉.北方杂交粳稻育种研究[M].北京:中国农业科学技术出版社,1999.

[57] 张启发.资源节约型、环境友好型农业生产体系的理论与实践[M].北京:科学出版社,2015.

[58] 张启发.绿色超级稻的构想与实践[M].北京:科学出版社,2009.

[59] 张启发.作物功能基因组学[M].北京:科学出版社,2019.

[60] 朱启升,王安东,杨前进,等.水稻除草剂敏感基因导入恢复系的研究[J].杂交水稻,2000,15(3):5-6.

[61] 秦泰辰.作物雄性不育化育种[M].北京:农业出版社,1993.

[62] 刘建丰,袁隆平.超高产杂交稻产量性状研究[J].湖南农业大学学报(自然科学版),2002,28(6):453-456.

[63] 陈小荣,田振涛,钱海丰,等.两系法杂交水稻种子生产中存在的问题及解决的途径[J].种子,2002,21(1):59-60.

[64] 周广洽.温敏核不育水稻的光温生态生理学[M].长沙:湖南师范大学出版社,1996.

[65] 刁现民.农作物杂种优势利用[M].北京:高等教育出版社,1995.

[66] 张天真,靖深蓉.棉花雄性不育杂交种选育的理论与实践[M].北京:中国农业出版社,1998.

[67] 程式华,廖西元,闵绍楷.中国超级稻研究:背景、目标和有关问题的思考[J].中国稻米,1998,4(1):3-5.

[68] 游年顺,黄利兴,雷上平,等.水稻微效恢复基因与不育系选育研究[J].江西农业大学学报(自然科学版),2003,25(4):487-492.

[69] 庄杰云,樊叶杨,吴建利,等.水稻 CMS-WA 育性恢复基因的定位[J].遗传学报,2001,28(2):129-134.

[70] 邹吉承. 小麦核质互作雄性不育的研究及利用[J]. 辽宁农业科学, 2000, 1:33-38.

[71] 黄群策, 李新奇. 同源四倍体水稻的潜在价值及其研究策略[J]. 杂交水稻, 2010(A1):218-222.

[72] 农杰环. 杂交水稻耐储藏恢复系种质资源的建立、利用及相关机理研究[D]. 长沙: 中南大学, 2009.

[73] 邝翡婷. 水稻工程核不育系创制途径的探究[D]. 长沙: 中南大学, 2013.

[74] 周在为. 细胞工程在水稻雄性不育系育种上的研究与利用[D]. 长沙: 中南大学, 2010.

[75] 农杰环, 周在为, 李新奇. 依据相关性状进行耐储藏专用型杂交水稻育种[J]. 作物研究, 2008(A1):359-362.

[76] 黄群策, 李林玉, 王书玉. 同源四倍体籼粳亚种间杂种第2代的结实特性研究[J]. 杂交水稻, 2014, 29(1):72-75.

[77] 黄群策, 胡秀明, 梁秋霞. 同源四倍体双胚苗水稻雄配子体的发育特征[J]. 中国稻米, 2007, 13(4):11-14.

[78] 黄群策, 代西梅, 梁芳. 同源四倍体水稻与非洲栽培稻杂交的后效性研究[J]. 杂交水稻, 2005, 20(4):66-68.